DUMONT

»Sprachlich überzeugend und absolut lesenswert«
SPEKTRUM DER WISSENSCHAFT

Seit Jahrzehnten steigende Temperaturen sind eine unabweisbare Tatsache. Weltweit haben sich Tausende von Tier- und Pflanzenarten in Bewegung gesetzt, sind bereits viele Kilometer weit polwärts, bergauf oder in tieferes Wasser gewandert. Das Klimasystem ist sehr träge, und es birgt Tücken und Kipp-Punkte. Zwei trockene Jahre haben genügt, um den deutschen Wald schwer zu schädigen. Was passiert, sollten weitere folgen? Und welche Konsequenzen wird es haben, wenn natürliche Zyklen kollabieren? Um die für große Teile der Menschheit schon jetzt existenzbedrohenden Folgen des Klimawandels zu begrenzen und uns auf die neuen Gegebenheiten vorzubereiten, müssen wir wissen, wie Tiere und Pflanzen auf die klimatischen Veränderungen reagieren.

»Bernhard Kegel beschreibt in einfachen und eindringlichen Worten ein äußerst differenziertes Bild der Natur als ökologisches Netzwerk, das durch den Klimawandel unter Druck gerät.«
DEUTSCHLANKFUNK KULTUR

Bernhard Kegel, geboren 1953, studierte Chemie und Biologie an der Freien Universität Berlin, danach Forschungstätigkeit, Arbeit als ökologischer Gutachter und Lehrbeauftragter. Seit 1993 hat er zahlreiche Romane und Sachbücher veröffentlicht. Zuletzt erschien bei DuMont ›Ausgestorbene Tiere‹ (2021). Bernhard Kegels Bücher wurden mit mehreren Publizistikpreisen ausgezeichnet.

Bernhard Kegel

Die Natur der Zukunft

Tier- und Pflanzenwelt in Zeiten des Klimawandels

DUMONT

Von Bernhard Kegel sind bei DuMont außerdem erschienen:

Epigenetik. Wie Erfahrungen vererbt werden
Die Ameise als Tramp. Von biologischen Invasionen
Tiere in der Stadt. Eine Naturgeschichte
Der Herrscher der Welt. Wie Mikroben unser Leben bestimmen
Die Gesundmacher. Was Bakterien für unseren Körper tun und wie wir sie dabei unterstützen können
Ausgestorben, um zu bleiben. Dinosaurier und ihre Nachfahren
Ausgestorbene Tiere

FSC
www.fsc.org
MIX
Papier aus verantwortungsvollen Quellen
FSC® C083411

Klimaneutral
Druckprodukt
ClimatePartner.com/17531-2110-1001

Dieses Buch wurde klimaneutral produziert.

April 2022
DuMont Buchverlag, Köln

Umschlaggestaltung: Lübbeke Naumann Thoben, Köln
Wald: © Tithi Luadthong/Alamy Stock Photo
Eidechse: © YAY Media AS/Alamy Stock Photo
Kolibri: © Christina Rollo/Alamy Stock Photo
Lektorat: Kerstin Thorwarth
Satz: Fagott, Ffm
Gesetzt aus der DTL Documenta und der Gotham
Druck und Verarbeitung: CPI books GmbH, Leck
Gedruckt auf säurefreiem und chlorfrei gebleichtem Papier
Printed in Germany
ISBN 978-3-8321-6630-4

www.dumont-buchverlag.de

Inhalt

Einleitung

Endlich wieder Schnee, viel Schnee. Ein Winter wie früher, wie er sein sollte. Auf dem Gletschereis im Schweizer Skigebiet Glacier 3 000 der Waadtländer Alpen liegt im Frühjahr 2018 eine dicke Schicht der weißen Pracht, dicht und kompakt, das Ergebnis eines Winters mit weit überdurchschnittlichen Schneefällen. Für den schrumpfenden Gletscher kommt das einer Frischzellenkur gleich. 50 Prozent mehr Schnee als in normalen Jahren – das ist Wasser für einen Verdurstenden. Vielleicht kommt es doch nicht so schlimm wie befürchtet. Ein paar Winter wie dieser und man könnte fast wieder Hoffnung schöpfen.

Die allgemeine Euphorie steckt sogar Matthias Huss und seine Mitarbeiter an. Der Experte von der ETH Zürich ist Leiter des Schweizer Gletschermessnetzes. Regelmäßig besucht er die jahrtausendealten alpinen Eismassen, führt Messungen durch, und eigentlich kommt ihm für das, was er dort seit Jahren tut und erlebt, nur noch ein Wort in den Sinn: »Sterbebegleitung«. Da ist ein Winter wie dieser natürlich eine erfreuliche Abwechslung, sogar für Glaziologen.

So wird ein Fernsehteam des SWR, das Huss und seine Kollegen begleitet, am 25. April 2018 Zeuge einer Messung, wie es schon lange keine gegeben hat. Mehr als fünf Meter tief muss die Sonde durch die Schneedecke getrieben werden, bis sie auf hartes Eis trifft. Es könnte ein gutes Jahr für die Alpengletscher werden, zumindest für diesen, denn nicht überall ist so viel Schnee gefallen.

Fünf Monate später statten Matthias Huss und seine Mitarbeiter dem Gletscher im Glacier-3 000-Gebiet einen zweiten Besuch ab. Mitte September gilt es nun Bilanz zu ziehen, die Sommerbilanz des Jahres 2018. Schon auf dem Weg zur Messstelle wird deutlich, dass sie nicht gut ausfallen wird, trotz der imposanten Schneedecke, die das Eis eigentlich hätte schützen müssen. Die Euphorie war verfrüht. Von den Schneemassen des letzten Winters ist nichts übrig geblieben.

Was die Gletscherforscher zu diesem Zeitpunkt noch nicht wissen: In der Schweiz, in Österreich und in Deutschland wird 2018 als das wärmste Jahr seit Beginn der Wetteraufzeichnungen vor mehr als 130 Jahren in die Statistik eingehen, global gesehen wird es Rang vier einnehmen, nach 2016, 2015 und 2017. Die Jahre 2019 und 2020 werden weltweit noch wärmer und schieben sich zwischen 2016 und 2015.

»Wenn man sich das vorstellt«, sagt Huss in die Fernsehkamera. »Fünf Meter Schnee auf dreitausend Meter Höhe … Dass das in einem Sommer wegschmelzen kann, hätten wir nicht für möglich gehalten.«

Nicht nur der Schnee ist verschwunden, auch der Gletscher ist weiter geschrumpft. Die Eisschicht ist um 1,30 Meter dünner geworden. Die enormen Schneemassen des Winters 2017/18 haben nicht einmal für eine Atempause gesorgt. Das sogenannte *Peak Water*, der Wendepunkt, von dem ab die durch das Schmelzen des Eises abfließende Wassermenge wegen des Volumenverlusts der Gletscher nur noch abnimmt, sei hier wohl erreicht, vermutet Matthias Huss.[1]

Der Schwund der Alpengletscher geht weiter. Allein in den Jahren 2000 bis 2014 ist ein Sechstel des Eisvolumens in den Alpen abgetaut. Gegen Ende des 21. Jahrhunderts wird es wohl nur noch in einigen Hochlagen Gletscher geben.[2]

Die lokalen Folgen für Mensch und Natur werden dramatisch sein. Im globalen Vergleich sind die alpinen Gletscher allerdings Zwerge: Viel größere Eismassen gibt es in Alaska, in Patagonien und an den Polen. Zusammen mit Kollegen aus Frankreich, Norwegen, Kanada und Russland hat Matthias Huss kürzlich eine umfassende, auf Satellitendaten basierende Analyse von 19 000 Gletschern auf der ganzen Welt vorgelegt. Danach hat sich deren Eisverlust in den letzten 30 Jahren beschleunigt und liegt nun bei 335 Milliarden Tonnen pro Jahr. Das entspricht etwa dem Dreifachen des gegenwärtig noch vorhandenen Gletschervolumens in den Alpen. Allein dadurch ist der Meeresspiegel seit 1960 um 27 Millimeter angestiegen.[3]

Dies ist kein Buch über die Frage, ob es einen Klimawandel gibt oder nicht. Diese Frage ist längst beantwortet, und man brauchte dazu weder leistungsfähige Großrechner noch Klimamodelle. Ein Blick auf die schwindenden Eismassen in den Gebirgen und an den Polen genügt; die seit Jahrzehnten steigenden Temperaturen sind eine unabweisbare Tatsache. Streit entzündet sich an der Frage, ob und wie sehr wir Menschen an dieser Entwicklung mitgewirkt haben und wie sich dieses verändernde Klima in den verschiedenen Weltgegenden auswirken wird.

Ich bin kein Klimaforscher und daher, was die Zuverlässigkeit dieser Zukunftsprognosen angeht, genauso auf die Arbeit der Experten angewiesen wie Sie, liebe LeserInnen. Ich habe allerdings keine Zweifel, dass die überwältigende Mehrzahl der Wissenschaftlerinnen und Wissenschaftler engagiert und mit größter Gewissenhaftigkeit ihre Arbeit verrichtet. Die Frage nach den Ursachen des Klimawandels wird in diesem Buch nicht deshalb ausgeklammert, weil ich sie für ungeklärt halte. Das Gegenteil ist der Fall. Das IPCC (Intergovernmental Panel on Climate Change), der sogenannte »Weltklimarat«, der die weltweit durchgeführte Klimaforschung zusammenträgt, bündelt und in Form von umfangreichen Berichten veröffentlicht, erklärte in seinem fünften Sachstandsbericht, der Einfluss des Menschen sei »äußerst wahrscheinlich« (d. h. mit einer Wahrscheinlichkeit von mehr als 95 Prozent) die Hauptursache für die seit Mitte des 20. Jahrhunderts zu beobachtende Erwärmung.[4] Viel mehr kann eine Wissenschaft, die sich mit einem so komplexen Phänomen wie dem globalen Klima beschäftigt, kaum erreichen. Ich habe deshalb keine Veranlassung, an den, je nach Szenario, mehr oder weniger dramatischen Modellprojektionen zu zweifeln, die die Klimaforscher erarbeiten, auch wenn sie eine alles andere als erfreuliche Zukunft in Aussicht stellen. Außerdem entspricht die Entwicklung bislang ziemlich genau den Vorhersagen. Fast alle Prognosen, sogar die, die bereits vor 50 Jahren abgegeben wurden, haben die Entwicklung bis zum Jahr 2020 zutreffend beschrieben.[5] Und die heutigen Modelle sind noch besser geworden, weil die Forscher aus früheren Fehlern und Fehleinschätzungen gelernt haben.

Auch wenn man, aus welchen Gründen auch immer, nicht an einen weitgehend menschengemachten Klimawandel glaubt – wir wissen, dass die meisten globalen Massenaussterbeereignisse der Erdgeschichte mit steigenden beziehungsweise hohen CO_2-Konzentrationen der Atmosphäre einhergegangen sind.[6] Es wäre demnach, unabhängig von der Frage nach der Ursache, in keinem Fall eine gute Idee, diese für die Menschheit bedrohliche Entwicklung noch zu befeuern, indem wir weiterhin zusätzlich tonnenweise Treibhausgase in die Atmosphäre ausstoßen, Gase, die dort für Tausende von Jahren verbleiben werden. Wir tun es bislang in einer nie da gewesenen Geschwindigkeit, denn die Hälfte des insgesamt durch menschliche Aktivitäten in die Atmosphäre gelangten Kohlendioxids, etwa 890 Milliarden Tonnen, wurde in den letzten 30 Jahren ausgestoßen, von einer einzigen Menschengeneration, von uns.[7] Schon deshalb gilt es, alles in unserer Macht Stehende zu tun, um den Schaden und die für große Teile der Menschheit existenzbedrohenden Probleme, die auf uns zukommen, zu begrenzen und uns, so gut es geht, auf die neuen Gegebenheiten vorzubereiten – eine Herkulesaufgabe, deren Erfolg keineswegs garantiert ist.

Steigt die Lufttemperatur von 28 auf 29 Grad oder von 5 auf 6 Grad Celsius, bemerken wir in unserer Umwelt in der Regel keine oder nur minimale Veränderungen. Steigt sie aber von -1 auf 0 Grad Celsius oder gar darüber, sind die Konsequenzen unmittelbar und dramatisch. Deshalb ist im Zusammenhang mit dem Klimawandel so oft von Gletschern, polaren Lebensräumen und Permafrostböden die Rede. Weil Wasser in seinem festen Aggregatzustand eben bei null Grad Celsius zu schmelzen beginnt und wir diesen für die meisten Menschen immer noch sehr abstrakten Klimawandel dort, wo es Eis gibt, tatsächlich sehen können. Wer, in welcher Form auch immer, auf dieses Eis angewiesen ist, wird große Schwierigkeiten bekommen.

Doch auch wenn es nicht sofort ins Auge sticht: Ein sich veränderndes Klima hat überall auf der Erde Konsequenzen. Es bedeutet nicht nur höhere Temperaturen, schmelzende Gletscher, mehr extreme Wetterereignisse und einen steigenden Meeresspiegel. Es bedeutet auch und vor allem, dass die natürlichen Lebensgemeinschaften in der Verteilung und Zusammensetzung, wie wir sie kennen, keinen Bestand haben werden. Natur wird bleiben, aber es wird eine andere Natur sein. Sollten wir eine Erhöhung der globalen Durchschnittstemperatur um vier oder fünf Grad erleben, wären große Teile der Welt aus heutiger Sicht kaum wiederzuerkennen. Fünf Grad – das klingt nach wenig, entspricht aber dem Temperaturunterschied zwischen der letzten Kaltzeit, in der Kanada, das nördliche Europa und ein großer Teil Großbritanniens mit kilometerdicken Eisschichten überzogen waren, und der heutigen Warmzeit.[8]

Für viele Menschen ist der Klimawandel etwas, das noch in der Zukunft liegt, dabei steht außer Frage, dass wir bereits mittendrin stecken, und gerade die Biologie liefert dafür überzeugende Beweise. »Der Klimawandel kommt sehr schnell, innerhalb einer Baumgeneration«, stellt Manfred Forstreuter fest, Pflanzenökologe an der FU Berlin, der sich schon 1984 in seiner Diplomarbeit mit dem Klimawandel beschäftigte. Damals musste er dafür in die USA gehen, weil es in Deutschland niemanden gab, der an diesem Thema arbeitete.[9]

Trotz aller Konferenzen und Verträge hat der globale Ausstoß von CO_2 auch in 2018 und 2019 weiter zugenommen. Erst 2020 sorgte die Corona-Pandemie für einen deutlichen Rückgang. Die Entwicklung schreitet also unaufhaltsam voran, womöglich – dafür gibt es beunruhigende Hinweise – schneller, als wir das angenommen haben. »Das Problem ist die Geschwindigkeit«, sagt auch Manfred Forstreuter. »In einer Generation passiert das, was sonst in 10 000 Jahren geschehen ist.«[10]

Einige Fachleute haben bereits vor *tipping points* gewarnt, vor »Kipp-Punkten«, die, wenn sie einmal erreicht und überschritten sind, keine Umkehr mehr ermöglichen.[11]

Nur zwei extrem trockene und warme Jahre, 2018 und 2019, haben gereicht, um den deutschen Wald, der zu großen Teilen im 19. Jahrhundert gepflanzt wurde, schwer zu schädigen. Die Sprecherin der Arbeitsgemeinschaft Deutscher Waldbesitzerverbände nannte es eine »Jahrhundertkatastrophe«, sogar Bundeskanzlerin Merkel machte sich Sorgen und sprach von »sehr, sehr großen Waldschäden«.

Für Peter Berthold, langjähriger Direktor am Max-Planck-Institut für Ornithologie in Seewiesen, steht fest: »Die Klimaerwärmung wird nicht nur gewisse marginale Verschiebungen in Ökosystemen bewirken. Vielmehr wird sie wohl alle Systeme, die sich bei uns seit der letzten Eiszeit vor 10 000 Jahren entwickelt haben, kontinentweit umwandeln – allerdings unter hohem ›Reibungsverlust‹ an Artenvielfalt.«[12] Und zu diesen Systemen gehört eben auch der mitteleuropäische Wald.

Um diese Umwandlung soll es im Folgenden gehen, um eine Tier- und Pflanzenwelt, der die Veränderungen ihrer Lebensumstände bereits anzusehen sind und die längst begonnen hat, darauf zu reagieren. *Global* oder *Climate Change Biology* heißt die neue Wissenschaft, die diese Prozesse untersucht. Wenn dabei die aktuellen Vorgänge in einem Atemzug mit vergangenen aus vormenschlicher Zeit behandelt werden, ist das keinesfalls als Relativierung im Sinne derjenigen zu verstehen, die einen menschengemachten Klimawandel leugnen und sich auf den Standpunkt zurückziehen, Klimaveränderungen habe es schon immer gegeben.

In der Biologie des Klimawandels steht nicht die Frage nach den Ursachen im Vordergrund, sondern die nach den Folgen für die Lebewesen und Ökosysteme unseres Planeten. Diese müssen und werden reagieren, so wie sie immer reagiert haben. Und sie tun es bereits jetzt, ob der Wandel nun von uns Menschen verursacht wurde oder nicht. Biologen studieren diese Phänomene seit mindestens 20 Jahren.[13] Auch wer nicht an eine durch den Ausstoß von Treibhausgasen verursachte Erwärmung glaubt, muss sich wohl oder übel mit der Frage auseinandersetzen, wie mit diesen Veränderungen in aller Welt umzugehen ist, denn dass sie geschehen, steht unbezweifelbar fest.

Das Buch bildet damit eine Art Gegenstück oder Ergänzung zu David Wallace-Wells' alarmierendem Klimareport *The Uninhabitable Earth* von 2019, der unter dem Titel *Die unbewohnbare Erde* auch auf Deutsch erschienen ist.[14] Wallace-Wells schildert darin die katastrophalen Folgen des Klimawandels für die Menschheit, klammert ökologische und biologische Konsequenzen aber fast völlig aus. Ich fürchte, er hat recht, wenn er gleich zu Beginn seines Buches schreibt: »Es ist schlimmer, viel schlimmer, als Sie denken. Das langsame Voranschreiten des Klimawandels ist ein Märchen, das vielleicht ebenso viel Schaden anrichtet wie die Behauptung, es gäbe ihn gar nicht.«[15] Doch im Gegensatz zu David Wallace-Wells, der – vermutlich weil er glaubt, seine Ausführungen würden dadurch überzeugender klingen – Wert auf die Feststellung legt, er sei kein Umweltschützer und noch nie campen gewesen, bin ich Biologe und definitiv ein Naturliebhaber, der das Zelten unter freiem Himmel schätzt, auch wenn ich wie er fast mein gesamtes Leben in Städten verbracht habe. Deshalb interessiert mich nicht nur die Frage, was der Klimawandel für uns Menschen bedeutet, sondern auch die, wie es den anderen Lebewesen ergehen wird, die diesen Planeten mit uns zusammen bewohnen. Beides ist ohnehin kaum voneinander zu trennen. Ich möchte versuchen zu verstehen, was da draußen, in Wald und Flur, in Gebirgen und Ozeanen, vor sich geht.

Was verraten uns die Erkenntnisse der *Climate Change Biology* über die Natur der Zukunft? In welche Richtung werden sich die Lebensgemeinschaften unseres Planeten entwickeln? Was geschieht schon jetzt? Die jungen Menschen, die überall auf der Welt lautstark protestieren, werden in dieser Umwelt leben. Wie wird die Natur beschaffen sein, die wir unseren Kindern und Kindeskindern hinterlassen?

Der US-Amerikaner John W. Williams, ein weltweit führender Experte für die Vegetation vergangener Jahrtausende, hat die Möglichkeiten, die Lebewesen in einem sich verändernden Klima bleiben, mit fünf knappen Worten umrissen: »*move, adapt, persist, or die*« – »bewege dich, passe dich an, halte durch oder stirb«.[16] Die *Climate Change Biology* liefert Beispiele für alle diese Optionen.

Wenn wir uns im Detail dafür interessieren, wie Tiere und Pflanzen auf eine sich aufheizende Welt reagieren, ist ein ausführlicher Blick in die Vergangenheit unserer Erde unabdingbar. Denn eines ist klar: Stillstand hat es auf ihm nie gegeben. Natur ist ein permanenter Prozess, der mitunter aus unterschiedlichen Gründen rasant Fahrt aufnimmt. Deshalb sind Gegenwart und Zukunft nur zu verstehen, wenn man weiß und berücksichtigt, was gewesen ist. Der Begriff »Naturgeschichte«, der im Zeitalter der Laborbiologie hoffnungslos altmodisch klingt, hat dieser Tatsache Rechnung getragen. In seiner *Kurzen Naturgeschichte des letzten Jahrtausends* von 2007 hat Josef H. Reichholf eindrucksvoll gezeigt, wie groß die Turbulenzen allein während der vergangenen 1000 Jahre waren – eine erdgeschichtlich kurze Zeitspanne, und doch fanden darin das Mittelalterliche Klimaoptimum (ca. 900 bis 1400 n. Chr.) und anschließend eine Kleine Eiszeit Platz.[17] Blickt man noch weiter zurück, werden die Ausschläge immer heftiger. Vor 120 000 Jahren lebten Flusspferde in Themse und Rhein, um schließlich kilometerhohen Eismassen zu weichen, die in fast ganz Europa für arktische Verhältnisse sorgten.

Klima und Natur sind immer in Veränderung begriffen, längere Phasen relativer Stabilität, wie wir sie seit etwa 10 000 Jahren erleben dürfen, eingeschlossen. Diese fast schon banale Feststellung lässt allerdings nicht ansatzweise erahnen, wie dramatisch sich diese Umbrüche auf die jeweils betroffenen Lebewesen auswirkten. Seit jeher war der Klimawandel ein Motor der Evolution (und der Geschichte). Und je nach Ausmaß der Veränderungen geriet die Biosphäre dabei in mehr oder weniger große Turbulenzen. Das wird diesmal nicht anders sein.

Wir neigen manchmal dazu, uns die Erdgeschichte als spannenden Abenteuerroman zu erzählen, als eine Art Langzeitsportveranstaltung oder Gladiatorenkampf, mit Verlierern, die es nicht gepackt haben, und Siegern, zu denen zweifellos bislang der *Homo sapiens* gehört, und wir vergessen dabei, wie viel Leid damit verbunden war, wie viel Blut vergossen wurde, wie verzweifelt und aussichtslos für viele der Kampf ums Überleben war, den der Wandel ihnen aufzwang. Tausende und Abertausende von Pflanzen- und Tierarten blieben dabei auf der Strecke. Ansätze zu vergleichbar dramatischen Vorgängen sind auch jetzt schon zu erleben, vor allem in den arktischen Lebensräumen (s. Kap. 7). Und dabei wird es nicht bleiben.

Machen wir uns nichts vor: Was uns erwartet, ist in der Geschichte der Menschheit ohne Parallele. Diesmal sind wir mittendrin im Geschehen. Denn sogar ein Anstieg der globalen Durchschnittstemperatur um ›nur‹ zwei Grad Celsius bis zum Ende dieses Jahrhunderts – ein Ziel, das für uns nur noch unter größten Anstrengungen zu erreichen sein wird – bedeutet: Im Jahr 2100 werden auf der Erde Bedingungen herrschen wie vor etwa zwei Millionen Jahren. Zu Lebzeiten des *Homo sapiens sapiens* und seiner unmittelbaren Vorläufer hat es das noch nie gegeben. Und der Weg wird weitergehen, weit über das Jahr 2100 hinaus. Im Vergleich zur vorindustriellen Zeit ist die Temperatur (bis zum Jahr 2019) bereits um 1,1 Grad gestiegen. So warm war es zuletzt am Ende des Eem-Interglazials (auch als »Riß/Würm-Interglazial« bekannt) vor 115 000 Jahren. Damals waren Neandertaler die einzigen Menschen in Europa.

Der moderne *Homo sapiens* verließ seine afrikanische Heimat nach heutigem Kenntnisstand vor etwa 60 000 Jahren. Dass sich unsere Spezies, wie schon der *Homo erectus* viele Hunderttausend Jahre vor ihr, überhaupt auf den Weg machte, ja dass unsere Vorfahren als aufrecht gehende Zweibeiner vor Jahrmillionen aus kletternden Affenahnen hervorgingen und ein großes Gehirn entwickelten, auch das war vermutlich eine Folge klimatischer Veränderungen. »Wie alle Arten sind auch wir ein Produkt unserer Umwelt«, schreibt der Astrobiologe und Wissenschaftskommunikator Lewis Dartnell in seinem Buch *Urspünge*. Wir seien »eine Primatenart, die ihre Entstehung dem Klimawandel und der Tektonik Ostafrikas« verdanke.[18]

Unsere Spezies entstammt einem extrem vielgestaltigen und abwechslungsreichen Lebensraum, der noch dazu in der Zeit vor 2,7 bis 0,9 Millionen Jahren mehrfach von Phasen klimatischer Instabilität mit einem raschen Wechsel von Feucht- und Trockenzeiten heimgesucht wurde. Das hätte auch schiefgehen können. Doch es kam anders. »Intelligenz«, so Dartnell, »ist die evolutionäre Lösung für das Problem, dass sich ein Lebensraum schneller verändert, als die natürliche Selektion den Körper ummodellieren kann.«[19]

Hat er recht? Das wären dann ja gar nicht die schlechtesten Aussichten ... In jedem Fall bieten der Klimawandel und seine Folgen Gelegenheiten im Überfluss, diese unsere Intelligenz unter Beweis zu stellen. Nur schnell muss es gehen. Allzu viel Zeit bleibt uns nicht mehr.

1
In Bewegung

Atem

Die Atmosphäre ist eine Schicht aus verschiedenen Gasen, die unseren Planeten einhüllt wie die Schale einer Orange das fruchtige Innere. Sie ist allerdings nur etwa 100 Kilometer dick, was nicht einmal einem Hundertstel des Erddurchmessers entspricht. Als Modell für die Erde taugen Zitrusfrüchte deshalb nur bedingt, denn im Verhältnis gesehen sind ihre Schalen viel zu dick. Die irdische Lufthülle entspricht eher der Pelle einer dicken Salami oder der Schale eines kleinen Apfels. Kein Wunder also, dass sie aus dem Weltall erschreckend dünn und verletzlich wirkt. Und doch war und ist sie der Garant für alles Leben, was sich je auf diesem außergewöhnlichen Himmelskörper entwickelt hat.

Atmosphäre, Klima und Lebewesen sind auf vielfältige und engste Weise miteinander verbunden. Es waren winzige Einzeller, fotosynthetisch aktive Cyanobakterien, die die Atmosphäre über Hunderte von Millionen Jahren mit Sauerstoff anreicherten und damit erst die Voraussetzung für die Entstehung höherer Lebensformen schafften.

Organismen veratmen diesen Sauerstoff, nutzen ihn zur Energiegewinnung und stoßen Kohlendioxid aus, ein Gas, das nicht nur, aber eben auch von Lebewesen erzeugt wird und eine bemerkenswerte Eigenschaft besitzt: Es absorbiert langwellige Anteile der Sonnenstrahlung, die von der Erdoberfläche reflektiert werden, verhindert, dass sie in den Weltraum entweichen, und schickt sie zur Erdoberfläche zurück. Die Atmosphäre erwärmt sich. Dieser sogenannte Treibhauseffekt ist heute zu trauriger Berühmtheit gelangt, dabei ist es diese Fähigkeit des Kohlendioxids und einiger anderer Gase, die auf der Erde überhaupt die für Leben, wie wir es kennen, erträglichen Bedingungen garantiert. Ohne diesen Treibhauseffekt würde unser Planet ähnlich dem Mars als Eisball durch die Leere des Weltraums rasen (wie in der Erdgeschichte in Gestalt der sogenannten Schneeball-Erde mehrfach geschehen) und bestenfalls einige robuste Mikroben beherbergen. Wie warm es auf der Erde ist, hängt von vielen Faktoren ab, von der Sonnenaktivität, von der Lage der Kontinente, von kosmischen Phänomenen wie periodischen Schwankungen von Erdachse und Erdumlaufbahn, und nicht zuletzt von der Menge der Treibhausgase, die sich in der Atmosphäre befinden. Sie werden von Lebewesen produziert, aber in großen Mengen auch von Vulkanen ausgestoßen und dann durch biologische und geochemische Prozesse über lange Zeiträume hinweg wieder aus der Atmosphäre entfernt. Warmzeiten waren daher stets mit hohen Konzentrationen an CO_2 verbunden; herrschten eiszeitliche Verhältnisse, lag der Kohlendioxid-Gehalt deutlich niedriger.

Seit etwa 250 Jahren ist auch der Mensch ein zunehmend bedeutender Produzent von Kohlendioxid. Im Grunde hat der aktuelle Klimawandel begonnen, als Menschen durch die Verbrennung von Kohle die ersten Kohlendioxidmoleküle in die Atmosphäre entließen, die ohne sie nicht dorthin gelangt wären; über die Lagerfeuer unserer fernen Vorfahren sehen wir einmal großzügig hinweg. Das Verbrennen von Holz setzt Kohlenstoff frei, der in der Regel erst wenige Jahre zuvor, maximal vor einigen Jahrhunderten, von Pflanzen aus der Luft gefischt wurde. Doch mit jedem einzelnen CO_2-Molekül, das mit der Verbrennung von Kohle oder Erdöl in die Atmosphäre gelangt, wird etwas wieder in das globale System eingespeist, das ihm für viele Jahrmillionen entzogen war. Heute freigesetzt, beginnt jedes dieser Moleküle sofort, Wärmestrahlung zurückzuhalten, die sonst ins All entwichen wäre …

Weil er also mit dem ersten von uns durch Verbrennung fossiler Energieträger erzeugten CO_2-Molekül begann, gab es diesen, sozusagen ›unseren‹ Klimawandel auch schon vor 50 oder gar 100 Jahren. Das zeigt zum Beispiel das Schicksal der Eismassen am Mount Kenia, nach dem Kilimandscharo mit 5199 Metern das zweithöchste Bergmassiv Afrikas und einer der wenigen Orte auf der Welt, an dem in unmittelbarer Nähe des Äquators immer Schnee liegt. Im Jahr 1900 gab es dort 18 Gletscher, bis 1986 waren jedoch 75 Prozent der gesamten Eismasse des Massivs verschwunden und nur noch 11 geschrumpfte Gletscher übrig.[1]

Seit Beginn der Industrialisierung vor etwa 200 Jahren ist der Gehalt an CO_2 von 280 ppm auf über 400 ppm gestiegen, also auf mehr als 400 Millionstel Volumenanteile. Auf dem Gipfel der Zugspitze wurden im März 2020 genau 417,838 ppm gemessen. Und natürlich bedeutete diese Zunahme, wie zu allen Zeiten, dass es auf der Erde wärmer wurde. Weil das Klimasystem mit einer gewissen Trägheit reagiert, würden die Temperaturen selbst dann noch weiter steigen, wenn wir jetzt, in diesem Moment, damit aufhören würden, Kohlendioxid und andere Treibhausgase zu emittieren.

Während die Atmosphäre ihre Zusammensetzung also nicht zuletzt der Aktivität von Lebewesen verdankt, determiniert sie umgekehrt über das Klimasystem und die damit verbundene Verteilung von Feuchtigkeit, wo Organismen leben können. Jedes Lebewesen richtet sich in diesem klimabedingten Kontinuum ein, wie es seinen Fähigkeiten entspricht. Da das Klima keine Konstante, sondern natürlichen Schwankungen unterworfen ist, hat die Evolution dafür gesorgt, dass Tier- und Pflanzenarten diese Schwankungen in einem gewissen und für die jeweilige Art typischen Ausmaß tolerieren können. Die *Climate Change Biology* untersucht, wie Lebewesen und Lebensgemeinschaften reagieren, wenn diese Toleranzgrenzen überschritten werden und das Klima sich wandelt, in der Gegenwart, in der Vergangenheit und in der Zukunft. Beginnen wir mit Ersterer.

Wanderer

Wie verhalten wir uns, wenn es uns irgendwo nicht gefällt oder wenn wir uns unwohl fühlen, aus welchen Gründen auch immer? Wird es in der Sonne zu warm, begeben wir uns in den Schatten; langweilen wir uns an einem Ort zu Tode, suchen wir woanders Zerstreuung; finden wir in der ersten Stadt keine Arbeit, ziehen wir in eine zweite um. Kurz: Die naheliegendste Reaktion auf sich verschlechternde Lebensumstände ist es, andernorts nach besseren zu suchen – ein Prinzip, dem alle Lebewesen folgen, ja folgen müssen. Tiere benutzen dazu, wenn vorhanden, ihre Bewegungsorgane: Einzeller peitschen sich mit Geißeln oder Flimmerhärchen durchs Wasser, größere Tiere besitzen Beine, Flügel, Kriechsohlen oder Flossen, um sich fortzubewegen. Korallen, Seepocken und andere Tiere, die fest mit dem Untergrund verwachsen sind, schicken ihre Jugendstadien auf die Reise. Sie können sich frei im Wasser bewegen oder werden passiv als Plankton über weite Distanzen verdriftet.

Ich weiß, das klingt banal. Es kann aber nicht schaden, sich in unserem Zusammenhang vor Augen zu führen, wie wichtig die Fähigkeit zur aktiven Bewegung ist. Sie ist eines der elementaren Merkmale des Lebens. Wie Fortpflanzung und Stoffwechsel. Was lebt, bewegt sich (oder besitzt zumindest bewegliche Teile). Warum? Klar, Lebewesen müssen sich auf Nahrungs- oder Partnersuche begeben, vor Rivalen und Fressfeinden fliehen oder sich nach der Sonne ausrichten. Natürlich ist ein Gepard nicht ein so schneller Läufer geworden, um vor einer möglichen Dürre davonzulaufen. Er hat seine überragenden läuferischen Qualitäten erworben, um auch sehr schnelle Beutetiere jagen zu können und sich als Raubtier in Konkurrenz mit anderen Raubtieren in der Savanne zu behaupten.

Doch es geht hier nicht um solche speziellen Fähigkeiten, sondern um Grundsätzliches. Sogar Pflanzen und Pilze, die sich wie sesshafte Tiere nicht von der Stelle bewegen können, produzieren Samen, Früchte oder Sporen, die ihre feste Bindung an einen Standort aufheben und mithilfe von Wind, Wasser oder Tieren große Entfernungen überwinden. Was ist so wichtig daran, dass offenbar keine Pflanze und kein Tier darauf verzichten kann? Es gibt nur wenige Ausnahmen, etwa Gewächse, die sich im Normalfall nur über Wurzelausläufer vermehren; auch sie können sich aber, wenn es sein muss, geschlechtlich fortpflanzen und Samen produzieren.

Der Grund kann nur darin bestehen, dass Lebewesen jederzeit in der Lage sein müssen, neue Lebensräume zu besiedeln, denn in der Natur bleiben die Verhältnisse auf mittlere und lange Sicht selten so, wie sie einmal waren. Seen und Teiche trocknen aus, Ufer und Küsten werden überschwemmt, Wälder und Savannen gehen in Flammen auf, Berghänge rutschen zu Tal, Feinde und Konkurrenten entwickeln Fähigkeiten, die die eigene Existenz bedrohen, Vulkanausbrüche und kosmische Katastrophen sorgen für großflächige, mitunter globale Verwüstungen. Die Liste ließe sich endlos fortsetzen. Es gilt also auch, die guten Zeiten zu nutzen, um an möglichst vielen Orten gleichzeitig präsent zu sein, damit die Art im Katastrophenfall die Auslöschung einzelner Teilpopulationen überlebt. Oder rechtzeitig die Flucht zu ergreifen, um andernorts einen Neustart zu versuchen. Was lebt, bewegt sich – und besitzt deshalb die Fähigkeit, sich Orte und Umstände zu suchen, die bessere Lebensbedingungen bieten. Der sprichwörtliche Stein, den der stete Tropfen höhlt, besitzt diese Fähigkeit nicht. Und wird deshalb über kurz oder lang vergehen.

Kein Wunder, dass Lebewesen ein feines Sensorium entwickelt haben, um Veränderungen ihrer Umwelt zu erkennen. In einer kurzen Szene in Roland Emmerichs Klimakatastrophenthriller *The Day After Tomorrow* (2004) staunen die Filmhelden über riesige Schwärme großer und kleiner Vögel, die alle in der gleichen Richtung den New Yorker Central Park überfliegen. Im Film sagt keine der Personen etwas. Man sieht nur, wie sie staunen, und hört die Schreie der Vögel. Die Zuschauer aber, die mehr wissen als die Protagonisten, ahnen: Diese Vögel fliehen vor einem aus dem Norden herannahenden Schneesturmmonstrum, das die Stadt und alles, was in ihr lebt, zu schockfrosten droht. Bei Emmerich vollzieht sich eine Klimakatastrophe innerhalb von Tagen.

Glücklicherweise bleibt uns ein wenig mehr Zeit, und dass Vögel unterschiedlichster Art derart kollektiv die Flucht ergreifen würden, ist wohl auch zu bezweifeln. Doch einen wahren Kern enthält diese Szene schon.

Frühzeitig reagieren zu können, entscheidet über Leben und Tod, über die Fortexistenz einer Art oder ihr unwiderrufliches Aussterben. In erdgeschichtlichen Zeiträumen betrachtet ist der Wandel, also auch der Klimawandel, die Normalität, etwas, das jederzeit hereinbrechen kann, im Kleinen wie im Großen. Und jeder Wandel, jede Katastrophe bietet ja auch neue Chancen, die rasch genutzt werden müssen, bevor andere zur Stelle sind.

Soweit das in ihrer Macht steht, sind Lebewesen also vorbereitet. Sie sitzen gewissermaßen auf gepackten Koffern, sind immer auf dem Sprung. Was sie aus eigener Kraft tun können, um sich den Veränderungen anzupassen, das werden sie tun. (Ob es reichen wird, um zu überleben, ist eine andere Frage.) Überall dort, wo Umweltbedingungen sich über einen längeren Zeitraum ändern, sollte das deshalb zu einer auffälligen Dynamik führen, die über das normale Maß hinausgeht. Und natürlich gilt auch das Umgekehrte: Wenn aufmerksame Beobachter Migrationsbewegungen und Verschiebungen der Verbreitungsgrenzen in ungewöhnlichem Ausmaß registrieren, können sie daraus Rückschlüsse auf gravierende Veränderungen in den ursprünglichen Lebensräumen ziehen.

Genau diese Situation erleben wir gegenwärtig. Die Tatsache, dass die Verbreitungsareale von Pflanzen- und Tierarten weltweit in Bewegung geraten sind, ist neben den Messdaten der Meteorologen der überzeugendste Beweis dafür, dass die Erde einen globalen Klimawandel erlebt. Der Zusatz »global« ist dabei sehr wichtig, denn der Umstand, dass diese Vorgänge überall in der Welt beobachtet werden, unterscheidet das, was wir gegenwärtig erleben, von nur lokal oder regional wirksamen Phänomenen wie der Kleinen Eiszeit, die sich erst im pazifischen Raum und von etwa 1400 bis 1800 n. Chr. vor allem in Europa bemerkbar machte und dort für eisige Winter und verregnete Sommer sorgte.[2]

Nicht selten werden Forscherinnen und Forscher, die draußen im Freiland ihrer Arbeit nachgehen, überrascht, weil sie Tieren begegnen, mit denen sie nicht gerechnet haben. Glücklicherweise sind diese Begegnungen nicht immer so gefährlich wie auf Cooper Island, einer Insel vor der Nordküste Alaskas, wo mehr als zwei Dutzend hungrige Eisbären, die früher nur vereinzelt in der Ferne zu sehen gewesen waren, vier Nächte lang die Zelte eines Wissenschaftlercamps belagerten, weil das Eis ringsum geschmolzen war. Heute kann man sich auf der Insel nur noch mit einem geladenen Gewehr bewegen.[3]

Robert Curry, ein Biologe von der Villanova University in Pennsylvania, untersuchte zwei amerikanische Meisenarten, eine südliche und eine nördliche, deren Verbreitungsgebiete in einem mehrere Kilometer breiten Streifen quer durch die Vereinigten Staaten überlappen. Ihn interessierte, warum und mit welchen Konsequenzen die beiden Arten dort hybridisieren. Zu diesem Zweck hatte er 1998 Untersuchungsareale ausgewählt, von denen einige in der Überlappungszone, andere in den von nur einer der beiden Arten bewohnten Gebieten lagen. Alles ging seinen Gang, bis den Forschern fünf Jahre später plötzlich im Norden der Gesang einer Meise entgegenschallte, die eindeutig aus dem Süden stammte. Hatte sich das Tier verirrt?

Die nördliche Verbreitungsgrenze der südlichen Carolina-Meise wird durch niedrige Wintertemperaturen gesetzt. Die kalte Jahreszeit war aber seit Jahren ungewöhnlich mild ausgefallen. Durch einen Vergleich mit historischen Daten ermittelten die Forscher, dass sich das Zentrum der Überlappungszone innerhalb eines Jahrzehnts um mehr als elf Kilometer nach Norden verschoben hatte.[4]

Currys Versuchsdesign war damit hinfällig. Um sicher in einem Gebiet mit reinen Beständen der nördlichen Art arbeiten zu können, mussten die Untersuchungsflächen um 24 Kilometer verlegt werden. Für die Forscher bedeutete das in erster Linie, dass sie mehr Zeit aufwenden mussten, denn ihre Fahrtzeiten verlängerten sich erheblich. Robert Curry rechnete aus, dass die Nordverschiebung der Hybridzone ihnen pro Jahr 160 Stunden an zusätzlicher Freilandarbeit aufhalste.[5]

Auch die Arbeit des britischen Ökologen Chris Thomas von der University of York ist durch den Klimawandel komplexer geworden – und teurer. Thomas forscht über den Komma-Dickkopffalter (*Hesperia comma*), ein 1982, als sein Forschungsprojekt begann, recht wählerischer Schmetterling, der in Großbritannien nur an wärmebegünstigten Südhängen zu finden war. Das änderte sich Ende der 1990er-Jahre, als der stattliche Falter plötzlich an West- und Osthängen auftauchte, wo es schattiger ist und die Vegetation üppiger. Mittlerweile fühlt er sich sogar an einigen Nordhängen wohl, und Thomas braucht statt einem nun zwölf Mitarbeiter, um das ganze Gebiet zu überwachen, Leute, die natürlich bezahlt werden müssen. Ein Kollege hilft ihm, die Temperaturverteilung in seinem Untersuchungsgebiet zu modellieren. »Der eigentliche Wert solcher Untersuchungen besteht darin, sie immer weiterlaufen zu lassen, um diese langfristigen Veränderungen zu verstehen«, sagt Thomas. Also macht er weiter – solange ihm niemand den Geldhahn zudreht.[6]

Natürlich spielen sich ähnliche Phänomene auch unter ›normalen‹, nur mäßig schwankenden klimatischen Bedingungen ab. Wärmere Jahre erlauben kälteempfindlichen Arten ein Vordringen nach Norden, kalte Jahre führen zum Rückzug, sodass das ganze Verbreitungsgebiet, könnte man es über Jahre und Jahrzehnte im Zeitraffer betrachten, pulsieren würde, ohne seinen geografischen Schwerpunkt zu verlagern. Weisen die Veränderungen aber über längere Zeit einen eindeutigen Trend auf, dann können die Grenzen sich verschieben.

Doch obwohl die Temperatur zweifellos großen Einfluss auf Tier- und Pflanzenarten hat, ist sie nicht der einzige Faktor, der über ihre Verteilung entscheidet. Die Feuchtigkeit spielt eine Rolle. Konkurrenten, Parasiten, Fressfeinde und das Fehlen wichtiger Nahrungspflanzen könnten eine weitere Ausbreitung erschweren und vieles andere mehr.

Es ist das Kernproblem der *Climate Change Biology*: Sie untersucht den Einfluss eines hochkomplexen Geschehens, des Klimas, auf hochkomplexe Tier- und Pflanzengemeinschaften. Und die sind natürlich einer Vielzahl von Einflussfaktoren ausgesetzt. Die Frage, die die Forscher beantworten wollen und die von der Öffentlichkeit mit zunehmender Dringlichkeit gestellt wird, lautet aber: Wie groß ist der Anteil des Klimawandels an einem konkreten Ereignis, an einer konkreten Entwicklung?

Für einige extreme Wetterkapriolen konnte diese Frage schon beantwortet werden. Die Attributionswissenschaft, die Wetterereignisse dem Klimawandel ›zuzuordnen‹ versucht, hat in den letzten Jahren große Fortschritte gemacht und in einigen Fällen, etwa bei Hitzewellen wie jüngst in Sibirien, bereits wenige Tage nach dem Ereignis Resultate geliefert. Meist – aber durchaus nicht immer – kam heraus, dass der Klimawandel die Wahrscheinlichkeit eines solchen Ereignisses deutlich erhöht hat. Eine der wichtigsten Vertreterinnen dieser jungen Wissenschaft ist die an der Universität Oxford arbeitende Klimatologin Friederike Otto, eine geborene Kielerin.

Man braucht für diese Analysen allerdings große meteorologische Datensätze, Aufzeichnungen, die für die betroffenen Gebiete Jahrzehnte zurückreichen. In der Biologie ist so etwas selten. »In der natürlichen Welt ist die Zuordnung kein leichtes Unterfangen«, schreibt Camille Parmesan, eine der führenden Forscherinnen auf dem Gebiet der *Climate Change Biology*. »Der Übergang von der Korrelation hin zur kausalen Begründung ist besonders schwer zu erreichen.«[7]

Um die Aussagekraft ihrer Ergebnisse zu erhöhen, wird auf möglichst vielen Ebenen nach Belegen gesucht. Das reicht von paläontologischen Befunden über Laborstudien bis hin zu direkten Beobachtungen. Je mehr Indizien auf diese Weise zusammenkommen, desto sicherer können die Forscher sein, dass ihre Interpretation zutrifft. Hundertprozentige Beweise sind in der Biologie ohnehin eher selten.

Was Forscher über den Zusammenhang von steigenden Temperaturen und Verbreitungsmustern in Erfahrung gebracht haben, kommt einem Beweis schon nahe. Denn im Wesentlichen kennen die beobachteten Veränderungen nur zwei Richtungen: polwärts und bergauf – und folgen damit den in gleicher Richtung verschobenen Isothermen. Dies war zum Beispiel der Fall bei 275 von fast 330 untersuchten Tierarten in Großbritannien: So unterschiedliche Wesen wie Säugetiere, Vögel, Schmetterlinge, Fische, Tausendfüßer, Spinnen und Libellen haben ihre Verbreitungsgebiete dort im Verlauf von wenigen Jahrzehnten um bis zu 60 Kilometer nach Norden verschoben, mit einer Geschwindigkeit von 14 bis etwa 25 Kilometer pro Dekade. Das sind beträchtliche Verschiebungen innerhalb nur weniger Generationen.[8] Vergleicht man verschiedene geografische Regionen, sind die beobachteten Veränderungen umso ausgeprägter, je stärker die Temperaturen in den ursprünglichen Verbreitungsgebieten gestiegen sind.[9]

In bergigem Gelände kommen viele dieser Arten nun auch in größerer Höhe vor, allerdings ist Großbritannien kein Gebirgsland. In der Schweiz sind die Temperaturen seit 1959 in Berg und Tal um 0,35 Grad gestiegen, fast doppelt so stark wie im Durchschnitt der nördlichen Hemisphäre.[10] Und auch hier bewegen sich Pflanzen, Vögel und Schmetterlinge die Berghänge hinauf. Untersuchungen in Chile und in tropischen Lebensräumen wie Hongkong und Borneo zeigen das gleiche Phänomen.[11]

Mittlerweile existieren mehrere umfangreiche Studien, in die Hunderte von Einzeluntersuchungen eingeflossen sind.[12] Sie belegen, dass sich diese Wanderungsbewegungen auf der ganzen Welt abspielen. Von einigen Tausend Arten, für die über viele Jahre Daten vorliegen, hat sich etwa die Hälfte während der vergangenen Jahrzehnte polwärts und/oder bergauf bewegt, darunter wiederum die unterschiedlichsten Lebewesen von der Bergblume bis zum Seeigel. Diese Gleichförmigkeit der Reaktionen, ob in Großbritannien, im tropischen Nebelwald oder im offenen Ozean, überraschte selbst die Fachleute. Der Einfluss des Klimawandels sei so stark, stellt Camille Parmesan fest, dass »ihn die sichtbareren Aspekte des menschlichen Einflusses auf die Artenverteilung, wie der Verlust von Lebensräumen, nicht überlagern«.[13] In einem Interview mit dem britischen *Guardian* zeigte sie sich schockiert über »die Allgegenwärtigkeit des Klimawandels. Wir sehen überall Veränderungen, in jedem Land und in jedem Ozean. Wir hätten erwartet, dass wir einige Regionen oder Organismengruppen finden würden, die stabil sind, aber wir finden keine. Wir sehen Veränderungen, die viel schneller vonstattengehen, als ich es noch vor zehn Jahren vermutet habe.«[14]

Allerdings scheinen sich viele Organismen nicht so weit zu bewegen, wie sie es müssten, um weiterhin in ihrem gewohnten Temperaturbereich leben zu können.[15] Haben sie zu spät reagiert und hinken den Veränderungen nun hinterher? Vielleicht bestand für manche Arten keine Notwendigkeit, ihr Siedlungsgebiet zu verschieben, etwa weil sie die Veränderungen tolerierten.

Oder weil sie etwas daran hinderte. Im Gebirge können Tier- und Pflanzenarten nicht beliebig weit in die Höhe ausweichen, da sie irgendwann auf nackten Fels oder den Gipfel stoßen. Sie befinden sich in einer Sackgasse. Und der Weg zum nächsten Berg ist weit und für Bergbewohner nicht selten unüberbrückbar.

Nahe der Baumgrenze haben Schweizer Forscher auch den gegenteiligen Effekt beobachtet.[16] Statt weiter bergauf zu wandern, haben einige Pflanzenarten die entgegengesetzte Richtung eingeschlagen. Für sie ist das Mikroklima an ihrem Wuchsort entscheidend, und das kann erheblich von der Lufttemperatur abweichen. Aufgrund der abwechslungsreichen Topografie im Hochgebirge findet sich für die kleinen hochalpinen Gewächse meist schon in wenigen Metern Entfernung ein neues geeignetes Habitat: im Schatten eines Felsens, in Spalten und Rissen. Deshalb müssen sie keine großen Entfernungen überbrücken. Ob das bei weiter steigenden Temperaturen auch in Zukunft so sein wird, bleibt allerdings abzuwarten. Vielleicht sind sie in größerer Höhe auch auf starke Konkurrenz durch andere Pflanzen gestoßen. Die Wanderer dringen ja nicht in leere Räume vor. In der Regel sind viele der Standorte, die für sie geeignet wären, schon besetzt.

Auch im Flachland können Tiere und Pflanzen, die den steigenden Temperaturen polwärts ausweichen, auf Grenzen und Barrieren stoßen, die für sie unüberwindlich sind. Die Erde des 20. und 21. Jahrhunderts hat ein vollkommen anderes Aussehen als zu Zeiten früherer Klimaveränderungen. 50 bis 70 Prozent des Festlands sind durch menschliche Aktivitäten mehr oder weniger stark verändert worden, ein Großteil davon trägt keine natürliche Vegetation mehr.[17] Die Möglichkeit, sich ungehindert in jede Richtung zu bewegen, ist deshalb für viele Lebewesen nicht mehr gegeben. Natürlich stellten Gebirgszüge schon immer ein massives Ausbreitungshindernis dar, etwa die Alpen, die Tieren und Pflanzen im Wege waren, die während der Eiszeiten vor den anrückenden Gletschern aus Mitteleuropa nach Süden strebten. Nach dem Abtauen der Eismassen behinderten sie auch deren Vorstoß Richtung Norden. Gebirge, Wüsten, Ströme, Seen, dichte Wälder und Moore – für so manche Art, die sich nicht in die Luft erheben konnte, um Hindernisse und für sie unwirtliche Lebensräume zu überfliegen, gab es auch in Zeiten ohne menschlichen Fußabdruck mitunter kein Weiterkommen.

Doch heute stoßen Lebewesen auf ihrer Suche nach neuen Lebensräumen zusätzlich auf riesige mit Bioziden behandelte Ackerflächen oder Plantagen, wo, so weit man blicken kann, nur eine einzige Pflanzenart gedeiht. Sie treffen auf versiegelte, von rasend schnellen Maschinen befahrene Straßen, die die Landschaft durchschneiden, und auf urbane Ballungszentren, die immer gewaltigere Ausmaße annehmen. Eine Metropole wie Moskau ist größer als der Harz, auch das viel kleinere Berlin hat in Ost-West-Richtung eine Ausdehnung von 45 Kilometern. Naturnahe Gebiete sind heute in großen Teilen der Welt nur noch Inseln in einer vom Menschen überprägten Landschaft.

Wie diese Fragmentierung sich auf das Migrationsverhalten von Wildtieren auswirkt, kann man für die meisten Arten nur erahnen. Dass eine so beschaffene Welt dem Bewegungsdrang engere Grenzen setzt, scheint offenkundig; es gab jedoch kaum Untersuchungen, die diese Vermutung mit harten Fakten stützen. Fast 100 Wissenschaftlerinnen und Wissenschaftler aus der ganzen Welt haben kürzlich versucht, diese in Zeiten des Klimawandels sehr unbefriedigende Situation zu beenden.[18] Mithilfe des *Global Positioning System* (GPS) wurden in bestimmten Zeitintervallen die Aufenthaltsorte markierter Säugetiere bestimmt und daraus die Distanzen ermittelt, die diese Tiere zurückgelegt hatten; dies wiederum wurde in Beziehung zum Grad der menschlichen Beeinflussung des jeweiligen Lebensraumes gesetzt. Das Spektrum der ›ausspionierten‹ 57 Tierarten war enorm, es reichte von afrikanischen Zebras und Giraffen über amerikanische Schakale und Grizzlybären bis hin zu asiatischen Taiga-Antilopen und europäischen Feldhasen, von Riesen wie den Afrikanischen Elefanten bis zu Zwergen wie den Kleinwühlmäusen, von Löwen bis zu Wildkatzen.

Betrachteten die Forscher längere Zeitintervalle, in denen die Tiere entsprechend größere Entfernungen überbrückt haben, waren die Ergebnisse eindeutig: Je massiver der menschliche Einfluss, desto kleiner der Aktionsradius. In ungestörten Lebensräumen legten die Tiere das Zwei- bis Dreifache an Strecke zurück. Innerhalb kürzerer Zeitintervalle ergab sich kein signifikanter Unterschied. Offenbar stört der die Landschaft prägende Einfluss des Menschen vor allem die Wanderungsbewegungen über größere Distanzen, also genau das Verhalten, das als Reaktion auf klimatische Veränderungen erforderlich wäre.

Natürlich kann es viele Gründe geben, warum ein Tier sich weniger oder mehr bewegt. Die Fragmentierung und Veränderung der Landschaft wirkt sich in erster Linie als Hindernis aus, aber es gibt auch den gegenteiligen Effekt: Manche Tiere laufen keine weiten Wege, weil Nahrung im Überfluss existiert und sie nicht lange danach suchen müssen. Paradoxerweise gilt das auch und gerade für einige, die in besonders stark gestörten Gebieten leben, den Städten. Man denke nur an Füchse und Amseln, die in urbaner Umgebung viel kleinere Reviere beanspruchen als ihre Verwandten auf dem Land und trotzdem mehr Nachkommen erzeugen. Sie leben in einem menschengemachten Schlaraffenland.[19]

Für die meisten Wildtierarten gilt das jedoch nicht. Ihr Lebensraum verwandelt sich mehr und mehr in eine Art Freilandgefängnis, das von für sie lebensfeindlichen und unpassierbaren Gebieten umgeben ist und dessen Fläche immer weiter zusammenschrumpft. Dabei geht es nicht nur um das Überleben der Individuen oder einzelner Arten. »Tierbewegungen sind essenziell für das Funktionieren von Ökosystemen, denn sie fungieren als mobile Verbindungsglieder«, resümieren die Forscher.

Sie sorgen für den Austausch von Genen zwischen Teilpopulationen und »sind entscheidend für Schlüsselprozesse wie die Verbreitung von Pflanzensamen und die Dynamik von Nahrungsnetzen«. Ziel müsse es daher sein, durch Grünkorridore und die Vernetzung von Schutzgebieten »die Durchlässigkeit der Landschaft zu erhalten«.[20]

In Meeren und Ozeanen

Unter Wasser gibt es derartige Hindernisse nicht. Da die Küstengewässer heute sauberer sind als noch vor 20 oder 30 Jahren, hat sich die Situation sogar verbessert. Fische und andere Meerestiere können mehr oder weniger schwimmen, wohin sie wollen oder wohin die Strömung sie treibt.

Für Fische, die am Meeresboden leben, gilt das allerdings nur bedingt. Während bergbewohnende Lebewesen auf der Suche nach kühleren Temperaturen in die Höhe streben, zieht es bodenlebende Fische in die Tiefe. Britische, kanadische und norwegische Wissenschaftler ermittelten 2008, dass die Bodentemperaturen in der winterlichen Nordsee seit 1980 um 1,6 Grad Celsius gestiegen sind. In der gleichen Zeit hat sich die gesamte Gemeinschaft der bodenlebenden Fische in tiefere Gewässer zurückgezogen, mit einer Geschwindigkeit von 3,6 Metern pro Jahrzehnt.[21]

Doch wie die meisten Tiere im Hochgebirge an Grenzen stoßen, so ergeht es auch den bodenlebenden Fischarten im Meer: Irgendwann können sie nicht in noch größere Tiefen ausweichen, weil der Druck zu groß wird. Oder weil es diese Tiefen mit für sie erträglichen Wassertemperaturen in weitem Umkreis gar nicht gibt. Die Nordsee, um nur ein Beispiel zu nennen, ist ein Schelfmeer und nirgendwo tiefer als 200 Meter (abgesehen von der Norwegischen Rinne im Skagerrak). Am Kontinentalrand fällt der Meeresboden dann relativ steil gleich um mehrere Hundert Meter ab. Wenn die Tiere sich physiologisch nicht an die höheren Wassertemperaturen anpassen, könnte es für einige in Zukunft problematisch werden.

Besonders empfindlich sind Eier und Jungfische. Sie tolerieren nur einen relativ engen Temperaturbereich und dürften die kritischen Entwicklungsstadien sein, die über Wohl und Wehe einer Fischart entscheiden – neben der Befischung durch die Trawlerflotten der Menschen natürlich. Noch liegen die Laichgründe des Kabeljaus in Meeresgebieten, in denen die Temperaturen sich nah am Optimum für die Embryonalentwicklung halten. Computermodelle sagen jedoch voraus, dass der Atlantische Kabeljau weiter nach Norden wandern und bei fortdauernder Erwärmung südlich des Polarkreises nicht mehr laichen wird. Doch hoch im Norden wäre er nicht allein, denn dort liegt das Reich des Polardorschs, eines nahen Verwandten, und die beiden werden zunehmend in Konkurrenz geraten. Dem kleineren Polardorsch droht also weitere Unbill. Als spezialisierte Kaltwasserart hat er schon mit dem Verschwinden der Eisdecke zu kämpfen, die seinem Nachwuchs Schutz bietet, und leidet besonders unter steigenden Wassertemperaturen. Liegen diese oberhalb von nur drei Grad Celsius, beginnen seine Eier zu sterben. Ein Abwandern oder Rückgang dieser nördlichen Dorscharten hätte nicht nur gravierende sozioökonomische Konsequenzen für die Menschen. Gerade der Polardorsch und seine Jugendstadien sind auch eine wichtige Nahrungsquelle für Seevögel und Säugetiere. Die Folgen wären durch die gesamte Nahrungskette spürbar.[22]

Generell wirkt sich die Erwärmung der Atmosphäre jedoch vor allem in der Oberflächenschicht des Wassers und in Meeresgebieten geringer Tiefe aus. Deshalb bewegen sich viele der dort lebenden Organismen wie der Kabeljau polwärts in kühlere Gewässer. Die dabei in den Ozeanen überbrückten Distanzen sind mit im Mittel 72 Kilometern pro Dekade deutlich größer als an Land, was auf den ersten Blick überrascht, denn das Meerwasser erwärmt sich langsamer als das Festland. Da der Temperaturgradient aber flacher verläuft, »muss sich ein Fisch viel weiter polwärts bewegen, um dieselbe Umgebungstemperatur zu erhalten, als ein kleines Säugetier an der nahe gelegenen Küste (bei gleicher geografischer Breite)«, erläutert Camille Parmesan.[23]

Im gesamten Nordostatlantik, den manche Ozeanografen scherzhaft »Brühkessel« nennen[24], weil er sich deutlich stärker erwärmt hat als der globale Durchschnitt der Weltmeere, führt diese Wanderungsbewegung zu drastischen Veränderungen der Fauna. Immer wieder gab es Meldungen über exotische Fischarten, die im kalten Nordatlantik plötzlich in den Netzen erstaunter Fischer zappelten. Britische Wissenschaftler starteten deshalb eine groß angelegte Studie[25], um diese sporadischen Berichte mit wissenschaftlichen Daten zu unterfüttern. Ihre Analyse umfasste ein riesiges Gebiet des europäischen Kontinentalschelfs, rund 1,2 Millionen Quadratkilometer, und stützte sich nicht auf die Fänge der kommerziellen Fischerei, sondern auf über 25 500 Probennahmen mit dem Bodenschleppnetz, die man im Verlauf von fast 30 Jahren zur Überwachung und Erforschung der Fischbestände durchgeführt hatte. In die Berechnungen gingen mehr als 100 Millionen Fische aus 177 Arten ein. Davon zeigten 72 Prozent eine deutliche Reaktion auf die steigenden Wassertemperaturen: Viele Arten verlagerten ihren geografischen Schwerpunkt. In der Nordsee und vor der Südwestküste Norwegens werden nun immer mehr Fischarten gefangen, die früher nur in wärmeren Gewässern vor der Küste Portugals und im Golf von Biskaya zu Hause waren.

Deutlich wurde dabei auch, dass eine Betrachtung der Wanderungsbewegungen allein nicht die ganze Dynamik der Veränderungen in den Ozeanen erfasst. Die innere Struktur der Lebensgemeinschaften wandelt sich. Arten, die früher selten oder nur sporadisch gefangen wurden, füllen nun in immer größerer Zahl die Netze der Fischer. Vor der nordfriesischen Küste ist die Zahl der jungen Sardellen regelrecht explodiert. Sie unterscheiden sich genetisch von den Biskaya-Sardellen, stammen also vermutlich von einer kleinen Nordseepopulation ab, die sich unter den jetzt günstigeren Bedingungen stark vermehrt hat. Ehemals typische Arten wie Glattrochen, Dornhai und Schellfisch gehen dagegen zurück.[26]

Fischereiwirtschaft und Verbraucher werden sich umstellen müssen, denn bisher hat man angesichts der neuen exotischen Fischgestalten eher das Gesicht verzogen. »Unbekannt macht eben unbeliebt«, kommentierte der *Spiegel* lakonisch. Der Rote Knurrhahn, ein Fisch von spektakulärem, aber gewöhnungsbedürftigem Äußeren, wurde für Cent-Beträge verschleudert, weil niemand ihn haben wollte. Aber das ändert sich. »Meistens landeten die Fische als Köder in den Hummerfallen«, berichtete der *Spiegel*. »Jetzt ist ihr Marktwert schon auf das Zehnfache gestiegen.« Für Stephen Simpson, den Leiter der britischen Studie, steht fest: »Die Erweiterung unseres Geschmacks wird beim Umgang mit dem Wandel eine wichtige Rolle spielen.«[27]

Die Lebensgemeinschaften in der Nordsee und angrenzenden Meeresgebieten ändern sich fundamental, für die Fischereiwirtschaft muss diese Entwicklung aber nicht grundsätzlich von Nachteil sein. Einige größere Arten, die bislang die Netze gefüllt haben, werden wohl aus der Nordsee verschwinden oder seltener werden, dafür kommen aber neue, meist kleinere Arten dazu, und unter diesen sind einige echte Delikatessen – der Wolfsbarsch zum Beispiel, auch unter dem Namen *Loup de Mer* bekannt, früher ein seltener Sommergast. Auch Nordsee-Sardinen, -Sardellen, -Doraden und -Meeräschen könnten den Speisezettel bereichern.[28] Für die vermehrt in der Nordsee auftauchenden Seepferdchen gilt das eher nicht.

Die vielleicht ungewöhnlichsten Zuwanderer in der Nordsee sind die Tintenfische. Sie nehmen überall in der Welt stark zu, vermutlich weil der kommerzielle Fischfang ihre Feinde und Konkurrenten dezimiert hat.[29] Wärmeres Wasser scheint ihre Ausbreitung zusätzlich zu begünstigen. Tintenfische, die selten länger als zwei oder drei Jahre leben, wachsen ohnehin sehr schnell; nun legen sie noch schneller zu, weil die höheren Temperaturen ihren Stoffwechsel ankurbeln. Ähnlich wird im Übrigen auch der deutliche Zuwachs an Quallen begründet, die von manchen als »Leuchtfeuer des Klimawandels« bezeichnet werden, weil sie besonders sensibel auf Veränderungen der Umwelt reagieren.[30] Wir werden darauf noch zurückkommen.

Nun sind es also auch in der Nordsee die Tintenfische, die viele der Kleintiere fressen, darunter nicht zuletzt die Nachkommen ihrer eigenen Feinde, der größeren Raubfische – ein Teufelskreis, der den Veränderungsprozess weiter vorantreiben wird. Obwohl schon immer einige Tintenfischarten, vor allem die zehnarmigen pfeilförmigen Kalmare der Gattung *Loligo*, in der Nordsee lebten, waren sie noch in den 1980er- und 1990er-Jahren kaum mehr als ein lokal auftretender unbedeutender Beifang in den Netzen der Trawler. Das hat sich geändert. Heute sind sie nahezu flächendeckend in der gesamten Nordsee verbreitet; neue Arten, wie der zu den Fliegenden Kalmaren gehörende *Illex coindettii*, sind dazugekommen, und ihre Zahl ist, bei starken Schwankungen, so groß geworden, dass sich in den Niederlanden die ersten Fischer bereits auf den Fang von Tintenfischen spezialisiert haben.[31]

Es handelt sich nicht mehr nur um Zuwanderer. *Illex coindettii* zumindest, bisher aus dem Mittelmeer und von beiden Atlantikküsten bis hinauf nach Galizien bekannt, pflanzt sich in der Nordsee fort. Kürzlich wurden erstmals Weibchen gefangen, die befruchtet waren und Eier gelegt hatten. Ob sich tatsächlich schon ein eigener Nordsee-Bestand etabliert hat, ist unklar.[32]

Durch Kattegat und Skagerrak umschwimmen die neuen Nordseefischarten Jütland, sodass Sardellen, Sardinen, Doraden, Meerbarben und Meeräschen mittlerweile auch in der Ostsee auftauchen, die historisch gesehen erst südlich der dänischen Inseln beginnt. Im Sommer sieht man Schwärme von Dicklippigen Meeräschen (*Chelon labrosus*), die in den Ostseehäfen den Algenbewuchs der Hafenbefestigungen abweiden. Angler und Forschungsschiffe zogen sogar schon einige Kalmare aus dem brackigen Ostseewasser, was vor allem bei Ersteren für große Verwunderung sorgte.

Als relativ flaches Binnenmeer, das nur in begrenztem Maße Wasser aus der Nordsee erhält, wird sich die Ostsee stärker erwärmen als die großen Wassermassen im Westen. Sie böte wärmebedürftigen Fischarten also ein potenzielles Zuhause, wäre da nicht ihr geringer Salzgehalt. Klimaforscher erwarten, dass über den angrenzenden Festlandsmassen in Zukunft mehr Regen niedergehen wird, sodass der Salzgehalt des Ostseewassers noch weiter sinken wird. Ob und welche Meeresfischarten unter diesen Bedingungen dauerhaft in der Ostsee leben können, bleibt abzuwarten. Tintenfische werden wahrscheinlich nicht dazugehören.

Gewinner und Verlierer

Auch an Land gilt, dass die klimabedingten Veränderungen, die uns bevorstehen, für Lebewesen nicht in jedem Fall nur von Nachteil sein müssen, schon gar nicht in unseren gemäßigten Breiten. Josef H. Reichholf hat deshalb sowohl in seinem Buch über die Klimageschichte des letzten Jahrtausends als auch in mehreren ausführlichen Interviews darauf hingewiesen, dass es »die Kaltzeiten [waren], in denen wir und andere Teile der Welt von den großen Katastrophen heimgesucht wurden. Nicht die Warmzeiten«.[33] Sicher hat er damit bei nicht wenigen Lesern angesichts der apokalyptischen Prognosen, die auf uns einprasseln, Verwunderung ausgelöst.

Das Land Nordrhein-Westfalen hat durch das Institut für Landschaftsökologie in Münster eine Studie[34] erstellen lassen, in der die zu erwartenden Folgen des Klimawandels für die Tier-

und Pflanzenwelt der Region untersucht wurden. Das Ergebnis: Während knapp die Hälfte der Tierarten gar nicht tangiert werden dürfte, wird jeweils etwa ein Viertel in negativer oder positiver Weise davon betroffen sein. Besonders die wärmeliebenden Reptilien werden profitieren, desgleichen Rastvögel, Heuschrecken und Libellen. Bei den Pflanzen hingegen übertrifft die Zahl der Profiteure (20 %) die der Leidtragenden (12 %) deutlich, für zwei Drittel der Pflanzenarten erwarten die Forscher keinen Einfluss.

Unter dem Strich ist in unseren Breiten und den kommenden Jahrzehnten also eher mit einer Erhöhung der Artenvielfalt zu rechnen. Tatsächlich haben Biologinnen und Biologen einen Anstieg lokaler Biodiversität besonders im nördlichen und östlichen Europa nachgewiesen, wobei von Organismengruppe zu Organismengruppe große Unterschiede bestehen. Sie erklären diesen Befund mit den durch den Klimawandel ausgelösten polwärtigen Verschiebungen der Verbreitungsgebiete.[35]

Für große Teile unseres Planeten gilt diese vergleichsweise optimistische Einschätzung sicher nicht. Und natürlich wird es auch bei uns Verlierer geben, die Amphibien zum Beispiel. Viele sind auf kleine Gewässer angewiesen, die bei Trockenheit rasch verschwinden. Nach Auskunft des Landesumweltamtes sind die Bestände in Brandenburg durch die Dürre der Jahre 2018 bis 2020 »regional differenziert« schon um bis zu 80 Prozent zurückgegangen. Thomas Frey, der Sprecher des Amtes, bezeichnete diese Einbrüche bei den Amphibien zum Teil als »irreversibel«. Auch viele Muscheln, Schnecken, Fische und Säugetiere werden Probleme bekommen.

Außerdem ist der Zeithorizont zu beachten: Wie viele andere Prognosen dieser Art betrachtet die nordrhein-westfälische Studie nur die Entwicklung bis 2050, blickte also zum Zeitpunkt ihrer Veröffentlichung im Jahr 2009 nur 40 Jahre in die Zukunft – aus heutiger Sicht ist diese Zukunft nur noch eine Menschengeneration entfernt. Die Studie beschreibt, was in den kommenden Jahren zu erwarten ist. Aus pragmatischer Sicht mag das sinnvoll sein; was die Folgen des Klimawandels angeht, ist es jedoch viel zu kurz gedacht. Die Temperaturen werden noch lange nach 2050 weiter ansteigen, deshalb kann der in der NRW-Studie prognostizierte Zustand nicht von Dauer sein. Er beschreibt bestenfalls ein Stadium des Übergangs, und wer in dieser Phase vorübergehend profitiert, muss nicht unbedingt auch auf längere Sicht die Nase vorn haben.

Bleiben wir noch für einen Moment beim Positiven. Wenn sich (auf der Nordhalbkugel) die nördliche Verbreitungsgrenze einer Tier- oder Pflanzenart polwärts verschiebt, die Südgrenze jedoch nicht oder nur in geringerem Maße, dann vergrößert sich das von ihr bewohnte Areal. Die Art profitiert also vom Klimawandel, sie gehört zu den Gewinnern.

Forscherinnen und Forscher des British Trust for Ornithology haben sich die heutigen Vorkommen von 80 britischen Brutvogelarten unter diesem Gesichtspunkt genau angesehen. Und tatsächlich: Da ihre südlichen Grenzen mehr oder weniger geblieben sind, wo sie waren, haben sich die Verbreitungsgebiete (im Mittel aller Arten) seit 1994 vergrößert. Die Vogelkundler werten dies allerdings als kurzfristige Reaktion der Tiere, als Momentaufnahme eines Prozesses, der noch lange nicht zum Abschluss gekommen ist. Während im Norden primär die Temperatur eine weitere Ausbreitung der Vögel begrenzt, spielen am Südrand andere Faktoren die Hauptrolle, vor allem eine veränderte Interaktion der Arten untereinander, die sich erst mit Verzögerung auswirkt.[36]

Was das konkret bedeutet, illustrieren die kleinen Säugetierarten des berühmten Yosemite National Park im Westen der USA. Craig Moritz von der University of California in Berkeley und seine Kollegen wiederholten dort eine Untersuchung, die bereits 100 Jahre zuvor von dem bekannten Zoologen Joseph Grinnell durchgeführt worden war.[37] Vom Tiefland bis hinauf zu einer Höhe von 3300 Metern hatten Grinnell und Kollegen in einem festgelegten Areal, dem sogenannten »*Yosemite Transect*«, Mäuse und andere kleine Säugetiere gefangen, um deren Verteilung im Höhenprofil zu ermitteln. Ihre damals wegweisende Arbeit führte zum Konzept der »ökologischen Nische« und lieferte wichtige Erkenntnisse über den Einfluss der Temperatur auf die Verteilung von Lebewesen.

28 Arten, darunter Rotzahnspitzmäuse, Feld- und Hirschmäuse, Pfeifhasen, Taschenratten und Streifenhörnchen, haben die Ost- und Westhänge des Gebirges auf einer Strecke von 140 Kilometern unter sich aufgeteilt – damals wie heute. Doch während die Artenvielfalt insgesamt weitgehend unverändert blieb, hat sich erheblich verändert, wer im Höhengradienten wo anzutreffen ist. Nach allem, was wir gehört haben, ist es keine Überraschung, dass viele Arten heute in größerer Höhe leben als vor 100 Jahren. Die Arten, die damals eher am Fuß der Berge zu finden waren, haben ihre Verbreitungsgebiete im Durchschnitt um 500 Höhenmeter bergauf ausgedehnt. Auch für sie ist die zunehmende Erwärmung also mit einem Zugewinn an Lebensraum verbunden, auf Kosten der früher dort vorkommenden Hochgebirgsarten. Die konnten nicht weiter hinauf und wurden von unten durch neue Konkurrenten bedrängt, mitunter von nahen Verwandten der gleichen Gattung. Da sie sich aus diesen Gebieten zurückgezogen haben, ist ihr Verbreitungsgebiet erheblich geschrumpft. Ein Hörnchen und eine Amerikanische Buschratte sind schon fast verschwunden. Bei weiter steigenden Temperaturen könnten über kurz oder lang noch mehr Gebirgsarten in Schwierigkeiten geraten.

Die Untersuchungen von Joseph Grinnell sind mit mehr als 4000 Tierpräparaten, zahllosen Aufzeichnungen und Hunderten von Fotografien bestens dokumentiert, sodass das Team um Craig Moritz, das zum Teil an den gleichen Standorten arbeiten konnte wie ihre Kollegen 100 Jahre zuvor, optimale Vergleichsmöglichkeiten hatte – ein seltener Glücksfall.

Historische Daten sind jedoch nicht immer so zuverlässig und bedürfen, wenn möglich, sorgfältiger und kritischer Kontrolle. Ein interessantes Beispiel liefert ausgerechnet eine der deutschen Lichtgestalten des 18. und 19. Jahrhunderts, der Naturforscher und Weltreisende Alexander von Humboldt.

Zu den vielen Werken, die er hinterlassen hat, gehört das *Tableau Physique* (1807), ein Bild des über 6 300 Meter hohen Vulkans Chimborazo in Ecuador, das zu den berühmtesten und einflussreichsten Darstellungen der Naturgeschichte gehört. Die Grafik zeigt die genaue Abfolge der Vegetationszonen an den Hängen des Vulkans und gibt gleichzeitig an, wo im Höhenprofil welche Pflanzenart zu finden ist. Bis auf den Gipfel hatten es Humboldt und sein französischer Begleiter Aimé Bonpland nicht geschafft; sie notierten aber ihre Beobachtungen, sammelten unterwegs viele Pflanzen und führten an den Fundorten Höhenmessungen durch. Das *Tableau Physique*, das die beiden drei Jahre nach ihrer Rückkehr als Teil eines Essays über die Geografie der Pflanzen publizierten, wurde, so Pierre Moret von der Universität Toulouse, »zu einem ikonischen Meilenstein, fast einem Gründungsmythos in der Geschichte der Ökologie und Biogeografie«.[38]

Der modernen *Climate Change Biology* lieferten die 200 Jahre alten detaillierten Angaben von Humboldt und Bonpland eine hochwillkommene Forschungsgrundlage, denn sie boten die Möglichkeit, die damalige Verteilung von Pflanzenarten am Chimborazo mit dem heutigen Zustand zu vergleichen. Das im Jahr 2015 veröffentlichte Ergebnis[39]: Um nicht weniger als 500 Höhenmeter hatten sich deren Vorkommen Richtung Gipfel verschoben, ein drastischer Effekt der weltweit gestiegenen Temperaturen.

In Vergessenheit geraten war dabei, dass das *Tableau Physique* nach Humboldts eigenen Angaben nicht nur die Situation am Chimborazo, sondern die der gesamten Region der äquatorialen Anden repräsentieren sollte, von zehn Grad nördlicher bis zehn Grad südlicher Breite, und dass Humboldt selbst für spätere Veröffentlichungen an der dargestellten Verteilung der Pflanzenarten erhebliche Korrekturen vornahm. Warum?

Die Daten von Humboldt und Bonpland waren nie wirklich kritisch überprüft worden, und als Pierre Moret und seine Kollegen vor Ort eigene Untersuchungen anstellten und sich die historischen Dokumente, die Aufzeichnungen und Herbarblätter der beiden Entdecker genau ansahen, fielen ihnen zahlreiche Widersprüche auf. Nach einer geradezu kriminalistischen Spurensuche schälte sich schließlich folgendes Bild[40] heraus: Die berühmte Abbildung stellt nicht die Verhältnisse am Chimborazo dar, wo Humboldt und Bonpland oberhalb von 3625 Metern gar keine Pflanzen gesammelt hatten. Starker Schneefall hatte bei ihrem Aufstieg alles zugedeckt, und nachdem sie sich nur wenige Stunden lang über 4000 Metern aufgehalten hatten, mussten sie wieder absteigen. Die meisten Arten, die im *Tableau Physique für* diese Höhen angegeben werden, stammten von anderen Berggipfeln, vor allem vom Antisana, einem etwa 5700 Meter hohen Vulkangipfel, der in den Ostkordilleren liegt, ziemlich genau einen Breitengrad weiter nördlich.

Natürlich ähneln sich die Vegetationszonen der tropischen Andengipfel, aber sie sind eben nicht genau gleich. Im *Tableau Physique* stellten Humboldt und Bonpland Erkenntnisse dar, die sie hauptsächlich am Antisana gewonnen hatten. Für die grafische Darstellung wählten sie aber, wohl aus ästhetischen Gründen, den Chimborazo, einen charismatischen Berg, der gewissermaßen als idealtypischer tropischer Andengipfel fungierte. Deshalb nahm Humboldt am *Tableau* immer wieder Änderungen vor, denn um ein solches Diagramm zu erstellen, »muss man zwei widerstreitende Interessen berücksichtigen«, schrieb er, »Erscheinungsbild und Exaktheit«.[41] Und gerade um Letztere zu erreichen, besserte er immer wieder nach, wahrscheinlich deshalb, weil viele der von ihm und Bonpland gesammelten Pflanzen damals noch unbekannt und zunächst namenlos waren.

Die Wissenschaftler, die sich das *Tableau Physique* zunutze machen wollten, um klimabedingte Veränderungen festzustellen, hatten am falschen Berg geforscht. Nicht den Chimborazo, sondern den Antisana hätten sie untersuchen müssen. Pierre Moret und seine Kollegen holten dies nun nach und korrigierten die erst wenige Jahre zuvor ermittelten Verschiebungen nach unten. Die Pflanzen waren innerhalb von 215 Jahren tatsächlich den Berg hinaufgeklettert, allerdings nicht um 500, sondern um 216 bis 266 Höhenmeter – ein Wert, der ziemlich genau den 10 bis 12 Metern pro Jahrzehnt entsprach, die man für diese Aufwärtsbewegung in anderen Weltgegenden ermittelt hat.

Feinschmecker

Was unter der Wasseroberfläche vor sich geht, geschieht im Verborgenen. Von den Veränderungen, die sich dort abspielen, bekommen nur wenige Menschen in eigener Anschauung etwas mit. Für alle anderen sind sie nur anhand von abstrakten Zahlen, Kurven und Buchstaben ersichtlich – und irgendwann in einer veränderten Auslage der Verkaufstheken, die Fische und Meeresfrüchte anbieten.

Das ist an Land anders. Viele der neuen Tier- und Pflanzenarten, die uns der Klimawandel beschert, werden für die Menschen zu sehen und zu hören sein – oder sind es sogar schon heute. Gleichzeitig verschieben sich die Gewichte innerhalb der Alteingesessenen. Arten, die mit dem veränderten Klima besser zurechtkommen, werden häufiger, andere gehen zurück. Um das wahrzunehmen, wird man allerdings mit offenen Augen und Ohren durch die Landschaft gehen müssen. Die Natur reagiert mit erstaunlicher Geschwindigkeit. Kundige Botaniker haben in den Niederlanden seit 1980 eine starke Zunahme wärmeliebender Pflanzen festgestellt. Zwischen 1930 und 1980 hatte ihre Bedeutung noch abgenommen.[42] Dem durchschnittlichen Wochenendausflügler aus Amsterdam oder Groningen dürfte weder das eine noch das andere aufgefallen sein.

Kaum Beachtung gefunden hat sicher auch die Fliege *Chrysomya albiceps*. Ihr Beispiel zeigt aber, welche überraschenden Effekte mit tierischen Zuwanderern verbunden sein können. Eine ordinäre Schmeißfliege, könnte man denken: Große Exemplare messen knapp einen Zentimeter, die Augen sind rot, Brust und Hinterleib glänzen grün-metallisch, ein kleiner Brummer. Ursprünglich eine Art der Tropen und Subtropen, hat sie sich seit der Jahrtausendwende stark ausgebreitet, das gesamte Mittelmeergebiet besiedelt und dringt nun mit den steigenden Temperaturen immer weiter nach Norden vor. Die Alpen sind für sie ein unüberquerbares Bollwerk, also hat sie sich Wege links und rechts davon gesucht, tauchte von Südwesten kommend in Paris und Zürich bis hinauf nach Belgien auf, aus Südosten ist sie bis nach Bayern und Tschechien vorgedrungen und 2008 auch in Polen angekommen.[43]

Vermutlich hätten diese Vorgänge außerhalb fliegenkundlicher Kreise kaum Beachtung gefunden, wenn *Chrysomya albiceps* nicht in der forensischen Entomologie von Bedeutung wäre. Ihre Larven entwickeln sich nämlich, wie die vieler anderer Schmeißfliegen, in toten Körpern, auch in menschlichen. Zum Beispiel in dem einer 56-jährigen Frau: Die Leiche fand man im Jahr 2001 in ihrer Wiener Wohnung unter einem Wäschestapel, sie war bereits im Zustand starker Verwesung. Die Autopsie ergab: Die Frau war erstochen worden.

Mithilfe von Tierkadavern haben Forensiker mittlerweile genau ermittelt, wann eine Leiche von welchen Fliegenarten besiedelt wird und wie lange deren Entwicklung bei verschiedenen Temperaturen dauert, sodass aus der Artenzusammensetzung und dem Alter der im Körper gefundenen Maden ein ungefährer Todeszeitpunkt ermittelt werden kann.

Chrysomya albiceps ist eine Pionierin: Sie ist eine der ersten Fliegenarten, die sich auf leblosen Körpern einfindet, um dort ihre Eier abzulegen. Im Körper der erstochenen Wienerin fanden sich neben anderen Fliegenlarven *Chrysomya*-Puppen, aus denen im Labor schon am nächsten Tag zwei grün glänzende Fliegen schlüpften. Drei Wochen lang hatten in Wien Temperaturen von 23 bis 25 Grad geherrscht, der Tod musste demnach, das ließ sich aufgrund der Tierversuche errechnen, 13 bis 19 Tage zuvor, also zwischen dem 17. und dem 23. Juli eingetreten sein. Und tatsächlich: Der Mörder, der sich nur einen Tag nach der Autopsie der Polizei stellte, gab an, die Frau nach einem heftigen Streit am 18. Juli getötet zu haben.

Werden in einer Leiche die Larven einer Fliegenart gefunden, die, sagen wir, nur in Nordafrika vorkommt, können Forensiker sogar den Ort des Todes ermitteln oder zumindest das infrage kommende Gebiet eingrenzen. Das kann entscheidende Hinweise liefern, wenn das Opfer eines Gewaltverbrechens nach dem Tod an einen anderen Ort verbracht wurde.

Noch vor zwei oder drei Jahrzehnten hätte auch ein Nachweis von *Chrysomya albiceps* derartige Informationen liefern können. Heute ist sie diesbezüglich keine Hilfe mehr, dazu hat sie sich zu sehr verbreitet.

Was für die forensische Entomologie aber noch viel schwerer wiegt: *Chrysomya albiceps* im zweiten und dritten Larvenstadium ernährt sich nicht vom Gewebe des Kadavers, sondern von anderen Fliegenmaden, die mit ihr den gleichen Körper bewohnen, auch von Artgenossen. Die älteren Maden sind Räuber und Kannibalen. Mit ihrem Auftreten in Mitteleuropa besteht die Gefahr, dass forensisch-entomologische Informationen, die der Fliegenbefall einer Leiche liefern könnte, vernichtet werden, bevor sie gesammelt werden können.[44]

Nicht nur in Deutschland und generell in Europa, sondern überall in der Welt werden sich die Menschen an neue Tier- und

Pflanzenarten gewöhnen müssen. Bei manchen wie der Feuerlibelle und dem Bienenfresser (*Merops apiaster*), einem poppig bunten Vogel, wird uns das leichtfallen, weil wir sie als Bereicherung empfinden; bei anderen müssen wir vielleicht schlucken. Arachnophobiker könnten zum Beispiel mit der harmlosen, aber für mitteleuropäische Verhältnisse sehr großen Zebra- oder Wespenspinne (*Argiope bruennichi*) so ihre Schwierigkeiten haben. Aus dem Süden kommend sind diese Arten schon in Deutschland heimisch geworden und werden sich weiter ausbreiten, ohne dass dabei Probleme zu erwarten wären. Andere, zum Beispiel Krankheitsüberträger wie Mücken, könnten sich zu einer echten Bedrohung entwickeln.

Wie genau die Natur der Zukunft zusammengesetzt sein wird, kann heute kein Mensch mit Sicherheit vorhersagen, aber klar ist, dass es sich um eine Mischung aus alteingesessenen und neu zugewanderten Arten handeln wird, wobei letztere umso größere Bedeutung erlangen werden, je höher die Temperaturen steigen. Fauna und Flora sind infolge des Klimawandels weltweit in Bewegung geraten, und jede Art ist auf der Suche nach ihrem Platz, ihrer Nische in einer sich schnell verändernden Welt – wenn nicht schon jetzt, dann in baldiger Zukunft.

Zu dieser Mischung gesellt sich aber noch eine weitere Gruppe von Lebewesen: Arten, die eigentlich in völlig anderen Weltgegenden zu Hause sind und trotzdem keine weiten Wege mehr zurücklegen müssen. Sie sind längst da, und das gilt nicht nur für Hotspots wie Australien, Neuseeland, Galapagos oder Hawaii, es gilt für fast jeden Ort auf dieser Welt, natürlich auch für Europa. Manche sind gerade erst eingetroffen, andere leben seit Jahrzehnten hier, nicht wenige seit Jahrhunderten. In der Regel stammen sie nicht aus Europa und hätten natürlicherweise nie eine Chance gehabt, hierher zu gelangen. Trotzdem leben sie mitten unter uns. Um sie geht es im folgenden Kapitel.

2
Neue Tiere, neue Pflanzen

Neozoen, Neophyten, Neobiota

Eine neue unbekannte Tierart sorgt in Duisburg und anderen Städten des Ruhrgebiets für Gruseleffekte. Sie ist spektakulär, weil wir Gliedertiere dieses Kalibers in Europa bisher kaum kannten: ein Weberknecht oder Kanker. Sein Körper misst nur wenige Millimeter, die acht Beine aber werden bis zu neun Zentimeter lang. Das ergibt von rechter zu linker Fußspitze eine Spannweite von 18 Zentimetern. Kein Zweifel – ein solcher Spinnentierriese erregt hierzulande Aufsehen.

Zumal er in der Regel nicht allein auftritt. Die Spinnenverwandten halten sich gern in verfallenden Gebäuden und alten Gemäuern auf, wo sie sich zu Hunderten oder Tausenden in vor Wind und Wetter geschützten Ecken zusammenfinden. Bei Störung – und nun wird es wirklich gruselig – beginnt ein solcher tausendköpfiger Weberknechthaufen kollektiv auf und ab zu wippen, als wollte er Schwung holen oder sich aufblähen.

Die Tiere tauchten erstmals im Jahr 2004 in den Niederlanden auf, in der Nähe der Stadt Nijmegen. Bis heute leben sie schwerpunktmäßig in den Beneluxländern, haben aber auch den Westen Deutschlands besiedelt, von Hamburg bis zum Bodensee. Aus Frankreich, Großbritannien, Dänemark, der Schweiz, Österreich und Polen wurden mittlerweile ebenfalls erste Funde gemeldet.

Seit nunmehr 15 Jahren verfolgt eine Handvoll Wissenschaftler, wie dieser Weberknechtriese sich in Mitteleuropa ausbreitet.

Seine Eier wurden in Spalten und Rissen von Wandputz gefunden. Vermutlich wird er durch Schutttransporte und in Lieferungen von Natursteinen und Fassadenverkleidungen verbreitet. Die Tiere verstecken sich auch in Containern und Waggons und genießen dann die Bequemlichkeit einer transeuropäischen Bahnfahrt, wie übrigens mindestens drei weitere Weberknechtarten, die gleichzeitig aus Südeuropa einwandern. Sicher hat es Menschen gegeben, die irgendwo unvorbereitet auf wippende Massenansammlungen des langbeinigen Neueuropäers stießen und denen dabei die Haare zu Berge standen, obwohl die Tiere – das ist eine der wenigen Gewissheiten in dieser Geschichte – für Menschen vollkommen harmlos sind. Ob die für mitteleuropäische Verhältnisse sehr großen Spinnenverwandten eine Gefährdung für einheimische Tierarten darstellen, ist noch nicht zu beurteilen; bislang spricht jedoch nichts dafür.

Das Erstaunlichste ist aber: Man kennt zwar die Gattung (*Leiobunum*), doch bis heute, wohlgemerkt mehr als 15 Jahre nach dem ersten europäischen Fund, wissen die Experten noch immer nicht, um welche Art es sich handelt, geschweige denn, woher sie stammt und wie sie nach Mitteleuropa gelangt ist. Bestimmte morphologische Merkmale sprechen für eine Herkunft aus dem südlichen Nordamerika, wo jedoch so viele sehr ähnliche Arten leben, dass die Tiere noch nicht akkurat beschrieben und benannt wurden.[1]

Der Riesenweberknecht ist schlicht ein namenloses Neozoon – so nennt man Tierarten, die nach der Entdeckung Amerikas durch Christoph Kolumbus im Jahr 1492 nach Europa gelangt sind –, eines, das in Europa strandete und wer weiß, wo noch, eine von Zehntausenden von Tierarten, die im Schlepptau des Menschen auf Reisen gingen, ohne auch nur im Entferntesten zu ahnen, was mit ihnen geschah.[2]

Der wippende Weberknecht dient als Einstieg in dieses Thema, weil er zeigt, wie unvorhersehbar, ungesteuert und unkontrolliert dieser Prozess vonstattengeht, und das seit Jahrzehnten, wenn nicht Jahrhunderten, und wie wenig wir im Grunde über die Organismenwelt unseres Planeten wissen.

Gebietsfremde Tierarten, die zunächst als Schädlingsvertilger, Jagdbeute, Haustiere oder blinde Passagiere mithilfe des Menschen ins Land gelangen, entwickeln sich in vielen Gebieten der Welt durch Massenvermehrungen zu Problemfällen, die enorme ökologische und ökonomische Schäden verursachen. Nicht selten werden sie mit rigorosen Methoden bekämpft. In Australien mussten vor Kurzem 160 000 verwilderte Kamele für die Gedankenlosigkeit der Menschen büßen, die sie vor 100 Jahren im Outback freiließen, weil sie nicht mehr gebraucht wurden. Dort vermehrten sie sich weitgehend ungestört und wurden mit der Zeit zur Plage für Mensch und Natur. Jetzt hat man einen Teil der Population mit automatischen Waffen aus Helikoptern abgeschossen, ein beispielloses Blutbad, das in Zukunft wahrscheinlich regelmäßig wiederholt werden muss. Denn in den Weiten des australischen Outbacks leben auch nach diesem Gemetzel noch Hunderttausende von Kamelen.

Allein in Australien, den USA, Großbritannien, Südafrika, Indien und Brasilien sorgen mittlerweile mehr als 150 000 fremde Pflanzen-, Tier- und Mikrobenarten für jährliche Schäden in Höhe von 314 Milliarden US-Dollar. In Europa wurden weit über 10 000 fremde Organismenarten registriert, fast 2 500 davon verursachen ökonomische und ökologische Schäden.[3]

Die Folgen solcher biologischer Invasionen gelten als eines der größten Umweltprobleme unserer Zeit. Kein Staat der Welt gestattet heute noch eine ungeregelte Freisetzung fremder Organismen. Die Zeiten, da sogenannte Akklimatisationsgesellschaften europäische Tierarten um die halbe Welt verschifften und in fernen Ländern freisetzten, wo sie als Jagdwild dienen oder Ratten, Mäuse und Kaninchen fressen sollten, sind endgültig vorbei. Niemand wird heute mehr sentimentalen Heimwehgefühlen nachgeben wie die Siedler in Neuseeland vor 150

Jahren, die sich nach dem Gesang von Amseln und Nachtigallen sehnten und Dutzende von europäischen Singvögeln in ein Land holten, dessen Fauna vor allem durch seine außergewöhnliche Vogelwelt geprägt wurde. Und hoffentlich wird auch niemand mehr einen Stadtpark mit allen Vogelarten, die in den Werken Shakespeares Erwähnung finden, bevölkern wollen, wie es seinerzeit der New Yorker Eugene Schieffelin angeblich im Central Park versuchte.[4]

193 Staaten haben sich mit der Unterzeichnung der Rio-Konvention zur biologischen Vielfalt dazu verpflichtet, die weitere Einfuhr gebietsfremder Pflanzen- und Tierarten so weit wie möglich zu verhindern und schädlich gewordene Organismen zu kontrollieren und gegebenenfalls zu bekämpfen. Auch die Europäische Umweltagentur in Kopenhagen hat in einer umfangreichen Studie vor den Folgen der Verschleppung von Pflanzen- und Tierarten gewarnt. Das Bundesamt für Naturschutz ließ eine »Schwarze Liste« von noch nicht in Deutschland vorkommenden invasiven Arten erstellen, bei denen aufgrund der Erfahrungen in anderen Ländern besondere Vorsicht geboten ist.[5] Viele davon sind auch in entsprechenden Publikationen der International Union for Conservation of Nature and Natural Resources, kurz: IUCN, zu finden.

In der globalisierten Welt von heute sind es jedoch nicht so sehr die bewusst eingeführten Tierarten, die für Probleme sorgen, als vielmehr verwilderte Nutz- und Haustiere, sogenannte Gefangenschaftsflüchtlinge, wie die Kaninchen in Australien oder Waschbären, Rotwangenschmuckschildkröten und Bisamratten in Europa, und vor allem ein Riesenheer an blinden Passagieren, die mit den gewaltigen Warenströmen rund um den Erdball transportiert werden, versteckt in Kisten und Säcken, hinter Verstrebungen und Verkleidungen, im Ballastwasser von Schiffen, ja sogar im Profil von Wanderschuhen naturliebender Touristen. Sicher ist auch unser Riesenweberknecht als blinder Passagier nach Europa gelangt.

Die Invasionsbiologie, die sich mit den Mechanismen und Folgen dieser Vorgänge beschäftigt, ist zu einem bedeutenden Wissenschaftszweig geworden, der auch nach Mitteln und Wegen sucht, wie einer problematischen Entwicklung im Einzelfall effektiv begegnet werden kann.[6]

Um eine Einzelfallprüfung kommt man schon aus ökonomischen Gründen nicht herum, denn bei der großen Zahl eingeschleppter Arten kann man unmöglich gegen alle vorgehen – was allerdings auch weder nötig noch ratsam wäre. Nach der sogenannten Zehnerregel, die sich als grobes Maß für viele Pflanzen- und Tiergruppen bewährt hat, schaffen es etwa 100 von 1000 neu in ein Gebiet gelangten Arten, spontane Vorkommen zu bilden, zehn davon etablieren sich mit selbst erhaltenden Populationen, und nur eine wird invasiv und kann sich zu einem ökonomischen oder ökologischen Problem entwickeln. Ein Schwerpunkt der Forschung liegt daher auf einer Verbesserung der Prognoseinstrumente: Wann ist es erforderlich, schnell und entschieden zu reagieren, um Schaden von der einheimischen Ökonomie und Natur abzuwenden, und wann nicht?

Auch wenn das Problem erkannt wurde und Politik, Behörden und Wissenschaft versuchen gegenzusteuern, allzu viel Anlass zu Optimismus besteht nicht, denn der organismische Reiseverkehr geht nahezu ungebremst weiter. Während des 20. Jahrhunderts hat die Zahl von Neophyten und neuen Amphibien-, Reptilien- und Vogelarten in Europa kontinuierlich zugenommen. In Australien wurden bei Einfuhrkontrollen im Verlauf von 20 Jahren in 6700 Fällen nichteinheimische Ameisen aufgespürt, die 105 verschiedenen Arten entstammten.[7] Und gerade Ameisen können zu sehr unangenehmen Invasoren werden. Trotz intensiver Kontrollen haben sich die sechs meistgefürchteten invasiven Ameisenarten in Australien etabliert. Offenbar ist dieser andauernde Zustrom von Pflanzen und Tieren aus aller Welt in Zeiten der Globalisierung nur schwer zu stoppen.

Charles Elton, einer der Pioniere der Invasionsbiologie, wusste schon vor fast 70 Jahren, was der Mensch da, absichtlich oder unabsichtlich, in Gang gebracht hat. 1958 schrieb er in seinem Buch *The Ecology of Invasions by Animals and Plants*: »Wir dürfen uns keiner Täuschung hingeben: Wir erleben eine der großen historischen Umwälzungen von Fauna und Flora der Welt.«[8] Eine Feststellung, die auch die Folgen des Klimawandels beschreibt.

Man kann nicht oft genug daran erinnern, dass nicht die Tiere und Pflanzen zu dieser Situation geführt haben, sondern ausschließlich der Mensch – und das gleich in mehrfacher Hinsicht. Wir sind es, die den organismischen Reiseverkehr ermöglichen, gewollt oder ungewollt, und gleichzeitig in den Empfängerländern durch Zerstörung der Lebensräume die einheimische Flora und Fauna schwächen. Es sind stark gestörte Standorte wie Rodungen, Straßenbaustellen und Brachflächen, die neu ins Land gekommenen Arten nahezu konkurrenzfreie Räume bieten. Dort können sie sich etablieren. Von dort breiten einige wenige sich aus.[9]

Invasionen und Klima

Von einem kommenden Wandel des Klimas wusste Charles Elton noch nichts. Heute und in Zukunft haben wir es jedoch mit zwei global wirksamen Prozessen zu tun, die unterschiedliche Ursachen haben, letztlich aber Ähnliches bewirken: Sowohl biologische Invasionen als auch der Klimawandel führen zu einer Neusortierung der Tier- und Pflanzengemeinschaften in aller Welt. Was dabei im Einzelnen herauskommen wird, ist noch kaum abzusehen, doch Neozoen und Neophyten (allgemein »Neobiota« genannt) werden dabei in jedem Fall eine wichtige Rolle spielen. Viele der eingeschleppten Tiere, Pflanzen und Mikroben stammen allerdings aus wärmeren Weltgegenden;

in gemäßigten Breiten können sie bislang nur an wenigen thermisch begünstigten Standorten oder unter der Wärmeglocke der Großstädte überleben. Niedrige Wintertemperaturen verhindern die weitere Ausbreitung.

Doch es gibt immer wieder Überraschungen. Dass eine in Afrika und Asien beheimatete tropische Papageienart wie der Halsbandsittich (*Psittacula krameri*) im vergleichsweise kalten Mitteleuropa zum Brutvogel werden könnte, hätte Mitte des 20. Jahrhunderts wohl niemand vorherzusagen gewagt. Heute leben mehr als 10 000 von ihnen in Deutschland, genauso viele wie in Belgien und den Niederlanden.[10] In den Großstädten sind weitere Papageienarten dazugekommen. Sie alle stammen von entflohenen Heimtieren ab. Da Halsbandsittiche in Baumhöhlen (und neuerdings im Styropor von wärmegedämmten Fassaden) brüten, befürchten manche eine Konkurrenz für einheimische Höhlenbrüter; noch gibt es dafür aber keine Hinweise.

Trotz eines ganz anderen Klimas ist ein hübsch bunter und ziemlich lautstarker tropischer Vogel bei uns heimisch geworden. Wie sehr die hiesigen Wintertemperaturen dem Halsbandsittich dennoch zu schaffen machen, zeigt seine Verbreitung in Mitteleuropa, die auf den relativ milden Westteil des Kontinents beschränkt ist und sich »erstaunlich genau an der 0-°C-Januarisotherme« orientiert.[11]

Ein spezieller Fall ist die österreichische Alpenmetropole Innsbruck, deren mittlere Januartemperaturen mit -2,5 Grad Celsius für den Halsbandsittich eigentlich zu kalt sind, zumal es dort nicht selten noch deutlich kälter werden kann. Trotzdem hielt sich hier über viele Jahre eine Population von maximal 70 Sittichen, die laut zeternd durch den Hofgarten, eine historische Parkanlage, flatterten. Sie alle stammten von einem einzigen Paar ab, das 1978 aus einer Villa im Stadtteil Saggen entkam. Über die kritische Zeit des Winters halfen ihnen die Fütterung durch einen »Pensionisten« und Schlafplätze in einer oder mehreren Baumhöhlen hinweg, die sich in unmittelbarer Nähe der wärmenden Lüftungsschächte des Innsbrucker Kongresshauses befanden. Die Größe dieser Baumhöhlen war offenbar der entscheidende Faktor, der die Zahl der Vögel begrenzte. Wer darin keinen Platz fand, hatte kaum Chancen, den Winter zu überstehen.

Mit der Jahrtausendwende kam es dann doch zum Erlöschen dieser einzigen Alpenpopulation des Halsbandsittichs. Der Pensionist fütterte nicht mehr, und Ende der 1990er-Jahre wurde das Kongresshaus so umgebaut, dass die Vögel nicht mehr von der Wärme des Belüftungssystems profitieren konnten. Dazu kam möglicherweise noch eine Infektionskrankheit, die auch die in Innsbruck lebenden Türkentauben dahinraffte.[12]

In der warmen Zukunft, die uns bevorsteht, wird die Heizwirkung eines Lüftungsschachts wohl nicht mehr benötigt. In jedem Fall, darin stimmen alle Experten überein, dürften steigende Temperaturen auf viele Neobiota, die sich jetzt gewissermaßen noch in einem Kälteschlaf befinden, wie ein Weckruf wirken, sodass sie die Grenzen der Wärmeinseln, auf die sich ihre Verbreitung bislang beschränkt, verlassen können. Sie werden sich ausbreiten und auf einheimische Lebensgemeinschaften stoßen, die bereits unter Stress stehen – durch das sich verändernde Klima, durch neue Arten, die klimabedingt aus eigener Kraft zuwandern, und durch all die anderen anthropogenen Einflüsse, die ihnen schon jetzt zusetzen.

Hier am Beispiel der Pflanzen ein paar Zahlen, die die Größenordnungen und Relationen verdeutlichen, um die es geht. Eine von der Europäischen Kommission finanzierte Datenbank namens *DAISIE* (*Delivering Alien Invasive Species In Europe*) listet bereits mehr als 12 000 gebietsfremde Organismenarten auf, die in Europa nachgewiesen wurden; mehr als die Hälfte davon sind Pflanzen. In Deutschland und Österreich sind jeweils mehr als 1 000 Neophytenarten bekannt geworden, gut 400 davon gelten in Deutschland als etabliert. Dazu müssen sie ein Zeit- und ein Populationskriterium erfüllen: Sie müssen mindestens seit 25 Jahren hier vorkommen, sich spontan geschlechtlich oder ungeschlechtlich vermehren und ein Areal besiedeln, also »vom Ort der ursprünglichen Ansiedlung/Einschleppung aus in geeignete Lebensräume im Umfeld« vorgedrungen sein.[13]

Zusammen mit den gut 3600 einheimischen Pflanzenarten bilden diese 400 etablierten Neophyten heute die Gefäßpflanzenflora Deutschlands.[14] Zu den einheimischen Arten werden auch die Archäophyten gezählt, Pflanzenarten wie Weizen, Birne, Apfel und Pflaume. Sie waren ursprünglich nicht hier heimisch, wurden aber schon (lange) vor 1492 ins Land geholt, etwa von Potentaten, die exotische Pflanzengestalten für ihre Park- und Gartenanlagen importierten, von Mönchen als Nutzpflanzen für klösterliche Gemüse- und Obstgärten oder unbeabsichtigt in verunreinigtem Saatgut.

400 von insgesamt etwa 4 000 Pflanzenarten (10,1 Prozent) – das klingt nach nicht viel, täuscht aber darüber hinweg, dass Neophyten an bestimmten Standorten eine weit höhere Präsenz erreichen, vor allem in Städten, wo ihr Artenanteil im europäischen Durchschnitt bei gut 25 Prozent liegt. Jede vierte in Städten wachsende Pflanzenart stammt ursprünglich nicht aus Mitteleuropa.

Betrachtet man nur die bebauten urbanen Flächen, erreicht der Neophytenanteil sogar 40 bis 50 Prozent, in innerstädtischen Grünanlagen und Parks liegt er noch viel höher.[15] Das ist natürlich kein Zufall. Städte sind die Knotenpunkte der weltweiten Warentransporte. Hier gibt es Flughäfen, Häfen und Bahnhöfe, wurden Parks und botanische Gärten angelegt. Und hier finden sich auch viele mehr oder weniger stark gestörte Standorte, an denen die neuen Pflanzen Wurzeln schlagen können.

Woher kommen sie? Geografisch lässt sich die Frage leicht beantworten: Sie kommen aus allen Erdteilen, vor allem aus anderen Gebieten Europas, aus Nordamerika und Asien. Viel schwerer ist zu klären, wie die Pflanzen nach Europa und Deutschland gelangten.

Sehen wir uns die Situation in Frankfurt am Main an,[16] der deutschen Bankenmetropole, einer Großstadt mit 750 000 Einwohnern. Die Zahl der Pflanzenarten ist hier seit dem Jahr 1800 von 1232 auf heute 1 107 Arten zurückgegangen, vor allem durch die Abschaffung der Waldweide und die Intensivierung der Landwirtschaft, denn das Frankfurter Stadtgebiet besteht zu einem guten Drittel aus Wald und Agrarflächen. Gleichzeitig sind aber 193 Neophyten hinzugekommen, die meisten im 20. Jahrhundert.

Fast die Hälfte der in Frankfurt wild wachsenden nichteinheimischen Pflanzen wurde ursprünglich in Gärten als Ziergewächse eingesetzt, also bewusst eingeführt, in Baumschulen und Gartencentern verkauft und über Jahre und Jahrzehnte intensiv gehegt und gepflegt, bis ihnen irgendwann der Sprung aus Beeten und Pflanzungen ins Freiland glückte. Auch in den USA schätzt man, dass mehr als 60 Prozent der fremden, heute als etabliert geltenden Pflanzenarten einmal absichtlich importiert wurden. Die Einfuhr von Gartengewächsen birgt dabei im Vergleich zu anderen Einfuhrwegen ein relativ hohes Risiko, weil bei diesen Pflanzen ja schon eine Vorauswahl stattgefunden hat: Eingeführt werden Pflanzen, von denen man annimmt, dass sie mit den im Empfängerland herrschenden Bedingungen zurechtkommen werden.[17]

Von einem knappen Drittel der Frankfurter Neophyten ist unbekannt, wie sie ins Stadtgebiet gelangten. Infrage kommen verschiedene Einschleppungswege: durch verunreinigtes Saatgut und Futtergetreide, an und in Fahrzeugen, vor allem in Schafwolle, mit der, so der Berliner Botaniker und Invasionsbiologie Ingo Kowarik, »häufig ein ganzer ›Fingerabdruck‹ der Flora ihrer Weidegründe importiert wird«.[18]

Es sind also schon Hunderte von fremden Pflanzenarten im Land, und weitere werden dazukommen, nicht zuletzt durch die Gartencenter, die sich bemühen, den Blütenhunger ihrer Kunden mit immer neuen Pflanzengestalten zu befriedigen. Die meisten von ihnen gedeihen jedoch nur in der Obhut des Menschen. Irgendein unsichtbares Etwas steht auf der Bremse und verhindert den Schritt hinaus ins ungeschützte Freiland.

Zwischen der Einbürgerung einer Pflanzenart und ihrem ersten spontanen Auftreten gibt es eine erhebliche Zeitverzögerung, eine Art Timelag, der mehrere Jahrzehnte dauern kann, nicht selten aber noch deutlich länger. Bei der beliebten Rosskastanie vergingen zwischen Kultivierung und ihrem ersten spontanen Auftreten in Brandenburg 124 Jahre, der Echte Lavendel brauchte sogar fast 400 Jahre, um auch ohne menschliche Hilfe zurechtzukommen. Worin diese Bremse besteht, welcher Widerstand da überwunden werden muss, ist nicht klar. Auch bei gebietsfremden Vögeln hat man vor dem eigentlichen Beginn ihrer Ausbreitung eine jahrelange Zeitverzögerung nachweisen können.[19] Natürlich denkt man zuerst an klimatische Faktoren, aber die scheinen für die Länge dieser Timelag-Phase keine große Rolle zu spielen.[20] Ob ein wärmeres Klima diese Zeitverzögerung verkürzen wird, bleibt abzuwarten. In jedem Fall ist davon auszugehen, dass viele der Pflanzen, die uns in Zukunft in freier Natur begegnen werden, heute noch ein Leben als behütetes Gartengewächs führen.

Ein beträchtlicher Teil der in Deutschland wachsenden Neophytenarten (etwa 400 von 1000) hat, wie gesagt, diese Schwelle längst überwunden, wächst und vermehrt sich spontan und gilt nach den oben genannten Kriterien als etabliert. Manche, wie Robinie und Kanadische Goldrute, sind bereits weit verbreitet, viele bilden aber nur sporadische Vorkommen und treten kaum in Erscheinung – doch sie alle haben sich vom Menschen emanzipiert, hocken in den Startblöcken und könnten, wenn die Karten unter anderen Klimabedingungen neu gemischt werden, in den sich verändernden Lebensgemeinschaften als durchaus konkurrenzfähige Mitbewerber auftreten.

Genau das erwarteten Wissenschaftlerinnen und Wissenschaftler, die für das deutsche Bundesamt für Naturschutz und das österreichische Umweltbundesamt das »Ausbreitungspotenzial« von 30 ausgewählten neophytischen »Gefäßpflanzen unter Klimawandel« abschätzen sollten – eine Untersuchung, auf die ich hier etwas ausführlicher eingehen möchte.[21] Sie zeigt beispielhaft, wie viel Vorwissen und Expertise in eine solche relativ kleine Studie einfließen, die dann später in der Presse, wenn überhaupt, nur in ein, zwei Sätzen auftaucht.

Die Untersuchung stützt sich auf die floristischen Kartierungen von Deutschland und Österreich, Projekte, die bereits in den frühen 1970er-Jahren begannen und nur durch die Mitarbeit zahlreicher ehrenamtlicher Helfer möglich wurden. Die im Freiland gewonnenen Pflanzendaten wurden dabei in ein Netz von etwa 35 Quadratkilometer großen Zellen übertragen, für beide Länder zusammen ergab sich damit ein aus 13 372 Quadranten bestehendes Raster.[22] Für jeden einzelnen Quadranten liegen nun Daten über Vorkommen und Häufigkeit der bei uns wachsenden Gefäßpflanzenarten vor, meist sogar für verschiedene Zeitpunkte, sodass auch Veränderungen des Bestands erfasst werden. Seit 1990 haben sich demnach wärmeliebende Neophyten besonders stark ausgebreitet. Viele von ihnen sind immergrün.

Darüber hinaus wurden für jeden Quadranten neun Umweltvariablen ermittelt, von Wetterdaten wie Temperaturen und Niederschlagsmengen bis hin zur Länge von »höherrangigen« Straßen, Bahnlinien und Fließgewässern.

Bringt man nun für jeden Quadranten beide Datensätze miteinander in Beziehung, erhält man mithilfe statistischer Methoden Angaben darüber, inwieweit bestimmte Umweltparameter die Verbreitung der betrachteten Neophytenarten beeinflussen. Es zeigt sich, dass diese Pflanzen stark an thermisch begünstigte Gebiete gebunden sind, an große Flusstäler in tiefen Lagen und an Großstädte und städtische Ballungsräume. Die kühleren Hochlagen der Alpen und Mittelgebirge sind für die 30 ausgewählten Neophyten kaum von Bedeutung. Für diese Verbreitungsmuster sind natürlich auch die momentan herrschenden klimatischen Bedingungen verantwortlich, den entscheidenden Einfluss hat jedoch die Verkehrsinfrastruktur, also die Länge der in den betreffenden Quadranten vorhandenen Straßen und Bahngleise. Das heißt, dort, wo die herrschenden Temperaturen und Niederschläge das Überleben ermöglichen, hängt das Vorhandensein oder Fehlen einer Neophytenart vor allem davon ab, wie gut das betreffende Gebiet verkehrstechnisch erschlossen ist. Das mag im ersten Moment verblüffen, zeigt aber nur überdeutlich, dass es die Menschen und die von ihnen geschaffenen Verkehrswege sind, die das Vordringen von Neophyten begünstigen. Auch unser namenloser Riesenweberknecht reist ja vorzugsweise per Bahn und Lkw.

Hat man auf diese Weise gelernt, welche Bedingungen in den von Neophyten besiedelten Quadranten herrschen, kann man in einem zweiten Schritt ermitteln, in wie vielen Quadranten diese Bedingungen gegeben sind und ob und, wenn ja, in welchem Maße diese Flächen von den Pflanzen auch tatsächlich besiedelt werden. Dabei zeigen sich große Unterschiede. Nur drei bekannte Arten finden in etwa 60 Prozent der Quadranten geeignete Verhältnisse: das aus Zentralasien stammende Kleinblütige Springkraut (*Impatiens parviflora*), die nordamerikanische Robinie (*Robinia pseudoacacia*) und die Kanadische Goldrute (*Solidago canadensis*). Alle drei haben diesen potenziellen Lebensraum in Deutschland und Österreich auch für sich erschlossen. Für sie gibt es unter den heutigen Bedingungen kaum noch Luft nach oben.

Für die Mehrzahl der betrachteten fremden Pflanzenarten gilt das jedoch nicht, denn sie sind noch weit davon entfernt, die sich ihnen bei uns bietenden Möglichkeiten auszuschöpfen. Für *Ambrosia artemisiifolia* zum Beispiel, die aus Nordamerika stammende und wegen ihrer starken allergenen Wirkung gefürchtete Beifuß-Ambrosie, herrschen in gut 27 Prozent aller Quadranten geeignete Bedingungen; gefunden wurde sie jedoch nur in knapp sieben Prozent, etwa einem Viertel. Sie ist also noch in Ausbreitung begriffen. Gleiches gilt für den Riesenbärenklau (*Heracleum mantegazzianum*), dessen Saft bei Sonneneinstrahlung Hautreizungen hervorruft. Die stattliche Pflanze könnte in knapp der Hälfte aller deutsch-österreichischen Quadranten wachsen, entdeckt wurde sie aber nur in gut 28 Prozent.

Ähnliches gilt übrigens auch für die südamerikanischen Coypus, besser bekannt unter den Namen »Biberratten« oder »Nutrias« – um an dieser Stelle kurz in den Bereich der Neozoen abzuschweifen, der wesentlich unübersichtlicher ist, weil Tiere im Gegensatz zu Pflanzen weglaufen und sich verstecken können und viele Arten nur wenige Millimeter groß sind. Eine vergleichbare Studie wie jene für die Neophyten könnte man für Neozoen nicht erstellen, von einigen großen, auffälligen Arten wie den Nutrias abgesehen. Österreichische Forscher ermittelten kürzlich, dass diese Nager, die wie die Bisamratten, mit denen sie oft verwechselt werden, wegen ihres Pelzes ins Land geholt wurden, hierzulande noch nicht einmal die Hälfte des potenziell für sie geeigneten Lebensraumes besiedelt haben. Nutrias dürften sich in Deutschland, Belgien und den Niederlanden also noch kräftig ausbreiten. Bei zu großer Trockenheit werden sie vermutlich nach Norden bis nach Südschweden und ins Baltikum ausweichen, wobei allerdings »die meisten Regionen, die gegenwärtig für Coypus geeignet sind, dies wahrscheinlich auch in Zukunft sein werden«. Coypus, die zehn Kilogramm wiegen können, werden zu den »weltweit 100 schlimmsten invasiven fremden Arten«[23] gezählt. Sie treten als Schädlinge in Maisfeldern auf, richten an Flussufern durch ihre Grabtätigkeit Millionenschäden an, verändern die Vegetation von Feuchtgebieten und zerstören die Nester dort lebender Vogelarten.

Zurück zu den Pflanzen. Ihren Berechnungen zur zukünftigen Neophytenverbreitung legten die Forscher vier Szenarien zugrunde, die, regional unterschiedlich, bis Mitte des 21. Jahrhunderts einen Temperaturanstieg von 0,9 bis maximal 2,9 Grad Celsius zur Folge haben werden. Da die verschiedenen statistischen Methoden, die man bei Modellierungen verwendet, in der Regel zu unterschiedlichen Ergebnissen führen, ist man heute zu sogenannten *ensemble forecasts* übergegangen: Mehrere Techniken – in der vorliegenden Studie waren es drei – werden für jedes Szenario gleichzeitig angewendet und kombiniert ausgewertet, um Fehler zu minimieren.

Das Ergebnis: In den heute wärmsten Gegenden beider Länder werden schon Mitte des 21. Jahrhunderts Bedingungen herrschen, die bisher nirgendwo in Deutschland oder Österreich zu finden sind. In diesem deutlich wärmeren Klima der nahen Zukunft verbessern sich die Chancen für Neophyten erheblich.

Nur für zwei der 30 betrachteten Arten zeigt der Daumen eher nach unten: Das Drüsige Springkraut (*Impatiens glandulifera*) und die Topinambur (*Helianthus tuberosus*) werden sich nicht weiter ausbreiten können, bleiben aber auf hohem Niveau präsent.

Für alle anderen wird sich die Zahl der geeigneten Quadranten im Mittel der vier Szenarien deutlich erhöhen, zum Teil um ein Vielfaches, wobei diese Zunahme vom Grad der Erwärmung abhängt. Ein gutes Drittel der ausgewählten Arten wird bis 2050 in mehr als 80 Prozent aller Quadranten geeignete Bedingungen vorfinden. Allerdings kann weder diese noch irgendeine andere Studie vorhersagen, »ob und in welcher Zeit [sie] neue geeignete Gebiete« auch tatsächlich besiedeln werden.[24]

Da viele Neophyten sich schon jetzt in dem für sie geeigneten Lebensraum in Mitteleuropa ausbreiten, werden sie das wohl auch in Zukunft tun, wenn die Verhältnisse sich für sie noch weiter verbessert haben. Wie schnell das gehen wird, ist von Pflanzenart zu Pflanzenart sehr unterschiedlich. Die Ausbreitungsgeschwindigkeit hängt in hohem Maße davon ab, wie viele Samen (oder andere Verbreitungseinheiten) eine Pflanze produziert und wie leicht diese verteilt werden.

Die Beifuß-Ambrosie könnte sich mit Ausnahme der hohen Gebirgslagen praktisch flächendeckend in ganz Deutschland und Österreich ansiedeln. Statt in nur 27,2 wird sie Mitte des Jahrhunderts in über 80 Prozent aller Quadranten gute bis sehr gute Bedingungen vorfinden. Für Allergiker ist das keine gute Nachricht.

Profitieren werden auch einige fremde Baumarten. Für den ostasiatischen Götterbaum (*Ailanthus altissima*) und die nordamerikanische Weymouth-Kiefer (*Pinus strobus*) wird sich die Zahl potenziell geeigneter Quadranten vervielfachen. Gerade der konkurrenzstarke Götterbaum, der als wärmeliebende Art in Deutschland und Österreich bisher auf urbane Ballungsräume beschränkt ist, könnte die Gunst der Stunde nutzen und in beiden Staaten auch das weite Land erobern. Auf der Südseite der Alpen ist ihm das schon gelungen, und auch dort rechnet man mit einer weiteren Ausbreitung.[25] Am meisten von allen untersuchten Neophyten könnte der chinesische Blauglockenbaum (*Paulownia tomentosa*) profitieren, auch »Paulownie« genannt. Er liebt die Wärme so sehr, dass er ohne menschliche Pflege bisher nur in wenigen thermisch begünstigten Gebieten Wurzeln schlagen konnte. In Zukunft wird sich die für ihn geeignete Fläche fast verzehnfachen.

»Insgesamt«, fassen die Autoren der Studie zusammen, »dürfte der Klimawandel dazu führen, dass die aktuell enge Bindung vieler Neophyten an menschliche Ballungsräume schwächer wird und auch weite Bereiche der ländlichen Regionen Deutschlands und Österreichs verstärkt mit gebietsfremden Arten konfrontiert werden. [...] Städtische Ballungsräume werden dabei als Quellgebiete für Diasporen [d.h. Verbreitungseinheiten; B.K.] dienen und Verkehrsinfrastrukturen wie Straßen, Bahnlinien und Wasserläufe Hauptausbreitungswege darstellen.«[26]

Was wir hier für fremde Pflanzenarten in Mitteleuropa durchgespielt haben, wird in entsprechender Form überall in der Welt stattfinden. Platz gibt es reichlich. Wie in Deutschland und Österreich haben sich auch in Nordamerika zahlreiche fremde Pflanzenarten etabliert, aber noch lange nicht alle Gebiete besiedelt, die für sie geeignet wären.[27] Biologische Invasionen werden weitergehen, neue werden beginnen, und die Ausbreitung dieser Arten wird sich insgesamt beschleunigen. Studien zeigen, dass ein Sechstel der globalen Landfläche davon betroffen sein wird.[28]

Allerdings werden sich die Probleme verlagern und in Zukunft vor allem ärmere Entwicklungsländer betreffen, wo leider auch die noch verbliebenen wichtigen Hotspots der globalen Artenvielfalt liegen.[29] Diese Staaten verfügen weder über die Mittel noch über das nötige Know-how, um den Schwierigkeiten, die in diesem Zusammenhang auf sie zukommen werden, erfolgreich entgegenwirken zu können. Ihre Ökonomie und Landwirtschaft sind oft fragil, Nahrungsmittelknappheit, zum Beispiel durch Ausbreitung eingeschleppter Schädlinge, kann für sie schnell zu einem Problem werden. Auch die reichen Industrienationen sind weit davon entfernt, das Problem zu beherrschen; sie haben aber bereits viele biologische Invasionen erlebt und verfügen deshalb über einschlägige Erfahrungen, von der Prognose über die Einfuhrkontrolle bis hin zu Bekämpfungsmaßnahmen im Freiland. Eine Studie wie die oben geschilderte basiert auf jahrzehntelangen Vorarbeiten und dem unentgeltlichen Engagement zahlreicher geschulter Mitarbeiter – Voraussetzungen, die überhaupt nur in Ländern mit einem gewissen Wohlstand und einer langen Wissenschaftstradition gegeben sind.

Allerdings hat nur die Hälfte der Staaten, die sich in der Biodiversitätskonvention zu Maßnahmen gegen biologische Invasionen verpflichtet haben, in ihrer nationalen Gesetzgebung die Voraussetzungen dafür geschaffen; dabei ist das Abkommen bereits im Dezember 1993 in Kraft getreten.[30] Obwohl die wirtschaftlichen und ökologischen Schäden immens sein können, wird das Problem offenbar noch immer nicht wirklich ernst genommen. Die Einfuhrkontrollen zielen zumeist nur auf wenige Tier- und Pflanzenarten ab. »Gegenwärtig«, resümiert ein internationales Expertenteam, »fehlt es in der Mehrzahl der Länder an Forschung, Managementkoordination, Monitoring bekannter Neobiota, Frühwarnsystemen für neu aufkommende invasive Arten oder am öffentlichen Engagement, das für eine solche Kampagne erforderlich wäre.«[31] Kurz: Die Länder der Welt scheinen auf die prognostizierte Zunahme biologischer Invasionen nicht oder nur unzureichend vorbereitet zu sein.

Möglicherweise wird die Bedeutung der Neobiota in den Ökosystemen der Zukunft noch unterschätzt. Die meisten Modelle, die deren Verhalten unter Klimawandel untersuchen, gehen nämlich davon aus, dass die klimatische Nische, definiert als das Klima, unter dem eine Art stabile und wachsende Populationen ausbilden kann, »ein konservierter Aspekt ihrer Ökologie«[32] ist, also etwas, das wie irgendein anatomisches Merkmal mitgenommen wird, wenn Pflanzen oder Tiere durch den Menschen von einem Lebensraum in einen anderen transferiert werden. Doch schon die überraschende Ausbreitung der tropischen Halsbandsittiche in Europa zeigt, dass diese Annahme so nicht stimmen kann. In Mitteleuropa ist die klimatische Nische der Halsbandsittiche eine völlig andere als in ihrer asiatischen oder afrikanischen Heimat.

Dass das keine Ausnahme, sondern eher die Regel ist, zeigt eine Studie von Daniel Atwater von der North Carolina State University in Raleigh. Er und seine Kollegen nahmen mehr als 800 Pflanzenarten unter die Lupe, die durch den Menschen über fünf Kontinente hinweg verbreitet wurden, und stellten in fast allen Fällen fest, dass in deren neuen Lebensräumen andere, oft sogar stark abweichende klimatische Bedingungen herrschen als in deren Herkunftsgebieten. Bei langlebigen Bäumen und Sträuchern scheint die Kultivierung eine wichtige Rolle zu spielen. Die Pflege durch den Menschen erleichtert es den Pflanzen offenbar, in ungewohnten klimatischen Verhältnissen zurechtzukommen. Bis sie irgendwann auch in der Fremde ›auf eigenen Füßen‹ stehen können. Viele Pflanzen benötigen aber keine menschliche Hilfe.

Atwaters Kollege John J. Wiens von der University of Arizona untersuchte, mit welcher Geschwindigkeit sich solche Verschiebungen der klimatischen Nischen (*climate niche shifts*) abspielen.[33] Können sie mit dem Klimawandel überhaupt Schritt halten?

In ihren Heimatlebensräumen hatten sich die klimatischen Vorlieben verschiedenster Wirbeltiere über lange Zeiträume nur im Zeitlupentempo verändert, viel langsamer, als es erforderlich wäre, um dem Klimawandel zu folgen. Ganz anders liegen die Verhältnisse aber, wenn die gleichen Tierarten in der Ferne als Neobiota auftreten. Dutzende Amphibien- und Reptilienarten, darunter eine Krokodil- und drei Schlangenspezies, die erst in den letzten 100 Jahren nach Nordamerika gelangten, bilden dort mittlerweile in einem für sie ziemlich exotischen Klima stabile Populationen. Und das Erstaunlichste ist: Viele benötigten für diese Umstellung keine lange Eingewöhnungszeit. Sie arrangierten sich sofort mit den neuen Verhältnissen, gewissermaßen von einem Moment auf den anderen.

Untersuchungen an ehemals europäischen Pflanzenarten führten zu dem gleichen Ergebnis. Umgekehrt gibt es in deren Heimat weite Gebiete, in denen diese Pflanzen fehlen, obwohl sie sich unter den gleichen Bedingungen in den fernen USA sehr wohl zu fühlen scheinen. Diese Unterschiede zwischen altem und neuem Lebensraum sind gerade bei den Pflanzen besonders ausgeprägt, die zu Hause in Europa nur in kleinen Gebieten und in einer engen klimatischen Nische wachsen.[34]

Vorhersagen darüber, wie Tier- und Pflanzenarten sich unter anderen Bedingungen und an anderen Orten verhalten werden, erscheinen unter diesen Umständen sehr problematisch. Offenbar hat man das Klima als begrenzenden Faktor für die Verbreitung von Tier- und Pflanzenarten überschätzt. Die klimatische Nische, die Lebewesen in ihren Heimatgebieten einnehmen, ist keineswegs die einzig mögliche. Wissenschaftler würden sagen: Die fundamentale klimatische Nische ist erheblich größer als die realisierte. Das gilt nicht für alle, aber viele Lebewesen können mehr, als sie zeigen.

»Es ist klar, dass die Arten sich nicht augenblicklich evolutionär an diese Bedingungen angepasst haben, sondern dass sie schon vor ihrer Einführung in der Lage gewesen sein müssen, sie zu ertragen«, schreiben John Wiens und seine Kollegen. Sie vermuten, dass »biotische Wechselwirkungen«[35] die Arten in ihrer Heimat davon abgehalten haben, ihre fundamentale klimatische Nische auszufüllen. Fressfeinde, Parasiten, Krankheitserreger oder Konkurrenten haben sie in ihren Entfaltungsmöglichkeiten begrenzt und fehlen nun in den neuen Lebensräumen. Auch das Angebot an Nahrungspflanzen oder Beutetieren könnte eine Rolle spielen.

Die Untersuchungen von Daniel Atwater und John Wiens deuten darauf hin, dass das Gesicht, das Lebewesen uns zeigen, in den meisten Fällen nur eines von mehreren möglichen ist. Wie diese aussehen, erfahren wir allerdings erst, wenn Umstände eintreten, die es den Organismen erlauben (oder sie dazu zwingen), uns andere Gesichter zu zeigen. Die Verschleppung in ferne Länder mit anderen biotischen Akteuren ist ein solcher Umstand. Etwa auch ein sich rasch veränderndes Klima? Könnte dieses verborgene Potenzial bedeuten, dass Tiere und Pflanzen gegenüber zukünftigen Veränderungen des Klimas widerstandsfähiger sind, als wir befürchten?

Für einige mag das zutreffen. Die fremden Reptilien- und Amphibienarten, die John Wiens und seine Kollegen untersucht haben, wurden in ihrer Mehrzahl (50 von 76) absichtlich in die USA eingeführt, »oft im Zusammenhang mit dem Heimtierhandel«. Sie wurden nicht danach ausgesucht, ob sie Eigenschaften besaßen, »die ihre zufällige Ausbreitung wahrscheinlicher machten«.[36] Es wäre also denkbar, dass sie eine ähnlich überraschende Reaktion auch im Falle des Klimawandels zeigen würden. Die meisten Arten wird der Klimawandel aber in ihrer Heimat treffen, wo sie dann »mit den gleichen Einschränkungen gegenüber Nischenveränderungen zu kämpfen hätten, die sie jetzt erfahren.«[37]

Alles, was bisher über fremde Pflanzen und Tierarten gesagt wurde, folgt der seit Jahrzehnten vorherrschenden Ansicht, dass die durch menschliches Handeln ermöglichte Verschleppung und Ausbreitung dieser Lebewesen in Gebiete fern ihrer eigentlichen Heimat etwas grundsätzlich Schlechtes und Gefährliches sei, das verhindert und bekämpft werden müsse, damit die bestehende Natur mit den uns vertrauten Protagonisten weiter existieren könne. Vorhersagen darüber, wie invasiv sich eine Art in fremden Lebensräumen verhalten wird, dienen letztlich dazu, im Gefahrenfall frühzeitig Bekämpfungsmaßnahmen einleiten zu können. Alle großen Naturschutzorganisationen und ein kaum noch zu überschauender Berg von Fachliteratur aus aller Welt betrachten biologische Invasionen übereinstimmend als eines der wichtigsten Umweltprobleme unserer Zeit. Nach dem Lebensraumverlust werden die Aliens unter den Pflanzen und Tieren als größte Bedrohung der globalen Artenvielfalt angesehen, und zweifellos gibt es dafür gute Gründe und eine überwältigende Menge an Daten und Beweisen. Dieser Standpunkt ist daher meilenweit von der diffusen Fremdenfeindlichkeit entfernt, der man mitunter in konservativen Naturschutzkreisen begegnet.

Nur – wird man dem Phänomen mit dieser Haltung wirklich gerecht, zumal in Zeiten des Klimawandels? Mittlerweile sind auch andere Stimmen zu vernehmen. Sie gehören Frauen und Männern aus Ökologie, Naturschutz und Publizistik wie Josef Reichholf oder dem britischen Umweltjournalisten Fred Pearce, und sie fordern ein fundamentales Umdenken des Naturschutzes, der endlich zur Kenntnis nehmen solle, dass es sehr wenige fremde Arten seien, die für Probleme sorgen. Der Verlust einheimischer Arten sei vor allem auf Inseln zu beklagen, durch Ratten, Mäuse oder Katzen, denn dort existierten oft spezielle und verletzliche Lebensgemeinschaften. Auf den Kontinenten hingegen füge sich die überwiegende Mehrzahl der fremden Arten reibungslos in die bestehenden Lebensgemeinschaften und Ökosysteme ein und sorge letztlich für eine Zunahme an biologischer Vielfalt. Anstatt fremde Pflanzen und Tiere zu dämonisieren, solle man sie daher eher willkommen heißen, unterstützen, ja sogar als Retter der Natur bejubeln, als »die neuen Wilden« in einer zukünftigen neuen Wildnis.[38]

Ein Vorgehen gegen Problemarten, das wissen auch Invasionsbiologen, verschlingt oft viel Geld und richtet nicht selten mehr Schaden an, als dass es nutzt. Ingo Kowarik, einer der führenden deutschen Experten und eher ein Vertreter der alten Schule, stellt daher fest: »Eine Alternative zur oft wenig aussichtsreichen Bekämpfung von Neobiota besteht darin, sie als Symptom und Zeugnis anthropogener Umweltveränderungen zu akzeptieren und nur dann gegenzusteuern, wenn wichtige Schutzgüter gefährdet werden – und die Gegenmaßnahmen auch aussichtsreich sind. Für eine solche Haltung gibt es eine pragmatische Begründung: Wenn nichts auszurichten ist, bleibt wenig anderes übrig, als die veränderte Situation zu akzeptieren und das Beste daraus zu machen.«[39]

Fred Pearce und andere gehen weit darüber hinaus. Diese angeblichen »Banditen der Natur sind ausgewiesene Kolonisten und schlagen aus dem von Menschen hinterlassenen ökologischen Chaos Profit«, schreibt Pearce und fährt fort: »Damit sind sie aber zugleich die beste Möglichkeit der Natur, den Schaden zu reparieren, den Kettensägen und Pflüge, Umweltverschmutzung und Klimawandel angerichtet haben.«[40]

Ich muss gestehen, dass ich mich mit dieser Sicht der Dinge immer noch schwertue; zu groß sind die Schäden, die ein seit

Jahrhunderten andauernder und weitgehend gedankenloser Austausch von Pflanzen- und Tierarten in der Welt verursacht hat – eine historische Hypothek, die man nicht einfach vom Tisch wischen oder gar zur Wohltat umdefinieren kann.

Vor über 20 Jahren erschien mein Buch *Die Ameise als Tramp*[41], eine der ersten allgemeinverständlichen Gesamtdarstellungen der Invasionsbiologie im deutschen Sprachraum. Ich habe mich damals um eine differenzierte, aber auch engagierte Darstellung bemüht, in begründeten Fällen für entschiedene Bekämpfungsmaßnahmen plädiert, vor allem aber, da im Nachhinein oft so wenig auszurichten ist, für eine effektive Vorsorge, die möglichst verhindert, dass potenzielle Invasoren überhaupt ins Land gelangen.

All das gilt, meiner Auffassung nach, auch weiterhin. Ein Zurück zu den unberührten Ökosystemen der Vergangenheit ist unmöglich und wäre in Mitteleuropa auch gar nicht wünschenswert. Natürlich hat Josef Reichholf recht, wenn er in seinem Vorwort zu Pearce' Buch darauf hinweist, dass die farbenfrohe Ackerbegleitflora, also die Mohnblume, Kamille, Kornblume und Co., deren massiven Rückgang wir heute beklagen, einst als invasive Arten nach Mitteleuropa kamen. Ohne diese ehemaligen Unkräuter »gäbe es auch keine Feldhasen und Feldlerchen, Goldammern und Rebhühner«, schreibt Reichholf, »kaum Schmetterlinge, die am Tag fliegen, und sehr wenige Wildbienenarten«.[42] Was einmal die Schönheit der Kulturlandschaft ausmachte und heute wieder zu verschwinden droht, konnte sich nur deshalb ansiedeln und entwickeln, weil Menschen die Wälder abgeholzt und stattdessen die Feldflur geschaffen hatten – ein Muster, das sich heute im Zuge der modernen Invasionen in globalem Maßstab wiederholt. Wo der Mensch die bestehenden Ökosysteme stört und schwächt, ebnet er den neuen fremden Arten den Weg.

Aber sind die Invasoren, die man heute bekämpft und denen man Milliardenschäden zur Last legt, tatsächlich die »Ackerwildkräuter von morgen«, wie der Vergleich von Josef Reichholf es nahelegt?

Noch vor nicht allzu langer Zeit hätte ich mich vehement gegen diese Vorstellung zur Wehr gesetzt, aber die Rahmenbedingungen haben sich inzwischen dramatisch geändert. Könnte es in Zeiten des Klimawandels nicht tatsächlich dazu kommen? Selbst wenn wir wie in der geschilderten Studie einen relativ gemäßigten Temperaturanstieg zugrunde legen, werden in Mitteleuropa schon in 30 Jahren regelmäßig Temperaturen herrschen, die wir auf unserem Kontinent bisher nirgendwo oder nur extrem selten erlebt haben. Das wird in den betroffenen Lebensgemeinschaften zweifellos zu Ausfällen bei Pflanzen- und Tierarten führen. Nicht alle werden sich anpassen oder in kühlere Gebiete zurückziehen können.

Also werden Lücken entstehen, Leerstellen in den Nahrungsnetzen, ökologische Nischen könnten dünn und schließlich gar nicht mehr besetzt sein, ökosystemare Dienstleistungen könnten schwächeln oder ganz wegfallen – wäre es dann nicht ein Segen, wenn es Arten im Land gäbe, ob einheimisch oder fremd, die mit den neuen klimatischen Bedingungen besser zurechtkommen und deshalb rasch einspringen und die entstandenen Lücken füllen könnten? Um Schädlinge zu vertilgen, erodierende Hänge und Ufer zu befestigen, um Bestäubungsdienste zu übernehmen und anderen als Nahrung zu dienen?

Damit hätten wir die drei großen Gruppen von Tier- und Pflanzenarten, aus denen sich überall in der Welt die Lebensgemeinschaften der Zukunft rekrutieren werden: Einheimische und Alteingesessene, Zugewanderte und Neobiota, wobei vor allem bei Letzteren mit Überraschungen zu rechnen ist. Wie die Gewichte sich verteilen werden, ist kaum vorherzusehen und wird von vielen Faktoren abhängen, vor allem natürlich vom Ausmaß des Klimawandels und damit nicht zuletzt von unseren Entscheidungen. Je höher die Temperaturen steigen, desto mehr wird sich die Natur der Zukunft in ihrer Zusammensetzung von der heutigen unterscheiden.

Dabei ist wieder der Zeithorizont zu beachten, denn die vorgestellte Studie über Neophyten in Deutschland und Österreich betrachtet nur die Entwicklung bis Mitte dieses Jahrhunderts. Doch selbst wenn wir mit aller Entschiedenheit gegensteuerten, wonach es im Augenblick nicht aussieht, würde die Entwicklung noch weit über diesen Zeitpunkt hinaus weitergehen. Die Tier- und Pflanzenwelt im Jahr 2100, das viele der Menschen, die in diesen Tagen geboren werden, erleben könnten, wird sich noch deutlicher von der uns heute vertrauten Natur unterscheiden.

Und was geschieht nach 2100, dem Jahr, in dem fast alle Prognosen, die man uns präsentiert, spätestens enden, als gälte es, die Zeit bis dahin irgendwie zu überstehen, um danach wieder einer besseren Zukunft entgegenzusehen? Dann beginnt wohl das, was manche Klimaforscher und auch David Wallace-Wells das »Höllenjahrhundert«[43] nennen …

Solange sich die klimatischen Verhältnisse verändern, werden dies auch Flora und Fauna tun, und zwangsläufig werden dabei neue Artengemeinschaften in bislang unbekannter Zusammensetzung entstehen, über deren Stabilität und Eigenschaften wir nichts wissen.

Die Paläontologie hat herausgefunden, dass das Auftreten von solchen neuartigen Lebensgemeinschaften auch in der Vergangenheit typisch für Phasen eines raschen Klimawandels war. Und das ist in unserem Zusammenhang bei Weitem nicht die einzige Erkenntnis, die wir aus dem Studium vergangener Zeiten ziehen können.

3

Eine hungrige Welt – Was die Vergangenheit uns über die Zukunft erzählt

Proxies und Klimawandel

Um elementare Wetterdaten zu sammeln, braucht man in der Regel keine Hightech. Wie warm es draußen ist, verrät ein Thermometer, Regen wird in Sammelbehältern aufgefangen – nichts einfacher als das. Wurden diese und andere Daten über einen längeren Zeitraum erhoben, kann man sie in Computermodelle eingeben und daraus unter Anwendung bekannter physikalischer Gesetze die wahrscheinlichen klimatischen Verhältnisse der Zukunft berechnen; Untersuchungen zeigen, dass das recht gut funktioniert.[1] Doch wie sah es in der Vergangenheit aus, im Jahr 1127 zum Beispiel, oder 112700 v. Chr.? War es damals wärmer oder kälter als heute, war es feuchter oder trockener?

Die Beantwortung dieser Fragen ist keine Spielerei für unterbeschäftigte Wissenschaftlerinnen und Wissenschaftler. Die Computermodelle, auf die sich die Klimatologie stützt, können nur so gut sein wie die Daten und Gesetzmäßigkeiten, mit denen sie gefüttert werden. Dabei müssen sie auch Entwicklungen in ferner Vergangenheit und in der Gegenwart erklären können, und je besser sie dies tun, desto größer ist unser Vertrauen, dass auch ihre Vorhersagen zutreffend sind.

Niemand weiß besser als die Forscher selbst, dass sie das extrem komplexe Klimageschehen auf der Erde noch nicht in allen Einzelheiten verstehen. In vielen Fällen wissen sie, was sie nicht wissen, sie kennen die *known unknowns* und suchen danach. Doch es gibt auch Wissenslücken, die uns als solche gar nicht bewusst sind. Namhafte Expertinnen und Experten glauben, dass diese *unknown unknowns* »das Potenzial haben, das zukünftige Klima in Richtungen zu bewegen, die wir uns bisher nicht vorstellen konnten«.[2]

Deswegen ist der Blick in die Vergangenheit unerlässlich. Weit zurückliegende Ereignisse der Erdgeschichte zeigen uns, wie die Lebensgemeinschaften unseres Planeten tatsächlich auf abrupte Klimaveränderungen reagiert haben. Sie tun dies, ohne dass dabei Computermodelle bemüht werden müssten und mitsamt der dabei wirksamen *known* und *unknown unknowns*. Hier ist nicht die Frage, was passieren könnte, wenn die globale Temperatur um fünf Grad steigt, sondern: Was ist in der Vergangenheit bei vergleichbaren Entwicklungen auf der Erde wirklich geschehen? Gab es überhaupt vergleichbare Entwicklungen? Und wenn ja, was können wir daraus über das, was auf uns und alle anderen Lebewesen zukommt, lernen?

Natürlich stellen sich beim Versuch, diese Fragen zu beantworten, neue Probleme, vor allem methodischer Art. Wenn es um Temperaturen und Regenmengen in der Vergangenheit geht, helfen die klassischen Messinstrumente nicht weiter. Regelmäßige Aufzeichnungen von Lufttemperatur und Niederschlagsmenge gibt es erst seit etwa 300 Jahren, und das auch nur von wenigen Stationen. Ein globales Messnetz, das diesen Namen verdient und Daten für unsere Wettervorhersagen und Klimaforschung liefert, existiert erst seit wenigen Jahrzehnten.

Erstaunlicherweise haben wir trotzdem recht genaue Vorstellungen davon, wie kalt oder warm es in den Jahren 1127 oder 112700 v. Chr. war – oder gar vor 150000000 Jahren zur Zeit der Dinosaurier. Wir können die Veränderungen der globalen Temperatur sogar noch weiter zurückverfolgen, bis zum Beginn des Kambriums vor etwa 550 Millionen Jahren, als auf dem Planeten eine Art Urknall des vielzelligen Lebens stattfand, und noch darüber hinaus. Natürlich werden solche Daten nicht durch direkte Messungen gewonnen, sondern mithilfe von Stellvertreterdaten, sogenannten Proxies. Wie oft ich meinen Rasen mähen muss, ist zum Beispiel ein (zugegeben grobes) Proxy für die Regenmenge, die in den letzten Wochen gefallen ist. Je weniger es regnet, desto weniger wachsen die Gräser, desto seltener muss ich mähen – das kann ich aus eigener Anschauung bestätigen. Wenn ich also über meine Mähaktivitäten Buch führe und feststelle, dass der Rasen im Laufe der letzten Jahre immer seltener gemäht werden musste, kann ich daraus schließen, dass weniger Regen gefallen ist. Das ist das Prinzip. Die wissenschaftliche Realität sieht natürlich sehr viel komplizierter aus.

Forscher verwenden Daten, die in natürlichen Klimaarchiven aufgezeichnet wurden, in Baumringen, Stalagmiten, Eisschichten oder den Sedimenten von Ozeanen und Seen. Jedes dieser Archive hat eine bestimmte zeitliche Reichweite. Um etwas über das Klima im Jahr 1127 zu erfahren, sind Baumringe ideal; für die Zeit vor 112 700 Jahren wären sie jedoch vollkommen ungeeignet. Dazu muss man auf Eisbohrkerne oder Seesedimente zurückgreifen, deren zeitliche Auflösung allerdings schlechter ist und keine Aussagen über einzelne Jahre mehr gestattet. Um bis in die Zeit der Dinosaurier vorzudringen, helfen nur noch die Schichtfolgen von Sedimentgesteinen mit noch größeren Unsicherheiten.

Nicht selten müssen die Proxies unter großem Laboraufwand erst bestimmt und kalibriert werden. Dann liefern sie aber wertvolle und ganz unterschiedliche Informationen über die ferne Vergangenheit, nicht nur über Temperaturen, sondern ebenso über Vulkanausbrüche, Schwankungen des Meeresspiegels oder die chemische Zusammensetzung von Luft oder Wasser. Proxies unterscheiden sich sowohl in ihrer zeitlichen als auch in ihrer räumlichen Auflösung sowie in der Genauigkeit, mit der sie die Rekonstruktion längst vergangener Klimabedingungen ermöglichen.

Weil die Auflösung immer schlechter wird, je weiter man zurückblickt, sieht die anhand verschiedener Proxies ermittelte »Paläotemperaturkurve« der Erde in der fernen erdgeschichtlichen Vergangenheit glatt aus, mit sanft gerundeten Ausschlägen nach oben und unten. Nähert man sich der Gegenwart, wird die Kurve rauer und zackiger. Die zeitliche Auflösung wird immer besser und offenbart schließlich ein dauerndes Auf und Ab, einen ununterbrochenen Wechsel von wärmeren und kälteren Zeiten, der vermutlich schon immer stattfand, aber heute für die Frühgeschichte des Lebens nicht mehr nachweisbar ist.

Konstante Verhältnisse, gleichmäßige Temperaturen hat es auf unserem Planeten nie gegeben.[3] Und die uns so vertraute Situation mit den eisbedeckten Polen ist eine seltene Ausnahme. Man muss weit in die Vergangenheit zurückblicken, bis in die Zeit des Karbons vor etwa 300 Millionen Jahren, um auf ein vergleichbares Ausmaß kontinentaler Vereisung zu stoßen.[4] Der Eispanzer am Nordpol entstand erst vor etwa 2,7 Millionen Jahren. Weil der Südpol aber im Unterschied zum Nordpol auf dem Festland liegt, bildete sich das Eis dort wesentlich leichter, und die Vergletscherung begann schon vor etwa 34 Millionen Jahren. Seitdem befinden wir uns im erdneuzeitlichen (känozoischen) Eiszeitalter, in dem sich relativ kurze Warm- mit längeren Kaltzeiten abwechselten.

Wir sprechen zwar von »Warmzeiten«, doch auch in diesen sogenannten Interglazialen oder Zwischeneiszeiten blieb es auf der Erde relativ kühl, mit vereisten Polen und Gletschern in den Hochgebirgen, deswegen befinden wir uns, geologisch gesehen, noch immer im Eiszeitalter. Meistens war es auf der Erde jedoch erheblich wärmer als heute, weshalb die Pole vollständig eisfrei waren, bei Kohlendioxid-Konzentrationen in der Atmosphäre, die ein Mehrfaches der heutigen Werte erreichten. Das gilt zum Beispiel für die Phase vom größten Massenaussterben der Erdgeschichte am Ende des Perms vor 250 Millionen Jahren durch das gesamte Erdmittelalter hindurch bis zur Zeit vor etwa fünf Millionen Jahren.

Seit einem Plateau vor 53,6 Millionen Jahren, dem Eozänen Temperaturoptimum, das zehn bis zwölf Grad wärmer war als die Gegenwart, fiel die Temperatur kontinuierlich ab, sank vor etwa fünf Millionen Jahren unter das heutige Niveau, schwankte dann zyklisch, verbunden mit den Vorstößen der Gletscher, um schließlich wieder um etwa fünf Grad anzusteigen und in das Holozän zu münden, unsere Jetztzeit. Seit nunmehr fast 12 000 Jahren hat sich dieses Holozän als klimatisch bemerkenswert stabil erwiesen und umfasst praktisch die gesamte Zivilisationsgeschichte der Menschheit.

Wie kam es zu dieser Abkühlung? Die Gründe für das klimatische Wechselbad der Erdgeschichte sind vielfältig. Temperaturschwankungen werden zum einen von regelmäßigen Bewegungen der Erdachse und Veränderungen der Bahn unseres Planeten um die Sonne verursacht, die ihrerseits eine Folge der Anziehungskraft der Riesenplaneten Jupiter und Saturn sind – Zyklen, die mehrere Zehntausend und gar Hunderttausend Jahre dauern und sich in komplizierter Weise überlagern. Durch dieses Fluktuieren verändert sich der Einfallswinkel der Sonnenstrahlen und damit auch ihre Intensität. Nach einem serbischen Mathematiker werden sie Milanković-Zyklen genannt. Seit etwa 700 000 Jahren dominiert ein Zyklus, der von Warm- zu Warmzeit etwa 100 000 Jahre dauert und offenbar vor allem von Modulationen der Erdbahn verursacht wird.

Von großer Bedeutung für die globalen Temperaturen sind aber auch plattentektonische Verschiebungen, die zur Bildung riesiger Gebirge und zu Veränderungen der Meeresströmungen führten. So verschwand vor etwa 40 Millionen Jahren eine Landverbindung zwischen Südamerika und der Antarktis, die für lange Zeit bestanden hatte, sodass sich ein den Südkontinent umkreisender Zirkumpolarstrom herausbilden konnte. Er verhinderte fortan, dass warmes Wasser weiter nach Süden vordrang, isolierte den Südkontinent und trug so zu der globalen Abkühlung bei.

Und *last, but not least*: Zu den Temperaturschwankungen trugen auch Vulkanausbrüche und Veränderungen in der Zusammensetzung der Atmosphäre bei. Warmzeiten waren immer auch mit hohen Konzentrationen von Treibhausgasen verbunden, neben CO_2 insbesondere Wasserdampf, Methan und N_2O, das sogenannte Lachgas. Natürlicherweise gelangen sie zum Beispiel bei Vulkanausbrüchen in die Atmosphäre und werden durch andauernde biologische und geochemische Prozesse wieder daraus entfernt. So können marine Einzeller der Luft große Mengen CO_2 entziehen und daraus Kalkskelette aufbauen, die nach ihrem Absterben auf den Meeresboden sinken, dort zu Sedimentgesteinen und irgendwann durch geologische Prozesse zu neuen spektakulären Kalksteinmassiven wie dem Karwendel oder den Dolomiten aufgetürmt werden. Wenn Platten der Erdkruste auseinanderbrechen und neue Gebirge entstehen, nehmen auch die Verwitterungsprozesse zu und binden mehr Kohlendioxid. So wird bereits im Treibhausklima im wahrsten Sinn des Wortes der Grundstein für das kommende Eiszeitalter gelegt.

Nur wenn die CO_2-Konzentration niedrig ist und sich große Festlandmassen in der Nähe der Pole befinden, können dort Eiskappen entstehen. Das Ganze ist ein sich selbst verstärkender Prozess, der zu einer deutlichen Erhöhung der Albedo führt, des Anteils der Sonnenenergie, der zurück in den Weltraum reflektiert wird, was wiederum weitere Abkühlung, ein weiteres Anwachsen der Eispanzer und damit eine noch höhere Albedo zur Folge hat.

Für den erdgeschichtlich ziemlich außergewöhnlichen Temperaturrückgang, der seit dem Eozänen Optimum vor etwa 54 Millionen einsetzte, mussten mehrere Faktoren zusammenkommen. Die Indische Platte kollidierte mit der Eurasischen und türmte das größte und höchste Gebirge der Welt auf, den

Himalaya. Sofort setzte der Prozess der Verwitterung ein, die Gesteinsmineralien reagierten mit dem atmosphärischen und in Regenwasser gelösten CO_2 und entzogen der Luft damit langsam, aber stetig das wichtigste Treibhausgas. Es dauerte 20 Millionen Jahre, bis sich die Atmosphäre durch den sinkenden Kohlendioxidgehalt so weit abgekühlt hatte, dass in der mittlerweile isolierten Antarktis ein Eispanzer entstehen konnte.

Gleichzeitig hatte die Plattentektonik dazu geführt, dass sich auf der Nordhalbkugel mehr als zwei Drittel der gesamten globalen Landmasse zusammenfanden. Auf diesen Kontinenten konnten sich – viel später als in der Antarktis, dafür aber umso effektiver – gewaltige Eispanzer bilden, die die Abkühlung durch die Erhöhung der Albedo weiter beschleunigten. Da sich in kaltem Wasser mehr CO_2 löst, wurde der Atmosphäre in einer positiven Rückkopplung noch mehr Treibhausgas entzogen. Das Tüpfelchen auf dem i lieferte letztlich die Schließung des Isthmus von Panama, die Bildung einer Landbrücke zwischen Nord- und Südamerika, die den Ozeanströmungen eine völlig neue Richtung aufzwang. Der Golfstrom bildete sich und transportierte viel Feuchtigkeit über den Atlantik. Auf der anderen Seite führte das zu vermehrtem Schneefall, und die Gletscher wuchsen.[5]

Ein ganzes Potpourri von erdgeschichtlichen Prozessen hatte den Planeten in einen labilen Kippzustand befördert. Von da an, das bestätigen auch brandneue Studien[6] von Matteo Willeit und Kollegen des Potsdam-Instituts für Klimafolgenforschung, reichten die kosmischen Einflüsse der Milanković-Zyklen und schwankende CO_2-Konzentrationen, um die Welt für viele Hunderttausend Jahre in das Wechselbad von Kalt- und Warmzeiten zu stürzen, das wir »Eiszeitalter« nennen.

Die Modellrechnungen der Potsdamer Forscher zeigen, wie empfindlich das Erdsystem auf Änderungen des CO_2-Gehalts reagiert. Deshalb könnte es sein, dass wir uns gerade aus dem klimatischen Auf und Ab der letzten drei Millionen Jahre verabschieden. Eine Vorgängerstudie hatte ergeben, dass wir möglicherweise kurz vor der industriellen Revolution nur knapp an dem Beginn einer neuen Kaltzeit vorbeigeschrammt sind und der eigentlich anstehende nächste Gletschervorstoß wohl ausfällt oder erst mit ein paar Zehntausend Jahren Verspätung erfolgen wird.[7]

»Unsere Untersuchungen sind [...] nicht nur Simulationen: Wir haben unsere Ergebnisse mit Daten aus Proben aus der Tiefsee verglichen, und sie stimmen gut überein«, sagte Matteo Willeit dem Informationsdienst seines Instituts. »Es scheint, dass wir unseren Heimatplaneten derzeit über alle klimatischen Bedingungen hinausdrängen, die während des gesamten aktuellen erdgeschichtlichen Zeitalters herrschten, dem Quartär. Der menschgemachte Klimawandel heute ist eine große Sache, wirklich groß, sogar in erdgeschichtlichen Maßstäben.«[8]

PETM

Vor 56 Millionen Jahren, kurz vor dem Eozänen Temperaturoptimum, das, jedenfalls aus menschlicher Sicht, so optimal nicht gewesen sein kann, weil eine bis zu zwölf Grad wärmere Welt für uns zu großen Teilen unbewohnbar wäre, zeigt die Darstellung der Paläotemperatur einen ebenso steil ansteigenden wie abfallenden Zacken. Er ragt aus der sanft ansteigenden Kurve knapp unterhalb des Gipfels in die Höhe wie ein Dorn. An seiner Spitze waren die Temperaturen um sechs bis zehn Grad angestiegen.

Dieser Dorn markiert das Paläozän/Eozän-Temperaturmaximum, kurz: PETM, das erst vor 30 Jahren von den beiden kalifornischen Geologen James P. Kennett und Lowell D. Stott in einem vor der antarktischen Küste gewonnenen Tiefseebohrkern entdeckt wurde.[9]

Was die beiden fanden, hat Geologen wie Klimatologen gleichermaßen elektrisiert. Eigentlich ging es in ihren Untersuchungen um das Massenaussterben gegen Ende des Erdmittelalters, aber um in diese 66 Millionen Jahre alten Gesteinsschichten zu gelangen, musste der Bohrer erst die darüberliegenden jüngeren Schichten durchdringen, und darin, in Ablagerungen, die 56 Millionen Jahre alt waren, stießen die beiden Forscher auf eine auffällige Anomalie, auf Veränderungen im Verhältnis verschiedener Sauerstoff- und Kohlenstoffisotope. Die Forscher schlossen auf einen, geologisch gesehen, rasant schnellen Anstieg der Wassertemperatur in der Tiefsee von etwa fünf Grad. Für einige am Meeresboden lebende Tiergruppen bedeutete dies das Ende.

Weitere Untersuchungen[10] konnten dieses Ereignis nicht nur im Ozean, sondern auch an Land nachweisen. Außerdem fiel es zeitlich ziemlich genau mit bekannten Veränderungen der Säugetierfauna zusammen. Am anderen Ende der Welt, am Lomonossow-Rücken im Arktischen Ozean, ergaben Analysen gleich alter Sedimentschichten ebenfalls einen Temperaturanstieg um fünf bis sieben Grad.[11] Es kann kein Zweifel mehr bestehen: Das PETM ist ein weltumspannendes Ereignis gewesen. In geologischer Hinsicht markiert es nur einen von vielen Einschnitten in der Entwicklungsgeschichte des Lebens auf diesem Planeten. Doch hätten wir Menschen damals schon gelebt, wäre uns das Geschehen sicher als beispiellose Klimakatastrophe erschienen.

»Die Erkenntnis, dass es sich bei PETM um eine globale Veränderung der Umwelt handelte, die mit beträchtlichen biologischen Konsequenzen verbunden war, löste viele weitere Studien aus«, schreiben die US-amerikanischen Paläobotaniker Francesca McInerney und Scott Wing, die an diesen Forschungen selbst maßgeblich beteiligt waren.[12] Seit seiner Entdeckung wurden etliche Tagungen und Symposien über das PETM abgehalten und Hunderte von wissenschaftlichen Abhandlungen veröffentlicht. Die rasche und ziemlich drastische Erhöhung der globalen Temperaturen war nicht nur paläontologisch interessant, sondern schien auch in idealer Weise zur Gewinnung von Erkenntnissen über die heutigen klimatischen Veränderungen geeignet. Wird sich der im 20. Jahrhundert einsetzende Klimawandel in der Rückschau einmal als ähnlich spitzer Ausschlag der globalen Temperaturkurve abzeichnen? Wie weit gehen die Parallelen?

Auch das PETM wurde, da sind sich die Forscher einig, durch eine massive Freisetzung von Kohlenstoff ausgelöst. 10 000 bis 12 000 Gigatonnen gelangten damals in die Atmosphäre. In welchem Zeitraum dies geschah und woher dieser Kohlenstoff kam, lässt sich bislang allerdings nicht mit Gewissheit sagen. Die meisten Forscher gehen davon aus, dass neben einem Anstieg der CO_2-Konzentration durch vulkanische Aktivität eine massive Freisetzung von Methan erfolgt sein muss, möglicherweise als Folge von Hebungen des Meeresbodens, die damals im Nordatlantik stattfanden. Die darin enthaltenen Methanhydratvorkommen – Frank Schätzings *Schwarm* lässt grüßen – könnten dabei destabilisiert worden und als Treibhausgas in die Atmosphäre entwichen sein.[13] Eine andere Theorie geht von der Existenz riesiger Permafrostgebiete in der damals noch eisfreien Antarktis aus, die große Kohlenstoffmengen gespeichert haben und im Treibhausklima des Eozäns aufgetaut sein könnten.

Kürzlich wurden in Ablagerungen, die aus der Zeit unmittelbar vor den gemessenen Isotopenanomalien stammen, Beweise für einen Meteoriteneinschlag gefunden. Wo dieser Impakt stattgefunden haben könnte, ist unklar, aber die gefundenen runden Gesteinskügelchen sind charakteristisch für den Auswurf eines Einschlagkraters. Darüber lagerte ungewöhnlich viel fossilisierte Holzkohle. Offenbar kam es infolge des Impakts zu ausgedehnten Bränden. Als Kohlenstoffquelle käme in diesem Szenario verdampfter Kalkstein infrage, außerdem muss der Einschlag das PETM nicht allein ausgelöst haben. Er könnte aber darüber hinaus auch zu starker vulkanischer Aktivität im Nordatlantik geführt haben.

Ist das alles vielleicht nur ein zufälliges zeitliches Zusammentreffen gewesen? Die Forscher geben zu bedenken, dass ihre Theorie, ein Meteoriteneinschlag habe die zum PETM führenden Prozesse ausgelöst, auf existenten physischen Beweisen, nämlich den Gesteinskügelchen basiere. Und zeitlich gesehen treffe ein solcher Einschlag derart genau ins Schwarze, dass es sich wirklich um eine »bemerkenswerte Koinzidenz« handeln müsste – »wir halten das für äußerst unwahrscheinlich«.[14]

Erschwert wird die Suche nach der Kohlenstoffquelle durch die Tatsache, dass das PETM offenbar kein Einzelereignis war, was gegen einen Einschlag als einzige Ursache sprechen würde, denn schon zwei Millionen Jahre später hat sich das ganze Geschehen in ähnlicher Weise wiederholt, mit nicht ganz so dramatischen Folgen.[15] In neuseeländischen Untersuchungen wurden sogar fünf solche Temperaturanomalien aufgespürt, deren Intensität von Mal zu Mal abnahm. Vermutlich haben alle diese Ereignisse in der Zeit vor 56 bis 53 Millionen Jahren die gleichen Ursachen gehabt, sodass die Forscher nun auf der Suche nach »einer dynamischen Quelle sind, die wiederholt große Mengen an ^{13}C-verarmtem Kohlenstoff in den Ozean oder die Atmosphäre entlassen haben muss«.[16]

Der erste und in dieser Serie stärkste Ausschlag in der Paläotemperaturkurve, das PETM, sieht wie ein erdgeschichtlicher Blitz aus, aber das ist nur den langen Zeiträumen geschuldet, die in diesen Darstellungen üblicherweise zusammengefasst werden. In Wirklichkeit dauerte das PETM ungefähr 200 000 Jahre – geologisch gesehen ein Wimpernschlag, aber lang genug, um darin zwei Drittel der gesamten Lebenszeit unserer Spezies unterzubringen.[17]

Diskutiert werden diverse Szenarien; das wahrscheinlichste geht von einem mehr oder weniger kontinuierlichen Kohlenstoffeintrag in die Atmosphäre über einen Zeitraum von mehreren Tausend Jahren aus, wobei wie gesagt noch ungeklärt ist, woher dieser Kohlenstoff stammte.[18] Danach folgten über mehr als 100 000 Jahre eine Plateau- und schließlich eine Erholungsphase, die 80 000 lange Jahre dauerte und in der die Temperatur langsam wieder auf das Ausgangsniveau sank.

Die steigenden Temperaturen, die etwa 60 000 Jahre nach Beginn der Kohlenstofffreisetzung ihren Höhepunkt erreichten und dann fünf bis zehn Grad über dem Prä-PETM-Niveau lagen, ließen vor allem in den Subtropen große aride Gebiete entstehen. Schlammschichten in Meeressedimenten wurden hingegen als Beleg für eine Zunahme der Niederschläge vor allem in Polnähe interpretiert; Lehm wurde durch Starkregen aufgeschwemmt und dann ins Meer transportiert. Nach Auffassung von Francesca McInerney und Scott Wing sind diese Schlammschichten jedoch kein Zeichen für generell erhöhte Niederschlagsmengen, sondern eher für eine ausgeprägte »Saisonalität und Episodizität«.[19]

Eine Zunahme solcher saisonaler Extremwetterereignisse, von Dürren, Stürmen und Starkregen, erwarten Klimaforscher auch für die kommenden Jahrzehnte.

Was diese dramatischen Veränderungen für die damals lebende marine Tierwelt bedeuteten, haben die Paläontologen aus weltweit mehr als 50 Bohrkernen und Gesteinsschichten herauspräpariert. Größere Meerestiere wurden dabei nicht gefunden, was natürlich nicht heißt, dass es sie nicht gegeben hätte oder dass sie nicht betroffen gewesen wären. Aber um mit einem Bohrer auf ein größeres Fossil zu treffen, muss man schon sehr viel Glück haben. Daher stützt sich unser Bild vom Ozean zu Zeiten des PETM ausschließlich auf Mikrofossilien, vor allem auf Foraminiferen, eine Gruppe von Einzellern aus der Amöbenverwandtschaft, deren winzige gekammerte Kalkschalen in fossiler Form hervorragend erhalten sind. Von den um fünf Grad wärmeren Wassertemperaturen der Tiefsee wurden sie besonders hart getroffen. Wahrscheinlich herrschte zudem Sauerstoffmangel. Außerdem war die Versauerung des Wassers weit fortgeschritten und machte allen Lebewesen mit Kalkskeletten zu schaffen. 30 bis 50 Prozent der am Meeresboden lebenden Foraminiferenarten verschwanden – in diesem Lebensraum eines der größten fossil dokumentierten Aussterbeereignisse seit dem Ende des Erdmittelalters.

Auch viele Planktonorganismen reagierten auf die Veränderungen in den Ozeanen mit Wanderbewegungen und Zu- oder Abnahmen ihrer Bestände. Tropische und subtropische Arten breiteten sich weit nach Norden und Süden aus und ließen den Tropengürtel selbst aufgrund der dort herrschenden hohen Wassertemperaturen als eine Art ›planktontische Wüste‹ zurück.[20] Der einzellige Dinoflagellat *Apectodinium* erreichte auf diese Weise eine nahezu globale Verbreitung. Algenblüten von gewaltigen Ausmaßen müssen die Folge gewesen sein, ermöglicht und stimuliert durch Nährstoffmassen, die von Flüssen in die küstennahen Gewässer gespült wurden.

Auch an Land wandelten sich Tier- und Pflanzenwelt derart grundlegend, dass das PETM für den niederländischen Paläontologen Appy Sluijs »als eine Zeit signifikanter Veränderungen der terrestrischen Lebensgemeinschaften herausragt«.[21] Durch Fossilfunde weiß man, dass besonders die Säugetierfauna damals einen tiefen Einschnitt erfuhr. 10 000 bis 15 000 Jahre nach Beginn des PETM traten in Nordamerika und Europa relativ unvermittelt erstmals Vertreter der beiden großen Huftiergruppen auf, der Paar- und Unpaarhufer, die vermutlich über hoch im Norden existierende Landbrücken aus Asien zugewandert waren. Aus Asien und Nordamerika kennt man auch die ersten modernen Affen. Eine heute ausgestorbene Familie von hyänenähnlichen Raubtieren, die Hyaenodontidae, die ein paar Millionen Jahre später zu wahren Ungetümen mit Schädeln von doppelter Löwengröße heranwuchsen, trat erst im Süden Chinas und später dann auch in Nordamerika und Europa in Erscheinung. Die Kontinente lagen zu jener Zeit auf der Nordhemisphäre noch dicht beieinander, und der Temperaturunterschied zwischen dem Äquator und den Polen, der sogenannte meridionale Temperaturgradient, betrug während des PETM nur etwa sechs Grad, heute sind es 22. Der Wechsel von einem Kontinent auf einen anderen war dadurch auch für kälteempfindliche Tierarten möglich geworden. Wegen dieser interkontinentalen Wanderbewegungen konnte bis heute nicht geklärt werden, auf welchem Erdteil die erwähnten Säugetiergruppen entstanden sind.

Der Klimawandel während des PETM beeinflusste jedoch nicht nur die Migration, er löste auch evolutionäre Prozesse aus und veränderte die Körper der Säugetiere. In Ablagerungen aus dem US-amerikanischen Bundesstaat Wyoming kann man diesen Gestaltwandel nachvollziehen. Sie stammen aus dem Bighorn Basin, einem Hochplateau zwischen zwei 4 000 Meter hohen Gebirgszügen, den Bighorn Mountains und der Absaroka Range, die die Ostgrenze des Yellowstone-Nationalparks bildet. Das vom Bighorn River geformte, mehr als 1300 Meter hohe Bassin war Siedlungsgebiet der Absarokee-Indianer, besser bekannt als Crow, und Heimat von Buffalo Bill und Butch Cassidy. Nicht weit entfernt, im angrenzenden Montana, fand die berühmte Schlacht am Little Bighorn statt, die untrennbar mit den Namen von General Custer und der Häuptlinge Sitting Bull und Crazy Horse verbunden ist. Die ganze Gegend ist ein Muss für Fans des Wilden Westens.

Doch auch Paläontologinnen und Paläontologen kommen hier auf ihre Kosten. 35 Meter dick ist die von Flusssystemen angehäufte Sedimentschicht, die dort während des Temperaturmaximums entstanden ist. Sie ist reich an Fossilien eines frühen Pferdeahnen namens *Sifrhippus*, sodass fantasiebegabte Forscher, die sich durch diese Schicht arbeiten, regelrecht zusehen können, wie die Tiere sich vor 56 Millionen Jahren veränderten. Die Urpferdchen und andere damals lebende Säugetierarten wurden immer kleiner. Im Verlauf von 130 000 Jahren schrumpften die ohnehin schon kleinen Pferdevorfahren um 30 Prozent und wogen am Ende nur noch 3,9 Kilogramm. Insekten und Würmer büßten sogar fast die Hälfte ihrer Körpergröße ein.[22] Diese Kleinwüchsigkeit war aber nur vorübergehend. Ein paar Zehntausend Jahre später, während der Erholungsphase gegen Ende des PETM, legte *Sifrhippus* wieder kräftig zu, wuchs um 76 Prozent und erreichte ein Körpergewicht von etwa sieben Kilogramm,[23] um zwei Millionen Jahre später, während des schwächeren zweiten Eozänen Temperaturmaximums (ETM-2), erneut zu schrumpfen, diesmal um etwa 14 Prozent – ein evolutionäres Auf und Ab im Takt der Temperaturen.

»Kleinwüchsigkeit war in der Vergangenheit offenbar eine verbreitete evolutionäre Antwort einiger Säugetiere auf globale Erwärmungsereignisse«, erklären die Forscher, »und das Ausmaß der Kleinwüchsigkeit scheint von der Stärke dieser Ereignisse abhängig zu sein.«[24] Vielleicht können diese Ergebnisse einmal helfen, »die evolutionäre Antwort von Säugetieren auf die zukünftige globale Erwärmung zu verstehen«.[25] Was war der Grund für diese Entwicklung? Könnten auch die uns vertrauten Tiere in der warmen Welt der Zukunft auf Zwergenformat zusammenschrumpfen?

Eine solche Reaktion entspräche jedenfalls exakt der Bergmann'schen Regel, die besagt, dass Arten innerhalb eines Verwandtschaftskreises umso größer werden, je kälter ihr Lebensraum ist – und umgekehrt. Größere Körper haben ein günstigeres Verhältnis von Volumen und Oberfläche, was einem Wärmeverlust entgegenwirkt. Oder ist der Grund eher in der geringeren Produktivität einer an Trockenheit angepassten Pflanzenwelt zu suchen?

Hohe CO_2-Werte bewirken über eine Art Düngeeffekt eine beträchtliche Zunahme der pflanzlichen Biomasse, allerdings auch einen geringeren Gehalt an Stickstoff und Protein und eine Erhöhung der Konzentration von Phenolen. Das Verhältnis von Kohlenstoff zu Stickstoff verschiebt sich zugunsten des Kohlenstoffs. Die Nahrung wird also qualitativ schlechter und schwerer verdaulich. Langzeitversuche im Kennedy Space Center in Florida, bei denen die Vegetation in großen, nach oben offenen Kammern seit 1996 mit künstlich erhöhten Kohlendioxid-Konzentrationen begast wurde, ergaben eindeutig, dass mehr Nahrung dieser geringeren Qualität für Pflanzenfresser, in diesem Fall Insekten, eher von Nachteil ist. Ihre Zahl ging um mehr als ein Fünftel zurück. Die Tiere mussten mehr fressen, schon weil die höheren Temperaturen ihren Stoffwechsel ankurbelten. Trotzdem reduzierte sich ihr Gewicht. In Anpassung an die veränderten Verhältnisse begünstigte die Selektion kleinere Körper.[26]

Und heute? Tatsächlich häuften sich in den letzten Jahren die Hinweise, dass viele Tierarten, darunter Vögel, Fische und Frösche, kleiner werden. Schon sehen manche Forscher in dieser zunehmenden Kleinwüchsigkeit eine dritte universelle Antwort auf den Klimawandel, neben den Verschiebungen der Verbreitungsgebiete in Richtung der beiden Pole und Modifikationen der jahreszeitlichen Aktivitätsmuster, auf die wir noch zu sprechen kommen werden. Die Körpergröße hat maßgeblichen Einfluss auf den Energie- und Wärmehaushalt von Tieren. Verändert sie sich, hat das Konsequenzen für die Widerstandskraft gegenüber einem Klimawandel. Die bisher vorliegenden Resultate haben in Forscherkreisen lebhafte Diskussionen ausgelöst; noch ist diese Entwicklung aber weit davon entfernt, als allgemeiner Trend gelten zu können. Manche Arten werden eindeutig kleiner, andere nicht, und bisher hat niemand die Frage beantworten können, welche Mechanismen dabei wirksam sind und ob wir hier tatsächlich schon den Anfang desselben Prozesses erleben, der zu Zeiten des PETM aus kleinen Pferdeahnen für Zehntausende von Jahren Miniaturpferdchen machte.[27]

Wie gesagt, gegen Ende des PETM ging es bergauf: Mit den fallenden Temperaturen wurden die Tiere wieder größer. Ein solcher ›Jo-Jo-Effekt‹, der nach der Erholungsphase des PETM wieder annähernd die ursprünglichen Verhältnisse zurückkehren ließ, zeigte sich auch in der Vegetation. Wieder lieferte das Bighorn Basin in Wyoming dazu wichtige Informationen. Der Paläobotaniker Scott Wing vom Smithsonian Museum of Natural History in Washington, D.C., hat sie mit Kollegen zusammengetragen und daraus die Flora dieses Gebietes vor, während und nach dem PETM rekonstruiert.[28]

Ausgangspunkt war damals eine von Birken und Walnussbäumen, Ulmen und Lorbeergewächsen dominierte Flusslandschaft. Zu diesen Laubbäumen gesellten sich auch immergrüne Nadelbäume wie Zypressen. Und all dies wurde während des PETM in der geologisch bemerkenswert kurzen Zeit von maximal 30 000 Jahren durch eine radikal anders zusammengesetzte Vegetation ersetzt. Fast 90 Prozent der Arten, die dieses Gebiet über 100 000 Jahre begrünt hatten, verschwanden. Stattdessen tauchten mindestens 45 neue Pflanzenarten auf, zumeist wärmeliebende und trockenheitstolerante Spezies, die zuvor nur in den Tropen und Subtropen vorgekommen waren. Einige der nun das Bighorn-Becken dominierenden Pflanzen, darunter viele Hülsenfrüchtler oder Leguminosen, hatten Strecken von 1000 Kilometern und mehr zurückgelegt. Manche stammten sogar von anderen Kontinenten, vor allem aus Europa. Ihr Verbreitungsgebiet hatte sich weit nach Norden verschoben.

In der Erholungsphase kehrten Birken und Ulmen und all die anderen Pflanzen des »alten« Bighorn Basin wieder zurück und, geologisch gesehen, bald – als hätte es das Temperaturmaximum gar nicht gegeben – sah es dort wieder so aus wie vor dem PETM. Offenbar waren die Gewächse nach Norden oder in größere Höhen des umgebenden Berglands ausgewichen und hatten dort die für sie schlechten Zeiten überdauern können. Als das Klima langsam besser, sprich: kühler und feuchter, wurde, verließen sie im Verlauf von etlichen Tausend Jahren ihre Refugien und verbreiteten sich erneut in den alten Lebensräumen.

An den fossilen Pflanzen aus dem Bighorn-Becken ließ sich auch ein anderes Phänomen studieren, das uns wieder zur Tierwelt zurückführt. Unter den Funden sind zahlreiche hervorragend erhaltene Blätter, die aussehen, als hätte man sie gerade erst in der Streuschicht eines Laubmischwaldes aufgelesen. An ihnen ist jedes Detail zu erkennen, selbst die feinsten Blattadern. Und was besonders faszinierend ist: Viele zeigen unverkennbar Spuren von Insektenfraß.

Ellen Currano, die heute an der University of Wyoming in Laramie arbeitet, hat mit Kollegen Tausende dieser Blattfossilien minutiös unter die Lupe genommen und dabei Ausmaß und Art der Fraßspuren ausgewertet. Während des PETM stieg die Zahl der angeknabberten Blätter sprunghaft an. 57 Prozent aller Blätter zeigten nun deutlichen Insektenfraß, davor und danach waren es nur etwa halb so viele. Auch die Vielfalt der Fraßbilder nahm deutlich zu. Manche Insekten fressen Löcher in die Blattflächen, die aussehen wie Brandlöcher in Papier, andere nagen sich im Inneren durch das Blattgewebe, wieder andere stechen zu und saugen Pflanzensaft – das war damals nicht anders als heute. Von einigen Pflanzenarten fand sich in der Fossilüberlieferung praktisch kein einziges intaktes Blatt, andere wiesen deutlich geringeren Befall auf, doch keine einzige blieb unbehelligt. Offenbar hatte die Zahl an blattfressenden Insekten mit den steigenden Temperaturen des PETM stark zugenommen, und neue spezialisierte Arten waren dazugekommen. Vermutlich waren sie den von Süden in das Bighorn Basin einwandernden Pflanzenarten einfach gefolgt.[29]

Francesca McInerney und Scott Wing ziehen daraus eine ganz eigene Schlussfolgerung für die warme Zukunft unseres Planeten. Angesichts von Verzwergungstendenzen, Wetterextremen, massivem Insektenbefall und der Ausbreitung von trockenen, spärlich bewachsenen Landschaften während des PETM sagen sie eine Welt der knurrenden Mägen voraus: »Wenn man aus all dem eine Verallgemeinerung darüber ableiten will, was den evolutionären Wandel während des PETM bewirkt hat, dann wäre es wohl diese: Eine wärmere Welt ist eine hungrigere Welt.«[30]

Hyperthermals

Das Paläozän/Eozän-Temperaturmaximum ist nur eines von mehreren Ereignissen dieser Art im Verlauf der Erdgeschichte.[31] Insgesamt traten sie eher selten auf, doch sie alle waren mit einer relativ raschen Freisetzung von großen Mengen Kohlenstoff verbunden. Die Konzentration von CO_2 in der Atmosphäre wurde jeweils mindestens verdoppelt (in einigen Fällen, wie dem PETM, sogar verdrei- oder vervierfacht), was eine Welt, die meist ohnehin schon deutlich wärmer war als die unsrige, noch weiter aufheizte. Diese Perioden werden deshalb die *Hyperthermals* genannt.

Für Lebewesen bedeuteten diese Zeiten zumeist nichts Gutes. Die Wassertemperaturen stiegen auf zum Teil letale Werte, manche dieser Vorkommnisse hatten eine Versauerung der Ozeane (um 0,3 bis 0,4 pH-Einheiten) zur Folge, und es entstanden riesige sauerstofffreie, mitunter schwefelwasserstoffhaltige Todeszonen. An Land nahm die Erosion zu, und die hydrologischen Zyklen wurden intensiver, »wobei feuchte Regionen generell feuchter und trockene trockener wurden«.[32] Die Auswirkungen auf die Lebensgemeinschaften waren sehr unterschiedlich. Im Erdaltertum und im frühen Erdmittelalter wurden die *Hyperthermals* in der Regel von katastrophalen Massenaussterbeereignissen begleitet; danach, also auch während der eozänen Temperaturmaxima, verliefen sie für die Organismenwelt eher glimpflich. Zwar kam es zu massiven Wanderungsbewegungen und Verschiebungen der Verbreitungsareale, aber mit Ausnahme der Foraminiferen des Tiefseebodens blieben nur wenige Pflanzen- und Tierarten auf der Strecke, trotz drastischer Klimaveränderungen und deutlich erhöhter Temperaturen. Sind Fauna und Flora resistenter gegenüber derartigen Geschehnissen geworden?

Will man aus den *Hyperthermals* der Vergangenheit Lehren für unsere Gegenwart und Zukunft ableiten, gilt das PETM unter Experten mittlerweile als Schlüsselereignis. Es ist für uns nicht nur deshalb von besonderem Interesse, weil es dem Anthropozän zeitlich am nächsten liegt. Die Liste der globalen Veränderungen, die die *Hyperthermals* bewirkten, liest sich wie Prognosen heutiger Klimaforscher, die sich über die möglichen und absehbaren Konsequenzen des Klimawandels im 21. und 22. Jahrhundert auslassen. Aber sind die Mengen an Kohlenstoff und die Bedingungen, unter denen er freigesetzt wurde, überhaupt vergleichbar?

Wie der Kohlenstoff vor 56 Millionen Jahren in die Atmosphäre gelangt sein könnte, haben wir schon diskutiert. Etwa 10 000 Petagramm (Pg)[33] sollen es gewesen sein, mit einer Rate von 1 bis 2 Pg pro Jahr. Die Freisetzung erfolgte damit um Größenordnungen schneller als bei irgendeinem anderen vergleichbaren Ereignis während der Erdgeschichte – bis der Mensch auf der Bildfläche erschien und mit der Industrialisierung begann.

In den Jahren 1870 bis 2014 haben wir 545 Pg in die Luft geblasen. Verglichen mit dem PETM erscheint dieser Wert gering. Mittelt man diese Menge aber über die Zeit, in der das geschah, also über grob gerechnet 150 Jahre, liegt die resultierende Rate von knapp 4 Pg pro Jahr in einer ähnlichen Größenordnung wie zu Zeiten des PETM. Sogar die Menge würde stimmen, wenn wir den auf 9 000 bis 14 000 Pg Kohlenstoff geschätzten Vorrat an konventionellen und unkonventionellen fossilen Brennstoffen, der uns auf der Erde zur Verfügung steht, verbrennen würden – was wir zweifellos, und ohne mit der Wimper zu zucken, getan hätten, wenn uns der drohende Klimawandel und eine wachsende Zahl mahnender Wissenschaftlerinnen und Wissenschaftler nicht aus unseren Träumen von einem auf Öl, Kohle und Gas gestützten, ungebremsten Wachstum gerissen hätten. Wie viel wir von diesem Vorrat noch verbrauchen werden, bis die globale Energieversorgung auf nichtfossile Quellen umgestellt ist, hängt von unseren Entscheidungen ab und bleibt abzuwarten. Auch in den Jahren nach 2014 ist der weltweite Verbrauch weiter auf Rekordhöhen angestiegen. In Deutschland sind die Emissionen im Jahr 2019 zwar kräftig zurückgegangen, doch im Hinblick auf das weltweite Geschehen konstatiert Gerhard Adrian, der Präsident der Weltorganisation für Meteorologie (WMO) und des Deutschen Wetterdienstes: »Alle wichtigen Stellschrauben drehen sich unverändert in die falsche Richtung.«[34]

Was auf uns zukommt, ist natürlich keine identische Wiederkehr des Paläozän/Eozän-Temperaturmaximums – schon deshalb nicht, weil es damals mit einer globalen Durchschnittstemperatur von etwa 18 Grad bereits erheblich wärmer war als heute mit gut 14 Grad. Trotzdem kommen führende Geowissenschaftler zu dem Schluss, »dass das PETM vielleicht eine viel deutlichere Analogie zum gegenwärtigen und zukünftigen Klimawandel darstellt, als wir vorher angenommen haben«.[35]

Die für *Hyperthermals* typischen Auswirkungen auf die Biosphäre, vor allem die massive polwärtige Verschiebung der Verbreitungsgebiete, sehen wir in Ansätzen bereits heute. Doch noch stehen wir am Anfang dieser Entwicklung. Wenn wir unseren Kohlendioxid-Ausstoß nicht schnell zurückfahren, laufen wir Gefahr, die Atmosphäre mit einer vergleichbaren Menge Kohlenstoff anzureichern wie zu Zeiten des PETM, in nur einem Bruchteil der Zeit. Mittlerweile hat unser Kohlenstoffausstoß 10 Pg pro Jahr erreicht, etwa das Zehnfache des PETM-Wertes.

Die Erdgeschichte lehrt uns, dass dies unvermeidlich eine massive globale Erwärmung zur Folge hat. Für die Größenordnung der Veränderungen, auf die wir uns einzustellen haben, ist aber neben der Menge vor allem die Geschwindigkeit des Ausstoßes entscheidend – und diesbezüglich haben wir Menschen neue Spitzenwerte erreicht. Das Klimasystem reagiert träge. »Die Erwärmung wird immer langsam sein im Vergleich zum Input«, erklärt Appy Sluijs und meint damit den Eintrag an Kohlenstoff in die Atmosphäre. »Das heißt: Wenn du die CO_2-Konzentration verdoppelst, wartest du ein paar Hundert

Jahre, bis das neue Klima sich eingespielt hat, und dann misst du, um wie viel wärmer es geworden ist.«[36]

Ein paar Hundert Jahre … Was wir heute erleben, ist also, überspitzt formuliert, eine erste Reaktion des Klimas und der Biosphäre auf den Kohlenstoff, der vor 50 oder 100 Jahren ausgestoßen wurde. Die Kohlenstofffreisetzung zu Beginn des PETM dauerte wahrscheinlich einige Jahrtausende, die maximale Temperatur wurde aber erst nach 60 000 Jahren erreicht. Ähnlich langsam verlief die Ozeanversauerung, als für Zeitzeugen zunächst kaum spürbarer kontinuierlicher Prozess parallel zu der Jahrtausende währenden Kohlenstoffanreicherung. Weil Letztere in der Gegenwart so viel schneller vonstattengeht, droht den heutigen Meeren eher ein katastrophaler Absturz, ein Drama, das, so der in Hawaii arbeitende Ozeanograf Richard E. Zeebe, »vollkommen beispiellos« wäre. Zeebe, einer der führenden Wissenschaftler auf seinem Gebiet, sieht für die Meere und ihre Bewohner eher schwarz. »Die Konsequenzen der Ozeanversauerung werden in der Zukunft nahezu mit Sicherheit schlimmer sein, als sie es während des PETM waren.«[37] Auch John Williams, wie Zeebe ein Schwergewicht seiner Zunft, kommt in einer Übersichtsdarstellung von Phasen abrupten Klimawandels zu dem Schluss: »Die ökologischen und evolutionären Effekte des PETM sollten im Vergleich zu denen des kommenden Jahrhunderts als konservativ angesehen werden.«[38] Mit anderen Worten: Es wird wahrscheinlich schlimmer kommen.

Bei so komplexen Systemen und derart langen Zeiträumen wirken diverse Rückkopplungsmechanismen, positiver wie negativer Natur, und einige davon, besonders die, deren Einfluss erst nach Jahrtausenden spürbar wird, gehören sicherlich zu den erwähnten *unknown unknowns.*[39] Wir wissen nicht, ob es sie gibt und wonach wir suchen müssten.

Auch in dieser Hinsicht erhoffen sich die Forscher vom Studium des PETM wichtige Erkenntnisse. So wirkten das Auftauen von Permafrostböden, das wir heute bereits in Sibirien beobachten, oder die von manchen befürchtete Destabilisierung der am Meeresboden lagernden Methanhydratvorkommen damals wohl als positive Feedbacks, die die Erwärmung zusätzlich verstärkten.[40]

Ein negativer, also bremsender Rückkopplungsmechanismus ist die bis vor wenigen Jahren unterschätzte Fähigkeit der Ozeane, Wärme aufzunehmen. Angesichts stagnierender globaler Temperaturen während der Jahre 1998 bis 2014 bei gleichzeitig steigenden Treibhausgaskonzentrationen, der sogenannten »Pause der globalen Erwärmung«, gerieten die Forscher in Erklärungsnot und sahen sich höhnischen Angriffen der Klimawandelleugner ausgesetzt. Heute weiß man, dass die scheinbar verschwundene Wärme durchaus im System Erde verblieben ist: Sie wurde von den Ozeanen aufgenommen.

Mit weiteren Überraschungen ist also zu rechnen. Sicher, es gibt Hinweise, mehr oder weniger gut begründete Vermutungen, und es gibt die *Hyperthermals*, allen voran das PETM, die uns zeigen, was geschehen kann. Weil wir Menschen aber das Antlitz unseres Planeten in nie da gewesener Weise verändert haben und das, was wir in Bewegung gesetzt haben, in seiner Geschwindigkeit so neu und beispiellos ist, kann heute niemand mit Sicherheit vorhersagen, wie die in Gang gesetzte Entwicklung genau verlaufen und das neue Gleichgewicht einmal beschaffen sein wird. Sicher ist nur: Das dicke Ende kommt erst noch – und es sollte uns keinesfalls beruhigen, dass wir Heutige, die Hauptverursacher der Misere, kaum etwas davon erleben werden.

Wir haben einen Prozess angestoßen, der die Erde und ihre Lebensgemeinschaften für viele Tausend Jahre in einen anderen Zustand versetzen wird. Denn es dauert lange, bis Organismen und geochemische Prozesse die Treibhausgase wieder aus der Luft entfernt haben. Daher bekommen nicht nur unsere Kinder die Konsequenzen unseres Handelns zu spüren, sondern auch unsere Enkel und Urenkel sowie Hunderte, wenn nicht Tausende von Menschengenerationen, die noch auf sie folgen werden. Alle Studien, die die Auswirkungen des Klimawandels bis 2050 oder 2100 untersuchen, beschäftigen sich lediglich mit den ersten Takten der Ouvertüre. Die Oper hat noch gar nicht begonnen.

Pleistozän

Vielleicht sollten wir Heutigen uns doch nicht allzu sehr in Sicherheit wiegen, denn einige vertraute Lebensgemeinschaften könnten sich über die bereits beschriebenen Prozesse hinaus schneller verändern, als die meisten Menschen sich das vorstellen. Belege dafür sind in der jüngeren Vergangenheit unseres Planeten zu finden. Von besonderem Interesse ist dabei das Ende der letzten Vereisungsperiode vor 19 000 bis 8 000 Jahren, einer Zeit des Übergangs, in der es wiederholt zu abrupten Klimawechseln kam. Man glaubt es kaum, doch sie verliefen, anders als das PETM, nicht selten »so schnell oder sogar schneller als das, was wir für dieses Jahrhundert erwarten«.[41]

Steigende Temperaturen waren auch in jener Zeit mit steigenden CO_2-Konzentrationen in der Atmosphäre verbunden (und umgekehrt), allerdings ausgehend von einem wesentlich niedrigeren Niveau.[42] Im Unterschied zu länger zurückliegenden Perioden der Erdgeschichte lassen sich die Kohlendioxidmengen jener Zeit in winzigen Gaseinschlüssen von Eisbohrkernen direkt messen. Doch das Kohlendioxid war nicht allein für die enormen Klimaschwankungen verantwortlich. Eine wichtige Rolle spielten Veränderungen der Luftmassenzirkulation und Störungen der globalen Ozeanströmungen, zum Beispiel durch Eintrag von großen Mengen an kaltem Süßwasser. So fällt der Beginn der sogenannten Misox-Schwankung, bei der die Temperatur vor 8400 bis 8 200 Jahren innerhalb von nur fünf Jahren um fünf bis sieben Grad zurückging, mit dem Kollaps des

Laurentidischen Eisschildes in der nordamerikanischen Arktis zusammen. Die von den Gletschern aufgetürmten Dämme, hinter denen sich zwei riesige Seen aufgestaut hatten, brachen, und gewaltige Mengen von Schmelzwasser ergossen sich über die Hudson Bay in den Nordatlantik. Weil diese Süßwassermassen verhinderten, dass dort salzreiches Wasser absinken konnte, wurde die thermohaline Zirkulation unterbrochen. In Europa wurde es kalt, und ein schwächelnder Monsun bescherte Nordafrika und Südostasien trockene Zeiten, ein »letztes Aufflackern des glazialen Klimasystems«[43], bevor sich dann die vergleichsweise stabilen und deutlich angenehmeren Verhältnisse der nächsten Zwischeneiszeit einstellten, des Holozäns.

Die klimatischen Turbulenzen jener Zeit haben den unschätzbaren Vorteil, dass sie sich wesentlich genauer terminieren lassen als Ereignisse, die, wie das PETM, schon mehrere Zehnmillionen Jahre zurückliegen. Das liegt an den verfügbaren Proxies, die eine zeitliche Auflösung in der Größenordnung von wenigen Jahrzehnten oder sogar Jahren liefern. Die Eiskerne der im Rahmen des *North Greenland Ice Core Project*[44] durchgeführten Bohrung, die beginnend in den späten 1990er-Jahren gut 3 000 Meter tief ins grönländische Inlandeis getrieben wurde, reichen mehr als 120 000 Jahre in die Vergangenheit und lieferten dank einer hohen zeitlichen Auflösung unerwartete Ergebnisse. Die Forscher staunten nicht schlecht, denn bis dahin galt ein Klimawandel innerhalb von 1 000 Jahren als schnell. Nun wurden sie erstmals mit der Tatsache konfrontiert, dass das Klimageschehen deutlich schneller ablaufen kann.[45]

Die Eisbohrkerne belegen, dass die Temperatur in Grönland 14 685 Jahre vor unserer Zeit um nicht weniger als 9 bis 14 Grad Celsius anstieg – im Verlauf von nur einem bis drei Jahren. Zwei Jahrtausende später fiel sie auf der gesamten Nordhalbkugel innerhalb eines einzigen Jahres zurück auf fast eiszeitliches Niveau. Es wurde wieder kalt und trocken. Die Auswirkungen waren bis nach Ostasien zu spüren.[46]

Vorbote des Temperaturanstiegs war ein massiver Rückgang des im Eis eingeschlossenen Staubs gewesen, der aus den Wüsten Zentralasiens nach Grönland geweht wurde. Weil sich der Luft- und Wasseraustausch zwischen Pol und Äquator durch die gewaltigen Gletschermassen auf der Nordhalbkugel abgeschwächt hatte, waren die tropischen Meere mit der Zeit immer wärmer geworden. Irgendwann intensivierte sich der Monsun fast schlagartig. Die asiatischen Wüsten ergrünten, und die Staubquelle Grönlands versiegte. »Der Umorganisation in den Tropen folgte eine fast komplette Reorganisation der atmosphärischen Zirkulation in mittleren und höheren Breiten, fast von einem Jahr auf das nächste.«[47]

Doch bei diesem einen Temperatursprung blieb es nicht. Vor 11700 Jahren folgte ein weiterer in ähnlicher Größenordnung, diesmal innerhalb von 60 Jahren, und wieder hatte er sich mit sinkenden Staubmassen angekündigt. Das Klima kippte auf der Nordhalbkugel zwischen zwei Zuständen hin und her. Offenbar besitzt die »arktische atmosphärische Zirkulation das Potenzial zur abrupten Umorganisation, von kalt nach warm oder umgekehrt«[48], schlussfolgerten die Wissenschaftler im Jahr 2008 und bekannten: Das war eine Überraschung. Wieder war man einem der *unknown unknowns* auf die Spur gekommen. »Weder die Größenordnung noch die Abruptheit solcher Übergänge sind gegenwärtig in den State-of-the-Art-Klimamodellen berücksichtigt«, hieß es 2008, als die Ergebnisse der Tiefenbohrung im Grönländischen Eis veröffentlicht wurden. Und weiter: »Wenn wir Vertrauen in die Fähigkeit dieser Modelle haben wollen, die Folgen eines zukünftigen Klimawandels akkurat vorherzusagen, ist es entscheidend, dass sie zu dem passen, was wir in der Vergangenheit sehen.«[49] Den Modellierern stand wieder viel Arbeit ins Haus.

Die Vegetation in Europa hatte wechselvolle Zeiten durchzustehen. Wer wissen will, was damals in den klimatisch turbulenten Zeiten wann geschah, muss sich die Sedimentschichten von Seen anschauen. Viele entstanden wie die großen Seen Nordamerikas als Auffangbecken für das Schmelzwasser der zurückweichenden Gletscher, sind also noch relativ jung. Ihre Ablagerungen erlauben es, die zeitliche Abfolge von Ereignissen präzise zu terminieren, enthalten aber zudem Fossilien, insbesondere große Mengen an Pollen. Er wurde während der Blütezeit vom Wind aus der Umgebung auf das Seewasser geblasen, setzte sich ab und blieb im schlammigen Sediment erhalten. Diese jahrtausendealten Pollenkörner können heute ausgezählt und einzelnen Arten zugeordnet werden und dienen dann als gutes Proxy für die Häufigkeit der sie erzeugenden Gewächse. Mit ihrer Hilfe kann man das Kommen und Gehen von Pflanzenarten in der Schichtabfolge der Sedimente genau verfolgen und somit die Veränderungen ganzer Pflanzengesellschaften rekonstruieren, detaillierter und zuverlässiger, als das mit den viel selteneren Makrofossilien möglich wäre.

Während solcher Prozeduren zeigte sich, dass Wälder auf die Temperatursprünge mit »nahezu sofortigen Effekten« reagiert hatten. Das betraf sowohl ihre Zusammensetzung als auch die Häufigkeit einzelner Baumarten. »Die Reaktionszeit von Wäldern«, berichten John Williams und Kevin Burke, »lag durchgängig bei weniger als zwanzig bis vierzig Jahren, und oft gab es überhaupt keine messbare Zeitverzögerung.«[50]

Die Sedimente des Schweizer Gerzensees im Kanton Bern geben Aufschluss darüber, was in der Folge des Jahres 14 685 vor unserer Zeit geschah, als die Temperatur innerhalb von maximal drei Jahren rapide anstieg. Die in der Umgebung des Sees vorhandene Tundra veränderte sich rasch; bis sich wieder stabile Verhältnisse einstellten, verging aber ein ganzes Jahrtausend. Beifuß und Gräser reagierten sofort und gingen drastisch zurück, stattdessen boomte der Wacholder für einige Jahre. Zusammen mit den massiv vordringenden Birken bewaldete er die ehemalige Tundra für 180 Jahre und überließ dann den weiß berindeten Bäumen für lange Zeit allein das Feld. Vor 13 850 Jahren tauchten die ersten Kiefernpollen im Sediment auf. Die Nadelbäume breiteten sich schnell aus, drängten die Birken zurück und blieben für Jahrhunderte die vorherrschende Baumart.

Im Sediment des Meerfelder Maars in der Eifel kann man die umgekehrte Entwicklung verfolgen. Der Temperatursturz, der die Warmzeit beendete und vor 12 850 Jahren begann, verlief in zwei Schüben. Einer langsamen, kontinuierlichen Abkühlung folgte 170 Jahre später ein plötzlicher Abfall, vielleicht sogar innerhalb eines einzigen Jahres. Abrupt wurde es nicht nur kälter, sondern auch windiger und trockener, sodass Kiefern und Birken starben und einer Kältesteppe Platz machten.

Das Sediment des Soppensees in der Schweiz hat das bislang letzte Kapitel der Eiszeit bewahrt. Als sich während der schon erwähnten Misox-Schwankung vor 8400 Jahren der Inhalt der Schmelzwasserseen in den Nordatlantik ergoss und die Temperaturen in Europa ein letztes Mal vor dem Holozän in den Keller gingen, brauchte es nur eine Baumgeneration, die ungefähr einer Menschengeneration entspricht, um den Wald völlig zu verändern.[51] Der Haselbestand, von dem vorher 40 Prozent der Pollenkörner im Seesediment stammten, brach ein und wurde durch einen Mischwald aus Kiefern, Birken und Linden ersetzt. Und dann tauchte sie auf, *Fagus sylvatica*, die Buche, die seitdem den Wald in ganz Mitteleuropa dominieren würde, wenn der Mensch nicht seine eigenen Pläne verfolgt hätte.

Die Geschwindigkeit wandernder Bäume

Die später so erfolgreiche Birke war schon rund um den Schweizer Gerzensee präsent, als noch die Tundra dominierte. Die Kiefer brauchte aber fast 800 Jahre dorthin. Als die Temperatur anstieg, lag ihr nächstes bekanntes eiszeitliches Refugium in den südöstlichen Alpen, etwa 500 Kilometer vom Gerzensee entfernt. Daraus berechneten die Forscher eine Ausbreitungsgeschwindigkeit von etwa 0,6 Kilometern pro Jahr. Etwas schneller, nämlich mit einem Kilometer pro Jahr, drang die Birke aus eiszeitlichen Refugien in Dänemark und Südschweden bis zum Kråkenes-See in Norwegen vor. Die heute beobachteten Ausbreitungsgeschwindigkeiten von polwärts ausweichenden Tierarten betragen ein Mehrfaches davon, für eine Baumart wäre ein Kilometer pro Jahr aber ein sehr beachtliches Tempo.

Nur – trifft diese Überlegung überhaupt zu? Sicher, 800 Jahre sind eine lange Zeit, aber haben Kiefer und Birke und andere Baumarten nacheiszeitlich wirklich derart weite Distanzen zurückgelegt – und wären sie in der Lage, dies auch in Zukunft zu tun?

Zweifel sind durchaus angebracht. Sie ergeben sich aus Überlegungen, die schon vor mehr als 100 Jahren für eine andere Baumart angestellt wurden, die Eiche.[52] Als sich die Gletscher zurückzogen, hätten Eichen etwa 1000 Kilometer zurücklegen müssen, um von ihren nächsten bekannten Vorkommen in ihre heutigen Verbreitungsgebiete zu gelangen. Schon im Jahr 1899 rechnete ein gewisser Clement Reid aus, dass diese ›Eichenwanderung‹ etwa eine Million Jahre gedauert haben müsste; schließlich brauchen Bäume nach der Keimung Jahrzehnte, bis sie überhaupt Samen produzieren, und gerade jene der Eiche fallen tatsächlich nicht weit vom Stamm. In Wirklichkeit waren Eichen jedoch nach nicht einmal 15000 Jahren zur Stelle. Wissenschaftler sprachen deshalb von »Reids Paradoxon«.

Anfänglich erklärte man sich diesen Widerspruch mit atypischen Eicheln, die für eine deutlich schnellere Ausbreitung sorgten. Stellte man sich die Beschaffenheit der Eicheln in einer normalverteilten Glockenkurve vor, dann würden diese vom Normaltyp stark abweichenden Eicheln eines der flach auslaufenden Enden der Verteilung repräsentieren. Forscher haben errechnet, dass sich die Eichenfront umso schneller vorwärtsbewegt haben muss, je dicker dieses Ende ausfiel, sprich: je höher der von den Bäumen produzierte Anteil an Freak-Eicheln war.

Die Rechnung mochte stimmen, doch die Skepsis blieb. Heute beginnt sich eine andere Sicht durchzusetzen, die von den Verhältnissen auf der Südhalbkugel inspiriert wurde. Dort konnten sich während der Eiszeiten keine riesigen Eismassen bilden. Afrika, Südamerika und Neuseeland laufen gen Süden in immer schmaler werdenden Spitzen aus, sodass es in den hohen Breitengraden, anders als im Norden, für die Bildung von Gletschern schlicht nicht genug Landmasse gab. In gebirgigen Arealen Afrikas und Südamerikas entstanden durchaus große Gletscher, dazwischen gab es aber immer weite eisfreie Gebiete, in denen unterschiedliche Vegetationsformen gediehen, wobei nicht zuletzt von der Exposition abhing, welchen Charakter dieser Pflanzenwuchs annahm. Auf kalten Südhängen kauerte sich eine alpine Vegetation dicht an den Boden; in geschützten Lagen und auf sonnenexponierten Nordhängen hingegen – wir befinden uns auf der Südhalbkugel! – wuchsen Wälder. Während die großen Landmassen im Norden unter einem dicken weißen Eispanzer verschwanden, hielt sich auf der anderen Hälfte der Erdkugel zu allen Zeiten ein fleckiges grün-weißes Mosaik. Deshalb folgte hier die Wiederbesiedlung nach dem Schmelzen der Gletscher auch einem anderen Muster: Es gab keine breiten Fronten sich polwärts ausbreitender Vegetation, sondern ein Anwachsen der vielen großen und kleinen Vegetationsflecken, dem ein Schrumpfen folgte, wenn die Kälte zurückkam.

Diese so anderen Verhältnisse auf der Südhalbkugel gaben vielen Wissenschaftlern zu denken. Könnte etwas Ähnliches nicht auch zur Wiederbegrünung im langsam eisfrei werdenden Norden beigetragen haben? Die Fossilüberlieferung ist notorisch lückenhaft, aber könnte es nicht sein, dass es Vorkommen von Eichen, Kiefern, Birken und anderen Baumarten gab, die näher an den Gletschern wuchsen und ihrer Spezies eine weite Anreise ersparen konnten? Dass wir davon keine Kenntnis haben, ist nicht verwunderlich. Je kleiner solche Waldinseln waren, desto unwahrscheinlicher ist es, dass sich davon fossile Zeugnisse erhalten haben oder, falls es doch welche geben sollte, dass wir sie finden.

Kommen wir noch einmal zu den Seesedimenten zurück, denen wir so viele wichtige Erkenntnisse verdanken. Oft fanden die Forscher weit unter den Schichten, in denen große Blütenstaubmengen anzeigten, dass sich die betreffende Baumart in der Umgebung der Seen etabliert hatte, geringe Mengen desselben Pollens. Er war also deutlich älter. Sie seien gelegentlich durch kräftige Winde von der Front der noch weit vom Seeufer entfernten Bäume herangeweht worden, war die gängige Erklärung. Die Befunde von der Südhalbkugel lassen aber auch eine ganz andere Interpretation plausibel erscheinen. »Was wäre«, schreibt Lee Hannah, einer der prominentesten Vertreter der *Climate Change Biology* und Autor diverser Bücher zum Thema, »wenn die Pollenspuren von kleinen Waldflecken in der Nähe der Eisdecke kämen? Anstatt von einer großen Population von Bäumen über weite Strecken verweht zu werden, könnten sie doch auch von einer kleinen Baumpopulation in kurzer Distanz stammen.«[53]

Noch ist nicht entschieden, ob nun weit reisende Samen oder Bäume in kurzer Distanz zu den Gletschern den entscheidenden Anteil an der nacheiszeitlichen Rückkehr der Vegetation hatten. Vielleicht gab es ja auch beides. Doch die Beweise dafür, dass Lee Hannah richtig liegen könnte, häufen sich. Tatsächlich kennt man aus Nordamerika eine Reihe von pflanzlichen Makrofossilien, die das Vorkommen von Bäumen nahe der Eiskante belegen.[54] Die Wiederbesiedlung der von den Eismassen freigegebenen Gebiete wäre dann ganz anders vonstattengegangen, als man sich das lange Zeit vorgestellt hat. Selbst kleine und kleinste Vorkommen von Pflanzen und Tieren – das ist wohl die wichtigste Lehre, die daraus zu ziehen ist – könnten in Krisenzeiten und vor allem danach den Unterschied machen.

Holozän

Gemeinhin wird den letzten 11 000 Jahren, dem Holozän, ein außergewöhnlich stabiles Klima bescheinigt. Das stimmt auch, wenn man nur die Temperatur betrachtet, die um weniger als ein bis zwei Grad schwankte. Dieser »Mythos der holozänen Stabilität«[55] übersieht allerdings die erheblichen Schwankungen, die Hydrologie und Ökologie in dieser Zeit aufwiesen, mit großen regionalen Unterschieden. So gab es in diversen Gegenden der Welt jahrzehntelange Trockenzeiten. Eine davon vernichtete vor 5000 bis 6 000 Jahren das nordafrikanische Grasland und ließ eine riesige Wüste zurück, die Sahara. Andere trafen die westlichen Vereinigten Staaten sowie das östliche und südliche Asien. Dürren und Überschwemmungen machten auch den Menschen zu schaffen. Sowohl in Nordafrika als auch in Amerika und Indien wurden dadurch frühe Agrargesellschaften destabilisiert.

Nur wenige Jahrhunderte liegen zwei der bekanntesten Klimaanomalien des Holozäns zurück, das Mittelalterliche Klimaoptimum (ca. 900 bis 1400 n. Chr.) und anschließend die Kleine Eiszeit, die den Menschen in Europa eine Serie eisiger Winter bescherte. Mehrfach froren die Seen zu, sogar die Oberfläche der Ostsee erstarrte zu einem Eispanzer. Eine Zeit der Not und Katastrophen brach an, begleitet von Veränderungen der Tier- und Pflanzenwelt, die den Menschen unheimlich und bedrohlich erschienen.[56] Wölfe drangen aus dem Osten bis nach Frankreich vor und verbreiteten Angst und Schrecken – das Märchen vom Rotkäppchen stammt aus jener Zeit. Die Pest hielt Einzug und mit ihr große Scharen unbekannter Vögel, von deren seltsam attraktiver Erscheinung sich die verängstigten Menschen nicht täuschen ließen. »Merkwürdig seidig fühlte sich ihr Gefieder an«, schreibt Josef Reichholf: »mit Gelb und lackroten Spitzen an den Flügeln«. Sie waren wunderschön, für die Leute waren es dennoch »Pestvögel«.[57]

Dabei taten diese Seidenschwänze (*Bombycilla garrulus*) im Prinzip nichts anderes als ihre Verwandten im 20. und 21. Jahrhundert auch: Sie wichen Klimaveränderungen aus. Wird es den mindestens genauso hübschen Bienenfressern heute im Süden zunehmend zu heiß und trocken, drohten die Seidenschwänze damals in ihren alten Winterquartieren in den Flussniederungen Nord- und Nordosteuropas wegen der Kälte zu verhungern. Die Ebereschen lieferten ihnen dort nicht mehr genug Beeren, um über die harten Winter zu kommen, also flogen die Tiere weiter nach Süden, nach Mitteleuropa. Dort machten sie sich über die Misteln in den Baumkronen her, die sich in der Folge stark vermehrten, weil die Vögel ihre Samen verbreiteten. Seit dem 15. Jahrhundert fallen Seidenschwänze nun mehrfach innerhalb eines Jahrhunderts als Wintergäste in Mitteleuropa ein, wo man sich kaum noch an deren Ruf als Katastrophenboten erinnert.

Josef Reichholf gibt der Kälte der Kleinen Eiszeit auch eine Mitschuld am verheerenden Wüten der Pest, der damals ein Drittel der europäischen Bevölkerung zum Opfer fiel. Als Überträgerin gilt gemeinhin die Wanderratte mit ihren den Erreger *Yersinia pestis* tragenden Flöhen. Doch wie konnten sich die durch den Schiffsverkehr eingeschleppten Nager in der Nähe der Menschen derart breitmachen, wo die Gebäude doch unbestritten das Reich der alteingesessenen wärmebedürftigen Hausratten waren? Die Unterscheidung der beiden Arten war den Menschen durchaus geläufig, denn sie nannten die einen »Dachratten«, während die neuen, größeren als »Kanalratten« bezeichnet wurden. Die konnten nämlich auch im Freien überleben und schlugen sich in den Abfallhaufen draußen vor den Stadttoren die Bäuche voll, wo die Gefahr einer massenhaften Ansteckung eher gering war. Nun kam aber die aufziehende Kälte ins Spiel. Die Menschen hatten, so Reichholf, seit dem 13. Jahrhundert, der Zeit der Ketzer und der Inquisition, viele Keller und Katakomben gebaut, nicht nur um Vorräte zu lagern, sondern auch um dort Menschen einzukerkern und nach Herzenslust zu foltern. »Den unter Tage lebenden Ratten wurden so nach und nach die geeigneten Wohnstätten errichtet.«[58] Und die klirrend kalten Winter der Kleinen Eiszeit trieben die hungernden Wanderratten dort hinein, in die unmittelbare Nähe der Menschen.

Ob diese Version der Pestkatastrophe tatsächlich zutrifft, sei dahingestellt. Josef Reichholf sägt gern an den Fundamenten vermeintlicher Gewissheiten, oft genug mit Recht. Sein Buch über die Klimageschichte des letzten Jahrtausends, das geschichtliche Ereignisse mit klimabedingten Veränderungen der Biosphäre in Verbindung bringt, dürfte für viele Historiker eine Herausforderung, wenn nicht sogar eine Zumutung gewesen sein. Konnten die Hunnenvölker unter ihrem charismatischen Anführer Dschingis Khan wirklich nur deshalb in Europa einfallen, weil das warme Klima des Mittelalterlichen Klimaoptimums den weiten Steppen des Ostens viel Regen und deshalb einen enormen Zuwachs an verwertbarer Biomasse beschert hatte, die ihrerseits eine nie da gewesene Zahl an Pferden und Menschen unterhalten konnte?

Ich bin außerstande, das zu entscheiden, finde Reichholfs Argumentation aber in vielen Punkten sehr überzeugend. Der Mensch ist Teil der Natur – für Biologen eine Binsenweisheit.

Gerade hat der US-amerikanische Altertumswissenschaftler Kyle Harper ein umfangreiches Werk vorgelegt, in dem er den Untergang eines der mächtigsten Imperien der Weltgeschichte, des Römischen Reiches, mit Klimaveränderungen und Seuchenausbrüchen erklärt. Während der Hochzeit der Römer um Christi Geburt wurden die Menschen vom Römischen Klimaoptimum (200 v. Chr.–150 n. Chr.) mit viel Sonne, aber auch ergiebigen Regenfällen verwöhnt. »Das Klima«, betont Harper, »war die entscheidende Prämisse für das römische Wunder. Es verwandelte das von Rom beherrschte Land in ein riesiges Gewächshaus.«[59] Doch nach einer Übergangsphase setzte sich dann die Spätantike Kleine Eiszeit durch (450 n. Chr.–700 n. Chr.). Der Regen blieb immer häufiger aus, und die ehemaligen Kornkammern vertrockneten. Ein tödliches Zusammenspiel von verheerenden Pestausbrüchen und klimatischen Veränderungen begann, das stolze Römische Reich auszuzehren. »[D]ie Verschlechterung der Umwelt schwächte die Vitalität des Imperiums, und langfristig überwogen die Kräfte der Zersetzung. [...] Die verschiedenen Regionen im Imperium reagierten auf das Massensterben und den Klimawandel jeweils auf ihre eigene Weise. Manche verkümmerten auf der Stelle, andere widerstanden eine Zeitlang den neuen Gegebenheiten. [...] Wie eine gewaltige Eiche, die ihre letzten Säfte aus einem verfaulenden Wurzelwerk zieht, starb das Imperium langsam von innen heraus. Erst am Schluss wurde es von einem schnellen Schlag von außen zu Fall gebracht.«[60]

Jetzt, da ich diese Zeilen niederschreibe, steht die Welt unter dem Eindruck der COVID-19-Pandemie, einem Ereignis, das seit vielen Jahren befürchtet wurde (s. Kap. 11) und nun tatsächlich mit ungeheurer Wucht über uns hereingebrochen ist. Zur gleichen Zeit vollzieht sich im Osten Afrikas eine Katastrophe ganz anderer Art, die ungleich weniger mediale Aufmerksamkeit erhält: eine Heuschreckenplage, die, wenn man ihr nicht bald Herr wird, viele Menschen in den Hungertod treiben könnte.

Vermutlich ist in Vergessenheit geraten und den meisten Europäern nicht klar, dass Heuschreckenschwärme nicht nur in Afrika wüten, sondern auch über ihren Kontinent herfallen können. Zuletzt geschah das 1873 bis 1875 in Brandenburg und Polen, wo die Schwärme große Schäden anrichteten. Josef Reichholf zitiert den Propheten Joel, der eine Heuschreckeninvasion in so eindringlichen Worten schildert, dass ich sie hier in Auszügen wiedergeben muss: »Gleich wie sich die Morgenröte ausbreitet über die Berge, kommt ein großes, mächtiges Volk. [...] Das Land ist vor ihm wie ein Lustgarten, aber nach ihm wie eine wüste Einöde. Sie sind gestaltet wie Pferde und rasen wie Reiter. Sie jagen über die Berge daher, rasseln wie Wägen und wie ein Brand, der im Stroh lodert; sie kommen wie ein mächtiges Volk, das zum Kampf gerüstet ist. Die Menschen entsetzen sich vor ihm, und alle Gesichter erbleichen. […] Sonne und Mond werden verdunkelt, und die Sterne verlieren ihren Schein.«[61]

Während des Mittelalterlichen Klimaoptimums hatte 500 Jahre lang Ruhe geherrscht, aber mit der Kleinen Eiszeit »und in engem zeitlichem Zusammenhang mit den Pestvögeln« kam dieses »mächtige Volk« durch das Donautal nach Mitteleuropa zurück. »Von 1337 bis 1339 überfluten […] gewaltige Massen von Wanderheuschrecken das Land«, sodass man »kein Gräslein oder Blatt an den Bäumen sehen konnte«.[62]

Für die Zukunft ist Vergleichbares eher nicht zu befürchten, denn das Auftreten dieser Heuschreckenplagen scheint in Europa an kalte und feuchte Zeiten gebunden zu sein. Damals zogen offenbar schwer mit Feuchtigkeit beladene Wolkenmassen derart schwungvoll über die Alte Welt, dass sie noch weit im Osten ergiebigen Regen brachten. Es war derselbe Regen, der auch das Gras für Dschingis Khans Reiterarmee sprießen ließ. Die Gegend um das Schwarze Meer verwandelte sich in ein Paradies für Heuschrecken, die eigentlich Einzelgänger sind. Wenn der Tisch aber derart reichlich gedeckt ist, wenn überall plötzlich frisches Grün sprießt, kann die Population explodieren und die Zahl der Tiere so groß werden, dass sie eng aufeinanderhocken und sich oft berühren. Ist das der Fall, geschieht etwas Erstaunliches: Im Verlauf mehrerer Häutungen verwandeln sich bislang unauffällige, einzelgängerische »graue Heuschreckenmäuse« in robuste, auffällig gefärbte und äußerst soziale Flieger, die engen Kontakt mit Artgenossen suchen. Irgendwann fällt dann der Startschuss, und ein Millionenheer erhebt sich »rasselnd« in die Luft, um andernorts nach neuen Nahrungsquellen zu suchen.

Seit ihrem Überfall in den 1330er-Jahren kamen die Heuschrecken in jedem (außer dem 15.) Jahrhundert einmal nach Europa: 1542 und 1543, 1693, 1747 bis 1749, 1873 bis 1875.[63] Bis die Kleine Eiszeit sich endgültig verabschiedete und der Steppenregen ausblieb.

Damals, heute, morgen

Ein Klimawandel nach dem anderen – die Erdgeschichte als eine einzige Folge von mehr oder weniger drastischen Klimaveränderungen. So war es, und so wird es wohl auch bis in die ferne Zukunft weitergehen.

Stimmt dieser Eindruck? Nein, es ist wie bei Spielfilmen oder Romanen: Geschichten brauchen eine gewisse Dramatik, es muss etwas passieren, es muss Konflikte geben, Probleme, die es zu lösen gilt. Zeiten, in denen alles so bleibt, wie es ist, und alle sich ihres Lebens erfreuen, geben für eine spannende Geschichte wenig her.

Nicht die Konstanz hat uns interessiert, sondern der Wandel, die dramatischen Zeiten des Umbruchs, weil es das ist, was auf uns zukommt. Zwischen diesen klimatischen Berg- und Talfahrten, die erdgeschichtlich gesehen relativ wenig Zeit in Anspruch nahmen, gab es aber lange Phasen relativer Stabilität oder nur langsamer, schleichender Veränderung. In einer solchen lebt unsere Spezies seit dem Ende der letzten Kaltzeit, mit kleinen Ausreißern nach oben und unten, wie wir gesehen haben. Trotzdem haben diese vergleichsweise milden Veränderungen mächtige Imperien dahingerafft und unendlich viel Leid über die Menschen gebracht. Das sollte uns Warnung genug sein.

Eines dürfen wir jedenfalls nicht tun: den kommenden Klimawandel relativieren, indem wir auf all die früheren Umbrüche verweisen, und uns dann entspannt zurücklehnen. Dass die Natur sich immer wieder zu neuer Pracht entfaltete, heißt in keinem Fall, dass die Phasen des Wandels für die Lebewesen, die sie durchleben mussten, nicht grauenhaft und existenzbedrohend waren. Wer kann schon sagen, wie erbittert in diesen Zeiten der

Kampf ums Überleben geführt wurde, wie hart und verzweifelt sich die Suche nach neuen geeigneten Lebensräumen gestaltete und wie viele dabei auf der Strecke geblieben sind? Auch für mich als Biologen ist die Gewissheit, dass sich das Leben sogar aus der schärfsten Krise wieder aufrappeln wird, nur ein schwacher Trost. Wir leben nun einmal im Hier und Jetzt, und natürlich ist es die heute existierende Natur, sind es die Tier- und Pflanzenarten, die heute leben, um die wir uns sorgen.

Außerdem ist diese Krise, der Klimawandel im Anthropozän, anders: Sie ist schneller, sie spielt sich in einer Welt ab, die vom Menschen völlig verändert wurde, in der Arten sich nicht mehr frei bewegen können, in der es überall Grenzen und Hindernisse gibt und in der viele Arten, ganze Ökosysteme bereits angeschlagen und in hohem Maße gefährdet sind. Für diejenigen, die wie ich glauben, dass der Mensch an diesem Klimawandel maßgeblich mitgewirkt hat, unterscheidet er sich von allen vorangegangenen auch deshalb, weil er von uns verschuldet wurde, weil wir Feuer an die Lunte eines hochkomplexen und hochexplosiven Gemenges aus Klima, Ökologie und Hydrologie gelegt haben, das wir kaum durchschauen und das uns nun um die Ohren zu fliegen droht. Es stellen sich demnach auch moralische Fragen.

Anders ist dieser Klimawandel auch deshalb, weil er noch lange nicht voll ausgeprägt ist, sondern sich erst aufzubauen beginnt und wir selbst noch in einem gewissen Maße steuern können, wie schlimm es kommen wird, ob wir ›nur‹ auf einen wärmeren Planeten zusteuern oder, wie David Wallace-Wells es im Titel seines Buches nennt, auf »die unbewohnbare Erde«.[64] Der Übergang ist fließend.

Klimaveränderungen hat es in der Erdgeschichte zuhauf gegeben, auch solche in vergleichbarer Geschwindigkeit oder Größenordnung, immer verbunden mit dramatischen Modifikationen der Vegetation und Tierwelt, die zum Teil sehr schnell erfolgten und bei denen mitunter viele Arten nicht mithalten konnten. Nein, außer der Tatsache, dass es immer weitergegangen ist, ist aus der Naturgeschichte nicht viel Positives für die schwindende Vielfalt unseres Planeten abzulesen, Gründe zur Beruhigung schon gar nicht.

Es sei denn ... In einem Punkt besteht vielleicht Anlass zu (sehr) verhaltenem Optimismus. Die meisten heute lebenden Tier- und Pflanzenarten haben die Klimaturbulenzen nach dem Abklingen der letzten Kaltzeit überstanden, sie haben überlebt. Viele ›kennen‹ auch die Zeit der Gletschervorstöße, manche stammen aus der letzten Warmzeit vor Anbruch des Eiszeitalters oder sind sogar noch älter, haben also schon allerhand erlebt und mitgemacht. Sie sind sozusagen verdiente und erfahrene Veteranen des Klimawandels. Vielleicht stimmt ja, was manche vermuten – oder hoffen: dass die Lebewesen im wechselvollen Verlauf der Erdgeschichte gelernt haben, mit solchen Umbrüchen besser fertigzuwerden. Vielleicht schlummert in ihnen eine Widerstandskraft, die wir ihnen gar nicht zugetraut haben. Vielleicht erweisen sie sich im globalen Wandel ihrerseits als wandelbarer, als wir dachten. Vielleicht ...

4
Mismatch

Phänologien

Fossilien verdanken wir viele wichtige Erkenntnisse über das Leben auf der alten Erde, auch aus Zeiten eines Klimawandels. Aber nicht alle Veränderungen, die von steigenden oder fallenden Temperaturen ausgelöst werden, hinterlassen Spuren in der Fossilüberlieferung.

Stellen Sie sich vor, Sie wären ein Gewohnheitsmensch, der kaum je von einem einmal eingeschlagenen Weg abweicht und, falls sie oder er dazu gezwungen wird, mit schlechter Laune und psychosomatischen Beschwerden reagiert. So ist es Ihnen schon vor Jahren zur Gewohnheit geworden, jeden Tag ziemlich genau um 18 Uhr nach der Arbeit einkaufen zu gehen. Eines Tages stehen Sie plötzlich vor verschlossenen Türen. Sie haben es aus irgendeinem Grund nicht mitbekommen, aber alle Supermärkte schließen nun bereits um 17:30 Uhr, zu früh für Sie, um nach der Arbeit noch schnell einzukaufen. Leider haben Sie zu Hause kein Brot mehr, Käse, Salami und Butter sind auch ausgegangen. Sie kaufen immer nur kleine Mengen. Ihr Abendbrot besteht daher aus trockenem Knäckebrot, und Sie gehen mit Kopfschmerzen und in schlechter Stimmung schlafen. In der Nacht liegen Sie stundenlang wach. Sie brauchen Tage, um sich davon zu erholen und an die neuen Zeiten zu gewöhnen.

Vielen Pflanzen- und Tierarten geht es heute ähnlich. Die fein aufeinander abgestimmten Zeitabläufe in der Natur haben sich verschoben und passen immer häufiger nicht mehr zusammen.

Unser Gewohnheitsmensch hat es da vergleichsweise leicht, er muss nur seinen inneren Schweinehund überwinden und zu einer anderen Zeit einkaufen gehen. Diverse Lebewesen haben diese Option nicht. Sie stehen möglicherweise so lange vor verschlossenen Ladentüren, bis ihnen die Kraft zum Heimgehen fehlt.

So ergeht es zum Beispiel dem Fischnachwuchs in Nord- und Ostsee. Gerd Kraus, Leiter des Thünen-Instituts für Seefischerei in Bremerhaven, erklärt: »Die Produktion planktischer Nahrung entkoppelt sich zeitlich von der Fischproduktion. [...] Im späten Winter haben viele wichtige Nordseefischbestände, unter anderem der Kabeljau, ihre Laichzeit, damit die Fischlarven rechtzeitig zur Frühlingsblüte schlüpfen. Das Timing des Laichgeschehens ist vielfach temperaturgesteuert. Weil aber die Winter wärmer werden, verschiebt sich die Laichzeit weiter nach vorne – während der Start der Planktonblüte durch die Tageslänge bestimmt wird und sich nicht in gleicher Weise geändert hat.«[1]

Es gibt für den Fischnachwuchs keine Alternative zur Planktonnahrung. Er kann auch nicht beschließen, zu anderen Zeiten zu schlüpfen, so wie unser Gewohnheitsmensch nach Überwindung seiner Widerstände einfach zu anderen Zeiten einkaufen geht. Deshalb ist die Konsequenz so unvermeidlich wie grausam: Viele Fischlarven verhungern.

Pflanzliches Plankton (Phytoplankton) besteht im Wesentlichen aus diversen einzelligen Algen sowie fotosynthetisch aktiven Geißeltierchen (Dinoflagellaten) und Bakterien (Cyanobakterien). Wie diese Gemeinschaft mikroskopisch kleiner Lebewesen auf den Klimawandel reagiert, dürfte für die Zukunft von entscheidender Bedeutung sein, denn sie ist für fast 50 Prozent der globalen Primärproduktion verantwortlich, also der Bildung von Biomasse mithilfe von Licht, Wasser und Kohlendioxid. Phytoplankton ist deshalb ein bedeutender Sauerstoffproduzent und in aquatischen Ökosystemen gleichzeitig die wichtigste Energiequelle.[2] Da es in Ozeanen und Seen die Basis fast aller Nahrungsketten bildet, sollte jede Veränderung des Phytoplanktons intensiv beobachtet und erforscht werden. In den folgenden Kapiteln werden wir sehen, dass der Klimawandel schon jetzt erhebliche Auswirkungen auf die Artenzusammensetzung, Verteilung und Menge der Planktonorganismen hat.

Ihre Vermehrung folgt in der Regel einem ausgeprägten jahreszeitlichen Rhythmus, einer Phänologie. Daher ist es für alle Organismen, die sich von Phytoplankton ernähren, überlebenswichtig, dass sie zur Stelle sind, wenn die Algenzellen zur Massenvermehrung übergehen. Ihr Lebenszyklus muss genau auf den ihrer Planktonnahrung abgestimmt sein. Wenn eine oder gar beide Arten sich nicht mehr an diese uralten Regeln halten und unterschiedlich auf die sich verändernden Umweltbedingungen reagieren, beginnen die Probleme. Sie sind besonders in den Regionen ausgeprägt, wo die Natur den Lebewesen klimabedingt nur kurze Zeiträume für Wachstum und Reproduktion bietet. Deshalb betreffen sie mittlerweile »viele Fischbestände in Gebieten mit einer ausgeprägten Saisonalität«, erläutert Gerd Kraus, »unter anderem auch […] den Hering in der Ostsee«[3], der schon mit einer deutlich geringeren Reproduktionsrate reagiert.

Bottom-up – Lake Washington

Wir haben es letztlich mit physiologischen Vorgängen in jedem einzelnen Individuum zu tun, mit Prozessen, die sich – *bottom-up*, also von unten nach oben – zu Reaktionen auf der Ebene der Populationen und Organismengemeinschaften addieren. Wird ein für die Entwicklung jedes Lebewesens spezifischer, aber individuell variierender Schwellenwert überschritten, etwa eine bestimmte Temperatur, beginnt eine innere Uhr zu laufen, die

die sogenannten Gradtage misst. Entscheidend sind sowohl die seit dem Start vergangene Zeit als auch die herrschende Temperatur. Eine grob festgelegte Anzahl dieser Gradtage muss sich akkumulieren, bevor die Organismen in einen neuen Lebensabschnitt übergehen können, zum Beispiel zur Eiablage oder zu einer Häutung. In der Landwirtschaft wird das Konzept der Wachstumsgradtage verwendet, um Blühzeitpunkt und Getreidereife vorauszuberechnen. Und in jedem Fall gilt: Steigen die Temperaturen in Zeiten des Klimawandels schneller und früher im Jahr, verändert sich das Timing wichtiger biologischer Prozesse.[4]

Was der Hering in der Ostsee zu spüren bekommt, erleben in ähnlicher Weise auch die Bewohner des Süßwassers, zum Beispiel jene im US-amerikanischen Lake Washington. Anhand eines riesigen Datensatzes, der im Verlauf von 40 Jahren gewonnen wurde, untersuchten Wissenschaftlerinnen und Wissenschaftler aus Seattle die Phänologien der in diesem See lebenden Organismen und ihre Reaktionen auf die sich verändernden Umweltbedingungen.[5]

Das Wasser des 88 Quadratkilometer großen und maximal 65 Meter tiefen Sees durchmischt sich im Winter völlig, ab März baut sich aber eine Temperaturschichtung auf, die dann bis November stabil bleibt: Über dem kalten Tiefenwasser liegt eine etwa zehn Meter dicke Schicht warmen Wassers. Darin explodiert innerhalb von vier Wochen die Population einer kleinen, sehr nährstoffreichen Kieselalge, die später von größeren Algenarten minderer Qualität abgelöst wird. Die Kieselalgenpopulation erreicht bereits in der ersten Aprilhälfte ihre maximale Größe – ein scharfer Peak, der so rasch abfällt, wie er sich aufgebaut hat. Wer hier einen Treffer landen will, muss genau zielen.

Das tun vor allem zwei tierische Planktonarten: ein Wasserfloh und ein Rädertierchen. Beide geben ihre Eier schon im März ins Wasser ab, um sechs bis acht Wochen später ihr Populationsmaximum zu erreichen, erst das Rädertierchen, dann etwa zwei Wochen später die Wasserflöhe. Beide zielen damit mitten in die abfallende Flanke der Kieselalgenpopulation, vermutlich ein Kompromiss, um einerseits noch von der Kieselalgenblüte zu profitieren, andererseits aber auch geeignete Temperaturen für die eigene Embryonalentwicklung vorzufinden und einer Konkurrenz durch andere Algenfresser aus dem Weg zu gehen. Die Ereignisse folgen (im Durchschnitt der 40 Jahre) rasch aufeinander: am 100. Tag des Jahres Aufbau der Temperaturschichtung; Tag 116: Höhepunkt der Kieselalgenblüte; Tag 133: Maximum der Rädertierchenpopulation; Tag 151: Peak der Wasserflöhe. Schon ein Blick auf die Kurven zeigt, wie eng der zur Verfügung stehende Zeitraum und wie genau hier alles aufeinander abgestimmt ist, damit sämtliche beteiligten Arten ihren Lebenszyklus unter möglichst günstigen Umständen durchlaufen können. Von den Wasserflöhen und Rädertierchen hängen wiederum die kleineren Fischarten ab und von diesen wiederum die größeren Raubfische sowie fischfressende Vögel und Säugetiere.

Nun hat sich die warme obere Wasserschicht im Lake Washington aber im Verlauf der 40 Jahre um knapp 1,4 Grad erwärmt, und die Schichtung des Sees bildet sich heute ganze drei Wochen früher aus. Kieselalgen, Rädertierchen und Wasserflöhe reagieren darauf unterschiedlich. Die Alge hat ihre Massenvermehrung um fast einen Monat vorverlegt, und das Rädertierchen folgt seiner Nahrung und erreicht seine maximale Populationsgröße nun 21 Tage früher. Nur der Wasserfloh zeigt Beharrungsvermögen und rührt sich zeitlich nicht von der Stelle. Der Abstand zwischen Algenblüte und Wasserfloh-Peak wird so immer größer, und das hat Konsequenzen für den kleinen Krebs, denn er verfehlt nun die beste Zeit, um sich mit ausreichenden Mengen der nahrhaften Kieselalge zu versorgen.

Auch für unseren Gewohnheitsmenschen reißen die Probleme nicht ab. Aus Gründen, die er nicht kennt, öffnen die Läden nun nur noch für eine Stunde am Tag, von 16 bis 17 Uhr. Jeden

Nachmittag Hetze, um noch vor Ladenschluss den Einkaufskorb zu füllen. Der Gewohnheitsmensch versucht, wie das Rädertierchen mit der Entwicklung Schritt zu halten und sich den neuen Öffnungszeiten anzupassen, aber allzu oft ereilt ihn doch das Schicksal der Wasserflöhe. Er trödelt ein paar Minuten zu lange, verquatscht sich mit einem Kollegen, steckt im innerstädtischen Stau fest oder erlebt den Ausfall einer S-Bahn ... und schon kommt er zu spät und steht abends und am nächsten Morgen mit leerem Kühlschrank da. Stress und Übellaunigkeit werden zum Dauerzustand.

Wie kommt es zu diesem Unterschied zwischen den Planktonorganismen? Rädertierchen reagieren sehr empfindlich auf höhere Wassertemperaturen, der Wasserfloh so gut wie gar nicht. Die Auslöser, die das Schlüpfen der Krebstierchen aus den Eiern triggern, sind offenbar andere und, wie die Algenblüte in der Nordsee, unabhängig von der Wassertemperatur, was sich als fatal erweisen könnte. Das Ergebnis ist jedenfalls eindeutig: Während sich die Menge an Rädertierchen in den 40 Untersuchungsjahren kaum verändert hat, ist die der Wasserflöhe bei starken Schwankungen auf ein Drittel zusammengeschrumpft.

Für unseren Gewohnheitsmenschen wären die Probleme vergleichsweise leicht zu lösen. Er bezahlt sie nur mit schlechter Laune, nicht mit dem Leben, und braucht für die Umstellung, auch wenn sie ihm schwerfällt, nur wenige Tage. Bei anderen Organismen dauert diese Anpassung viel länger. Ihr Timing ist das Ergebnis einer langen Koevolution, und es ist keineswegs garantiert, dass allen eine zeitliche Neujustierung gelingt, bevor ihre Populationen zusammenbrechen.

Der Klimawandel bewirkt in den Gewässern auch, dass Tiefen- und Oberflächenwasser sich weniger durchmischen. Die Schichtung wird ausgeprägter und behindert den Nährstoffnachschub aus der Tiefe, sodass die Nährstoffe in den oberen Wasserschichten mit der Zeit knapp werden. Das verändert das ganze System.

Untersuchungen am Geomar Helmholtz-Zentrum für Ozeanforschung Kiel haben ergeben, dass steigende Temperaturen nicht nur den Zeitpunkt der Algenblüte verschieben, sondern auch die Menge, Artenzusammensetzung und Zellgröße des Phytoplanktons verändern.[6] In den flachen Küstenzonen der Ostsee setzt die Algenblüte in wärmerem Wasser ein bis zwei Wochen früher ein und fällt geringer aus, auch weil Planktonfresser bei höheren Temperaturen einen größeren Appetit entwickeln. Algen, die früher das Frühjahr dominierten, werden bei steigenden Temperaturen durch Sommerarten ersetzt. Großzellige Arten brechen ein, die Zellgröße nimmt ab. Paläontologische Studien zeigen, dass Ähnliches auch in früheren Zeiten mit steigenden Temperaturen geschehen ist.[7]

Doch die Verhältnisse sind – wie könnte es anders sein? – kompliziert, besonders in den riesigen Wassern des offenen Ozeans. Satellitenmessungen und Langzeituntersuchungen offenbaren dort in Wärmephasen typischerweise eine geringere Chlorophyllkonzentration, ein Proxy für die Menge an Phytoplankton, die im Wasser treibt. In bestimmten Gebieten des Pazifiks und Atlantischen Ozeans wurden aber auch anwachsende Chlorophyllmengen registriert, die Produktivität hat dort also zugenommen. Wenn man verstehen will, wie sich die Ozeane und ihre Lebensgemeinschaften in Zukunft entwickeln werden, wird man versuchen müssen, diese komplizierten Verhältnisse mithilfe weiterer Messungen zu entwirren.[8]

Die Jahreszeiten in Bayern

Die vorverlegte Algenblüte in Seen und Meeren findet an Land ihre Entsprechung in einem zeitigeren Blühbeginn von Hasel, Forsythien und Apfel, den »Indikatorpflanzen« für die verschiedenen Phasen des Frühlings. Der Deutsche Wetterdienst unterhält deshalb Hunderte sogenannter phänologischer Stationen, wo freiwillige Helfer seit Jahrzehnten Blühbeginn oder Fruchtreife dieser und weiterer Indikatorpflanzen protokollieren. Allein in Bayern gibt es davon mehr als 1000; da sich aber immer weniger Menschen an diesen Kontrollen beteiligen, ist die Zahl der aktiven Stationen mit der Zeit immer kleiner geworden und lag im Jahr 2010 nur noch bei knapp 250.[9] Trotzdem stellen die dort erhobenen Daten eindrucksvolle Belege für das wahrscheinlich von den meisten Menschen geteilte subjektive Empfinden dar, dass die Winter immer früher enden.

Die Haselblüte markiert den Beginn des Vorfrühlings. In den 50 Jahren von 1961 bis 2010 setzte sie in Bayern durchschnittlich um 4,6 Tage pro Jahrzehnt zeitiger ein, sodass sie sich insgesamt um 23 Tage verfrühte. Trotz der starken Schwankungen von Jahr zu Jahr ist dieser Trend statistisch gesehen auf hohem Niveau signifikant, und er setzt sich in den anderen Jahreszeiten fort. Sommer und Herbst, angezeigt durch Blüte bzw. Fruchtreife des Schwarzen Holunders, haben sich um 17 respektive 18 Tage nach vorn verschoben, wobei sich diese Trends in den Jahren nach 1980 verstärkt haben. Für den Winterbeginn gibt es naturgemäß keine Indikatorpflanze, wohl aber für den Spätherbst: Man zieht hier den Beginn der Blattverfärbung der Stieleiche heran, die in der Hälfte der Stationen verspätet eintrat; eine signifikante Tendenz ließ sich aus den Daten allerdings nicht ableiten.

Zwischen Haselblüte und herbstlichem Blattfall ist also eine deutlich verlängerte Vegetationsperiode entstanden. Zwischen 1961 und 2010 ist sie um 26 Tage, also fast einen Monat angewachsen, wobei sich auch hier der Trend in den letzten 30 Jahren beschleunigt hat.

Was sich in Bayern abspielt, ist in den gemäßigten Zonen der ganzen Welt zu beobachten. In Japan blühen die Kirschen von Jahr zu Jahr früher, in Nordamerika findet der Eisbruch der Flüsse zeitiger statt, Zugvögel kehren früher aus ihren Überwinterungsgebieten zurück, und auch das erste Quaken der Frösche ist heute zwei Wochen eher als vor 100 Jahren zu hören.[10] Pilzsammler dürfen sich freuen, dass die Fruchtkörper ihrer Lieblinge heutzutage über einen wesentlich längeren Zeitraum aus dem Boden wachsen. Ob in Norwegen oder Österreich, die Saison der Großpilze beginnt heute deutlich früher als noch vor 50 Jahren; vor allem aber ist sie länger und dauert bis in den Spätherbst an. Besonders ausgeprägt waren diese Verschiebungen in Großbritannien mit seinem stärker ozeanisch geprägten Klima.[11]

Satellitenbeobachtungen zufolge hat sich der Beginn der Vegetationsperiode auf der gesamten Nordhalbkugel um mehrere Tage pro Jahrzehnt nach vorn verschoben; allerdings sagen solche pauschalen Durchschnittswerte wenig über die Verhältnisse in einem konkreten Gebiet aus oder über die Veränderungen, die bei einzelnen Pflanzenarten aufgetreten sind. Die Unterschiede können beträchtlich sein. An zwei Standorten in Grönland, das wie alle Gebiete der Arktis von diesen Verschiebungen stark betroffen ist, hat sich der Blühbeginn seit der Jahrtausendwende um 8,7 oder sogar 24 Tage pro Dekade verfrüht, also um ein Vielfaches der in Bayern ermittelten Werte. An beiden Standorten gibt es aber auch Pflanzen, die praktisch keine Reaktion zeigen, während andere nun mehr als einen Monat früher zu blühen beginnen. In solchen Fällen kommt es zu einer zeitlichen Umorganisation des Blütenangebotes. Ein derartiger Lebensraum bietet heute im Detail einen ganz anderen Anblick als noch vor 20 Jahren.[12]

Die *match/mismatch*-Hypothese

In den Tropen gibt es eine andere Saisonalität, deshalb sind dort andere Effekte zu erwarten. Bei uns und in anderen Gebieten mit ausgeprägten Jahreszeiten haben diese Veränderungen aber kaskadenartige Konsequenzen für das Miteinander in den betroffenen Lebensgemeinschaften.

Der Klimawandel und die damit verbundene Verschiebung der Jahreszeiten erfordern eine rasche Anpassung, aber nicht alle Lebewesen sind in der Lage, bei diesem Wettrennen mitzuhalten. Was aus dem Wasserfloh im Lake Washington werden wird, ist noch nicht abzusehen, aber er scheint als Trigger für seine Eiablage auf das falsche Pferd gesetzt zu haben und klar im Nachteil zu sein. Vielleicht wird er verschwinden, vielleicht hat er aber auch Glück und kann in dezimierter Zahl als kleine Restpopulation weiterleben. Die Welt der Lebewesen wird schon jetzt in Gewinner und Verlierer des Klimawandels geteilt, das kann man nicht nur im Planktonmikrokosmos des Lake Washington erleben.

Viele zeitliche Abläufe in der Natur passen nicht mehr zusammen. Im angelsächsischen Sprachraum verwendet man dafür das Wort *mismatch,* seine deutsche Entsprechung »Nichtübereinstimmung« besitzt bei Weitem nicht die gleiche Prägnanz. Die *match/mismatch*-Hypothese wurde schon 1969 von dem britischen Fischereibiologen David Cushing aufgestellt, der damit die starken Schwankungen von Fischbeständen erklären wollte.[13] Er argumentierte, dass große Bestände nur heranwachsen können, wenn die Eiablage in einem optimalen zeitlichen Abstand zur Blüte der Algen erfolge, die den Fischlarven als Nahrung dienen. Das klappt natürlich nicht immer, denn das Wetter, die konkrete lokale Ausprägung des Klimas, schwankt von Jahr zu Jahr. Schon in ›normalen‹ Zeiten konnten die Tiere deshalb nicht jedes Mal eine Punktlandung vollziehen, also gab es mal mehr, mal weniger Fische.

Im Zusammenhang mit der Diskussion um den Klimawandel erlebte die *match/mismatch*-Hypothese einen großen Aufschwung. Forscher befürchteten, dass viele der über lange Zeit hinweg durch Koevolution getroffenen ›Verabredungen‹ zwischen Organismenarten in Zukunft nicht mehr eingehalten werden könnten, weil die beteiligten Arten unterschiedlich auf den Klimawandel reagieren. Leider haben sie recht behalten. Die Zahl derartiger Fälle, die in den diversesten Lebensräumen entdeckt und untersucht werden, wächst mit jedem Jahr – ein typisches Phänomen einer Übergangszeit. Auf die Einhaltung der alten Regeln ist kein Verlass mehr, und neue sind noch nicht in Sicht, weil die Veränderungen immer weiter gehen und dem Prozess der Anpassung davonzulaufen drohen. Was der britische Invasionsbiologe Mark Williamson über biologische Invasionen sagte, trifft auch auf den Klimawandel zu: *Climate change is fast, evolution is slow.*[14]

Das bekommen zum Beispiel die nordamerikanischen Rentiere zu spüren, die Karibus.[15] Natürlich ist auch die Fortpflanzungszeit von Säugetieren so terminiert, dass sie mit dem Beginn der Vegetationsperiode zusammenfällt, in der die Natur sich ein frisches, besonders nahrhaftes grünes Kleid zulegt. Doch um die Sommerweidegründe zu erreichen, wo sie ihre Jungen zur Welt bringen, müssen Karibus erst eine weite Wanderung hinter sich bringen, und der Beginn dieser Wanderung wird durch die Tageslänge bestimmt. Sie tragen das drohende Unheil sozusagen unentrinnbar in ihren Genen, und obwohl sie durchaus eine Reaktion zeigen und ihre Wanderung heute ein wenig früher antreten, kommen sie zunehmend zu spät, weil die phänologischen Veränderungen durch den Klimawandel in arktischen Lebensräumen besonders dramatisch sind.

Der Amerikaner Eric Post und der Däne Dags Forchhammer haben mehr als 20 Jahre lang die Weidegründe einer westgrönländischen Karibupopulation besucht und jeweils Mitte Mai die Zahl der Kälber bestimmt. Im Laufe dieser Zeit ist die mittlere Frühlingstemperatur dort um mehr als vier Grad gestiegen, sodass die Entwicklung der Vegetation beim Eintreffen der Tiere bereits weit fortgeschritten ist. Die Daten von Post und Forchhammer liefern deshalb ein Protokoll des Niedergangs. Weil die Muttertiere aufgrund der nachlassenden Qualität ihrer Nahrung offenbar nicht genug Milch produzierten, stieg die Mortalität der Kälber. Der Einbruch war deshalb unvermeidlich und drastisch: Im Vergleich zu 1993 schrumpfte die Zahl der Kälber auf ein Viertel.[16]

Dabei können die Tiere auch ganz anders. Als man norwegische Rentiere, nahe Verwandte der Karibus, auf die subantarktische Insel Südgeorgien verpflanzte, also auf die andere Seite des Erdballs, brauchten die Tiere nur zwei Jahre, um sich mit den ungewohnten Verhältnissen zu arrangieren. Noch heute leben dort Rentiere. Einige der transferierten Weibchen waren trächtig und brachten in ihrer neuen Heimat im Mai Junge zur Welt. Sie starben, weil auf der Südhalbkugel um diese Zeit der Winter einsetzt. Die gleichen Weibchen schafften es aber, ihren Reproduktionszyklus danach komplett umzustellen und fortan mit Beginn des Südfrühlings zu kalben. Was ihnen in ihrer eigentlichen Heimat hoch im Norden heute zum Verhängnis zu werden droht, rettete sie vermutlich in Südgeorgien: die ihnen angeborene Orientierung der Reproduktion an den Tageslängen.

Viele daraufhin untersuchte Säugetiere reagieren auf den zeitigeren Beginn der Vegetationsperiode mit früheren Geburten. Sie gehen gewissermaßen mit der Zeit, und deshalb waren bei ihnen auch keine gravierenden Einbrüche zu verzeichnen. Man muss aber nicht bis zu den Karibus in den hohen Norden reisen, um Tierarten zu sehen, denen das bis jetzt nicht gelungen ist. In der französischen Champagne, einem Gebiet mit besonders ausgeprägtem Temperaturanstieg, gerät auch das Reh (*Capreolus capreolus*) in Schwierigkeiten, denn die Tiere erweisen sich bislang als unfähig, ihre Fortpflanzung der Vegetationsentwicklung anzupassen. 27 Jahre lang wurden sie von Wissenschaftlern beobachtet, und in dieser Zeit haben sich die Geburtstermine der Rehe kaum bewegt, obwohl »ein Kitz, das vor dem 12. Mai geboren wurde, im Durchschnitt eine 50-prozentige Chance hatte, bis zu einem Alter von acht Monaten zu überleben«, während ein um den 31. Mai geborenes Kitz lediglich eine 25-prozentige Chance hatte, dieses Alter zu erreichen.[17] Zweieinhalb Wochen entscheiden hier über Leben oder Tod. In der Champagne überleben nur noch etwa halb so viele Rehkitze wie noch vor wenigen Jahrzehnten.

Vögel

Eine Tiergruppe, über die wir in der Regel sehr gut informiert sind, ist von diesen Verschiebungen besonders betroffen, denn ein beträchtlicher Teil davon vollzieht im Wechsel der Jahreszeiten weite Wanderungen: die Gruppe der Vögel. Die Folgen und Probleme zeigen sich im Großen wie im Kleinen, zum Beispiel bei dem Duo aus Großblütigem Hundszahn, einer gelb blühenden Lilie, die in subalpinen Gebieten des westlichen Nordamerikas wächst, und einem dort brütenden Vertreter der Gattung der Nordelfen, dem Breitschwanzkolibri (*Selasphorus platycercus*).[18]

Wenn die nur drei bis vier Gramm wiegenden Vögel im Frühjahr aus den Überwinterungsquartieren in den Hochländern Zentralamerikas in ihre Brutgebiete zurückkehren, sind sie auf energiereichen Blütennektar als Nahrung angewiesen, nicht nur in ihrem Zielgebiet, sondern auch schon auf der Wegstrecke, die die Tiere zurücklegen. Sie folgen einem Nektarkorridor. Die kleinen Schwirrflieger haben einen hohen Energieverbrauch, deshalb muss überall ein ausreichendes Angebot an blühenden Pflanzen verfügbar sein, damit die Vögel ihre Batterien für den Weiterflug aufladen können. Im Brutgebiet treffen in der Regel zuerst die älteren Männchen ein, die bevorzugt ihre alten Nistplätze in Besitz nehmen und die besten Chancen haben, viele Weibchen zu begatten; erst danach kommen die jüngeren, unerfahrenen Männchen.

Falls sich die Ankunft verzögert, weil unterwegs nicht genug Nahrung vorhanden war, droht die Zeit für eine erfolgreiche Brut knapp zu werden, denn es kommt buchstäblich auf jeden Tag an. Das gilt besonders für die Vögel, die weiter im Norden brüten.

Der Großblütige Hundszahn, die erste Pflanze, die den Kolibris in jenem Gebiet Nektar bietet, blüht nur für 14 Tage, beginnend etwa eine Woche nach der Schneeschmelze. Etwas länger steht den Vögeln der Nektar eines dort heimischen Zwergrittersporns zur Verfügung, der eine Woche nach dem Hundszahn für einen Monat zu blühen beginnt.

Sechs amerikanische Biologen haben nun über fast vier Jahrzehnte sowohl das Eintreffen der ersten Breitschwanzkolibris als auch die Blühzeitpunkte ihrer Nahrungspflanzen protokolliert, Untersuchungen, die ein ganzes Forscherleben umfassten. »In einer Kombination aus glücklichem Zufall und Voraussicht«[19] gelang es ihnen, einen Trend aufzudecken, der wohl unbemerkt geblieben wäre, wenn die Forscher nicht einen so langen Atem gehabt hätten. Er verheißt den Kolibris und letztlich wohl auch den Blütenpflanzen nichts Gutes.

Am Südrand des Brutgebietes hat sich kaum etwas verändert, im Norden aber, wo die Klimaveränderungen sich bereits viel deutlicher bemerkbar machen, hat sich die Ankunft der ersten Kolibris um 1,5 bis 2,5 Tage pro Dekade verfrüht, die Blüte der beiden Pflanzenarten aber um drei bis vier Tage. Da die Vögel eintreffen, bevor die Pflanzen blühen, wird der Abstand zwischen den beiden Ereignissen immer kleiner. Zieht man durch die über Jahre gesammelten Daten für Vogelankunft und Blühbeginn je eine Gerade, laufen beide in verhängnisvoller Weise aufeinander zu. Halten die Trends an, werden die Vögel im Jahr 2033 erst nach dem Aufblühen des Hundszahns und ab 2069 sogar erst nach Blühbeginn des Rittersporns eintreffen – *mismatch*.

Breitschwanzkolibris legen in der Regel nur zwei Eier und schaffen es in der kurzen Vegetationsperiode lediglich, ein Gelege durchzubringen. Jede Verringerung dieser ohnehin schon geringen Reproduktionsrate würde für die kleinen Vögel eine ernsthafte Bedrohung darstellen. Der Norden dürfte ihnen daher schon in der Mitte dieses Jahrhunderts keine geeigneten Bedingungen mehr bieten, um dort ihre Nestlinge aufzuziehen.

Da es ihnen darüber hinaus im Süden bald zu warm werden könnte, schrumpft ihr potenzieller Lebensraum bedenklich zusammen.

Leider betrifft das Problem nicht nur die Breitschwanzkolibris, sondern auch andere wandernde Arten, die darauf angewiesen sind, dass die Tische unterwegs und in ihren Zielgebieten zur richtigen Zeit gedeckt sind. Dazu gehören weitere Kolibris, vegetarische »Fledermäuse, die ebenfalls Nektarkorridoren folgen, und insektenfressende Vogelarten, deren Beute in den Brutgebieten an die Phänologien ihrer Nahrungspflanzen gebunden ist«.[20] Sie verpassen also die Zeit, in der die meisten Insekten zu finden sind, weil diese der mittlerweile um Wochen früher beginnenden Vegetationsentwicklung folgen. Für Nestlinge steht somit weniger Nahrung zur Verfügung, der Bruterfolg sinkt.

Nie war der berühmte Satz »Wer zu spät kommt, den bestraft das Leben« zutreffender. Als Wissenschaftler untersuchten, ob es bei 100 europäischen Vogelarten einen Zusammenhang zwischen der Populationsentwicklung in den Brutgebieten und der Reaktion der Vögel auf das eher einsetzende Frühjahr gibt, erkannten sie einen klaren Zusammenhang: Die Arten, die ihre Rückkehr analog zum zeitigeren Frühlingsbeginn in den europäischen Brutgebieten vorverlegt haben, zeigen eine stabile oder gar aufsteigende Tendenz.[21] Bei Vogelarten, die, wie die Rehe in der Champagne, nicht in dieser Weise reagierten, gehen die Zahlen nach unten, und zwar unabhängig vom Überwinterungsgebiet, sodass ausgeschlossen ist, dass sich dortige Veränderungen auf die Zahl der Tiere in den Brutgebieten ausgewirkt haben. Besonders alarmierend ist dabei, dass dieser Zusammenhang für die Bestandsentwicklung in den Jahren 1970 bis 1990 noch nicht existierte. Damals waren andere Faktoren für den Rückgang der Vogelzahlen verantwortlich, insbesondere die Intensivierung der Landwirtschaft und eine lang anhaltende Dürre in der Sahelzone, die den Arten zu schaffen machte, die die Sahara überflogen.

Ein Zusammenhang mit dem früheren Beginn der Vegetationsperiode zeigte sich erst nach 1990 – ein weiterer Hinweis darauf, dass der Klimawandel seitdem beschleunigt fortschreitet und dass die beobachteten Effekte mittlerweile deutlicher und für die betroffenen Tierarten gravierender sind. Diese Trends werden sich fortsetzen und die Vogelarten zunehmend in Schwierigkeiten bringen, die es in der modernen Kulturlandschaft ohnehin schwer haben und sich den phänologischen Veränderungen, aus welchen Gründen auch immer, nicht oder nur verzögert anpassen können.

Aber nicht nur das. Der Klimawandel berührt viele Aspekte eines Vogellebens. Die Tiere kehren nicht nur früher in ihre Brutgebiete zurück, sie legen auch früher Eier und fliegen später in ihre Überwinterungsquartiere. Bei all diesen phänologischen Verschiebungen ist zu berücksichtigen, dass sie einen Kompromiss darstellen. Denn es geht nicht nur um eine möglichst optimale Ernährungssituation, sondern immer auch darum, selbst nicht zur Beute zu werden.[22]

Viele Zugvögel reduzieren die zu überbrückenden Distanzen, indem sie sich näher gelegene Quartiere suchen; manche stellen den Zug schließlich ganz ein. Sie werden zu Standvögeln.

Kommen die Vögel in Zugstimmung, äußert sich das in wachsender Unruhe, die man im Labor automatisch registrieren kann. Sie dauert ungefähr so lange wie der Flug in die Überwinterungsgebiete.

Als Deutschlands ›Ober-Ornithologe‹ Peter Berthold und sein Kollege Francisco Pulido vom Max-Planck-Institut für Ornithologie in Radolfzell über 14 Jahre aus dem Freiland stammende Mönchsgrasmücken-Küken per Hand aufzogen, fiel ihnen auf, dass die Zugunruhe der Vögel immer mehr abnahm, die Tiere also, ließe man sie fliegen, immer kürzere Distanzen zurücklegen würden. Wer die Zugstrecke verkürzt, hat gute Chancen, früher in die Brutgebiete zurückzukehren, um im zeitigeren Frühjahr nicht das Beste zu verpassen oder sogar von der längeren Vegetationsperiode zu profitieren, weil sie die Gelegenheit bietet, mehrere Gelege hintereinander aufzuziehen.

Durch gezielte Kreuzung besonders zugunwilliger Vögel erhielten die beiden Forscher schon innerhalb von zwei Generationen Mönchsgrasmücken (*Sylvia atricapilla*), die überhaupt keine Zugunruhe mehr zeigten.[23] Aus einem Zugvogel war ein Standvogel geworden. Für Francisco Pulido ist das ein gutes Zeichen: »Bei Vögeln, die kurze bis mittlere Strecken von etwa 1000 Kilometern ziehen und bei denen das Zugverhalten genetisch bestimmt ist wie bei den meisten Singvögeln, kann dies eine erfolgreiche Überlebensstrategie sein.«[24] Für Fernzieher ist eine solche Verhaltensänderung allerdings keine Option, weil sie bei Verkürzung der Flugstrecke möglicherweise mitten in der Wüste oder in einem Ozean landen würden. Vermutlich ist das ein Grund dafür, dass die Zahlen an Langstreckenfliegern bei uns generell zurückgehen.[25]

Ein derartiger Fernzieher ist der Trauerschnäpper (*Ficedula hypoleuca*). Er überwintert im tropischen Afrika, muss also die größte Wüste der Welt überqueren, die Sahara. Das begrenzt seine Fähigkeit, möglichst früh nach Europa zurückzukehren, sodass er die beste Zeit der immer zeitiger schlüpfenden Raupen, seiner bevorzugten Beute, zu verpassen droht. In den Niederlanden hat man die unvermeidliche Folge dieses phänologischen *mismatch* seit 1987 genau verfolgt.[26] Dort, wo die Raupen besonders früh schlüpfen, sind die Bestände des Trauerschnäppers um katastrophale 90 Prozent eingebrochen; an Standorten mit späterem Raupenschlupf sind es nur zehn Prozent.

Darüber hinaus treibt der Klimawandel die Trauerschnäpper in eine »fatale Konkurrenz« mit der Kohlmeise (*Parus major*).[27] Das gilt vor allem für die Spätrückkehrer, die im Brutgebiet fast alle Nisthöhlen bereits besetzt vorfinden, zumeist eben von Kohlmeisen. Nach warmen Wintern befinden sich diese Standvögel schon mitten im Brutgeschäft und verstehen in dieser Zeit keinen Spaß, wenn ihnen ein Konkurrent wie der Trauerschnäpper den Nistplatz streitig zu machen versucht. Sie verteidigen ihr Gelege mit Vehemenz. Immer häufiger finden sich deshalb tote Trauerschnäpper in den Bruthöhlen der Kohlmeisen. Und fast immer sind es männliche Tiere mit schweren Kopfwunden. Ihr Gehirn wird nicht selten von den Kohlmeisen gefressen.

Auf diese Weise sterben in manchen Jahren fast zehn Prozent aller Trauerschnäppermännchen. Allerdings hat dieser Verlust zur Überraschung der Forscher keinen Einfluss auf den Bestand der Vögel insgesamt. Es handelt sich bei den von Kohlmeisen getöteten Tieren offenbar um überzählige Männchen, deren Chancen, eine Partnerin zu finden, gering waren und die deshalb keinen Beitrag zum Fortpflanzungserfolg dieses Jahres geleistet hätten.

Unter den Fernziehern gibt es eine Gruppe von Vögeln, die durch ihren von dem aller anderen Vogelarten stark abweichenden Lebensstil wie aus der Art geschlagen erscheint. Gemeint sind die Kuckucke, die ein Leben als Brutparasiten führen. Zeitliche Verschiebungen im Brutgeschäft ihrer Wirte bringen sie in Schwierigkeiten, denn es ist von entscheidender Bedeutung, dass sie ihren Wirten die eigenen Eier genau zur richtigen Zeit unterjubeln. Der Kuckuck muss möglichst vor den Küken der Wirtsvögel schlüpfen, damit er die Eier der ›Stiefgeschwister‹ aus dem Nest werfen kann. Als Fernzieher, der sich vor allem an der Tageslänge orientiert, droht er nun jedoch zunehmend zu spät zu kommen, vor allem wenn er sich auf Standvögel oder Kurzstreckenzieher als Wirte spezialisiert hat, die ihr Brutgeschäft vorverlegt haben. Diese Spezialisierung zeigt sich zum Beispiel an der Färbung seiner Eier, die der Kuckuck in verblüffender Weise der seiner Wirte anpasst. Deshalb kann ein Kuckuck nicht einfach die Wirtsart wechseln, wenn die eigene zu einem ihm nicht passenden Zeitpunkt brütet.

Der zunehmende *mismatch*, den die Forscher konstatieren, löst eine beträchtliche Dynamik aus. Kuckucke, die auf jetzt für sie zu früh brütende Kurzzieher spezialisiert sind, dürften in Zukunft einem immer stärkeren Selektionsdruck ausgesetzt sein und vielleicht sogar aussterben, wenn sie sich nicht anpassen. Aber auch die Wirtsvögel kommen nicht ungeschoren davon. Während Frühbrüter wie Rotkehlchen, Heckenbraunelle und Bachstelze zunehmend von der Last der Kuckucke befreit werden, wird der Druck auf spät brütende Arten stark zunehmen. Schon jetzt beobachten Vogelkundler, dass sich der Parasitierungsgrad bei Teichrohrsängern, einer der wichtigsten Wirtsarten des Kuckucks, in den letzten 32 Jahren mehr als verdoppelt hat.[28]

Blüten und Bestäuber

In den bisherigen Beispielen hatten meist ›nur‹ die Zuspätkommenden das Nachsehen. Im Falle von Bestäubern sind es aber zwei Arten, die in Schwierigkeiten geraten könnten: Bestäuber und Pflanze.[29] Verlaufen die Phänologien der beiden nicht mehr in bewährter Weise synchron, nehmen beide Schaden: der Bestäuber, weil er nicht mehr genug Nahrung findet, die Pflanze, weil sie weniger Samen produziert. So leidet der nordamerikanische Hundszahn, der uns schon als Nektarquelle der Breitschwanzkolibris begegnet ist, weil zu Saisonbeginn die ihn bestäubenden Hummeln fehlen. In Japan wartet der nun viel früher blühende Wald-Gelbstern (*Gagea lutea*) nach warmen Wintern vergeblich auf die Bienen, die ihre Blütenbesuche noch nicht aufgenommen haben. Aus demselben Grund brach auch die Samenproduktion eines dort heimischen Lerchensporns ein.

Solche Studien an einzelnen Arten wirken angesichts der Größe der Probleme durch den Klimawandel beinahe irrelevant, denn was bedeutet es schon für das große Ganze, wenn eine unscheinbare japanische Pflanze nun ohne Bestäuber dasteht? Und doch führt an dieser Art der Betrachtung kein Weg vorbei. Fast alle Untersuchungen zeigen, dass die Reaktionen von Pflanzen- und Tierarten auf die steigenden Temperaturen sehr individuell ausfallen und Verallgemeinerungen kaum möglich sind.

Man kann aber Trends erkennen. Unter den Bestäubern sind vor allem die Spezialisten gefährdet, Arten, die sehr früh im Jahr oder nur kurz aktiv werden. Fallen sie aus, werden sie häufig durch weniger spezialisierte Arten ersetzt, sodass für die Pflanzen vorerst kein Nachteil entsteht. Hier offenbart sich die große Bedeutung der Vielfalt. Sie stabilisiert Lebensgemeinschaften und erhält die Produktivität, weil eben nicht alle in gleicher Weise reagieren – und im schlimmsten Fall nicht alle gleich falsch. Lücken, die der Klimawandel durch Extremereignisse reißt, können in vielen intakten Gemeinschaften durch etwas breiter aufgestellte Arten wieder geschlossen werden.[30]

Obwohl diese Destabilisierungstendenzen zunehmen, bietet mir eine zeitlich ungewöhnlich weit ausgreifende Studie[31] aus Nordamerika die Gelegenheit, dieses Kapitel mit fast schon beruhigenden Resultaten zu beenden. Über eine Zeitspanne von 130 Jahren wurde dort das Miteinander von zehn Bienen- und 38 Pflanzenarten verfolgt. Beide Gruppen haben ihre Phänologien mit den steigenden Temperaturen verschoben, doch das Ausmaß dieser Verschiebung ist »ununterscheidbar«, von *mismatch* keine Spur. Na also – es geht doch …

5
Zu warm – Kanarienvögel des Klimawandels

Individuen

Bevor wir den Blick weiten und auf Organismengemeinschaften und ganze Ökosysteme richten, müssen wir uns mit deren kleinster Einheit beschäftigen, dem Individuum und seinen Fähigkeiten und Eigenschaften. Wir haben es im Zusammenhang mit den Phänologien schon diskutiert: Hier, im Körper jedes einzelnen Lebewesens, beginnen die biologischen Auswirkungen des Klimawandels, sei es Pflanze oder Tier. Hier entscheidet sich, ob und wie ein Organismus auf Veränderungen reagiert. In der Sprache der Wissenschaft heißt das: Die Reaktion auf steigende Temperaturen vollzieht sich »größtenteils, wenn nicht vollständig« als »*Bottom-up*-Prozess«. Es handelt sich um Effekte, die sich auf ihrem Weg ›aufwärts‹ durch die Nahrungsnetze und Organismengemeinschaften »kombinieren, verstärken, abschwächen und generell wechselwirken«.[1]

Wir kennen das von uns selbst und unseren Familien und Freunden: Für jeden Menschen gibt es hinsichtlich Temperatur und Luftfeuchte einen individuellen Bereich, in dem sie oder er sich wohlfühlt. Während manche die Lufttemperatur als gerade richtig und angenehm empfinden, ziehen andere schon fröstelnd eine Strickjacke über; stöhnen die einen über die unerträgliche Hitze, beginnen andere sich gerade pudelwohl zu fühlen. Trotz dieser individuellen Unterschiede ähnelt sich der Toleranzbereich von Individuen einer Art, sodass viele auf eine

Temperaturveränderung in gleicher Weise reagieren. Dadurch kommt es zu den Verschiebungen von Verbreitungsarealen und Wanderungsbewegungen, die wir momentan überall auf der Welt beobachten können. Das ändert aber nichts daran, dass die Toleranz gegenüber Veränderungen von Umweltvariablen wie der Temperatur ein ebenso individuell ausgeprägtes Merkmal darstellt wie die Haarfarbe, die Fellmusterung oder eine mögliche musische Begabung.

Irgendwann ist jedoch für jedes Individuum das Ende der Fahnenstange erreicht, herrschen Wärmegrade, die über der für eine Art tolerierbaren Grenze liegen. Tatsächlich müssen diese Grenzen schon an vielen Orten der Welt zeitweilig erreicht oder sogar überschritten worden sein, denn im Zusammenhang mit den beschriebenen Verschiebungen der Verbreitungsgebiete von Tier- oder Pflanzenarten hatte sich bereits in erheblichem Ausmaß gezeigt, dass am warmen Rand ihres Vorkommens (auf der Nordhalbkugel also im südlichen Randbereich) lokale Populationen ausgestorben sind. Schon jetzt gibt es also viele Individuen, die den sich schnell verändernden Umweltbedingungen nicht mehr folgen können – und das, obwohl diese Klimaveränderungen im Vergleich zu dem, was noch auf uns zukommen wird, als »eher gemäßigt« zu bezeichnen sind. John J. Wiens von der University of Arizona in Tucson, dessen Metastudie sich auf 27 Untersuchungen aus der ganzen Welt stützt, fürchtet, dass solche lokalen Aussterbeereignisse in den kommenden Jahrzehnten um das Drei- bis Fünffache zunehmen werden.[2]

Von weltweit fast 1000 Arten, die Wiens diesbezüglich unter die Lupe genommen hat, zeigte ungefähr die Hälfte am wärmeren Rand ihres Lebensraumes solche Ausfälle. Ihr gesamtes Verbreitungsgebiet verlagert sich (auf der Nordhalbkugel) nach Norden, weil Individuen, die nahe der kälteren Grenze leben, sich bei steigenden Temperaturen polwärts bewegen, während Populationen am warmen Südrand durch Tod oder Abwanderung der Individuen erlöschen. Das Phänomen trat in allen betrachteten Lebensräumen in fast gleicher Weise auf und wurde bei den unterschiedlichsten Organismen beobachtet, bei Pflanzen genauso wie bei Insekten, Krebsen, Schnecken, Fischen, Vögeln und Säugetieren. Lebensräume im Süßwasser sind dabei stärker betroffen als marine oder terrestrische, Tiere mehr als Pflanzen.[3]

Allerdings – bei den Waldbäumen stechen die Verluste besonders ins Auge. Das gilt zum Beispiel für den Südrand des borealen Nadelwaldes, der sich quer durch Nordamerika zieht. Schon seit den 1960er-Jahren nimmt die Baumsterblichkeit dort Jahr für Jahr um durchschnittlich fast fünf Prozent zu. Betroffen sind alle Baumarten, die in der trockeneren Westhälfte des Kontinents mit den kanadischen Provinzen Alberta, Saskatchewan und Manitoba aber deutlich stärker als jene im feuchteren Osten, in Ontario und Québec. In einigen Gebieten hat der Niederschlag in den letzten 50 Jahren sogar zugenommen; trotzdem wurde der positive Effekt auf die Wasserbilanz der Bäume von den negativen Folgen der steigenden Temperaturen übertroffen.[4]

In der Regel werden Lebewesen aber durch die sich verändernde Verteilung der Niederschläge stärker beeinträchtigt als durch steigende Temperaturen. So sterben in der Waldsteppe der Nordmongolei, Südsibiriens und Nordchinas wegen der zunehmenden sommerlichen Trockenheit die Bauminseln ab. Zurück bleibt Grasland. Die Waldsteppenzone ist das eurosibirische Gegenstück zum äußersten Südrand des amerikanischen Nadelwaldes.[5]

Zunehmende Trockenheit stellt viele Lebensgemeinschaften auf der ganzen Welt vor große Probleme, bis hin zum Wald vor unserer eigenen Haustür. Das bestätigt auch eine groß angelegte Studie über den Goldwaldsänger (*Setophaga petechia)*, einen hübschen kleinen insektenfressenden Zugvogel mit goldgelbem Gefieder, der über ganz Nordamerika verbreitet ist und somit in sehr unterschiedlichen Lebensräumen mit diversen Klimaten vorkommt.[6] Die Forschergruppe um Rachael A. Bay von der University of California sequenzierte die Genome von fast 300 Vögeln aus 21 verschiedenen Gebieten und setzte die darin gefundenen genetischen Variationen mit zahlreichen Umweltvariablen in Beziehung, die die jeweiligen Gebiete charakterisieren. Trotz der Mobilität der Tiere und ihrer ausgedehnten saisonalen Flüge fanden Bay und ihr Team eine »hohe mit der Umwelt assoziierte genetische Variabilität«, die »während der Brutsaison wahrscheinlich auch einer starken umweltbedingten Selektion unterliegt«. Die drei Umweltvariablen, die die gefundene Verteilung der genetischen Varianten am besten erklärten, hatten alle mit Niederschlagsmengen zu tun.[7]

In einigen Gebieten, vor allem in den besonders von der Trockenheit betroffenen Rocky Mountains, scheint das Ende der Fahnenstange bereits erreicht zu sein. Dort sind die Goldwaldsänger in den letzten Jahren selten geworden, und die Analyse von Rachael Bay und Kollegen zeigt, dass genau die Populationen geschrumpft sind, deren Individuen die größten genetischen Veränderungen erfahren müssten, um mit dem Klimawandel in der Zukunft mitzuhalten. Die Forscher schließen daraus, »dass die Unfähigkeit, sich anzupassen, die Populationen schon negativ beeinflusst haben könnte«.[8]

Der thermale Sicherheitsabstand

Steigende Temperaturen treffen die Lebewesen in den Tropen und Subtropen härter als die in den gemäßigten Zonen. Das mag im ersten Moment überraschen, weil alles, was dort lebt, doch eigentlich an Hitze gewöhnt sein sollte. Es ist aber eine logische Folge der Tatsache, dass tropische Organismen generell näher an den von ihnen maximal tolerierbaren Temperaturen leben als zum Beispiel wir in unserem angenehm temperierten Mitteleuropa.

Die Differenz zwischen dieser maximal tolerierbaren Temperatur, deren Überschreitung einen mehr oder weniger raschen Tod zur Folge hätte, und der maximalen Temperatur, der eine Art in der Natur tatsächlich ausgesetzt ist, wird als »thermaler Sicherheitsabstand« (*thermal safety margin*) bezeichnet. Bei Bewohnern tropischer Ozeane ist er besonders klein und wird im Zuge des Klimawandels noch weiter zusammenschrumpfen. Außerdem sind tropische Meerestiere an mehr oder weniger gleichbleibende Temperaturen gewöhnt und tolerieren nur geringe Abweichungen. So ergibt sich ein fast paradoxer Zusammenhang: Gerade die gegenüber Hitze tolerantesten Arten sind durch weitere Temperaturerhöhungen am stärksten bedroht.

Wie groß der thermale Sicherheitsabstand ist, hängt bei Tieren entscheidend davon ab, ob in ihrem Lebensraum noch thermale Refugien existieren. Tropische Meeresbewohner können dem Temperaturstress nur ausweichen, indem sie sich nach Norden oder Süden in kühleres oder tieferes Wasser bewegen, wo sich ihr thermaler Sicherheitsabstand wieder vergrößert; sie müssen dabei aber relativ große Strecken zurücklegen. Für Bewohner von Korallenriffen ist die Auswanderung ins freie Wasser allerdings keine Option.

Landtiere haben ein anderes Problem. Wenn sie sich polwärts bewegen, verringert sich ihr thermaler Sicherheitsabstand, denn dieser ist an Land nicht auf Höhe des Äquators wie im Meer, sondern in den Subtropen am kleinsten, wo die Temperaturen stärker schwanken und Extremwerte auftreten können.

Tiere sind daher auf Schutzräume in der näheren Umgebung angewiesen, auf Orte, deren Mikroklima es ihnen erlaubt, sich abzukühlen. Oft reicht ein wenig Schatten durch Bäume oder Sträucher, eine Erd- oder Felsspalte, ein Gewässer, ein Stein, unter den man sich verkriechen kann.[9] Gibt es keine kühlenden Refugien, kann der thermale Sicherheitsabstand schon heute auf null sinken und die maximal tolerierbare Temperatur überschritten werden. Dann droht eine lebensgefährliche Hyperthermie.

Mit trauriger Regelmäßigkeit ist solch eine Situation mittlerweile fast jedes Jahr in Australien zu erleben, das in der jüngsten Vergangenheit nicht nur von verheerenden Bränden, sondern im Vorfeld auch von extremen Hitzewellen heimgesucht wurde. Für manche Tiere war das zu viel, etwa für die frei laufenden Hühner von Adam Oaten, dem Besitzer von »Adelaide Hills Pastured Eggs«. Im Jahr 2019 musste er 1000 seiner Vögel begraben.

Die eigentlichen Opfer aber waren im botanischen Park von Adelaide und entlang des Flusses Torrens zu beklagen, wo sie tot vom Himmel plumpsten oder aus den Baumkronen fielen. Es handelte sich um Flughunde, große, fruchtfressende Verwandte der Fledermäuse. Tagsüber hängen die Tiere in Kolonien kopfunter und schlafend an den Ästen der Bäume. Wird ihnen dabei zu heiß, versuchen sie zunächst, sich mit ihren Flughäuten Kühlung zuzufächeln. Hilft das nicht, beginnen sie sich abzulecken oder – knapp über der Oberfläche fliegend – mit dem Bauch in ein Gewässer einzutauchen, um sich Erleichterung zu verschaffen. Aber im Jahr 2019, bei Rekordtemperaturen von bis zu 48 °C, war all das vergeblich. Laut *The Independent* vom 16. Januar 2019 »starben die Flughunde in biblischem Ausmaß«. Helfer mussten sich um Hunderte von verwaisten Jungtieren kümmern.

Schon zwei Monate und eine Hitzewelle zuvor waren weiter nördlich, in Cairns, innerhalb von nur zwei Tagen 23000 Brillenflughunde gestorben, ein Drittel der gesamten australischen Population dieser Art. Justin Welbergen von der Western Sydney University erklärte: »Seitdem sich hier Menschen niedergelassen haben, hat es ein derartiges Ereignis so weit nördlich in Australien noch nicht gegeben.«[10]

Welbergen und seine Kollegen müssen es wissen, denn sie untersuchen diese Ereignisse seit Jahren. Bereits 2008 veröffentlichten sie eine Arbeit über das massenhafte Sterben der Flughunde.[11] Heute kommt es fast jedes Jahr zu solchen Tragödien, doch es hat sie schon immer gegeben. Wie oft, wissen wir nicht. Die erste ist aus Sydney belegt, aus dem Jahr 1791 – eine Ausnahme, denn früher blieb das Massensterben meistens unentdeckt, weil es sich in abgelegenen Gegenden abspielte. Da ihre natürlichen Lebensräume immer mehr zusammenschrumpfen, haben sich Flughunde jedoch seit einigen Jahren – zum Leidwesen nicht weniger Bewohner – in großen Kolonien mitten in den Parks australischer Großstädte niedergelassen. Dort findet ihr Sterben nun vor den Augen der Öffentlichkeit statt.

Es sind also nicht nur die steigenden Temperaturen daran schuld, dass von den 39 »*die-off events*«, die Welbergens Team nachweisen konnte, 35 nach 1994 stattgefunden haben. Allein im letzten Jahrzehnt starben dabei 131 000 Flughunde, ein Drittel davon an einem einzigen Tag im Jahr 2014, als plötzlich aufkommende nordwestliche Winde die seit Wochen aufgeheizte Luft über dem Outback nach Südost-Queensland bliesen, wo drei Flughundarten vorkommen. Die Temperaturen stiegen dort rasch auf 43 °C und darüber hinaus und damit in den roten Bereich. Welbergen und seine Mitarbeiter versuchten, sich ein möglichst vollständiges Bild von der Lage zu machen, und zählten schließlich mindestens 45 500 Kadaver – bis heute das tödlichste Ereignis dieser Art. Am schlimmsten traf es die tropischen Schwarzen Flughunde: 96 Prozent der Hitzeopfer gehörten dieser einen Spezies an, etwa die Hälfte der Population, die in diesem Gebiet lebte. Besonders betroffen waren abhängige Jungtiere und ihre Mütter.[12]

Da die Flughunde unter den urbanen Australiern nicht nur Freunde haben, weisen Naturschützer auf die ökologische Bedeutung der Tiere hin. Sie seien wichtige Bestäuber und verbreiteten als Fruchtfresser die Samen der Waldbäume. Doch immer wieder entzündet sich Streit: an dem Gestank der Tiere, den Baumschäden, die durch ihre Exkremente entstehen, und dem allabendlichen lautstarken Gezeter, wenn sie aufwachen und dicht nebeneinander in den Baumkronen hängend aktiv werden. Auf dem Höhepunkt der Hitzewelle im Januar 2019 gaben die Behörden im Bundesstaat New South Wales eine Warnung heraus, einen »*Bat Danger Alert*«, weil hilfsbereite Menschen vor Hitze und Durst halb wahnsinnige Flughunde auflasen und von diesen dann gebissen und gekratzt wurden. Da Flughunde Träger des für Menschen gefährlichen Lyssavirus sein können, sollten Bürger, die hilflose oder in Not geratene Flughunde finden, keinesfalls selbst aktiv werden, sondern erfahrene Helfer alarmieren.

Das Massensterben der australischen Flughunde zeigt, wie dramatisch sich einzelne Extremereignisse auf die Tier- und Pflanzenwelt auswirken können (s. Kap. 8 und 9). Was früher »die Kanarienvögel in den Kohleminen« gewesen seien, seien heute die Flughunde für den Klimawandel, warnte Justin Welbergen.[13] Ihr Sterben enthält eine Botschaft, die wir besser nicht überhören sollten.

Während extremer Hitzewellen trennt sich schnell die Spreu vom Weizen. Offenbar ist es für die Flughunde nicht möglich, sich an Temperaturen über 42 °C anzupassen, an Bedingungen also, die in Australien seit Langem gelegentlich auftreten und in Zukunft häufiger herrschen werden. Die Flughunde stehen mit diesem Problem nicht allein da. Nach einer Periode extremer Hitze und Trockenheit wurden 2016 auch im berühmten kambodschanischen Angkor-Wat-Tempelkomplex Hunderte von toten Fledermäusen gefunden. Studien, die klimatische Verhältnisse zugrunde legen, wie sie gegen Ende des Jahrhunderts erwartet werden, lassen befürchten, dass zudem viele australische Vogelarten während zukünftiger Hitzeperioden ernsthafte Schwierigkeiten bekommen könnten.[14]

Warum sind Temperaturerhöhungen, mitunter sogar geringfügige um wenige Grad, von Tieren so schwer zu tolerieren? Warum verlassen viele sogar ihren angestammten Lebensraum, wenn es wärmer wird?

Die Temperatur hat großen Einfluss auf praktisch alle Lebensprozesse, weil biochemische Reaktionen in der Regel wärmegradabhängig sind. Untersuchungen wie die des Stanford-Physiologen George N. Somero zeigen, dass Hitze sich direkt und fatal auf Organismen auswirken kann.[15] Dass sie ihren Lebensraum verlagern und kühlere Bedingungen suchen, geschieht also nicht aus Aktionismus oder Wanderlust, sondern weil die steigenden Temperaturen ihre Körper schlicht zu überfordern drohen.

Eine zentrale Rolle spielt dabei das Herz. Bei vielen Tierarten nimmt die Herzfrequenz zunächst mit steigenden Temperaturen zu, um dann »jäh abzufallen«, wenn der letale Wert erreicht wird.[16] Im Falle der Flughunde sind das die ominösen 42 °C.

Ein Team um Justin Welbergen will nun in einem laufenden Forschungsprojekt herausfinden, was die physiologischen Gründe für die Verwundbarkeit der Flughunde sind. Was genau geht in den Tieren vor, wenn die Temperatur sich dem kritischen Bereich nähert? Und was bedeuten diese extremen Hitzeereignisse für andere Wildtiere? Mit welchen Maßnahmen könnte man ihnen vielleicht helfen?[17]

Hitzeschock- und andere Proteine

Moderne molekularbiologische Methoden ermöglichen es Forschern heute, tief ins biochemische Räderwerk der Organismen hineinzusehen, bis hin zur Betrachtung der Aktivität Tausender einzelner Gene und der Produktion und Struktur spezieller Proteine. Dabei hat sich gezeigt, dass die Zellen aller marinen Tiere im Kern ähnlich reagieren, wenn sie mit verschiedenen Formen von umweltbedingtem Stress konfrontiert werden, seien es Veränderungen der Wassertemperatur, des Salzgehaltes, der Sauerstoffkonzentration oder des pH-Wertes.

Ergebnisse, die in sehr speziellen Ökosystemen gewonnen wurden, können deshalb aufschlussreiche Informationen von allgemeiner Bedeutung liefern. Ein solches System ist etwa die Gezeitenzone, ein Lebensraum, der täglich im Wechsel von Ebbe und Flut drastischen Veränderungen unterworfen ist. Er umfasst nicht nur sandige und felsige Küsten, sondern auch Gezeitentümpel, kleine und große natürliche Becken, in denen das Wasser bei Ebbe zurückbleibt und eine charakteristische Pflanzen- und Tiergemeinschaft am Leben erhält. Je nach Exposition können sich Felsen und Tümpel in der Gezeitenzone stark aufheizen, sind also erheblichen Temperaturschwankungen ausgesetzt und stellen deshalb an ihre Bewohner hohe Anforderungen. »Innerhalb eines einzigen felsigen Ökosystems in der Gezeitenzone«, erläutert George N. Somero, »existiert ein Mosaik an abiotischen Gegebenheiten, in dem, über Entfernungen von Metern oder weniger, derart unterschiedliche thermische Bedingungen herrschen, dass sie das, was [...] den Vorhersagen zufolge über viele Jahrzehnte weiterer globaler Erwärmung auftreten wird, übertreffen könnten«[18] – ein Freilandlabor für biologische Studien zum Klimawandel im Miniaturformat.

Gerade in dieser Gezeitenzone hat man Verschiebungen erheblichen Ausmaßes festgestellt. An der US-amerikanischen Ostküste hat sich zum Beispiel der südliche Rand des Verbreitungsgebietes der Atlantischen oder Gemeinen Miesmuschel (*Mytilus edulis*) innerhalb der letzten 50 Jahre mit ungefähr 7,5 Kilometern pro Jahr nach Norden bewegt, insgesamt um etwa 350 Kilometer. In dieser Zeit sind die Wassertemperaturen erheblich gestiegen. Sie sorgen dafür, dass während der heißen Sommermonate im Süden praktisch keine erwachsenen Muscheln mehr überleben. Wo es den Tieren dennoch gelingt, den Sommer zu überstehen, haben sie sich in die tiefsten Regionen der Gezeitenzone zurückgezogen.

Die kritische Temperatur liegt bei 32 °C. Wird diese Schwelle mehrfach hintereinander überschritten, sterben die Muscheln in großer Zahl ab. Bleibt es über längere Zeit warm, haben niedrigere Temperaturen den gleichen Effekt. Während im Norden ausschließlich hohe Lufttemperaturen zur Mortalität der Miesmuscheln führen, sind es im Süden hauptsächlich zu hohe Wassertemperaturen.

Auch für Miesmuscheln, für Fische und andere Meerestiere scheint das Herz die Schwachstelle zu sein. Bei steigenden Temperaturen und damit steigender Herzschlagfrequenz wird es für sie immer schwerer, ihr Herz mit ausreichend Sauerstoff zu versorgen und das Kreislaufsystem in Gang zu halten, um Stoffwechselprodukte zu transportieren. Die 32 °C sind eigentlich schon viel zu warm, denn für Miesmuscheln, die an kühleres Wasser im Bereich von 14 °C gewöhnt sind, liegt die kritische Temperatur, bei der ihre Herzfrequenz drastisch abfällt, mit 25,5 °C deutlich tiefer. Stammen die Tiere aus 21 °C warmem Wasser, wird es für sie erst bei mehr als 28,5 °C prekär. An noch höhere Temperaturen scheinen sich Miesmuscheln nicht gewöhnen zu können.

Es ist nun aber nicht so, dass die an ihre Standorte gefesselten Muscheln bei Erreichen des kritischen Wärmegrads ansatzlos und ohne jede innere Gegenwehr sterben. Mithilfe sogenannter *DNA-Microarrays* oder Genchips konnten Forscher zeigen, dass in tierischen Zellen schon weit unterhalb der heiklen Temperaturen Schäden entstehen und dass die Zellen frühzeitig darauf reagieren.

DNA-Microarrays erlauben es, die Aktivität Tausender Gene gleichzeitig zu messen. Sie ermitteln, ob und in welchem Ausmaß diese Gene zu einem bestimmten Zeitpunkt abgelesen und in Boten-RNA (mRNA) übersetzt werden, die Vorlage für die Synthese von Proteinmolekülen. Steigt die Körpertemperatur einer Muschel auf etwa 28 °C, findet sich im *Microarray* plötzlich die mRNA eines bestimmten Proteins, des Hitzeschockproteins Hsp70. Steigt die Temperatur weiter, wird mehr von dieser mRNA produziert. In der Zelle sorgen diese Moleküle nun dafür, dass steigende Mengen von Hsp70 produziert werden. Wozu?

Sie kennen das vom morgendlichen Frühstücksei: Durchsichtiges Eiweiß wird beim Erhitzen weiß. Steigt die Temperatur, verlieren Eiweißmoleküle irgendwann ihre delikate und spezifische dreidimensionale Struktur; sie denaturieren. Ähnliches geschieht in der lebenden Zelle. Bei steigenden Temperaturen werden die fragilen Molekülgebilde der Proteine labiler, mit der Folge, dass mehr und mehr Faltungs- und Strukturfehler entstehen. Aus hochkomplex und passgenau gefalteten Aminosäureketten werden mehr oder weniger formlose Knäuel. Derart veränderte Proteine können aber ihre Aufgabe nicht mehr in vollem Umfang erfüllen, denn die ist an ihre spezifische Molekülgestalt gebunden. Um ein Bild aus der Welt des Sports zu bemühen: Die Mitglieder einer intakten Mannschaft aus gesunden, starken Proteinen ziehen sich nach und nach Verletzungen zu – das beeinträchtigt natürlich Leistungsvermögen und Einsatzfähigkeit.

Glücklicherweise besitzen alle Zellen mit Zellkern ein Gegenmittel, die Hitzeschockproteine, die, um im Bild zu bleiben, wie eine Art Mannschaftsarzt fungieren und die lädierten Spieler mit Pflastern, Salben und Vereisungsspray wieder fit machen. Sie assistieren den durch Hitze verunstalteten und in ihrer Funktion beeinträchtigten Proteinen und verhelfen ihnen wieder zu ihrer korrekten dreidimensionalen Struktur. Das in Miesmuscheln nachgewiesene Hsp70 ist dabei nur ein Hitzeschockprotein von vielen.

Kurz bevor es für die Zellen brenzlig wird, kurbeln sie also die Produktion dieser Reparaturproteine an, um zu retten, was noch zu retten ist. Durch die gefährlich hohe Temperatur haben sich beschädigte Eiweißmoleküle angesammelt, die dringend in Form gebracht werden müssen. In Muscheln hingegen, deren Körpertemperatur 23 °C nie überschritten hat und in denen sich daher keine beschädigten Proteine gebildet haben, sind auch die Gene für die Hsp70-Produktion inaktiv geblieben.

Nimmt der Temperaturstress weiter zu, wird die nächste Stufe der zellulären Stressantwort ausgelöst. In den *Microarrays* ist nun die Aktivierung von Genen zu erkennen, die die Information für proteolytische Enzyme enthalten und den Zellzyklus stoppen, sprich: eine Zellteilung verhindern. Der Hitzestress hat das höchste Niveau erreicht, alle Alarmglocken läuten, und nun hilft keine Reparaturarbeit mehr. Bei Temperaturen über 32 °C haben sich so viele schadhafte Eiweißmoleküle angesammelt, dass sie nicht mehr repariert werden können, sondern von speziellen proteinspaltenden Enzymen abgebaut und entsorgt werden müssen. Nur in höchster Not, bei einer Temperatur über etwa 37 °C, wird auch der Zellzyklus angehalten. Die Maßnahme ist gleichbedeutend mit der Einstellung des Wachstums.

Wie gesagt, diese Stressantwort tierischer Zellen ist weit verbreitet und stammesgeschichtlich gesehen alt. Mit gefährlich hohen Temperaturen werden Tiere schon seit Urzeiten konfrontiert. Ihre Zellen haben daher ein abgestuftes Instrumentarium entwickelt, um sich innerhalb gewisser Grenzen gegen Hitzeschäden zu schützen. Die Aktivierung der Hitzeschockproteine oder gar der proteinabbauenden Enzyme sind Maßnahmen, die eingeleitet werden, wenn Defekte bereits entstanden sind. Bevor es dazu kommt, versuchen die Zellen, schon vorhandene Proteine derart zu verändern, dass die für die Stressantwort erforderliche Sensorik und Reizleitung alarmiert wird.[19] Der Körper bereitet sich vor.

Doch was geschieht, wenn die Temperaturen im Zuge des Klimawandels über die seit langer Zeit geltenden Grenzen hinaus ansteigen? Ist es überhaupt möglich, sich diesen Veränderungen anzupassen? Zunächst müssen Lebewesen alles dafür aufbieten, was ihre körperliche und genetische Ausstattung hergibt, und das ist von Organismus zu Organismus sehr unterschiedlich. Manche verfügen nur über geringe Widerstandskräfte, in anderen steckt viel mehr, als man für möglich halten würde, wenn man sie nur innerhalb ihrer vertrauten Lebensumstände betrachtet. Denken Sie an von Menschen verschleppte Arten und an die enormen Unterschiede, die in manchen (nicht allen) Fällen zwischen ihren alten und neuen Lebensräumen existieren, also etwa an Halsbandsittiche und andere tropische Papageien, denen es im gemäßigten Mitteleuropa unerwartet gut geht.

Unwillkürlich neigen wir dazu, Pflanzen, Tiere und ihre evolutionäre Geschichte dort zu verorten, wo wir sie heute vorfinden. Wenn es keine paläontologischen Befunde gibt, die auf etwas anderes hindeuten, glauben wir, die Bedingungen, die dort heute herrschen, seien die Bedingungen, unter denen dieses Lebewesen aus seinen Vorfahren entstanden ist und seitdem lebt. Doch das ist falsch. Die Erde hat in den letzten drei Millionen Jahren dramatische Veränderungen erlebt. Demzufolge haben auch uralte Tier- und Pflanzenarten schon einiges mitgemacht. Gewaltige Eispanzer bedeckten einen Großteil des Festlands und schoben sich vor und wieder zurück, der Kontinentalschelf lag bei starker Vereisung frei und wurde anschließend wieder überflutet, und die meiste Zeit über herrschte ein klimatisches System, dessen atmosphärische Strömungen und Zirkulationen sich fundamental von den heutigen unterschieden. »Möglicherweise hat die spezifische Kombination von Temperatur, Niederschlag und saisonaler Variabilität, die typisch für das heutige Klima ist, während des größten Teils der evolutionären Geschichte einer Art nirgendwo auf der Erde existiert.«[20] Wie können wir da glauben, die Tiere und Pflanzen, die all das er- und überlebt haben, würden uns heute ihr einzig ›wahres‹ Gesicht zeigen?

Welches Potenzial in den Genen einer Tier- oder Pflanzenart liegt, zeigt sich manchmal erst, wenn diese sich unter neuen oder anderen Lebensbedingungen erproben kann. Insofern bietet die Invasionsbiologie mit ihren zahllosen Beispielen von Pflanzen- und Tierarten, die durch den Menschen verschleppt wurden und in neue Lebensräume gelangten, sehr aufschlussreiches Anschauungsmaterial, und wenn wir eines daraus lernen können, dann das: Uns stehen Überraschungen bevor.

Wenn Umweltbedingungen das Erscheinungsbild einer Art stark beeinflussen, sprechen Wissenschaftler von »phänotypischer Plastizität«, wobei unter dem Phänotyp eines Lebewesens die Gesamtheit seiner Merkmale und Fähigkeiten verstanden wird, also sowohl anatomische als auch physiologische Merkmale sowie Eigenheiten des Verhaltens. Auch die Toleranz gegenüber Schwankungen von Umweltvariablen wie der Temperatur gehört dazu. Phänotypische Plastizität kann sich darin äußern, dass Pflanzen je nach Standort unterschiedliche Wuchsformen entwickeln oder dass Tiere je nach herrschenden Umweltbedingungen andere Farbmuster und Körperanhänge ausbilden. Über sogenannte epigenetische Mechanismen können sich Umwelteinflüsse direkt auf die Aktivität einzelner Gene auswirken.[21] An dem Umstand, dass das gleiche Genom so unterschiedlich aussehende Tiergestalten wie Raupe, Puppe und Schmetterling hervorbringen kann, wird deutlich, welches – möglicherweise verborgene – Potenzial in dieser Plastizität steckt. Das Ganze ist eine Frage der genetischen Regulation und Steuerung.

Das Ausmaß und die Fähigkeit zu dieser phänotypischen Plastizität sind ihrerseits genetisch bedingt, also selbst auch Teil des Phänotyps. Eigentlich sollte man annehmen, dass eine ausgeprägte Plastizität in Zeiten eines Klimawandels von Vorteil ist. Die dafür zuständigen Gene sollten sich also in Populationen anreichern, oder anders ausgedrückt: Sie sollten Gegenstand positiver Selektion sein.

Bisher lässt sich eine solche Entwicklung aber nicht nachweisen. Es gibt zwar Beispiele für eine positive Selektion besonders ausgeprägter Plastizität, aber es gibt eben auch viele Gegenbeispiele.[22] Dass uns dieses Ergebnis erstaunt, liegt vermutlich vor allem daran, dass Plastizität und Flexibilität in den schnellen, technikgetriebenen modernen Gesellschaften generell als etwas Gutes und Erstrebenswertes angesehen werden.

In der Natur muss das aber nicht so sein. Letzten Endes läuft es auf eine Kosten-Nutzen-Rechnung hinaus. Zwei alpine Kräuter zeigten zum Beispiel völlig gegensätzliches Verhalten, als sie bergab in ein wärmeres und variableres Klima versetzt wurden. Profitierte ein australisches Moorglöckchen (*Wahlenbergia ceracea*) vom Standortwechsel, weil es im Warmen flexiblere Wuchsgrößen erreichte und mehr Samen erzeugte, erging es der europäischen Strauß-Glockenblume (*Campanula thyrsoides*) ganz anders. Auch sie erwies sich in Transplantationsexperimenten als ökologisch äußerst flexibel, ertrug die Wärme und veränderte sogar den Zeitpunkt ihrer Blüte, bezahlte dies aber mit einem Rückgang ihrer Fitness, indem sie erheblich weniger Blüten produzierte.[23]

Phänotypische Plastizität kann also im Zuge des Klimawandels eine Hilfe sein. »Plastizität bedeutet, dass eine Population nicht auf eine vorteilhafte Mutation warten muss, um weiter existieren oder gar aufblühen zu können.«[24] Es ist allerdings keineswegs garantiert, dass die Plastizität, zu der eine Art fähig ist, genau in die Richtung zielt, die für die Anpassung an das Klima der Zukunft erforderlich ist. Das gilt umso mehr, wenn sich diverse Variablen wie Wassertemperatur, Salzgehalt (über veränderte Niederschlagsmengen) und pH-Wert gleichzeitig ändern.

Eine Voraussetzung dafür, den Übergang im Zuge des Klimawandels gewissermaßen aus eigener Kraft zu bewältigen, ist neben der Plastizität eine hohe genetische Variabilität, wie sie etwa Rachael Bay und Kollegen beim nordamerikanischen Goldwaldsänger fanden. »Wir haben gezeigt«, schreiben die Forscher, »dass eine beständige (genetische) Variation für die Anpassung an unterschiedliche Klimate existiert und dass die natürliche Selektion während der Brutsaison zu evolutionären Veränderungen im Genom führt.«[25]

Eine hohe genetische Variabilität liefert gleichsam das Rohmaterial, an dem sich die Selektion abarbeitet. Variabilität ist die Grundlage für den evolutionären Wandel. Mutationen fügen dem Genpool einer Organismenart neue Varianten hinzu und unterwerfen sie anschließend der kritischen Beurteilung durch die Selektion. Doch könnten solche genetischen Veränderungen überhaupt rasch genug erfolgen, um mit dem Klimawandel Schritt zu halten? Das, was auf uns zukommt, scheint ja besonders schnell abzulaufen, und Mutation und Selektion brauchen Zeit. Vielleicht können Bakterien und andere Einzeller mithalten, Organismen mit kurzen Generationszeiten und großen Populationen. Vielleicht sogar Insekten wie jene, die nur etwa 15 Jahre brauchten, um eine Resistenz gegen gentechnisch modifizierte Bt-Pflanzen[26] zu entwickeln, und einige andere wirbellose Tiere. Aber gilt für den Rest nicht: »*This climate change is fast, evolution is slow*«? Bisher berücksichtigen Computermodelle, die die Reaktion von Organismen auf den Klimawandel abschätzen, bei ihren Vorhersagen kaum, dass eine evolutionäre Anpassung die Auswirkungen abmildern könnte.[27]

Fragen wir mit George Somero konkret: »Wie viel Veränderung wäre in der DNA-Sequenz vonnöten, um die strukturellen und funktionalen Eigenschaften von Proteinen auf Werte einzustellen, die zu den neuen thermischen Bedingungen passen?«[28]

Wieder kann uns die Gezeitenzone mit ihren Miesmuscheln weiterhelfen.[29] Diesmal geht es um die US-amerikanische Westküste und zwei äußerlich nahezu ununterscheidbare Muschelarten, die die Region unter sich aufgeteilt haben, von San Diego bis hinauf nach Seattle. Die Gemeine Miesmuschel kommt dort nicht vor, stattdessen finden sich die einheimische Pazifische Miesmuschel (*Mytilus trossulus*), die früher allein die ganze Westküste besiedelte, heute aber im Wesentlichen auf schattige Abschnitte beschränkt ist, sowie die eingeschleppte Mittelmeer-Miesmuschel (*Mytilus galloprovincialis*). Lange Zeit wurde die Invasion dieser europäischen Art gar nicht bemerkt, weil beide sich so ähnlich sehen. Erst durch biochemische Untersuchungen fand man heraus, dass sich innerhalb der Welt der Muscheln entlang der gesamten Pazifikküste eine Revolution abgespielt hatte. Heute hat der Neuankömmling, die Mittelmeer-Miesmuschel, die in wärmerem Wasser besser zurechtkommt, die alteingesessene Pazifische Miesmuschel weitgehend ersetzt. Manche Gebiete mit komplizierter Temperaturverteilung haben sie mosaikartig untereinander aufgeteilt.

Beide Arten haben sich in unterschiedlichen Klimaten entwickelt und zeigen verschiedene Klimavorlieben. Das spiegelt sich auch in den Temperaturbereichen wider, in denen ihre Proteine optimal arbeiten. Für die wärmeadaptierte Mittelmeer-Miesmuschel liegen diese Temperaturen höher als für *Mytilus trossulus*. In Bezug auf ein bestimmtes Enzym[30], das bei der Zellatmung von Bedeutung ist, entdeckten die Forscher, dass die bei höheren Temperaturen bessere Performance der aus dem Mittelmeer stammenden Variante auf eine einzige abweichende Aminosäure zurückgeht. In der aus 334 Aminosäuren bestehenden Kette des Proteins sitzt sie an einer Stelle, die die Flexibilität der Molekülstruktur beeinflusst.

Ein Unterschied von nur einer Aminosäure – das klingt nach einer überbrückbaren Distanz, sogar für die Zufallslotterie der Evolution. Mittlerweile hat man ähnliche Beispiele auch bei Napfschnecken und Fischen gefunden, bei großen Barrakudas wie auch bei kleinen Riffbarschen. Es handelt sich also nicht um einen Einzelfall. Eine Temperaturerhöhung um drei bis fünf Grad reicht aus, um die Proteinvariante der warm-adaptierten Tiere gegenüber der anderen zu begünstigen. Sie könnte ihren Trägern einen Anpassungsvorteil sichern und sich in der Population anreichern. Wissenschaftler wie George N. Somero äußern sich deshalb vorsichtig optimistisch. Bei den für die nähere Zukunft prognostizierten Temperaturen scheinen evolutive Veränderungen »wenigstens für einige Arten von Proteinen« nicht ausgeschlossen zu sein.[31]

Dass sich möglicherweise unter der Oberfläche bereits einiges tut, zeigt eine schrumpfende Population von Antarktischen

Pelzrobben auf der Insel Südgeorgien, 1400 Kilometer östlich von Feuerland.[32] Der Klimawandel macht sich hier bereits massiv bemerkbar. Es gibt immer weniger Beutetiere, und das Geburtsgewicht der Robbenbabys nimmt seit Jahren ab, doch erstaunlicherweise steigen Durchschnittsgewicht und -größe der Weibchen, die in der Population zur Fortpflanzung kommen. Genetische Untersuchungen haben nun gezeigt, dass diese Muttertiere einen immer höheren Grad an Mischerbigkeit (Heterozygotie) aufweisen. Im Verlauf von 20 Jahren hat er um 17 Prozent zugenommen.

Die Forscher betonen, dass diese Mischerbigkeit von den Muttertieren nicht vererbt werde und somit »keine evolutionäre Antwort auf den Klimawandel« darstelle. Sie garantiert aber ein höheres Ausmaß an genetischer Vielfalt, weil Gene im Falle der Heterozygotie ja in zwei unterschiedlichen Varianten vorliegen, einer, die von der Mutter geerbt wurde, und einer zweiten, die vom Vater stammt. Homozygote Tiere, die einen höheren Grad an Reinerbigkeit aufweisen, sind zunehmend von der Fortpflanzung ausgeschlossen, deshalb schrumpft die Population. Die Forscher sehen dies als Beweis dafür, dass »die Selektion sich durch den Klimawandel intensiviert, mit weitreichenden Konsequenzen für die Demografie und die phänotypische und genetische Variation«. Sie interpretieren diese Entwicklung »als Versuch, Zeit zu gewinnen«. Die Mischerbigkeit sorge dafür, dass ein gewisses Maß an genetischer Vielfalt erhalten bleibe, »um es der Art zu ermöglichen, mit Adaption zu reagieren, wenn die Umweltbedingungen sich weiter verschlechtern«.[33]

Statt Organismen an ein sich veränderndes Klima anzupassen, kann die Evolution allerdings auch schon lange im Vorfeld dafür gesorgt haben, dass eine solche Anpassung so gut wie ausgeschlossen ist.

Die Pelzrobben, von denen eben die Rede war, sind gleichwarme Tiere, die mit dickem Fell, einer darunterliegenden Fettschicht und großem Energieaufwand ihre Körpertemperatur auch in Antarktisnähe konstant halten. Nur Säugetiere und Vögel wie die Pinguine sind dazu in der Lage. Die meisten Bewohner des Südlichen Ozeans sind aber wechselwarm und viele noch dazu extrem stenotherm, das heißt, sie können nur in einem sehr engen Temperaturbereich leben – vermutlich das Resultat einer etwa 15 Millionen Jahre währenden Isolation in ihrem konstant kalten und gut durchlüfteten Meereszuhause.

Die Wassertemperatur, die dort herrscht, schwankt seit Urzeiten zwischen -1,9 °C, dem Gefrierpunkt von Seewasser, und +1,8 °C, der höchsten Temperatur, die in den Gewässern um die Antarktische Halbinsel gemessen wurde. Wenn die Wassertemperatur diese Werte nur um wenige Grade übersteigt, sterben viele Arten des Südpolarmeers bereits den ›Hitzetod‹, und man kann sie auch kaum an höhere Temperaturen gewöhnen, wenn man sie über längere Zeit zu akklimatisieren versucht. Manche Tierarten schaffen dann maximal sechs Grad, ein antarktischer Schlangenstern scheitert jedoch schon an zwei oder drei Grad, und eine dort lebende Jakobsmuschel verliert bereits bei zwei Grad ihre Schwimmfähigkeit. Gleichzeitig werden die Arten des Südlichen Ozeans vermehrt mit Einwanderern aus wärmeren Gewässern konfrontiert. Sie bekommen also ungewohnte Konkurrenz. Sollte sich an all dem nichts ändern, sieht die Prognose für diese Tierarten auf mittlere Sicht nicht gut aus.[34]

Durch die lange Isolation, die gleichbleibenden Temperaturen und die konstant hohen Sauerstoffkonzentrationen des Wassers haben sie offenbar die Fähigkeit verloren, sich mit wechselnden äußeren Bedingungen zu arrangieren. So enthält das Blut der Krokodileisfische[35] zwar spezielle Frostschutzproteine, aber kein Hämoglobin. Den Tieren fehlt das Gen für die Produktion einer bestimmten Untereinheit des Blutfarbstoffs, sodass ihr Blut fast farblos ist. Manche bilden auch kein Myoglobin, das für den Sauerstofftransport innerhalb der Muskeln sorgt. Beides sind irreversible Defizite, die für die Tiere nur zu verkraften waren, weil das antarktische Wasser immer überreich an Sauerstoff war. Steigen die Temperaturen und sinkt der Sauerstoffgehalt des Wassers, werden die Krokodileisfische kaum noch mithalten können.

Die nah verwandten Antarktisdorsche (aus der Familie der *Nototheniidae*) besitzen rotes Blut, sind aber unfähig zur Hitzeschockantwort (*heat shock response*, *HSR*), wie sie oben beschrieben wurde. Interessanterweise sind die Gene und die Hitzeschockproteine selbst vorhanden. Sie werden ja auch benötigt, um körpereigene Eiweißmoleküle nach der Synthese bei der Faltung ihrer Aminosäureketten zu unterstützen. Was den Fischen aber fehlt, ist die Fähigkeit, auf höhere Temperaturen mit einer Steigerung der Produktion dieser Hitzeschockproteine zu reagieren. Das ist kein Problem, solange die Temperatur nie in gefährliche Regionen ansteigt. Im Zuge des Klimawandels wird dies aber bald der Fall sein, und die Tiere könnten die dann zunehmenden Schäden an ihren Proteinen nicht beheben. Da die Bauanleitungen der Hsp-Moleküle vorhanden sind, muss der Verlust die Genregulation und Signalketten betreffen, die mit der Hitzeschockantwort verbunden sind.

Auch wenn manche Tiere die Fähigkeit zur Adaptation ganz verloren haben, gibt es durchaus Beispiele für eine rasche evolutionäre Anpassung, auch von Merkmalen, die mit der Sensibilität gegenüber Klimafaktoren zu tun haben. Man hat sie bei Insekten, Pflanzen, Vögeln und Amphibien gefunden. Sogar Säugetiere können sich erstaunlich rasch verändern. Auf Inseln isolierte Populationen können innerhalb weniger Generationen eine Tendenz zu Riesenwuchs oder Verzwergung entwickeln. Allerdings, schreiben Jonathan Newman und Kollegen, zeigen all diese Untersuchungen nur, dass »eine solche Anpassung auftreten kann, aber nicht muss«.[36] Man kann sich also nicht darauf verlassen, vor allem bei kleinen Populationen nicht.

Vielleicht weil sie mit dem Goldwaldsänger eine Tierart mit einem riesigen Verbreitungsgebiet, hohen Individuenzahlen und beträchtlicher genetischer Variabilität untersucht haben, sind Rachael Bay und ihre Koautoren davon überzeugt, dass evolutionäre Anpassungen in Zeiten des Klimawandels sehr wohl eine wichtige Rolle spielen und deshalb in Computermodellen berücksichtigt werden müssen, um deren Genauigkeit zu verbessern. »Unsere Ergebnisse zeigen, wie die Integration von genomischen, ökologischen und demografischen Daten zu einem tieferen Verständnis der Auswirkungen des zukünftigen Klimawandels auf Zugvogelarten führen kann.«[37]

Interessant ist darüber hinaus, dass beim Goldwaldsänger eine besonders starke Verbindung zwischen klimatischen Faktoren, vor allem den Niederschlagsmengen, und zwei bestimmten Genen gefunden wurde, mit DRD4 und DEAF1.

Beide sind in der Presse schon in anderem Zusammenhang als »Neugier-Gene« präsentiert worden, weil sie mit Migration und ausgeprägtem Erkundungsverhalten assoziiert sind, auch beim Menschen. Goldwaldsänger, die Träger bestimmter Varianten dieser Gene sind, scheinen mit dem Klimawandel besser zurechtzukommen als andere. Etwa weil die Aktivität dieser Gene sie verstärkt zu explorativem Verhalten drängt, zur Suche nach Wasser und neuen, besseren Lebensbedingungen? Sicher ist das viel zu schlicht gedacht. Um die Rolle dieser Gene zu klären, ist noch viel Forschungsarbeit zu leisten, aber Experten des Fachmagazins *Science* bezeichnen es immerhin als »verblüffend«, dass ausgerechnet die beiden »Neugier-Gene« nun im Zusammenhang mit Anpassungen an den Klimawandel auftauchen. Es sei vorstellbar, »dass Verhaltensgene bei der Anpassung an den Klimawandel als Notfallhelfer fungieren könnten«.[38]

Wissenschaftler des Senckenberg Biodiversität und Klima Forschungszentrums in Frankfurt am Main haben kürzlich weitere Argumente dafür geliefert, dass die Evolution in Bezug auf die biologischen Auswirkungen des Klimawandels eine größere Rolle spielen könnte als gedacht. Einer Gruppe unter der

Leitung von Markus Pfenninger und seiner Doktorandin Ann-Marie Oppold gelang die Bestätigung der schon vor 70 Jahren von dem deutschen Zoologen Bernhard Rensch (1900–1990) aufgestellten »Evolutionären Geschwindigkeitshypothese«. Ursprünglich von Rensch nur als Erklärung für die von den Polen zum Äquator rasant zunehmende Artenvielfalt vorgeschlagen, liefert die These heute auch in einem ganz anderem Kontext Denkanstöße. Sie stellt nämlich eine Beziehung zwischen Evolutionsgeschwindigkeit und Temperatur her, die ziemlich plausibel klingt, nichtsdestotrotz aber bewiesen werden muss. Weil höhere Temperaturen physiologische Prozesse beschleunigen, sollte sich in wärmeren Klimaten die Generationszeit einer Art verkürzen, ihre Mutationsrate erhöhen, die Selektion intensivieren und damit letztlich die Entstehung neuer Arten beschleunigen.[39]

Um diese Hypothese zu überprüfen, verfolgte das Team um Ann-Marie Oppold und Markus Pfenninger einen ähnlichen Ansatz wie Rachael Bay bei ihrer Studie über die Goldwaldsänger: Von einer Art mit sehr großem Verbreitungsgebiet, in diesem Fall der Zuckmücke *Chironomus riparius,* die mehrere Generationen im Jahr durchläuft, wurden die Genome von fast 800 Individuen entlang eines Temperaturgradienten verglichen, von Norddeutschland bis nach Südspanien, Portugal und in die Türkei. Tatsächlich zeigte sich, dass die Tiere in warmen Regionen bis zu drei Generationen mehr pro Jahr erzeugten, sich genetisch stärker unterschieden und eine höhere Mutationsrate aufwiesen.

Die »Evolutionäre Geschwindigkeitshypothese« scheint also zuzutreffen, zumindest auf wechselwarme Tiere wie die Insekten. Die Evolution verläuft bei höheren Temperaturen schneller, deshalb wird die Tier- und Pflanzenwelt immer vielfältiger, je näher man dem Äquator kommt. Doch für Markus Pfenninger ist aus diesen Resultaten noch mehr abzulesen: »Wir können außerdem davon ausgehen, dass die Evolution in Folge der globalen Klimaerwärmung beschleunigt wird«, sagt er, »und das sowohl in kalten als auch in warmen Regionen.«[40]

In der warmen Zukunft wird sich das Rad der Evolution also schneller drehen. Ob es reichen wird, um entstandene Lücken im Artenbestand wieder zu füllen und Tiere und Pflanzen schnell an den Klimawandel anzupassen, kann heute noch niemand beantworten.

6
Regime shifts – Wirkungen auf Ökosysteme

Klimahüllen

Um den im Zuge des Klimawandels steigenden Temperaturen zu entgehen und weiterhin in der gewohnten klimatischen Nische zu leben, bewegen sich Pflanzen und Tiere polwärts, bergauf oder in größere Meerestiefen. Diese Verschiebungen werden weitergehen, solange die Erde sich erwärmt und die Verhältnisse es zulassen.

Hinter dieser Betrachtung steht ein Konzept, das auch vielen Computermodellen zugrunde liegt und *climate envelope approach* genannt wird, »Klimahüllen-Ansatz«. Dieser geht davon aus, dass ausschließlich das Klima bestimmt, wo eine Organismenart lebt. Wenn das Klima sich ändert, ›folgen‹ ihm die Lebewesen, um weiterhin in ihrer klimatischen Nische leben zu können.

Einen solchen Ansatz verfolgte zum Beispiel die Analyse des zukünftigen Vorkommens ausgewählter Neophyten, die wir in Kapitel 2 betrachtet haben.[1] Die dabei verwendeten Habitatmodelle oder *Species Distribution Models* (SDM) gehören in der Erforschung des Klimawandels zu den gebräuchlichsten Computermodellen überhaupt. Sie wurden mittlerweile für viele Gebiete und Tausende von Pflanzen- und Tierarten erstellt und haben in der Regel zu Ergebnissen geführt, die gut zu den theoretischen Überlegungen passen und auch mit den Entwicklungen übereinstimmen, die draußen in der Natur tatsächlich zu beobachten sind.

Es ist aber offensichtlich, dass dieser Ansatz die natürlichen Verhältnisse stark vereinfacht. Es haben sich keineswegs alle Pflanzen- und Tierarten auf den Weg gemacht, obwohl doch alle das gleiche Wetter zu spüren bekommen. Gleiches Klima bedeutet nicht automatisch auch gleiche Tier- und Pflanzenwelt, sonst müssten zum Beispiel Nordamerika und Europa eine in großen Teilen identische Fauna und Flora besitzen. Dass europäische Tiere und Pflanzen tatsächlich auch in Nordamerika existieren können, beweisen Stare, Sperlinge, Regenwürmer und viele andere Arten, die ursprünglich aus der Alten Welt stammen, seit vielen Jahrzehnten. Umgekehrt fühlen sich nordamerikanische Baumarten wie Douglasie und Robinie auch in Europa wohl, von Waschbären, Kartoffelkäfern und Minks, den amerikanischen Nerzen, gar nicht zu reden. Ohne den Transportservice der Menschen wären die Lebensräume jenseits des Atlantiks jedoch für keine dieser Arten erreichbar gewesen.

Vor allem berücksichtigen *Climate-envelope*-Modelle nicht, dass die Verbreitung von Pflanzen- und Tierarten maßgeblich auch durch deren Interaktionen untereinander beeinflusst wird. Das ergab schon der Vergleich der neuen klimatischen Nischen von verschleppten Pflanzen- und Tierarten mit den alten Lebensräumen (Kapitel 2). Organismen leben oft gar nicht dort, wo das Klima ihnen eigentlich am meisten zusagt, weil andere Akteure der belebten Welt dem im Wege stehen, weil Konkurrenten, Fressfeinde, Nahrungsmangel oder Krankheiten sie daran hindern. Um die Verteilungsmuster von Tier- und Pflanzenarten, die wir auf der Erde vorfinden, zu erklären, ist das Klima zweifellos von großer Bedeutung, und doch ist es nur ein Einflussfaktor von mehreren. Das wird sich auch in Zukunft nicht ändern.

Organismen leben nicht isoliert voneinander, sondern in mehr oder weniger komplexen Gemeinschaften, deren Angehörige in vielfältiger Weise miteinander vernetzt sind. Aber um was genau handelt es sich dabei? Sind diese Gemeinschaften mehr als die Summe ihrer Teile? Sind es gewissermaßen ›verschworene‹ Teams, deren Mitglieder – sprich: Arten – wechselseitig voneinander abhängig sind wie die Organe eines Lebewesens?

Der US-amerikanische Pflanzenökologe Frederic Edward Clements (1874–1945) sah es so. Er hatte beobachtet, dass sich an Standorten, an denen ähnliche Bedingungen herrschen, stets sehr ähnliche Pflanzengesellschaften zusammenfinden und dass Vegetation sich verändert und bestimmte charakteristische Stadien einander ablösen. Diese Vegetationsabfolge oder Sukzession steuert, vergleichbar der Individualentwicklung eines Organismus, auf ein Klimaxstadium zu, eine Pflanzengemeinschaft, die an die Bedingungen eines Standorts optimal angepasst ist und sich nach Störungen wieder neu herausbildet.

Oder sind solche Gemeinschaften kaum mehr als vorübergehende Ansammlungen von Tieren und Pflanzen, die zusammenfinden, weil sie ähnliche Klima- und Standortvorlieben haben, wie Clements' Landsmann Henry Gleason (1882–1975) behauptete? Er kritisierte, Clements gehe bei seinen Pflanzenassoziationen von zu großer Homogenität aus und ignoriere die vorhandenen Vegetationsunterschiede. Das Ganze sei vielmehr ein Kontinuum und die Verteilung der Pflanzenarten mehr oder weniger zufällig. 1926 stellte Henry Gleason der damals sehr einflussreichen Clements'schen Schule sein »individualistisches Konzept der Pflanzenassoziationen« gegenüber.[2] Es dauerte ein Vierteljahrhundert, bis es sich in der Ökologie durchsetzte.

Auch die heute zu beobachtenden Auswirkungen des Klimawandels geben Gleason recht. Pflanzen- und Tierarten reagieren in hohem Maße individualistisch, sie wandern mit unterschiedlicher Geschwindigkeit, reagieren zu unterschiedlichen Zeitpunkten und in unterschiedliche Richtungen.

Auch paläontologische Daten und die modernen computergestützten *Species Distribution Models* bestätigen diesen Befund. Auf Veränderungen von Temperaturen und Regenmenge reagieren die bestehenden Gemeinschaften nicht als Einheiten, die durch eine lange gemeinsame Evolution gleichsam zusammengeschweißt wurden. Stattdessen folgten und folgen die meisten Arten ihrem eigenen Zeittakt, ob nach dem Rückzug der Gletscher vor 20 000 Jahren oder heute. Manche reagieren schneller, manche langsamer, andere gar nicht oder auf entgegengesetzte Weise. Wie Interaktionen zwischen Tier- und Pflanzenarten bereits durch relativ geringfügige Veränderungen des Klimas gleichsam aus dem Tritt gebracht und desynchronisiert werden können, zeigten bereits die Beispiele für ein zeitliches *mismatch* in Kapitel 4. Organismengemeinschaften werden dadurch auseinandergezogen und zerfallen. Es bilden sich neue Assoziationen mit bislang unbekannter Artenzusammensetzung.

Ein Naturschutz, der sich den Erhalt der Lebensgemeinschaften in ›alter‹ Zusammensetzung zum Ziel setzt, erscheint unter diesen Umständen problematisch. Das bestätigt auch eine im Auftrag des Bundesamtes für Naturschutz erstellte groß angelegte Studie der Universität Bayreuth: »Konservatives Bewahren des Früheren«, schreiben Carl Beierkuhnlein und Kollegen, »wird in Zeiten des Klimawandels in vielen Fällen kaum mehr möglich sein.« Es müsse vielmehr darum gehen, »das prozessurale Gefüge innerhalb und zwischen den Arten« zu schützen. Die Aktivitäten des Naturschutzes seien so zu lenken, »dass natürliche Dynamik und Komplexität stimuliert werden und damit das Funktionieren der Natur, die uns umgibt, gewährleistet bleibt«.[3]

Der Breitenbach

Die zukünftige Entwicklung von Organismengemeinschaften und ganzen Ökosystemen zu verstehen, ist besonders wichtig, denn von den ›Leistungen‹, die sie erbringen, hängen unsere Lebensqualität und letztlich unser Überleben ab. Die Produktion von sauberem Wasser und sauberer Luft gehört genauso dazu wie die Bestäubung von Nutzpflanzen, die Produktion von Fischen und Meeresfrüchten, die Bereitstellung von Erholungsräumen und anderes mehr. Dabei muss man über den Klimawandel hinaus eine Vielzahl von anthropogenen Einflüssen im Auge behalten. Zerstörung und Fragmentierung von Lebensräumen, Jagd, eingeschleppte Räuber und Schädlinge, Krankheiten, Belastungen durch Pestizide und Düngemittel, Lichtverschmutzung, Urbanisierung – die Liste ist leider ziemlich lang, und all diese meist negativen Einflüsse wirken gleichzeitig und überlagern mögliche Auswirkungen des Klimawandels. Letztere zu entdecken und zu quantifizieren, ist daher nicht leicht.

Im angelsächsischen Sprachraum gibt es den schönen Ausdruck *double whammy*, »Doppelschlag«, der immer wieder in populären Darstellungen der Folgen des Klimawandels auftaucht. Was er uns sagen will, ist klar: Es ist fast nie der Klimawandel allein, der ein Ökosystem in Schieflage bringt. Immer schlägt auch der Mensch mit seiner mitunter erschreckenden Effektivität in dieselbe Kerbe, als Jäger oder Fischer, als Land- oder Forstwirt, als Ingenieur oder Verbraucher.

Doch glücklicherweise gibt es Ausnahmen, sogar mitten in Deutschland. Den Breitenbach zum Beispiel, ein munter plätscherndes Bächlein im osthessischen Bergland nördlich von Fulda und Forschungsgegenstand des ehemaligen Max-Planck-Instituts für Limnologie. Der Breitenbach fließt natürlich nicht durch eine ökologische Insel der Seligen, immerhin aber durch ein mehr als 600 Hektar großes Naturschutzgebiet in einem Tal, das mittlerweile FFH-Status (als natürlicher Lebensraum gemäß der Fauna-Flora-Habitat-Richtlinie der EU) genießt; für deutsche und mitteleuropäische Verhältnisse liegt er damit fernab von direkten menschlichen Einflüssen. Dass der Breitenbach und seine Umgebung tatsächlich in einem weitgehend naturbelassenen Zustand geblieben sind, zeigen seine physikalisch-chemischen Parameter wie pH-Wert, Sauerstoff- und Nitratgehalt, die sich seit Jahrzehnten in dem von EU-Richtlinien vorgeschriebenen Rahmen für eine »gute« Wasserqualität bewegen.[4]

Als Mittelgebirgsbach repräsentiert er den häufigsten Fließgewässertyp Mitteleuropas, und doch unterscheidet er sich grundlegend von fast allen anderen Ökosystemen dieser Art, denn, so Peter Haase, zuständiger Abteilungsleiter des Senckenberg-Forschungsinstituts in Frankfurt am Main, »es gibt wohl weltweit kein anderes Fließgewässer, das so lange und in dieser Häufigkeit beprobt wurde«.[5]

Seit nunmehr 50 Jahren, beginnend im Jahr 1969, wurden wöchentlich spezielle Schlupffallen (*emergence traps*) geleert. Sie sind Teil einer zwölf Meter langen, gewächshausartigen Konstruktion, die den Bachlauf und die Uferzone überspannt und in der alle Insekten landen (bzw. enden), die in diesem repräsentativen Abschnitt des Bachs schlüpfen und sich in die Luft erheben. Bis 1984 wurde mehrmals täglich manuell die Wassertemperatur gemessen, danach übernahm das eine automatische Messstation. Das alles erfolgte in einem Gewässer, in dem es keine Verschmutzung gab, keine Pestizidbelastung, keine invasiven Arten, keine Wehre, keine hydromorphologische Degradation durch Verbauung oder Begradigung. Da der Breitenbach und sein kleines Reich also unter keinen unmittelbaren menschlichen Störungen zu leiden hatten, ist das, was Fließgeschwindigkeit, Wassermenge, Temperatur und die Entwicklung seiner Fauna uns erzählen, eine Geschichte des Klimawandels, der seit Beginn der Untersuchungen stattgefunden hat.

Heute muss man sagen: Die Untersuchungen des Breitenbachs sind ein großer Glücksfall, und es war eine weitsichtige Entscheidung der Personen, die diese Untersuchungen vor fünf Jahrzehnten begannen und dann immer weiter fortführten, obwohl anfangs ein möglicher Klimawandel vermutlich noch keine Rolle gespielt hat. »Wir konnten so einer zentralen Frage in der Ökologieforschung nachgehen«, erklärt Viktor Baranov von der Ludwig-Maximilians-Universität München. »Welchen Einfluss hat der Klimawandel auf – ansonsten weitestgehend ungestörte – Ökosysteme?«

Zunächst zeigte sich dieser Einfluss in einer (bei starken Schwankungen) deutlichen Wassertemperaturerhöhung um genau 1,8 Grad Celsius. Die durchschnittliche und die maximale Durchflussmenge änderten sich nicht signifikant, allerdings war die Wassermenge des Breitenbachs im Jahresverlauf anders verteilt. Nach der Jahrtausendwende häuften sich zudem trockene Jahre – ein Trend, der sich nach 2010 noch verstärkt haben dürfte.

Die Zahl der Insekten, deren Larven sich im Breitenbach entwickelten und die nach ihrem Schlupf gefangen wurden, offenbarte eine katastrophale Entwicklung, denn sie ging im Untersuchungszeitraum um fast 82 Prozent zurück. Die Ergebnisse der Breitenbach-Studie fügen sich damit nahtlos in die Kette schlechter Nachrichten über das sogenannte Insektensterben ein, die mittlerweile aus vielen Ländern vorliegen.[6]

Obwohl so viel weniger Insekten schlüpften, hatte die Zahl der Arten in den ersten Jahren der Untersuchung sogar zugenommen, denn mit den steigenden Temperaturen konnte der Oberlauf des Breitenbachs zunehmend auch von wärmebedürftigeren Arten besiedelt werden, die eigentlich in tieferen Lagen weiter bachabwärts lebten. Sie erreichten aber nicht so hohe Individuenzahlen und konnten die Verluste deshalb nicht annähernd ausgleichen. Seit 1990 verringert sich die Artenzahl langsam, aber kontinuierlich. Das zeigt, wie wichtig derartige Langzeituntersuchungen sind. Hätte man die Messungen 1990, nach immerhin 20 Jahren, abgebrochen oder erst danach begonnen, wären jeweils völlig andere Ergebnisse herausgekommen.

Der Schlupf vieler Insektenarten begann mit den steigenden Temperaturen immer früher im Jahr und hielt über einen längeren Zeitraum an. Das ist der uns schon bekannte Effekt des Klimawandels auf die Phänologien vieler Pflanzen- und Tierarten. Die veränderten zeitlichen Muster des Wasserdurchflusses wirkten sich auch auf den Bachboden aus: Die Steine wurden mehr und mehr von einem feinen Sediment bedeckt, sodass sich weniger Mikrobenmatten bilden konnten, sogenannte Biofilme, die von bestimmten Insektenlarven abgeweidet werden. Deren Zahl ging in der Folge zurück, während die anderer Insekten, deren Larven ihre Nahrung aus dem Wasser filtern, zunahm.

Der Breitenbach hat sich verändert. »Der beprobte Abschnitt war vor 42 Jahren ein klassischer Bachoberlauf«, erläutert Viktor Baranov. In dem kalten Wasser lebten relativ wenige spezialisierte Arten, die aber viele Individuen hervorbrachten. »Durch den Temperaturanstieg zählt er nun zu einem Bachmittellauf, in dem man generell mehr Arten findet.«[7]

Man muss sich allerdings auskennen und sehr genau hinschauen, um zu bemerken, dass hier ein kleines Ökosystem durch den Klimawandel in ein anderes transformiert worden ist. Heute leben im Bach andere Insektenarten in einer anderen Häufigkeitsverteilung als vor 42 Jahren: 20 Arten sind dazugekommen, sechs ganz verschwunden, bei gut einem Drittel der Arten haben sich die Bestände stark reduziert. Dieser Faunenwechsel, der Arten-Turnover, erfolgte nicht linear mit der langsam steigenden Temperatur, sondern sprunghaft, vor allem in den trockenen Jahren. Der größte Zugewinn an Arten fand schon in den ersten beiden Jahrzehnten statt, also in den 1970er- und 1980er-Jahren, der Artenverlust erfolgte erst im 21. Jahrhundert.

Die Veränderungen im hessischen Breitenbach mögen vergleichsweise harmlos oder unbedeutend erscheinen; würde man sie aber in gleicher Größenordnung auf andere Ökosysteme mit bekannteren und auffälligeren Tierarten übertragen, würde uns das mitleidige Lächeln schnell vergehen. Ein Wald, ein Feld oder ein Feuchtgebiet, in dem innerhalb weniger Jahrzehnte 20 neue Vogelarten auftauchten, sechs alte verschwänden und ein Drittel des vertrauten Tierbestandes wegbräche, würde wohl einen

Aufschrei verursachen. Außerdem sind diese Vorgänge das Ergebnis nur einer Etappe eines Weges, dessen Länge und Dauer wir nicht kennen. Noch sind die klimatischen Veränderungen nicht so dramatisch, dass Ökosysteme auf breiter Front vor dem Kollaps stünden; sie sind aber doch schon so ausgeprägt, dass Organismengemeinschaften deutliche und unverkennbare Reaktionen zeigen. Was wir im Breitenbach sehen, sind nicht die Vorboten eines bevorstehenden Zusammenbruchs. Es sind keine Krankheitssymptome oder die Anzeichen einer fortschreitenden Degeneration eines Ökosystems. Es sind – noch – Ausgleichs- oder Anpassungsbewegungen, die das System in einer sich verändernden Umwelt stabilisieren.

Regimewechsel

Die meisten in der Arktis gelegenen Seen, ob in Russland, Kanada, Alaska, Spitzbergen oder Lappland, sind weit abgelegener als der Breitenbach und entpuppten sich als extrem empfindliche Sensoren, in denen schon geringfügige Temperaturerhöhungen Spuren hinterlassen. Sie offenbaren daher nahezu ungeschminkt, was der Klimawandel in bestehenden Ökosystemen bereits bewirkt und ausgelöst hat. Ihre Sedimente haben zudem als Klimaarchive auch die Entwicklung der jüngeren Vergangenheit konserviert.[8]

Als Forscherinnen und Forscher aus allen arktischen Staaten 2005 Paläodaten von 55 Seen zusammentrugen, wurde offenbar, dass sich die gesamte zirkumpolare Arktis »nach einigen Tausend Jahren relativ stabiler Verhältnisse« seit 1850 »in bemerkenswerter und nicht selten beispielloser Weise« verändert hat.[9] Dies traf allerdings nur auf die Gegenden zu, in denen die Temperatur tatsächlich gestiegen war, denn das geschieht keineswegs überall in gleichem Ausmaß. Im kanadischen Nord-Québec, wo keine Erwärmung gemessen wurde, ist mehr oder weniger alles beim Alten geblieben. Ansonsten gilt aber: Sogar in den abgelegensten Gegenden der Welt ist es heute fast unmöglich, ungestörte Gewässer zu finden. »Die Gelegenheit, von menschlichen Einflüssen unberührte arktische Ökosysteme zu untersuchen, könnte verstrichen sein«, beklagten die Forscher.[10]

Steigende Temperaturen führten zu einem früheren Abtauen der Eisdecke und damit zu einer immer längeren Wachstumsperiode. Das hat den Charakter arktischer Seen vollkommen verändert. In ihren Sedimenten konnte man die Transformation nachvollziehen: Enthielten die älteren Schichten vor allem bodenbewohnende Kieselalgen, nahmen in den jüngeren Arten zu, die im freien Wasser leben. Es gab sie auch schon zu früheren Zeiten, sie waren aber stets selten geblieben. Die kurze eisfreie Wachstumsperiode hatte für eine starke Vermehrung nicht ausgereicht. Doch irgendwann war die Wasserfläche lange genug offen, um die Entwicklung von mehr und mehr pflanzlichem Plankton zu ermöglichen. Die Primärproduktion durch Fotosynthese stieg an, und so führte, wie die Funde von Zuckmückenlarven und bestimmten Planktonkrebsen im Schlamm der Sedimente zeigen, diese neue Algenflora auf der nächsthöheren Ebene auch zu einem veränderten Zooplankton – das alles umso ausgeprägter, je stärker die Temperatur anstieg.

Solche tiefgreifenden, mehr oder weniger abrupten, aber andauernden Veränderungen der Struktur und Funktion von Ökosystemen werden *regime shifts* genannt. Eine Übersetzung ist auch im deutschen Sprachraum kaum gebräuchlich, vielleicht weil wir das Wort »Regimewechsel« bereits in einem ganz anderen Zusammenhang verwenden. Entscheidend für einen *regime shift* ist, dass der neue Zustand des Ökosystems wie der alte eine gewisse Stabilität aufweist und längere Zeit Bestand hat, wobei es über die Dauer keine allgemeingültige Festlegung gibt. Die Leistungen, die ein Ökosystem erbringt, werden durch *regime shifts* erheblich beeinträchtigt. Für komplexe Ökosysteme gibt es möglicherweise mehrere solcher alternativer Zustände.[11]

Die Veränderungen im Breitenbach werden von den beteiligten Wissenschaftlern nicht als *regime shift* bezeichnet, obwohl sie im Grunde genau das sind. Das betrachtete System, ein Mittelgebirgsbach, ist wohl einfach zu klein. Aus der Erdgeschichte kennt man aber eine Vielzahl solcher Ereignisse, zum Beispiel das Massenaussterben am Ende des Perms oder der Kreidezeit. Oder auch der erst 5 500 Jahre zurückliegende relativ abrupte Wandel der Sahara von einer Savannenlandschaft hin zu der Wüste, die wir heute kennen.

Regime shifts werden in den seltensten Fällen von einer Katastrophe wie dem Einschlag eines Asteroiden oder einem gewaltigen Vulkanausbruch ausgelöst, von Ereignissen, die große Teile des Planeten verwüsten und praktisch überall neue Bedingungen schaffen. Sie können ein System zyklisch zwischen zwei Zuständen hin- und herpendeln lassen, etwa im Zusammenhang mit einem wiederkehrenden Auftreten von Waldschädlingen, sie können auch die Folge gradueller Veränderungen sein, und manche gehen so langsam vonstatten, dass sie lange Zeit unbemerkt bleiben.[12] Irgendwann werden dabei Schwellenwerte überschritten, und das System gleitet in einen anderen Zustand hinüber. Im Falle der arktischen Seen betrafen diese Werte die Verfügbarkeit bestimmter Lebensräume, die thermische Schichtung des Wassers und vor allem die Bedeckung der Seen mit Eis und Schnee. Eine mit steigenden Temperaturen größer werdende und immer früher entstehende freie Wasserfläche schuf in diesen Seen neue Bedingungen.

Das ist es, was Forscher für unsere warme Zukunft befürchten, ohne es bisher qualitativ oder quantitativ präzise vorhersagen zu können: eine durch den Klimawandel beschleunigte und nicht mehr aufzuhaltende Umorganisation, das Kippen bereits geschwächter Ökosysteme von einem Zustand in einen anderen, möglicherweise unter Verlust all der wertvollen Leistungen, die das betroffene Ökosystem für das Leben auf diesem Planeten erbracht hat.

Regime shifts kamen nicht nur in ferner Vergangenheit vor und werden in der Zukunft erwartet, sie ereignen sich auch im Hier und Jetzt, dokumentiert in Hunderten von wissenschaftlichen Publikationen. Aus eisbedeckten, kristallklaren arktischen Seen wurden, wie geschildert, planktonreiche Trübwasserseen, aus üppigen Kelpwäldern kahle Seeigelparadiese, bunte Korallenriffe wurden von Algen überwuchert, am Boden wachsende submerse Vegetation in tropischen Seen wurde durch schwimmende Pflanzenmatten ersetzt, Kiefern- durch Eichenwälder, Grasland durch Gebüsch oder Wald. Die Gründe für diese Entwicklungen waren vielfältig, fast immer waren es mehrere und fast alle hatten mit dem Menschen zu tun: Sie reichten von Eutrophierung und Überfischung bis hin zu Brandschutz und Jagd. Und natürlich spielten auch steigende Temperaturen eine wichtige Rolle.[13]

Die Beantwortung der Frage, ob nur der Klimawandel oder doch auch andere Faktoren für die wahrgenommenen Veränderungen verantwortlich sind, erfordert eine auf das jeweilige System abgestimmte, vorsichtige und sorgfältige Abwägung. Ist zum Beispiel die in Seen weltweit zu beobachtende Zunahme kleinerer Kieselalgenarten ausschließlich ein Produkt des Klimawandels? Was hier abläuft, ist mit bloßem Auge kaum zu erkennen, aber von immenser Bedeutung, denn diese winzigen Algen schultern allein 20 bis 25 Prozent der globalen Primärproduktion, so viel wie alle Regenwälder der Welt zusammen.[14]

Kanadische Forscher kamen zu dem Schluss, dass die steigenden Lufttemperaturen für den Zustand der Seen von großer Bedeutung sind, allein aber nicht notwendigerweise zu den festgestellten Umwälzungen führen würden. Doch höhere Temperaturen setzen physikalisch-chemische Prozesse in Gang, die letztlich die thermische Schichtung des Wassers verändern und zu einer geringeren Durchmischung führen. In jedem Stadium dieses klimainduzierten Prozesses konkurrieren die vorhandenen Kieselalgen um die verfügbaren Ressourcen. Was genau am Ende dabei herauskommt und wer die Nase vorn hat, hängt auch von der Vorgeschichte des Gewässers ab, von seiner Umgebung und der Zusammensetzung der ursprünglichen Kieselalgenpopulation. Kurz: Im Falle der Seen gibt der Klimawandel zwar den Anstoß zur Transformation, aber der »Kontext ist der Schlüssel«.[15]

Barro Colorado, Panama

Auf Veränderungen der Umwelt reagiert jedes Ökosystem anders, jedes hat seine eigene Achillesferse. Deswegen ist es kaum möglich, allgemeine Aussagen für alle Lebensräume zu treffen. Oft sind die direkten Konsequenzen menschlichen Handelns auf den ersten Blick viel gravierender als die jetzt schon spürbaren Folgen des Klimawandels, aber das wird vermutlich nicht so bleiben. Brandrodung und die Fällung von Tropenwäldern sorgen zum Beispiel für deprimierende Bilder und immense Verluste an biologischer Vielfalt, doch die schleichende Austrocknung des Regenwaldes durch zunehmende Dürreperioden könnte sich auf mittlere Sicht mindestens genauso zerstörerisch auswirken.

Auf Barro Colorado Island, einer Anfang des 20. Jahrhunderts im Gatúnsee durch den Bau des Panamakanals entstandenen Insel, unterhält die US-amerikanische Smithsonian Institution seit 1946 eine mittlerweile berühmte Forschungsstation, das Smithsonian Tropical Research Institute (STRI).[16] Die 15 Quadratkilometer große Insel ist vollständig mit Regenwald bedeckt; die Hälfte davon ist ein mehrere Hundert Jahre alter Primärwald, Heimat von mehr als 1300 Pflanzenarten.

In den 1980er-Jahren wurde dort eine 50 Hektar große Daueruntersuchungsfläche eingerichtet. Regelmäßig wird dort jede einzelne Pflanze registriert, die einen Stamm von mehr als zehn

Millimetern Durchmesser besitzt. Barro Colorado Island gilt deshalb heute als bestuntersuchtes tropisches Ökosystem der Welt. Angesichts der Bedeutung der Regenwälder für die biologische Vielfalt und das Klima der Erde ist es kaum zu glauben, aber, so Lee Hannah, »nur sehr wenige tropische Wälder werden in dieser Weise überwacht, sodass man Veränderungen bemerkt«.[17]

Und Veränderungen hat es gegeben. Auf Barro Colorado Island, und nicht nur dort, hat ein Trend zu geringeren Regenfällen eingesetzt: Die Niederschlagsmenge reduzierte sich im Zeitraum von 1925 bis 1986 um durchschnittlich acht Millimeter pro Jahr.[18] Von Dezember bis April herrscht dort nun nicht mehr einfach nur Trockenzeit, sondern zunehmend Dürre. Traten Trockenzeiten mit weniger als 100 Millimetern Niederschlag vor 1966 nur alle sechs Jahre auf, war danach jedes dritte Jahr zu trocken. El-Niño-Ereignisse verstärkten diesen Trend. Besonders das Jahr 1983 war zu warm und brachte viel zu wenig Regen. Fast fünf Prozent aller Bäume starben, 70 Prozent aller Baumarten erlitten höhere Verluste als in den Folgejahren.

Blickt man von oben auf die Kronen des Regenwalds von Barro Colorado Island, scheint wie im hessischen Breitenbach alles unverändert zu sein. Nirgendwo ist der Boden zu sehen, die grüne Walddecke ist geschlossen. Doch wenn man genauer hinschaut, erkennt man, dass sich die Struktur des Waldes verändert hat. Baumarten, die auf hohe Feuchtigkeit angewiesen sind, gingen zurück, einige verzeichneten zum Teil katastrophale Einbrüche, die Lücken wurden jedoch von trockenheitstoleranteren Arten geschlossen. Besonders kleinere Baumarten und Sträucher haben zu leiden, vielleicht weil ihr Wurzelsystem nicht groß genug ist, um noch an ausreichend Wasser zu kommen. 17 von 18 Arten wurden seltener, ein Baumfarn ist lokal ausgestorben.[19]

Wurde auf Barro Colorado registriert, was möglicherweise unbemerkt auch in anderen tropischen Wäldern vor sich ging?

Und da es in Panama immer mal trockene Jahre gab, stellt sich natürlich auch hier die ewig gleiche Frage: Ist deren Zunahme überhaupt eine Folge des Klimawandels?

Regenwald und Dürre, das passt nicht zusammen. Doch auch im größten zusammenhängenden Regenwaldgebiet der Welt, dem Amazonasbecken, ist Wasserknappheit, vor allem in der Trockenzeit, zu einem wichtigen Thema geworden. Normalerweise produziert der Wald den Regen, den er benötigt, zum großen Teil selbst, indem er gewaltige Mengen Wasser verdunsten lässt. Beim Aufstieg kondensiert die Feuchtigkeit, ballt sich zu Wolken zusammen und geht als Regen wieder über dem Gebiet nieder. Satellitenmessungen der Atmosphäre haben jedoch ergeben, dass die Luftfeuchtigkeit über dem Wald während der Trockenzeit in den letzten 20 Jahren stark abgenommen hat, angetrieben vor allem durch vier extreme Dürrejahre, die lange nachwirkten: 2005, 2010, 2015 und 2016. Die Forscher sprechen von einem wachsenden »Sättigungsdefizit« (*vapor pressure deficit, VPD*). Im Jahr 2015 war es so groß wie nie zuvor seit Beginn der Messungen im Jahr 1979. Die Bäume werden dadurch immer durstiger. »Es ist eine Sache von Angebot und Nachfrage«, erläutert Sassan Saatchi von der University of California, einer der Autoren der Amazonas-Studie.[20] »Wenn die Temperaturen steigen und die Luft trockener wird, müssen die Bäume mehr verdunsten, um sich selbst abzukühlen und der Atmosphäre Wasserdampf zuzuführen. Doch im Boden ist nicht mehr Wasser verfügbar, das die Pflanzen dafür nutzen können.«[21]

Der Klimawandel hat maßgeblich zu dieser Situation beigetragen; die Effekte übertreffen die natürliche Dynamik und sind stärker als zu irgendeinem anderen Zeitpunkt der letzten 1000 Jahre. Modellrechnungen zeigen aber ein weiteres Mal, dass Klimaschwankungen und steigende Temperaturen allein nicht ausgereicht hätten, um ein Feuchtigkeitsdefizit dieses Ausmaßes zu erzeugen. Erst zusammen mit der Brandrodung und den dabei entstehenden schwarzen Kohlenstoff-Aerosolen konnte das

Problem derart bedrohliche Dimensionen annehmen. Rußpartikel absorbieren die Sonneneinstrahlung, treiben die Temperaturen weiter in die Höhe und beeinflussen die Wolkenbildung.

Kein Wunder, dass die Effekte im Südosten des Amazonasgebietes besonders ausgeprägt sind, denn hier schreitet die Entwaldung dramatisch voran. Den Vorhersagen der Klimamodelle zufolge wird das riesige Regenwaldgebiet auch in Zukunft nicht gleichmäßig von den Klimaveränderungen betroffen sein.

Aus dem Fazit der Forscher spricht wenig Zuversicht: »Wenn sich das Klima in der Region weiter erwärmt, ist über dem Land eine zunehmende Austrocknung zu erwarten.«[22] Wie lange die Bäume und andere Regenwaldbewohner das aushalten, weiß niemand. 46 Prozent des brasilianischen Regenwaldes hatten in den Jahren 2015 und 2016 unter schwerer oder sogar extremer Dürre zu leiden. Dabei hatte der Wald noch mit den Folgen früherer Dürren zu kämpfen. Satellitenmessungen zeigen, dass es ihm von Jahr zu Jahr schlechter ging.[23] Die trockenen Jahre folgten so rasch aufeinander, dass nicht genug Zeit geblieben war, um sich davon zu erholen. Auf 400 000 Quadratkilometern, einem Waldgebiet, größer als die Bundesrepublik Deutschland, ging die Fotosynthesekapazität messbar zurück.

Der Wassermangel führt zu einer fatalen Rückkopplungsschleife, denn um sich vor Wasserverlust zu schützen, verschließen die Bäume die Spaltöffnungen auf der Unterseite ihrer Blätter. Sie verdunsten weniger, wodurch es noch weniger regnet. Und sie reduzieren damit ihre Fotosyntheseleistung, denn durch geschlossene Spaltöffnungen können die Bäume kein CO_2 aufnehmen.

Nach der extremen Dürre im Jahr 2005 wurde zum ersten Mal ein durch Trockenheit verursachtes weit verbreitetes Baumsterben dokumentiert. Die in der Kronenregion entstandenen Schäden waren noch fünf Jahre danach zu erkennen.[24] Durch die hohen Verluste an Biomasse verlor der Amazonaswald große Mengen an Kohlenstoff. Dabei ist aus globaler Sicht eigentlich die Aufnahme von CO_2 die wichtigste Ökosystemleistung, die der Amazonasregenwald für uns und die Erde erbringt. Nach der Dürre war diese Aufnahme so gering wie noch nie zuvor, aus der Kohlenstoffsenke, dem natürlichen Speicher organischer Substanz, wurde vorübergehend eine Kohlenstoffquelle.

Man fragt sich unwillkürlich, ob den Forschern die Hände zitterten, als sie den folgenden Satz in ihren Computer tippten: »Unsere Ergebnisse zeigen klar, dass die Wälder des Amazonasgebiets angesichts wiederholter schwerer Dürren ihre Rolle als Senke von atmosphärischem Kohlenstoff verlieren könnten.«[25]

Und das heißt wohl, dass sie auch aufhören könnten, Regenwald zu sein. Denn leider prophezeien Klimamodelle dem Amazonasgebiet eine weitere Zunahme dieser Dürreereignisse und damit eine wachsende Gefahr, dass die bestehenden Ökosysteme irgendwann zusammenbrechen oder einen *regime shift* durchmachen könnten, von der gleichzeitigen und im Moment sogar beschleunigt voranschreitenden Regenwaldvernichtung durch den Menschen gar nicht zu reden. Noch in den 1990er- und frühen 2000er-Jahren haben intakte Regenwälder etwa 15 Prozent der anthropogenen Kohlendioxidemissionen gebunden und per Fotosynthese in Holz, Blatt- und Wurzelmasse umgewandelt. Klimamodelle gingen in der Regel davon aus, dass dies noch für Jahrzehnte so bleiben würde. Doch neueste Untersuchungen afrikanischer und südamerikanischer Regenwälder zeigen, dass sich deren Kohlenstoffaufnahme verringert. Was wir in den 1990er-Jahren gesehen haben, war ein Höchstwert, der nie wieder erreicht wurde. Im Amazonasgebiet ist die Kohlenstoffakkumulation seitdem zurückgegangen, seit 2010 gilt das auch für die lange Zeit stabilen afrikanischen Regenwälder.[26]

Ein Blick in die Erdgeschichte signalisiert dagegen eher Entwarnung, denn in den vergangenen 120 Millionen Jahren hat der tropische Regenwald Südamerikas allen klimatischen Schwankungen getrotzt. Zwar hat er sich in Zeiten starker Erwärmung nicht ausdehnen können, obwohl die Temperaturen dies durchaus zugelassen hätten, zusammengebrochen ist er aber auch nicht, im Gegenteil: Die dort existierende fantastische Vielfalt an Lebensformen, die Regenwälder bis heute so wertvoll macht, hat in Warmzeiten sogar zugenommen.[27]

An Berghängen geht der Regenwald irgendwann in Nebelwald über. Die Äste der Baumkronen, die oft in den Wolken verschwinden, sind hier noch üppiger mit Epiphyten bewachsen, Pflanzen, die nie den Erdboden berühren, sondern hoch oben dicht an dicht auf anderen Baumriesen gedeihen und dort eigene kleine Miniaturwälder bilden. In Costa Rica, Panamas nördlichem Nachbarn, gibt es mit dem Nebelwald von Monteverde einen berühmten Vertreter dieses Waldtyps. Nur hier, in den Wolken- oder Nebelwäldern Mittelamerikas, lebt der Quetzal, ein schillernd grün und rot gefärbter Vogel mit langen Schwanzfedern, der Nationalvogel Guatemalas, das sogar seine Währung nach ihm benannte.

Es gibt viele endemische Arten, die ausschließlich hier leben. Nur im Nebelwald von Monteverde gab es die hübsche Goldkröte, die erst in den 1960er-Jahren entdeckt wurde und deren letztes lebendes Exemplar 1989 gesehen wurde. Seitdem gilt sie als ausgestorben und wurde daher zu einem Symbol für das weltweit, vor allem in Mittel- und Südamerika sowie Australien, grassierende Amphibiensterben, bei dem ein pathogener, vom Menschen verschleppter Töpfchenpilz mit dem schwierigen Namen *Batrachochytrium dendrobatidis* eine unrühmliche Rolle spielt. Oder ist die Goldkröte ein Opfer des Klimawandels geworden?

Beides habe zusammengewirkt, sagten Alan Pounds und Kollegen in *Nature* und stützten sich dabei auf die *Lifting-cloud-base*-Hypothese. Der Klimawandel bewirke durch steigende Wasser- und Lufttemperaturen, dass Wolken sich erst in größerer Höhe bildeten. Die Bäume der Bergregionen um Monteverde, deren Kronen früher wie nach einem Saunaaufguss in feuchte Wolkennebel gehüllt gewesen seien, stünden heute gewissermaßen im Trockenen, da sich der untere Wolkenrand nach oben verschoben habe. Dadurch hätten optimale Bedingungen für den Killerpilz geherrscht, behaupteten Pounds und seine Kollegen.[28] Trockenheit und ein aggressiver neuer Pilz, das könnte nicht nur für die Goldkröte zu viel gewesen sein, sondern auch für den Monteverde-Harlekinfrosch, der gleichzeitig verschwand und damit das Schicksal von Dutzenden seiner mittelamerikanischen Gattungsgenossen teilte, die ebenfalls dem Pilz zum Opfer fielen.

Vier Jahre später melden zwei US-amerikanische Wissenschaftler jedoch Bedenken an.[29] Sie argumentieren, dass es aus dem Naturreservat Monteverde nur ungenügende Wetteraufzeichnungen gebe. Ohne solche Daten könne aber gar nicht beurteilt werden, ob die Veränderungen der Nebelwaldökologie und das Verschwinden der Goldkröte eine Folge anthropogener Klimaveränderungen seien. Da man Wetterdaten nicht nachträglich erheben kann, wichen die beiden Forscher auf ein Proxy aus, den Gehalt am Sauerstoffisotop ^{18}O im Holz eines dort wachsenden Urwaldriesen. Die Wissenschaftler fanden starke Schwankungen der Feuchtigkeitsverhältnisse von Jahr zu Jahr in den Trockenzeiten und ein deutliches Signal besonders trockener El-Niño-Jahre, die auch dem Verschwinden der Goldkröte vorausgingen. Was sie nicht fanden, waren klare klimatische Trends, die man mit einer globalen Erwärmung in Verbindung bringen könnte. Aus ihrer Sicht war das mutmaßliche Aussterben der Goldkröte, von der wahrscheinlich nur eine kleine und deshalb gefährdete Population existiert habe, die Folge der extremen Trockenheit jener Jahre. Die Goldkröte wurde demnach Opfer eines El-Niño-Ereignisses und hatte schlicht Pech.

Nebelwälder ohne Nebel, Regenwälder, in denen der Regen ausbleibt … Auch im größten zusammenhängenden Waldgebiet der Erde, dem borealen Nadelwald der Nordhalbkugel, hat die Natur zunehmend Probleme. Sind es in den Tropen eher Trockenheit und Regenwaldvernichtung, die den Ökosystemen zu schaffen machen, sind es im Norden die steigenden Temperaturen, zusammen mit einem katastrophalen Waldmanagement – klassische *double whammies* also. Der Baumtod, der in Nordamerika zeitweilig apokalyptische Ausmaße angenommen hat, kommt dann nicht selten in Gestalt winziger Käfer.

Verglichen mit tropischen Wäldern ist der boreale Nadelwald extrem artenarm. Allein die Anzahl der Baumarten geht in den Regenwäldern in die Zehntausende, der weltumspannende nördliche Waldgürtel wird dagegen im Wesentlichen von nur vier Baumgattungen gebildet, von Kiefern, Tannen, Fichten und Lärchen. Dazu kommen je nach Standort lokale Beimischungen einiger anderer Baumarten wie Birken, Espen, Weiden, Erlen und Pappeln. In Eurasien beginnt die boreale Zone, die Taiga, auf der Höhe von Südskandinavien und erstreckt sich bis hinauf nach Nordsibirien. Nördlich davon beginnt die Waldtundra. Die Wälder Mitteleuropas gehören also nicht dazu (s. dazu Kap. 9).

In nordischen Regionen bewirkt das Steigen der Temperaturen primär eine Verlängerung der Wachstums- und Vegetationsperiode, und am Beispiel der arktischen Seen haben wir schon gesehen, welche Folgen bis hin zum *regime shift* eines Ökosystems das haben kann. Borkenkäfer wie der Bergkiefernkäfer (*Dendroctonus ponderosae*) gehören gleich in doppelter Hinsicht zu den Profiteuren von milderen und kürzeren Wintern. Der Käfer stirbt erst bei Temperaturen unter -35 °C ab; da die jedoch seltener erreicht werden, überleben immer mehr Tiere den Winter. Schließt sich dann noch ein zeitiges Frühjahr und eine verlängerte Wachstumsperiode an, bietet sich dem Käfer die Chance, nicht nur eine, sondern zwei oder gar drei neue Generationen hervorzubringen. So kann innerhalb weniger Jahre die Zahl der Käfer in astronomische Höhen schießen.

Zu sehen sind diese Käfermassen allerdings nur, wenn sie ausschwärmen, um neue Bäume zu befallen, ansonsten spielt sich ihr Leben meist verborgen unter der Baumrinde ab. Wenn sie sich dann aber zeigen, sind ihre riesigen Schwärme eine Naturgewalt – davon berichten Menschen in eindrucksvollen Worten. Auf Radargeräten von Flughäfen sehen sie aus wie Gewitterfronten. Für den Wald erscheinen die Tiere wie das Jüngste Gericht. Allein im kanadischen British Columbia fraßen sie sich durch 450 000 Hektar Nadelwald, mehr als 80 Millionen Bäume starben innerhalb weniger Wochen nach dem Befall. In ganz Nordamerika töteten Borkenkäfer und andere Käfer 30 Milliarden Bäume, und die Holzindustrie fällte in einem vergeblichen Versuch, den Vormarsch der Insekten zu bremsen, noch einmal so viele. »Katrina des Westens« wurde die Plage genannt und »Alaskas Tsunami«.[30]

Eigentlich haben Borkenkäfer in natürlichen Wäldern eine wichtige Funktion. Sie attackieren geschwächte und kranke Bäume, wählen Exemplare, die an ungünstigen oder ungeeigneten Standorten wachsen, schaffen dadurch Lücken im Wald und leiten eine Neubesiedlung ein. Aber der *double whammy* aus Klimawandel und verfehltem Waldmanagement machte aus der Gesundheitspolizei einen gefährlichen Schädling. Normalerweise begrenzen kalte Winter und Vielfalt die Ausbreitung der Käfer, Vielfalt an Baumarten und Altersklassen, ein buntes Waldmosaik, an dem die Käfer sich gewissermaßen die Zähne ausbeißen.

Waldbrände gehören hier zum System. Nur Feuer schafft es, die harzverklebten Zapfen der Küstenkiefern zu öffnen und die darin eingeschlossenen Samen freizusetzen. Indem die Holzwirtschaft großflächig Bäume fällte und die Brände durch effektive Feuerbekämpfung verhinderte, schuf sie auf riesigen Flächen einen monotonen Wald aus gleichalten ausgewachsenen Bäumen. Der von Stamm zu Stamm vorrückenden Front der Borkenkäfer haben sie nichts entgegenzusetzen.

Nun wird befürchtet, dass die Käfer sich noch weiter ausbreiten könnten. Nach Norden und in größere Höhen hat es der Bergkiefernkäfer dank steigender Temperaturen schon geschafft und dabei die kontinentale Wasserscheide überquert, die letzte Barriere, die noch einer Ausbreitung nach Osten im Wege stand, wo große Kiefernplantagen warten. Auch im Nordwesten schließen sich riesige boreale Kiefernwälder an, die von Ost nach West fast den gesamten Kontinent durchziehen.

»Bei den bisherigen Untersuchungen von (biotischen) Interaktionen hat sich gezeigt, dass die Folgen des Klimawandels meist komplexer sind als gedacht«, resümiert eine Gruppe Bayreuther Forscher um die Störungsökologin Anke Jentsch und den Biogeografen Carl Beierkuhnlein. »Konsequenz ist, dass es im Klimawandel voraussichtlich mehr überraschende Veränderungen von Interaktionen geben wird und dass viele dieser Überraschungen eher ›unangenehm‹ aus Sicht des Naturschutzes sein werden.«[31]

7
Pandoras Eisschrank – Arktis und Antarktis

Die Erde erwärmt sich nicht überall gleich schnell. Am stärksten betroffen sind die Pole, besonders die Arktis. Infolge der sogenannten Polaren Verstärkung, die vor allem auf die durch das Abtauen von Schnee und Eis abnehmende Albedo zurückgeführt wird (s. Kap. 2), sind die Temperaturen hier etwa dreimal so stark gestiegen wie im Rest der Welt. Darüber hinaus liegen auch fast alle anderen Gebiete, in denen die Temperaturen besonders deutlich ansteigen, auf der Nordhalbkugel, was mit den Luft- und Meeresströmungen und der ungleichen Verteilung von Festlandsmassen, Eisflächen und Gebirgen zu tun hat.[1]

Während ich diesen Text schreibe, wurden für beide Polgebiete neue Temperaturrekorde gemessen, die allerdings vom World Weather & Climate Extremes Archive noch bestätigt werden müssen, bevor sie offiziell in die Statistiken übernommen werden. Sie lauten: +18,3 °C, gemessen am 06.02.2020 von der argentinischen Forschungsbasis Esperanza an der Spitze der Antarktischen Halbinsel und, halten Sie sich fest, als Höhepunkt einer wochenlangen Hitzewelle, +38 °C am 20.06.2020 um 9 Uhr morgens in Werchojansk in Ostsibirien, eigentlich einer der kältesten bewohnten Orte der Welt. Nach Auskunft des russischen Wetterdienstes wäre das die höchste Temperatur, die je nördlich des Polarkreises gemessen wurde. Es ist bezeichnend für die Dynamik der Entwicklung, dass ich als Autor trotzdem nicht sicher sein kann, dass diese Rekorde noch gültig sind, wenn Sie als Leserin oder Leser dieses Buch in den Händen halten.[2]

Ein riesiges Gebiet, von Sibirien bis hinunter nach Zentralasien, wurde in den ersten sechs Monaten des Jahres 2020 von einer beispiellosen Hitzewelle heimgesucht, mit Temperaturen, die gebietsweise um mehr als acht Grad über dem langjährigen Mittel lagen. Getreu dem Motto, dass ihre Erkenntnisse möglichst zeitnah zu den Extremwetterereignissen präsentiert werden müssen, wenn sie in der Öffentlichkeit etwas bewirken sollen,[3] machten sich europäische und russische Vertreter der jungen Attributions- oder Zuordnungswissenschaft rasch an die Arbeit und präsentierten bereits am 15. Juli 2020 auf der Website *world weather attribution* ihre Resultate. Koautorin Sarah Kew vom Royal Netherlands Meteorological Institute nannte es eines der »überzeugendsten Ergebnisse aller bisherigen Zuordnungsstudien«.[4]

Das Ergebnis war so eindeutig, dass es sogar in den eigenen Reihen Erstaunen und Betroffenheit hervorrief: Eine Hitzewelle wie in Sibirien »wäre in einem Klima, das nicht durch den Ausstoß von Treibhausgasen erwärmt wurde, fast unmöglich«. Sie würde höchstens einmal in 80 000 Jahren auftreten. Durch die Emissionen des Menschen ist die Wahrscheinlichkeit für ein derartiges Ereignis um das 600-fache erhöht worden. Es wird allerdings auch weiterhin ein eher seltenes Extremereignis bleiben, das nur einmal in 130 Jahren zu erwarten ist.[5]

Netflix und der Fall der Walrosse

Die klimatologischen Details sollen uns hier nicht interessieren. Uns geht es um die Folgen für die Natur, und da stellte die Hitzewelle in Sibirien nur den vorläufigen Höhepunkt einer schon seit vielen Jahren andauernden Entwicklung dar. Bilder eines hungernden, sich nur noch mühsam dahinschleppenden Eisbären, dem das sonst so prachtvolle Fell verdreckt und schlaff von den Knochen hing, gingen im Internet viral, und obwohl es auch Widerspruch gab – das seien vielleicht die Folgen eines Kampfes oder das Werk von Darmparasiten, aber nie und nimmer der Klimawandel, hieß es –, wurde das Tier zu einem Symbol für die untergehenden Eislandschaften im hohen Norden. Was ihm wirklich fehlte, werden wir nie erfahren.

Ein Drama anderer Art bekam ein Filmteam von Netflix vor die Kamera. Für die Dokumentation *Our Planet*[6] machte es im Tschukotka, dem autonomen Kreis der Tschuktschen im äußersten Nordosten Russlands, Aufnahmen von Walrossen. Begleitet wurden sie von Anatoly Kochnev, einem Wissenschaftler vom Institute of Biological Problems of the North der Russischen Akademie der Wissenschaften, der seit 34 Jahren Meeressäuger untersucht.

Ziel der Expedition war ein Strand der Tschuktschensee, dem Gegenstück zur Beringsee auf der anderen Seite der Meeresstraße zwischen Asien und Amerika, an dem seit einigen Jahren bis zu 100 000 Walrosse zusammenkommen, und das, wie das Filmteam eindrucksvoll dokumentiert hat, buchstäblich über Nacht.

Ein überwältigender Anblick: Entlang der ganzen Küste liegt einer dieser Kolosse neben dem anderen, so dicht an dicht, dass kaum ein Blatt Papier zwischen sie passt, von Drohnenkameras aus gesehen »eine solide rote Matte aus Stoßzähnen und Blubber«, wie es der Wissenschaftsjournalist Ed Yong in *The Atlantic* beschrieb. Anatoly Kochnev schätzt, dass sich hier zu Hochzeiten 75 Prozent der pazifischen Walrosspopulation einfinden. Es sind so viele, dass die tonnenschweren Tiere im Falle einer Stampede für sich selbst zur Gefahr werden. Zum Beispiel, wenn sich ein Braun- oder Eisbär nähert. An Land sind sie viel exponierter als draußen auf dem Eis. Russische Wissenschaftler waren Zeugen, wie die mehr als drei Meter langen Robben von einem einzelnen Wolf in Aufregung versetzt wurden; einmal war es nur ein großer Vogelschwarm, der sich plötzlich laut kreischend in die Luft erhob. Ohne Rücksicht auf andere Tiere wuchten die Walrosse dann ihre schweren Körper

Richtung Wasser. Kein Wunder, dass bei einer solchen Massenpanik immer wieder Tiere ums Leben kommen.[7]

»Früher, als es noch Eis gab, brauchten die Walrosse diesen Ort nicht«, sagt Anatoly Kochnev.[8] Damals sammelten sich nur Bullen an Land, dann gesellten sich auch Muttertiere mit ihrem Nachwuchs dazu, obwohl bei so vielen schweren Körpern auf begrenztem Raum das eine oder andere Junge zerquetscht wurde. Trotzdem wurden es immer mehr.

Seit Jahrhunderten oder Jahrtausenden kommen Walrosse in die mit durchschnittlich knapp 80 Metern Wassertiefe flache Tschuktschensee, um hier zu fressen. Früher verteilten sie sich auf den weiten Eisflächen, von wo sie direkt ins Wasser gleiten und hinunter zum Meeresgrund tauchen konnten, um nach Muscheln, Schnecken, Krebsen und Stachelhäutern zu suchen, wenn sie Hunger hatten – ein Leben der kurzen Wege.

»Sie sind dazu bestimmt, auf dem Eis zu leben«, stellt der russische Experte fest.[9] Er weiß natürlich, dass die alten Zeiten vorbei sind und so schnell nicht wiederkommen werden, denn das Eis ist über die Jahre immer weniger und dünner geworden, und die Saison 2017/18 verzeichnete ein Rekordtief.[10] Die Tiere müssen jetzt viele Kilometer weit schwimmen, um sich schließlich an Orten wie diesem in riesiger Zahl zusammenzudrängen. Sie tun dies nicht, weil es ihr Traumziel wäre oder um mit ihren Artgenossen ein großes Walrossfest zu feiern. Sie gehen hier an Land, weil es weit und breit der einzige Ort ist, an dem sie sich ausruhen und schlafen können.

Sie sind erschöpft, wenn sie ankommen, aber wie sollen sie hier Ruhe finden? Immer mehr Tiere treffen ein, und irgendwann wird es am Strand wirklich zu eng, und die ersten Walrosse wuchten ihren zum Klettern denkbar ungeeigneten Körper einen 80 Meter hohen felsigen Abhang hinauf. Andere folgen. Es regnet hier sehr selten, deshalb werden die Tiere vielleicht von alten Duftspuren geleitet. »Je mehr Walrosse es gibt, desto mehr klettern auf hohe Klippen und Felsen«, sagt Kochnev mit ernstem Gesicht.[11] Dort haben sie wenigstens Platz und werden nicht andauernd gestört. Oben angekommen, ruhen sie sich erst mal für ein paar Tage aus.

Was dann passiert, verschlägt dem Filmteam den Atem und hat Zehntausende von Zuschauern tief berührt. Obwohl die Teammitglieder gerüchteweise von dem gehört hatten, was sie möglicherweise erwartete, war das, was sie dann vor Ort tatsächlich zu sehen bekamen, für alle Beteiligten ein Schock. Tränen flossen. »Es ist das Schlimmste, was ich je gedreht habe«, sagt Kameramann Jamie McPherson in einem Hinter-den-Kulissen-Video. Sein Gesicht ist gerötet. Man merkt, auch er ist den Tränen nah. »Ich versteh's nicht.« Er und Sophie Lanfear, die Regisseurin des zweiten Teils, starren entgeistert in Richtung der Klippen.

Dort zieht es ein Tier nach dem anderen wieder ins Meer und zu ihren Artgenossen tief unter ihnen. Sie können sie mit ihren geröteten Augen vermutlich nicht sehen, wahrscheinlich aber hören und riechen. Man wüsste wirklich gern, was in diesen Sekunden in ihren Köpfen vorgeht. Sicher, sie haben Hunger, müssen fressen und wollen ins Meer, aber haben sie vergessen, wie mühsam der Weg hier hinauf gewesen ist? Wissen sie nicht mehr, dass sie sich hoch über dem Wasser befinden? Sie lebten in einer flachen Eislandschaft – fehlt ihnen deshalb eine Vorstellung davon, was Höhe bedeutet?

Sie wählen jedenfalls nicht die vergleichsweise sanft ansteigende Klippenflanke, über die sie hinaufgerobbt sind, sondern den direkten Weg, geradeaus auf die Kante zu … und stürzen kopfüber in die Tiefe, überschlagen sich dabei, prallen auf die Felsen und überschlagen sich wieder. 1000 Kilogramm Muskeln, Knochen und Blubber schlagen auf Felskanten und Geröll, drehen sich noch einmal, rollen schließlich 80 Meter tiefer über den steinigen Strand und bleiben unbeweglich liegen. Es sind Hunderte. Der Strand ist übersät mit ihren Kadavern, manche rühren sich noch ein wenig, blinzeln, schnaufen, aber alle sind mit schweren inneren und äußeren Verletzungen dem Tode geweiht – ein Festmahl für die Eisbären.

»Das Ganze ist richtig ärgerlich und irrwitzig«, schimpft Kameramann Jamie McPherson. Das unbegreifliche Verhalten der Tiere macht ihn wütend. »Sie sehen die anderen im Meer, wollen auch dahin und wissen nicht, was fallen bedeutet. Keiner treibt sie weg, es gibt keinen Tumult. Sie stürzen sich einfach seelenruhig von der Klippe.«

Die Stille, in der sich dieses Drama vollzieht, ist unheimlich. So als würden sich die Walrosse klaglos ihrem Schicksal ergeben, als folgten sie einem inneren Befehl. Sie zeigen in der Höhe keine Angst, keine Unruhe, scheinen nicht einmal zu zögern. Und sie geben keinen Laut von sich, jedenfalls hört man nichts. Im Film stürzen sie in Slow Motion, untermalt von trauriger Musik. Wollte man den Zuschauern der Serie den Sound der sterbenden Arktis ersparen? Es hat etwas von einem Suizid, verbunden mit einer stummen Anklage. Oder werden wir nur Opfer unseres schlechten Gewissens, wenn wir diese Tragödie mit ansehen?

»Das bricht einem das Herz«, sagt Sophie Lanfear, die junge Regisseurin, mit brüchiger Stimme. Sie wischt sich eine Träne von der Wange. »Wirklich traurig.«

Immerhin mutet man den Leuten diese verstörenden Bilder zu. Den Machern trug es neben Lob und Zuspruch auch viel Kritik ein. Man unterstellte ihnen sogar, das Ganze sei Betrug. Die Tiere seien in Wirklichkeit vor einem Eisbären geflohen und deshalb abgestürzt.

Sophie Lanfear widerspricht: »Das ist die traurige Realität des Klimawandels.« Den Einwand, dass Walrosse ein solches Verhalten schon immer gezeigt hätten, dass einige Dutzend Tiere auch an der US-Küste abgestürzt seien und dass das Bad in der Menge zum normalen Verhalten dieser geselligen Art gehöre, kontert sie mit dem Satz, die Tiere seien erst nach oben geklettert, als unten wirklich kein Platz mehr gewesen sei, und es gehe hier jedes Jahr um einige Hundert und nicht nur um ein paar Dutzend, die sich zu Tode stürzten. Auch Kochnev schlägt in die gleiche Kerbe. Die Walrosse hätten ein Problem mit dem schwindenden Eis, er habe ja selbst gesehen, wie sich Jahr für Jahr mehr Tiere an dieser Küste versammelten. Auch die hier lebenden Tschuktschen, deren Dasein eng mit den Walrossen verbunden ist, bestätigen, dass es auf dem Strand immer voller geworden sei, dass die Tiere schwächer wirkten als früher. Die vielen Kadaver lockten immer mehr Eisbären an, die, da das Eis verschwunden sei, sich nun auch auf dem Festland aufhielten. Warum die Tiere von den Klippen stürzen, kann letztlich niemand mit Sicherheit beantworten, aber Anatoly Kochnev ist davon überzeugt, dass es in den kommenden Jahren ebenfalls zu derartigen Todesfällen kommen wird.

Wie Wale und Eisbären kämpfen auch Walrosse mit dem Klimawandel an vorderster Front, kommentiert die sonore Stimme von Christian Brückner, die in der deutschen Fassung der Dokumentation die Stimme von Sir David Attenborough ersetzt. Wie nirgendwo sonst ist in der Arktis zu erleben, was es bedeutet, wenn ein Großlebensraum von grundlegenden klimatischen Veränderungen getroffen wird. Aber stimmt das wirklich? Immer wieder stellt sich die gleiche Frage: Klimawandel oder nicht? In der Arktis ist sie wahrscheinlich leichter zu beantworten als woanders.

»Ich bin kein Klimaexperte«, sagt Anatoly Kochnev, »aber Tatsache ist, dass das Eis in vierunddreißig Jahren vor meinen Augen verschwunden ist. Der natürliche Lebensraum der Tiere hat sich verändert. Das ist unbestreitbar.«

Uggianaqtuq – Die Arktis

Die Inuit in Grönland haben ein neues Wort erfunden: *Uggianaqtuq*. Es meint das sich wandelnde Klima – und »die Menschen, die nicht wissen, wie sie darauf reagieren sollen«. *Uggianaqtuq* bedeutet: »sich seltsam verhalten«.[12]

Das Problem der Walrosse mit dem schwindenden Eis ist Teil eines komplexen Geschehens. Denn die arktischen Gewässer um die Beringstraße zwischen Russland und Alaska und darüber hinaus sind Schauplatz tiefgreifender Veränderungen. Mit anderen Worten: Infolge steigender Temperaturen und angetrieben von positiven Verstärkungsmechanismen vollzieht sich ein bedeutender *regime shift*.

Eis oder kein Eis, das ist im hohen Norden die entscheidende Frage, von der alles abhängt – buchstäblich, wie wir gleich sehen werden. Und es scheint, als wäre diese Frage bereits beantwortet. Es ist nur noch eine Frage der Zeit. Die Zahlen sind atemberaubend. Allein 2019 brachte dem grönländischen Inlandeis einen Massenverlust von 532 Milliarden Tonnen. Das ist vermutlich der größte Eisschwund der letzten 100 Jahre und ein neuer Rekord. Der alte mit 464 Milliarden Tonnen stammt aus dem Jahr 2012 und war gerade erst sieben Jahre alt.[13]

Viel einschneidender für die marine Tierwelt ist jedoch, dass auch die Eisdecke des Arktischen Ozeans schmilzt. Innerhalb nur eines einzigen Jahrzehnts ist das Sommereis um die Hälfte zurückgegangen.[14] Schätzungen gehen nun davon aus, dass der Ozean schon in 20 bis 30 Jahren im Sommer vollkommen eisfrei sein könnte.[15]

Für alle, die vom Eis abhängig sind, ist das eine Katastrophe, zum Beispiel für die Eiderenten. Ihr Bestand ist in den vergangenen Jahrzehnten um 90 Prozent zurückgegangen. Und auch den Walrossen könnte auf mittlere Sicht Schlimmeres drohen als nur der Verlust von ein paar Hundert Tieren, die es in gefährliche Höhen zieht. Walrosse und Eiderenten tauchen in den flachen Schelfmeeren vom Eis aus zum Grund, um dort unter anderem die Muschelbänke abzuweiden. In Zukunft müssen sich die Tiere ihre Nahrung in Küstennähe suchen oder viel weitere Strecken zurücklegen und tiefer tauchen.[16]

Doch ihre Nahrung, das Benthos, die Lebensgemeinschaft des Meeresbodens, die in der nördlichen Beringsee eine der höchsten Biomassen der Welt erreichte, hat sich durch die steigenden Wassertemperaturen verändert, und die Nahrungskette ist kurz: Kleinstorganismen fressen tote organische Substanz (Detritus) und werden ihrerseits von den größeren Bewohnern des Meeresbodens verzehrt.[17] Die landen dann ohne weitere Zwischenschritte direkt im Magen von Walrossen oder Eiderenten. Wenn sich also die Verhältnisse ganz unten im Meer verschieben, dann hat das unmittelbare Auswirkungen auf die Spitze der Nahrungskette, und leider wird der Kuchen, den es am Meeresboden zu verteilen gibt, immer kleiner. Im nun wärmeren Tiefenwasser werden dünnschalige durch weniger nahrhafte dickschalige Muscheln ersetzt. Borstenwürmer und Schlangensterne machen sich breit, an denen ebenfalls nicht viel dran ist. Wie lautete die Lehre von Francesca McInerney und Scott Wing aus den Zeiten des Paläozän/Eozän-Temperaturmaximums? »Eine wärmere Welt ist eine hungrigere Welt.«[18]

Das gilt auch für die Eisbären, die nicht mehr auf dem Eis auf Robbenjagd gehen können. Nicht wenige ertrinken, weil sie nun ungewohnt weite Strecken schwimmen müssen. Immer häufiger werden sie an Stränden gesehen. An Land geraten sie auf der Suche nach Nahrung in Konflikt mit den Menschen.

Doch der nördlichen Beringsee könnte noch größeres Unheil drohen. Kaltes Wasser verhindert bislang auf Höhe der kahlen Sankt-Lorenz-Insel das Eindringen von Bodenfischen. Fällt diese Barriere – und tatsächlich sind auf der atlantischen Seite der Beringstraße bereits die ersten pazifischen Fischarten aufgetaucht –, bekommen Eiderenten und Walrosse starke Nahrungskonkurrenz, und die Kuchenstücke, die sie abbekommen, werden noch kleiner werden. »Schlimmer noch«, prophezeit Lee Hannah, »wahrscheinlich werden die Fischtrawler den Fischbeständen folgen, was zu einer Zerstörung der Bodenhabitate führen wird.«[19]

Bering- und Tschuktschensee sowie die sie verbindende Beringstraße sind nur kleine und flache Randmeere des Arktischen Ozeans, der mit 14 Millionen Quadratkilometern fast anderthalb Mal so groß ist wie Europa. Sein Zentrum bilden drei große Becken, die 3 000 bis 5 500 Meter tief sind und von spektakulären ozeanischen Gebirgszügen wie dem Lomonossow-Rücken voneinander getrennt werden.

Über die Lebensgemeinschaft in dieser weiten arktischen Tiefsee wusste man wenig, zumal sie die meiste Zeit des Jahres ja unter scheinbar ewigem Eis verborgen lag – jedenfalls war das früher so. Noch immer bedeckt die Arktische Eiskappe den größten Teil des Ozeans, aber seit Anfang der 1990er-Jahre ist klar: Das Meereis schrumpft, und statt aus dickem, mehrjährigem Eis besteht es schon jetzt mehrheitlich nur noch aus einer saisonalen und wesentlich dünneren Eisdecke. Verstärkt wird dieser Trend durch warmes Wasser, das aus dem Pazifik durch die Beringstraße zwischen Asien und Amerika und aus dem Atlantik durch die Framstraße zwischen Spitzbergen und Grönland zuströmt und im Herbst die Bildung einer neuen Eisdecke verzögert. In nur 20 Jahren, sagen die neuesten Prognosen, könnte die Eiskappe im Sommer ganz verschwunden sein.[20]

Wie verändert sich der Arktische Ozean? Um Antworten auf diese Frage zu finden, brach das deutsche Forschungsschiff *Polarstern* im Jahr 2012 vom norwegischen Tromsø in die Zentralarktis auf, an Bord modernstes technisches Gerät und ein interdisziplinäres Forscherteam aus zwölf Nationen. Leiterin der Fahrt war Antje Boetius, eine hochdekorierte deutsche Meeresbiologin, die seit 2017 Direktorin des Alfred-Wegener-Instituts Helmholtz-Zentrum für Polar- und Meeresforschung in Bremerhaven ist.[21]

Das Meereis war im Jahr 2012 auf einem Rekordminimum angekommen. Es war, als hätte jemand einen gigantischen Vorhang zur Seite geschoben. Das Meer lag offen, zum Teil zum ersten Mal seit Jahrtausenden. Für die Forscher war das Fluch und Segen zugleich. »Die arktische Tiefsee ist ein Lebensraum, den vor uns noch niemand auf diese Weise untersucht hat«, erklärte Antje Boetius damals. Aber die *Polarstern* kam gewissermaßen zur Unzeit. »Wir sind mit dem Forschungsschiff während des größten Eisrückgangs seit Beginn der Satellitenaufzeichnungen [im Jahr 1979] vor Ort und wollen die Konsequenzen untersuchen.« Ein Eismeer ohne Eis – ist das wie ein Regenwald ohne Regen? Der Arktische Ozean steht ohne Zweifel vor tiefgreifenden Veränderungen.

Zunächst muss allerdings der Status quo aufgenommen werden, damit man sich in Zukunft darauf beziehen kann und weiß, was sich verändert hat. Für die Lebensgemeinschaft des Tiefseebodens war an Bord vor allem ein Team von jungen russischen Forscherinnen zuständig, für die man Proben mit einem Bodenschleppnetz heraufholte. »In Russland beteiligen sich Zoologen seit über hundert Jahren an Eisexpeditionen und Eiscamps, um die Fauna des Arktischen Ozeans zu kartieren«, erläuterte Antje Boetius. »Die Frage ›Wer lebt wo?‹ hat dort noch einen hohen wissenschaftlichen Stellenwert.« Doch es gibt immer noch viele weiße Flecken auf der zoologischen Landkarte der Arktis, und jetzt, da das Eis sich zurückzieht, ist auch Eile geboten.

Denn das Ökosystem reagiert schnell, »viel schneller als vermutet«. Kaum hatten Forscher und Techniker des Schiffes begonnen, den Meeresboden in mehr als 4 000 Metern Tiefe mit der hochauflösenden Kamera eines vor der Reise noch aufgerüsteten *Ocean Floor Observation System* (OFOS) unter die Lupe zu nehmen, stießen sie überraschend auf grüne Algenklumpen mit einem Durchmesser von bis zu 50 Zentimetern. Sie bedeckten zehn Prozent des Meeresbodens und wurden von Schlangensternen und Seegurken gefressen, die einen wohlgenährten Eindruck machten. Fische gab es kaum, stattdessen »Schwämme, Flohkrebse und Asselspinnen«.

Woher stammten derart große Mengen an Algen? Hier unten, in 4 000 Metern Tiefe, konnten sie nicht gewachsen sein, denn Pflanzen brauchen Licht, und am Meeresboden war es stockfinster. Mithilfe neuer Mikrosensoren konnten die Forscher den Sauerstoffgehalt messen. Unter den Algenmatten hatten Bakterien schon mit deren Abbau begonnen und zehrten dabei den Sauerstoff auf. Wo es keine Algen gab, war im Sediment bis in 80 Zentimetern Tiefe reichlich Sauerstoff vorhanden, unter der Pflanzenmasse schrumpfte die gut belüftete Schicht aber rasch auf nur wenige Millimeter Dicke.

Fündig wurden die Forscher schließlich an der Oberfläche, genauer gesagt: auf der Eisunterseite, an der wie grüne Bärte zum Teil meterlange Algenfäden hingen. Spuren dieser Algen fanden sich überall. Es handelte sich um *Melosira arctica*, eine Kieselalge, also eigentlich ein Einzeller, bei dem die Zellen aber miteinander verkleben und lange Fäden bilden können, die sich verknäulen und in denen die kugeligen kleinen Algenzellen aufgereiht sind wie auf einer Perlenschnur. Die Alge trat in sehr großen Mengen auf. Später errechneten die Forscher, dass fast die Hälfte der fotosynthetischen Primärproduktion jenes Jahres allein auf ihr Konto ging. Und mehr als 85 Prozent des in 2012 gebundenen Kohlenstoffs sanken mit den Algen auf den Grund der arktischen Tiefsee.

Bis dahin waren solche Algenmassen nur unter altem Eis und in Küstennähe gefunden worden. Nun hatten Helikoptermessungen aber ergeben, dass sie es zum größten Teil mit relativ durchlässigem einjährigem Eis zu tun hatten, nicht dicker als einen Meter. Lichtmessungen unter dem Eis mithilfe eines computergesteuerten Tauchroboters, eines ROVs, offenbarten, dass besonders unter den Schmelzwassertümpeln, die etwa ein Drittel der Eisoberfläche bedeckten, genügend Licht ankam, um ein üppiges Algenwachstum zu ermöglichen, zumal für einen Eisspezialisten wie *Melosira arctica*. Die Algen, die die Forscher auf dem Meeresgrund gefunden hatten, wirkten relativ frisch;

Pflanzen, die man aus dem Darm von Seegurken gewonnen hatte, konnten sogar noch Fotosynthese betreiben. Sie waren also tatsächlich unter dem neuen Eis jenes Winters gewachsen und dann nach dem Abtauen zu Boden gesunken, gleichsam in die Arme der dort wartenden Bakterien.

Dass dort innerhalb nur eines Jahres durch mikrobiellen Abbau der Algen »anoxische«, also fast sauerstofffreie »Flecken« entstanden waren, beunruhigte Antje Boetius. »Wir wissen noch nicht, ob wir ein einmaliges Phänomen beobachtet haben oder sich das in den nächsten Jahren wiederholen wird«, sagte sie. Was ist, wenn unter noch lichtdurchlässigerem Eis noch mehr Algen heranwachsen? Droht der Tiefseeboden unter dem Eis dann zu einer Todeszone zu werden, da bei ihrem Abbau der gesamte gelöste Sauerstoff verbraucht wird? Oder wird das schnellere Abtauen verhindern, dass sich größere Algenmassen bilden?

Die Hypothese der Forschercrew: Der Trend zu dünnerem Meereis und zur Ausweitung der Schmelzwassertümpel wird zu einem Anstieg der Primärproduktion unter dem Eis führen, mit ökologischen Konsequenzen von der Ozeanoberfläche bis zur Tiefsee – Arbeit für die Besatzungen weiterer *Polarstern*-Expeditionen.

Die Antarktis

Auch auf der anderen Seite des Globus wachsen die Probleme, obwohl die Entwicklung in der Antarktis insgesamt heterogener verläuft. Die sogenannte Eismassenbilanz ist im äußersten Süden seit dem Ende des 20. Jahrhunderts ebenfalls negativ, aber es gibt dort, besonders in der Ostantarktis, auch Gebiete, in denen das Meereis zunimmt. Das Klima ist sehr viel kälter und trockener als in der Arktis, mit einer Jahresmitteltemperatur am Südpol von -50 °C; am Nordpol sind es dagegen nur -19 °C. Umgeben ist die Antarktis vom Südlichen Eismeer, das im Jahr 2000 offiziell in »Südlicher Ozean« umgetauft wurde. Seine zirkumpolare Strömung, die stärkste Meeresströmung der Welt, hat den Südkontinent seit gut 30 Millionen Jahren biogeografisch vom Rest der Welt isoliert. Mit gut 20 Millionen Quadratkilometern ist der Südliche Ozean etwa doppelt so groß wie Europa und gilt als stürmischstes Meer der Erde.[22]

Hier lebt eine Spezies, die für fast alle größeren Tierarten der Antarktis so wichtig ist, dass sie als Schlüsselart des gesamten Ökosystems angesehen wird: *Euphausia superba*, die bekannteste der 86 Leuchtgarnelenarten, die unter dem Namen »Krill« firmieren. Die riesigen Schwärme des Antarktischen Krills, eines orangeroten, fingerlangen Krebses, sind die Hauptnahrungsquelle für Wale, Robben, Pinguine, viele Seevögel sowie für zahlreiche Fische und Tintenfische. Gleichzeitig sorgen seine Ausscheidungen dafür, dass große Mengen Kohlenstoff, die von den Algen, die er gefressen hat, aus der Luft gefischt wurden, in Gestalt von Krillkot und sogenannten *spit balls*[23] auf den Meeresboden absinken und dort für Hunderte von Jahren dem Kreislauf entzogen werden.

Leuchtgarnelen kommen weltweit in allen Meeren vor und bilden auch in der Arktis einen wichtigen Teil des Nahrungsnetzes; der Antarktische Krill tritt aber rings um den Südkontinent in derart gewaltiger Zahl auf, dass er als eine der erfolgreichsten Organismenarten der Welt gilt. Nach Norden begrenzt wird sein Vorkommen durch die Antarktische Konvergenz, jene Meereszone, in der sich das kalte Wasser des Südlichen Ozeans mit den Wassern des Pazifiks und Atlantiks vermischen. Russische Wissenschaftler schätzten die Krill-Biomasse in den 1970er-Jahren noch auf mehrere Milliarden Tonnen, heute geht man realistischer von etwa 400 bis 500 Millionen Tonnen aus. Das entspricht etwa dem Gewicht aller gegenwärtig lebenden Menschen; nur Rinder, Regenwürmer und Termiten bringen mehr auf die Waage.[24] Die Krillfischerei erreicht mit Fangmengen von circa 300 000 Tonnen pro Jahr, die hauptsächlich zu Fischfutter für Aquakulturen und Krillöl verarbeitet werden, nicht einmal ein Tausendstel des natürlichen Bestandes und stellt deshalb keine Bedrohung für diese wichtige Nahrungsressource dar. Marktführer ist eine norwegische Firma, deren Schiffe keine Netze mehr verwenden, sondern die Krillschwärme direkt an Bord pumpen und sofort verarbeiten.[25]

Als spezialisierter Kaltwasserbewohner könnte der Antarktische Krill aber unter dem Klimawandel leiden – und mit ihm dann die gesamte Tierwelt der Antarktis. In der zweiten Hälfte des 20. Jahrhunderts ist die Temperatur in der maritimen Antarktis um drei Grad gestiegen. Sie gehört deshalb neben dem Nordwesten Nordamerikas und Teilen Sibiriens zu den drei Erdregionen mit der stärksten Erwärmung.[26] Prognosen darüber, wie die Krillpopulationen sich entwickeln könnten, sind jedoch äußerst schwierig, und schon die Erfassung des gegenwärtigen Zustands ist eine Herausforderung. Die Bestände schwanken stark, variieren regional, und Probennahmen oder gar regelmäßige Überwachungen sind teuer.

Bettina Meyer, die am Bremerhavener Alfred-Wegener-Institut über Krill forscht, klagt: »Trotz annähernd 100 Jahren Krillforschung haben wir noch immer riesige Wissenslücken in Sachen Ökologie, Physiologie und Lebenszyklus des Krills.«[27]

Ihr Kollege Angus Atkinson, der heute im Plymouth Marine Laboratory in Südengland arbeitet, schlug zusammen mit Kollegen schon 2004 Alarm.[28] Beginnend im Jahr 1926, hatten sie alle verfügbaren wissenschaftlichen Krillfangdaten zusammengestellt und glaubten vor allem in dem an den Südwest-Atlantik grenzenden Teil des Südlichen Ozeans einen kräftigen Rückgang der Zahlen erkennen zu können. In diesem besonders produktiven Meeresgebiet lebt mehr als die Hälfte des Antarktischen Krills. Die Forschergemeinde reagierte skeptisch. Die Zusammenhänge schienen damals einfach noch zu undurchsichtig. Ein gewisser Rückgang der Krillschwärme war schon deshalb zu erwarten gewesen, weil Wale nicht mehr bejagt wurden und deshalb mehr Krill verzehrten.

Atkinson und Kollegen fanden aber zwei interessante Zusammenhänge: Die Krilldichte korrelierte im Sommer mit der Chlorophyllkonzentration im Wasser, sprich: der Menge an pflanzlichem Plankton, was Sinn ergab, denn Phytoplankton ist die Nahrungsgrundlage des Krills. Er verfügt über einen speziellen Filterapparat, der aus seinen vorderen Beinen gebildet wird und extrem kleine Algenzellen aus dem Wasser sieben kann. Aber warum korrelierte die Dichte der Krebse während des Sommers auch mit dem Ausmaß des Meereises im vorausgegangenen Winter?

Antarktischer Krill wird mehrere Jahre alt und durchläuft einen komplizierten Lebenszyklus in unterschiedlichen Lebensräumen, der bis heute noch manches Rätsel aufgibt. Er beginnt über tiefem Wasser. Die Weibchen geben in den ersten Monaten des Jahres jeweils bis zu 10 000 Eier ab, die dann langsam über mehrere Tage bis in 3 000 Meter Tiefe absinken. Dort schlüpft eine winzige Larve, der Nauplius, der sogleich mit dem wochenlangen Aufstieg beginnt, dabei mehrere weitere Larvenstadien durchläuft und sich von seinem Dottervorrat ernährt. Im Oberflächenwasser erlangen die nun etwa 15 Millimeter großen Tiere nach mehreren Häutungen das Aussehen der Erwachsenen, beginnen fleißig Algennahrung aus dem Wasser zu filtern und wachsen weiter.

Doch was geschieht im Winter, wenn das Phytoplankton im freien Wasser knapp wird? Diese Frage trieb auch Bettina Meyer um, als sie 2013 mit der *Polarstern* eine der ersten extrem teuren Winterexpeditionen in die Antarktis unternahm. Wo bleibt der Krill während der kalten, dunklen Jahreszeit?

Taucher, die sich durch Löcher im neu gebildeten Eis ins Wasser hinabließen, fanden ihn in riesigen Mengen, bis zu 10 000 Larven pro Quadratmeter. Die ausgewachsenen Tiere verteilen sich offenbar im freien Wasser, aber die Krilljugend bevölkerte die wild zerklüftete Eisunterseite und kratzte dort mit speziell ausgestatteten Beinen den Belag aus Eisalgen ab. Deshalb gab es im Sommer umso mehr Krill, je größer die im Winter mit Meereis bedeckte Fläche war.

Das war eine faszinierende und zugleich beunruhigende Nachricht. Denn was wird aus dem Krill und all den von ihm abhängigen Tierarten der Antarktis werden, wenn das Eis im Zuge des Klimawandels schmilzt? Auch die Versauerung des Wassers wird den Krebsen zu schaffen machen, denn ihr Chitinpanzer enthält viel Kalzium: Laborexperimente haben gezeigt, dass die Tiere bei steigenden CO_2-Konzentrationen Probleme bei Häutungen und Larvalentwicklung bekommen.[29]

Weiter steigende Temperaturen könnten für die Lebensgemeinschaften der Antarktis zur Gefahr werden, und 15 Jahre nach ihrer ersten Studie scheinen neue Untersuchungen von Angus Atkinson und Kollegen diese Befürchtungen zu bestätigen.[30] Vor allem nördlich des 60. Breitengrades ist die Population im Südwest-Atlantik-Sektor stark zurückgegangen. Der Antarktische Krill zieht sich aus der Antarktischen Konvergenz polwärts in kälteres Wasser zurück und folgt damit der gleichen Richtung wie zahllose andere Tier- und Pflanzenarten auf der Erde. Die höchsten Dichten, die allerdings auch unter früher ermittelten Werten liegen, erreicht er heute etwa 440 Kilometer weiter südlich über dem Schelf in unmittelbarer Nähe der sichelförmig in den Südlichen Ozean ragenden Antarktischen Halbinsel.

Die Forscher fanden noch einen weiteren Trend, der ebenfalls nichts Gutes verheißt: Nicht nur werden die Populationen kleiner, die Tiere selbst werden auch gleichzeitig größer, und zwar erheblich. Ihre durchschnittliche Körperlänge ist seit den 1970er-Jahren um sechs Zentimeter oder 75 Prozent gewachsen, was nicht etwa an einer besseren Ernährung liegt, sondern an Veränderungen der demografischen Struktur. Es fehlen die jungen, nachwachsenden Tiere. Die Rekrutierung neuer Krillgenerationen ist in den letzten 40 Jahren stärker eingebrochen als die Zahl erwachsener Tiere, sodass die durchschnittliche Körpergröße immer weiter angewachsen ist.

Verursacht wird diese Entwicklung offenbar durch Schwankungen des Antarktischen Polarwirbels, auch »Antarktische Oszillation« genannt, eines gigantischen über dem Pol lagernden Tiefdruckgebietes. Wird dieser Wirbel schwächer, können sich die Stürme im Südwest-Atlantik weiter nach Süden auswirken, was mit »wärmeren, wolkigeren und windigeren Verhältnissen sowie einem Rückgang des Meereises« verbunden ist.[31] Das tut weder den erwachsenen Tieren noch den Nachkommen gut, die während der Wintermonate Schutz und Nahrung unter neu gebildetem Meereis suchen, Eis, das sich möglicherweise gar nicht oder verzögert oder erst weiter südlich bildet. Kein Wunder also, dass die Krillschwärme in dieser Gegend mittlerweile unter Nachwuchsmangel leiden.

Klimamodelle sagen voraus, dass diese Verhältnisse in den kommenden 50 Jahren andauern werden, was für einen weiteren Rückzug des Krills sprechen würde. Trotzdem wollen sich die Forscher nicht darauf festlegen. Arten reagierten nicht linear, betonen sie, es gebe sprunghafte Veränderungen, Unvorhersehbarkeiten. ›Ausreißer‹ sind also möglich, in beiden Richtungen. Doch eins ist klar: Angesichts der überragenden Bedeutung des Krills wird man die Situation weiter im Auge behalten müssen, auch wenn es viel Geld kostet.

Pinguine

Wussten Sie, dass am 25. April der Weltpinguintag begangen wird? Wissenschaftlerinnen und Wissenschaftler der US-amerikanischen McMurdo-Station konnten in jedem Jahr zuverlässig an genau diesem Tag die nach mehrmonatiger Abwesenheit zurückkehrenden Adéliepinguine begrüßen. Jeder liebt die reizenden Vögel, die südlichste der 18 Pinguinarten. Sie sind rings um die gesamte Antarktis verbreitet, mittelgroß, mit schwarzem Gesicht, kurzem Schnabel und weißen Ringen um die Augen, und wie alle Pinguine gelten sie als ausgezeichnete Indikatoren für den Zustand der Ökosysteme, in denen sie leben.

Das deutsche Umweltbundesamt (UBA) veranlasste deshalb Untersuchungen, die als Grundlage für ein geplantes antarktisweites Monitoring dienen sollten, eine Art Pinguinvolkszählung. Im Jahr 2016 nahm das UBA den Weltpinguintag zum Anlass, Folgendes zu erklären: »Durch eine Vielzahl an Einzelbeobachtungen haben Forscher festgestellt, dass sich Pinguinpopulationen verschiedener Arten seit einigen Jahren großräumig verschieben. So schrumpfen die Bestände der hochantarktischen und stärker meereisassoziierten Arten wie Adéliepinguine und Kaiserpinguine, während eher subantarktische Arten, zum Beispiel Eselspinguine, zumindest regional zunehmen.«[32]

Es folgen eine gute und eine schlechte Nachricht – die schlechte zuerst: Adéliepinguine jagen auch Fische, aber besonders gern fressen sie Krill. Wenn der aber mit dem schwindenden Eis zurückgeht oder sich in Meeresgegenden verzieht, die für die Pinguine schwer oder gar nicht mehr zu erreichen sind, haben die Vögel ein Problem. Insofern kann der Rückgang ihrer Bestände nicht überraschen.

Doch es gibt ja noch die gute Nachricht: Neuesten Untersuchungen[33] zufolge war die Einschätzung des UBA voreilig und zu pessimistisch, zumindest was die Adéliepinguine betrifft, denn bei ihnen verhält es sich umgekehrt. Ein Rückgang ist fast nur auf den subantarktischen Inseln festzustellen; die Vögel, die in der Antarktis selbst leben, profitieren sogar vom Eisrückgang. Offenes eisfreies Wasser an der Küste transportiert ihnen die Nahrung gewissermaßen direkt vor den Schnabel.

Die Erkenntnis ist einer Gruppe von Wissenschaftlern des japanischen Polarforschungsinstituts in Tokio zu verdanken. Mit Netzen fingen Yuuki Watanabe und seine Kollegen insgesamt 175 Adéliepinguine, Vögel, die alle gerade ein oder zwei Küken aufzogen. Sie wurden vermessen, gewogen und dann mit GPS-Loggern, Beschleunigungssensoren und Videokameras zu wahren ›Antarktonauten‹ aufgerüstet. Bei vollständiger Ausstattung wogen die Instrumente maximal 100 Gramm, dürften die Vögel also kaum beeinträchtigt haben. Den Forschern ermöglichten sie aber intime Einblicke in den Pinguinalltag mit genauen Bewegungs- und Aktivitätsprofilen und der Nachvollziehbarkeit von Jagdverhalten und Jagderfolg.

Die Pinguine gehörten zu einer Kolonie in der Lützow-Holm-Bucht in der östlichen Antarktis, die normalerweise von dickem Eis bedeckt ist. Doch im letzten der vier Untersuchungsjahre (2016/17) führten glückliche Umstände dazu, dass eine große Eisscholle abbrach und von der Strömung fortgetrieben wurde, sodass direkt vor der Küste eine offene Wasserfläche entstand, eine sogenannte Polynya, die die gesamte Fortpflanzungssaison hindurch Bestand hatte. Vor den vermutlich freudestrahlenden Augen der Forscher vollzog sich ein »natürliches Experiment«, das sie mithilfe ihrer Antarktonauten aus nächster Nähe verfolgen konnten. Was würde den Adéliepinguinen mehr zusagen, Eis wie in den Vorjahren oder freies Wasser? Für Tiere, die als vom Meereis abhängig oder – wie das UBA es nennt – als »meereisassoziiert« charakterisiert werden, klingt das fast schon wie eine rhetorische Frage. Stellen wir sie anders: Wie werden die Pinguine in einer Welt mit weniger Eis zurechtkommen?

Die Antwort fiel überraschend eindeutig aus: Praktisch jeder betrachtete Aspekt im Leben der Pinguine veränderte sich ohne Eis zu ihrem Vorteil. Ja, Sie haben richtig gelesen: zum Vorteil. Das begann schon damit, dass die Pinguine nicht mehr die Küste entlang oder über das Eis laufen mussten, um zum Wasser zu gelangen, mitunter kilometerweit, bis sie ein Atemloch fanden – und man muss ihnen nur zusehen, Pinguine sind Schwimmer, Laufen ist nicht gerade ihre Stärke und mit längeren, mitunter stundenlangen Verschnaufpausen verbunden. Ohne das

Eis waren zum Wasser nur noch ein paar Meter zurückzulegen. Die gewonnene Zeit investierten die Pinguine in die Jagd, die Suche nach Nahrung, und sie durchstreiften dabei wesentlich größere Meeresgebiete als zuvor. Weil sie nicht gezwungen waren, zu einem Atemloch zurückzukehren, sondern auftauchen konnten, wo sie wollten, kosteten ihre Tauchgänge nun deutlich weniger Energie und Zeit. Sie kamen mit kürzeren Erholungszeiten aus und erbeuteten in der gleichen Zeit mehr Krill. Den gab es reichlich in der eisfreien Bucht. Das Wasser war lichtdurchflutet und reich an Phytoplankton.

Kurz: Den Adéliepinguinen ging es ohne Eis prächtig – eine Überraschung. Sie verbrauchten bis zu einem Drittel weniger Energie, fanden mehr Nahrung und machten sich gegenseitig weniger Konkurrenz, weil sie sich nicht in der Nähe der Wasserlöcher zusammendrängen mussten. Im Ergebnis nahmen Männchen, Weibchen und vor allem deren Küken deutlich zu. Der Bruterfolg, der in den Jahren mit Eis stark geschwankt und in einem Jahr mit viel Krill schon hohe Werte erreicht hatte, stieg noch weiter an.

Muss man sich also um die Adéliepinguine in Zeiten des Klimawandels keine Sorgen machen? Vielleicht sind ihre Aussichten tatsächlich besser als befürchtet, trotzdem ist Vorsicht angebracht. Kurzfristig könnten sie profitieren, das sieht auch Boris Culik so, Meeresökologe am GEOMAR Helmholtz-Zentrum für Ozeanforschung in Kiel. Ob das aber auch noch gilt, wenn das Eis dauerhaft weniger wird, bleibt abzuwarten. Denn die besonders nahrhafte Beute, der sie ihre Gewichtszunahme zu verdanken hatten, der Antarktische Krill, ist, wie wir gehört haben, im Winter abhängig vom Eis. Pinguine können zur Not auf andere Beutetiere ausweichen, Krill braucht die Algen auf der Unterseite der winterlichen Eisdecke.

Und noch etwas trübt die Freude über die Ergebnisse der japanischen Forscher. Auf den der Antarktis vorgelagerten Inseln, wo das Eis schon länger zurückgeht und etwa 30 Prozent der

Adéliepinguine leben, zeigt der Trend in die genau entgegengesetzte Richtung: Die Bestände schrumpfen. Boris Culik vermutet, »das könnte an der stärkeren Konkurrenz zum Beispiel durch Eselspinguine liegen, die im tiefen Süden nicht vorkommen«.[34]

An Land

Als Wesen, die in beiden Welten zu Hause sind, haben die Pinguine uns den Weg aus dem polaren Ozean an Land gewiesen. Wir sollten uns dort auch ein wenig umsehen, obwohl das Leben in der terrestrischen Antarktis im Vergleich zum umgebenden Meer nicht gerade tobt.

Klein und sehr speziell, so könnte man die Vegetation der polaren Kältewüsten und Tundren charakterisieren. Besonders Erstere sind ein Extremlebensraum für Hungerkünstler wie die Flechten. Sie sind nicht nur kälte-, sondern auch extrem trockenheitsresistent und kommen hier in großer Artenzahl vor. In den wenigen eisfreien Gebieten der Antarktis sind sie fast allein auf weiter Flur. Nur ein paar Algen und Cyanobakterien sowie etwa 130 Moosarten leisten ihnen in dieser Einöde Gesellschaft. Erst nördlich des 69. südlichen Breitengrades findet man auch die beiden einzigen Gefäßpflanzenarten der Antarktis, ein Gras (*Deschampsia antarctica*) und die Polster bildende Antarktische Perlwurz, ein Nelkengewächs. Auf der anderen Seite des Globus, in den Kältewüsten der Arktis, wo die Temperaturen in den Sommermonaten um den Gefrierpunkt liegen, ist die Artenvielfalt wesentlich höher. Dort gedeihen Dutzende von höheren Pflanzenarten und nicht weniger als 1600 verschiedene Flechten. Besonders im Herbst bietet die arktische Tundra einen prachtvollen Anblick.[35]

Pflanzen können natürlich nur dort wachsen, wo der Boden nicht dauerhaft mit Eis bedeckt ist. In der Antarktis trifft das nur auf ein Prozent des Kontinents zu, aber die Fläche wird größer und dürfte am Ende dieses Jahrhunderts um 17 000 Quadratkilometer gewachsen sein, was die Umstände für die Ansiedlung von Pflanzen in drastischer Weise verändern wird, vor allem auf der Antarktischen Halbinsel. Forscher befürchten eine Homogenisierung der Flora und vor allem das Vordringen von fremden Pflanzenarten, die durch Wissenschaftler und den zunehmenden Antarktistourismus eingeschleppt werden.[36]

In beiden Polgebieten begrenzt die extreme Nährstoffarmut jedes Pflanzenwachstum. Die Böden der Kältewüsten enthalten kaum organische Substanz, die vorherrschenden Flechten sind schwer abbaubar, und die niedrigen Temperaturen bremsen jegliche mikrobielle Aktivität, sodass nur wenige Nährstoffe nachgeliefert werden. Im Prinzip gilt dies auch für die Tundren, die sich an die polaren Kältewüsten anschließen, obwohl Pflanzenvielfalt, Stoffumsätze und Humusgehalt des Bodens dort deutlich höher sind.

Wie diese polaren Pflanzengesellschaften auf den Klimawandel reagieren, war auch Gegenstand zahlreicher experimenteller Untersuchungen. Um verschiedene mögliche Entwicklungen zu simulieren, wurden Versuchsflächen künstlich erwärmt, gedüngt und bewässert. Dabei zeigte sich, dass steigende Temperaturen den Stoffabbau im Boden ankurbeln und die Nährstoffversorgung verbessern. Flechten reagierten auf das ungewohnte Stickstoffangebot empfindlich und gingen rasch zurück, Moose wurden durch Blütenpflanzen überwachsen und bekamen weniger Licht. Auch wenn sie auf den von schmelzendem Eis freigegebenen Flächen neuen Lebensraum finden, ist ziemlich klar, was geschehen wird: »Durch Erwärmung werden in den Tundren Höhere Pflanzen gegenüber Flechten und Moosen gefördert [...].«[37] Besonders augenscheinlich wird das schon heute in der fortschreitenden Verbuschung. Rund um den Globus dringen Gräser und Sträucher in die Tundren ein und verdrängen Moose, Flechten und nackten Erdboden.[38]

Von entscheidender Bedeutung aber, nicht nur für die Tundren, sondern für das Klima des ganzen Planeten, ist das Schicksal der Permafrostböden, die als eines der entscheidenden Kippelemente des Weltklimasystems gelten. Gemeint sind Böden, Sedimente oder Gestein, die mindestens zwei Jahre lang durchgehend gefroren sind. Der Flächenanteil derart tiefenvereister Böden und Berghänge ist enorm und vermutlich weit größer, als den meisten Menschen bewusst ist. Die Hälfte Russlands und eine knappe Hälfte Kanadas sind Permafrostgebiete, ein Fünftel Chinas, 99 Prozent Grönlands. Auf der Nordhalbkugel ist ein Viertel der exponierten Landfläche tiefgefroren, im Extremfall – wie gebietsweise in Sibirien – bis in eine Tiefe von 1 500 Metern.

Kältewüsten und Tundren sowie die Hälfte der borealen sibirischen Taiga liegen im Bereich des kontinuierlichen, flächendeckenden Permafrosts, der aber, weil die Lufttemperaturen steigen, vor allem an den Südrändern mehr und mehr zu diskontinuierlichem Permafrost wird, mit einem Flächenanteil, der nur noch zwischen 50 und 90 Prozent liegt. Die 0-°C-Isotherme wandert polwärts und mit ihr der Permafrost, im Norden Kanadas um 130 Kilometer in 50 Jahren.[39]

Die oberste Schicht, der Auftauboden (oder englisch: *active layer*), die 30 Zentimeter, aber auch 30 Meter stark sein kann, taut im Sommer auf, um dann im Winter wieder zu gefrieren. Mittlerweile sind auch sehr kalte Böden in der Hohen Arktis davon betroffen, und die Auftautiefe nimmt seit Jahren zu.[40] Zuletzt hat die sibirische Hitzewelle des Jahres 2020 für anhaltendes Tauwetter gesorgt.

Permafrostböden enthalten allerdings große Mengen an organischer Substanz und damit Kohlenstoff, der dem globalen Kreislauf seit Jahrtausenden entzogen war. Die Menge dieses Kohlenstoffs wird auf insgesamt 1 500 Gigatonnen geschätzt, was etwa dem Vierfachen jener Menge entspricht, die von Menschen seit Beginn der Industrialisierung emittiert wurde – oder dem Doppelten des atmosphärischen Kohlenstoffs. In *Nature Climate Change*, einem der wichtigsten wissenschaftlichen Journale zum Klimawandel, wurde der Permafrost deshalb einmal als »*Pandora's freezer*«[41] bezeichnet, »Pandoras Eisschrank«. Ihn abzutauen, dürfte tatsächlich fatale Folgen haben. Da die mikrobielle Zersetzung sofort mit dem Auftauen beginnt und erhebliche Mengen an Treibhausgasen freisetzt, kommt hier eine positive (weil verstärkende) Rückkopplung in Gang, die von Klimaexperten mit größter Sorge betrachtet wird und deren Auswirkungen möglicherweise schon jetzt in Sibirien zu sehen sind. Infolge der extremen Hitzewelle taut der Permafrostboden, trocknet aus und ist wegen des hohen Torfanteils leicht entzündlich. Allein im Jahr 2020 gingen deshalb mehr als eine Million Hektar Wald in Rauch auf und setzten gewaltige Mengen CO_2 frei.

Doch so fatal die Folgen dieses Prozesses auch sein mögen, in *Nature* warnten einige Forscher eindringlich davor, im Zusammenhang mit tauendem Permafrost nur auf Klimamodelle und Treibhausgase zu schauen. »Gefrorener Boden schließt nicht nur Kohlenstoff weg«, betonten sie. »Er hält die Landschaft physikalisch zusammen.«[42] Das Eis in Permafrostböden wird häufig mit Zement verglichen. Was passiert, wenn dieses Eis taut und Gestein, Sediment oder Boden ihren Zusammenhalt verlieren, konnte man mittlerweile schon an vielen Orten der Welt beobachten. In den Alpen stürzen Berghänge zu Tal, in der Arktis gefährden Erdrutsche Häuser und Infrastruktur und in der Tundra kollabieren ganze Landschaften.

Das betroffene Gebiet ist jedoch so riesig, dass das, was wir darüber wissen, eher anekdotischer Natur oder auf wenige gut überwachte Regionen beschränkt ist; der Rest sind weiße Flecken auf der Permafrostlandkarte. Messstationen gibt es nur wenige, auch wenn das Jenaer Max-Planck-Institut für Biogeochemie seit einigen Jahren zusammen mit russischen Kollegen in Sibirien einen 300 Meter hohen Messturm namens ZOTTO unterhält, der helfen soll, Licht ins Dunkel zu bringen.[43] Was im Permafrostgebiet geschieht, spielt sich meist im Verborgenen ab, im Untergrund, und ist von Satelliten aus nicht zu sehen. Aber da, wo man messe, schreite der Wandel in erschreckender Geschwindigkeit voran, sagt Kevin Schafer vom U.S. National Snow and Ice Data Center. »Was wir unten in zwanzig Meter Tiefe sehen, ist, dass die Temperaturen um ein bis zwei Grad Celsius pro Jahrzehnt steigen. In der Permafrostwelt ist das eine wirklich schnelle Veränderung. Extrem schnell.«[44]

Zu einiger Berühmtheit gelangte der durch schmelzenden Permafrost entstandene kilometerlange und 100 Meter tiefe Batagaika-Krater im östlichen Sibirien, der noch immer wächst und in dem sich Baumstämme wie Zahnstocher ausnehmen.[45] Aber er ist nur die Spitze des Eisbergs. Forscher, die das Permafrostgebiet regelmäßig besuchen, beschreiben, was sich Jahr für Jahr vor ihren Augen abspielt: »Wenn wir zu unseren Untersuchungsstandorten in Alaska zurückkehren, sehen wir häufig, dass Land, das im Vorjahr noch bewaldet war, jetzt mit Seen bedeckt ist. Ehemals klare Flüsse sind angedickt mit Sediment. Hügel können sich regelrecht verflüssigen und reißen manchmal empfindliche wissenschaftliche Ausrüstung mit sich.«[46]

Aufgrund einer Serie von außergewöhnlich warmen Sommern taut der Permafrost schneller als erwartet; auch die zunehmende Verbuschung sorgt dafür, dass der Winterschnee zügig verschwindet. So staunten kanadische und US-amerikanische Wissenschaftler nicht schlecht, als sie im Jahr 2016 Gebiete besuchten, die sie anderthalb Jahrzehnte zuvor als Permafrost-Untersuchungsflächen eingerichtet hatten und die nun um bis zu 90 Zentimeter abgesackt waren. Die Tautiefe, die die Forscher dort in sehr kaltem Permafrost vorfanden, übertraf das, was gängigen Klimamodellen zufolge erst im Jahr 2090 erreicht werden sollte.[47]

»Thermokarst« heißt der Prozess, der durch tauenden Permafrostboden mit einem hohen Eisanteil in Gang kommt.[48] Der ›Klebstoff‹, der die festen Bestandteile des Bodens miteinander verband, löst sich auf, es entstehen zahlreiche unterirdische Hohlräume, bis durch den Volumenverlust beim Tauen alles in sich zusammenfällt. Oft bilden sich tellerförmige Mulden bis hin zur Größe eines Fußballstadions wie kürzlich nahe der Küste der Beaufordsee in den kanadischen Northwest Territories. Das Ganze erinnere ihn an Bombenkrater, sagte Vladimir Romanovsky, Geophysiker von der University of Alaska.

Im Auftauboden herrscht Staunässe, Torfmoos beginnt zu wachsen. Weil es durch den darunterliegenden weiterhin gefrorenen Boden nicht abfließen kann, sammelt sich das Wasser in den abgesackten schlammigen Senken. Eine wilde, unwegsame und dynamische Seen- oder Feuchtgebietslandschaft entsteht, in der sich fortwährend neue Gewässer bilden, miteinander verschmelzen oder auch gewissermaßen über Nacht verschwinden, wenn der Permafrost in der Tiefe durchlässig wird oder Dämme kollabieren. Der kanadische Hydrologe Philip Marsh berichtete dem von der Yale School of the Environment herausgegebenen Web-Journal *Yale Environment 360*: »Entlang der Küstenlinien sehen wir Erdrutsche, durch die Seen innerhalb von Tagen oder sogar Stunden den größten Teil ihres Wassers verlieren.«[49] Seinen Berechnungen zufolge werden durch diese Prozesse im Mackenzie River Delta, einem der größten Flussdeltas der Welt, noch in diesem Jahrhundert 15 000 von 45 000 Seen verschwinden. Sie werden versickern oder auslaufen, als hätte jemand den Stöpsel gezogen. Marshs Kollege Antoni Lewkowicz von der University of Ottawa wertete Satellitenfotos von fast 300 Seen auf Banks Island im Arktischen Ozean aus und fand eine 60-fache Zunahme von Erdrutschen seit 1984.[50]

»Etwa zwanzig Prozent des gefrorenen Landes haben Eigenschaften, die die Wahrscheinlichkeit eines abrupten Auftauens erhöhen«, warnen die Wissenschaftler in *Nature*.[51] Das gilt für zum Teil mächtige Ablagerungen, die mit dem russischen Wort *Yedoma* bezeichnet werden und auf etwa einer Million Quadratkilometern in Alaska, Nordkanada und Sibirien zu finden sind. Sie entstanden schon während des letzten glazialen Maximums in gletscherfreien Gebieten, eine Art Löss, der besonders viel Eis enthält, oft in mächtigen Keilen, die senkrecht tief ins Erdreich ragen, als hätte Thor persönlich sie hineingerammt. Der Yedoma-Boden taut deshalb schnell und unberechenbar, und zu allem Überfluss weist er auch noch einen besonders hohen Kohlenstoffgehalt von etwa zwei Prozent auf. In Yedoma hat man auch sehr gut erhaltene tiefgefrorene Mammuts gefunden. Der Permafrost gibt immer wieder Überreste der eiszeitlichen Fauna frei, neben Mammuts auch Wölfe, Fadenwürmer, Ohrenlerchen und 2018 im Batagaika-Krater sogar ein Wildpferdfohlen samt Blut- und Urinresten.

Manche Wissenschaftler befürchten, heutige Klimamodelle könnten die Folgen des Abtauens stark unterschätzen. Die gehen nämlich davon aus, dass die Böden langsam von oben nach unten auftauen und nicht plötzlich auf großen Flächen kollabieren. In nordsibirischen Tauwasserseen, die oft auf Yedoma-Boden liegen, perlen schon seit vielen Jahren Gasblasen an die Oberfläche. Sie sind mit dem hochwirksamen Klimagas Methan gefüllt und entstehen bei anaeroben Zersetzungsprozessen.[52]

Infolge des Klimawandels finden in der Arktis auf Flächen, so groß wie Staaten, dramatische Umwälzungen statt, gegen die sich viele der bislang diskutierten Prozesse klein und unbedeutend ausnehmen. Hier entstehen und vergehen Landschaften, und das alles nahezu unbemerkt von der Weltöffentlichkeit, weil es sich in weitgehend menschenleeren Gegenden vollzieht. Fotos davon gibt es, schon wegen der Dimensionen, meist nur aus der Vogelperspektive.

Hier herrschen die Gesetze der Physik, der Geologie, Glaziologie und Hydrologie – um Biologie geht es erst in zweiter Linie.

Tier- und Pflanzenwelt sind zum Spielball viel mächtigerer Prozesse geworden. Schon die »alte Tundra« war ein Lebensraum, der seinen Bewohnern alles abverlangte. Aber, so der kanadische Umweltjournalist und Fotograf Ed Struzik, »mit einem Teppich aus Cranberrys, Blaubeeren, Moltebeeren, Zwergsträuchern, Seggen und Flechten lieferte sie großzügig Nahrung für Grizzlybären, Karibus und andere Tiere. Jetzt, da der Permafrost taut und Erdrutsche zunehmen, haben sich Teile dieser Landschaft in nichts als Schlamm, Schlick und Torf verwandelt, die massenhaft klimaerwärmenden Kohlenstoff ausstoßen [...].«[53]

Nackter Boden, wie ihn Erdrutsche hinterlassen, bietet manchen Pflanzen neue Chancen und stößt damit das Tor zu einem *regime shift* noch weiter auf. Denn es sind vor allem die kleinen, vom Wind verbreiteten Samen diverser Sträucher und Bäume, die davon profitieren, von Weiden und Erlen, von Espe, Pappel und Birke, Pionieren, die schnell wachsen und durch ihren Laubfall den Boden mit Nährstoffen anreichern. Verbuschung beschleunigt das Tauen des Permafrosts, dies fördert Erdrutsche, die großflächig den Boden bloßlegen, was wiederum die Ansiedlung von noch mehr Büschen begünstigt – ein weiteres Beispiel für eine klassische positive Rückkopplungsschleife, in diesem Fall zum Nachteil der Tundra.[54]

In einer Landschaft der kanadischen Northwest Territories, die vor 30 Jahren noch von Seggen und Flechten dominiert wurde, müssen sich Ed Struzik und Philip Marsh mit seinen Kollegen heute durch zwei Meter hohes Weidengebüsch kämpfen. Für die Karibus, die sich von Flechten ernähren, ist hier nicht mehr viel zu holen, ihre Zahl geht zurück. Ganz in der Nähe, in einer Übergangszone zwischen Tundra und borealem Nadelwald südlich der Husky Lakes, kommt es zu schicksalhaften Begegnungen zwischen Grizzly- und Eisbären, die tödlich oder auch in Artgrenzen überschreitenden Paarungen enden. Weiße Belugawale schwimmen durch Brackwasserseen im Landesinneren.[55]

8
The Blob

Der Tod der Gelbschopflunde

Bleiben wir noch für einen Moment im hohen Norden, genauer gesagt auf den Pribilof-Inseln, einem ziemlich abgelegenen, meistens von Nebel verhüllten baumlosen Flecken Erde inmitten der kalten Beringsee, politisch zu Alaska gehörend. Etwa bis zum Jahr 3750 v. Chr. grasten hier die letzten nordamerikanischen Mammuts. Heute sind die Inseln Teil des Naturschutzgebiets Alaska Maritime National Wildlife Refuge.

Ein paar Hundert Menschen leben hier, es gibt mindestens eine halbe Million Seebären und eine der größten Konzentrationen von brütenden Seevögeln im gesamten Nordpazifik, mehr als zwei Millionen Tiere. Dass ein- oder zweimal im Monat ein Vogelkadaver an den Strand geschwemmt wird, ist daher nichts Besonderes. Doch im Oktober 2016 waren es plötzlich mehr. Bewohner der Hauptinsel St. Paul, darunter auch geschulte Mitarbeiter von *COASST* (*Coastal Observation and Seabird Survey Team*), einem von der Biologin Julia Parrish initiierten Bürgerwissenschafts-Projekt, fanden innerhalb weniger Wochen mehr als 350 tote Vögel.[1]

Die meisten waren Gelbschopflunde (*Fratercula cirrhata*), nahe Verwandte der atlantischen Papageientaucher. Während der Brutzeit besitzen sie bunte Schnäbel und tragen ein Prachtkleid mit zwei kecken gelben Federbüscheln, die über den Augen beginnen und wie zwei Pferdeschwänze hinter dem Kopf enden – für arktische Verhältnisse ein regelrecht extravagantes

Outfit. Dass diese Fischfresser Probleme bekommen, wenn das Wasser sich erwärmt, war bekannt. Die Kanadierin Carina Gjerdrum hatte mit Kollegen über viele Jahre den Bruterfolg auf Triangle Island untersucht, in der größten Kolonie südlich von Alaska, und dabei festgestellt, dass die Fortpflanzung der Gelbschopflunde regelmäßig einbrach, wenn die Wassertemperatur auf über zehn Grad stieg. Zwischen 1975 und 2003 war das mindestens sechs Mal der Fall. Die Elterntiere fanden dann offenbar nicht genug Nahrung, sodass ihr Nachwuchs verhungerte. Das Team um Carina Gjerdrum sah in den bunten Seevögeln deshalb »wertvolle Indikatoren für die biologischen Veränderungen im nördlichen Pazifik«.[2]

13 Jahre später, im Herbst 2016, erwischte es die Vögel besonders schlimm. Im ganzen vorangegangenen Jahrzehnt hatte man nur sechs erwachsene Gelbschopflunde tot am Strand gefunden – und plötzlich waren es 60 Mal so viele. »Man konnte kaum ein paar Schritte laufen, ohne auf einen weiteren Vogel zu stoßen«, sagte Lauren Divine, die sich mit ihrem Team auf St. Paul um Umweltbelange kümmert. »Es war sehr klar, dass da etwas falsch lief in der Umwelt.«[3]

Die Tiere waren Opfer eines Massensterbens geworden, eines *mass mortality event* (*MME*) – leider kein neues Phänomen, auch nicht im nördlichen Pazifik, und für alle Menschen, die einmal damit zu tun hatten, eine grauenhafte Erfahrung. Die meisten Vögel waren tot, und der Rest nicht weit davon entfernt, völlig ausgezehrt, krank und schwach. Sie hatten die anstrengende Brutsaison hinter sich und hätten eigentlich schon auf dem Weg in ihre Überwinterungsgebiete im zentralen Pazifik sein müssen. Fast alle befanden sich zudem in der kräftezehrenden Mauser der Flugfedern, was ihren Aktionsradius einschränkte. Zur Nahrungsaufnahme konnten sie in dieser Zeit nur küstennahe Gewässer aufsuchen.

Wissenschaftler der University of Washington in Seattle versuchten später, aufgrund der Fundorte und der vorherrschenden Windrichtung zu ermitteln, woher die Vögel stammten. Sie schätzten, dass in den letzten Monaten des Jahres 2016 zwischen 3150 und 8000 Gelbschopflunde zugrunde gegangen waren. Die angeschwemmten Exemplare seien nur die Spitze des Eisbergs gewesen.[4]

Woran waren die Vögel gestorben? Man fand das Toxin einer Alge in ihren Mägen, allerdings in zu geringer Konzentration, um für den Tod der Tiere verantwortlich zu sein. Nein, die Vögel waren extrem dünn, besaßen kaum Körperfett. Sie waren schlicht und einfach verhungert.

Ein *Blob*

Das Massensterben der Gelbschopflunde auf den Pribilof-Inseln war nicht die einzige Begebenheit dieser Art in den Jahren 2014 bis 2018, im Gegenteil: Es reihte sich ein in eine ganze Serie mehr oder minder katastrophaler Ereignisse, die entlang der gesamten amerikanischen Westküste auftraten, von der Baja California im Süden bis nach Alaska und in die Beringsee, und die letztlich alle mit einem Phänomen zu tun hatten, das der Klimatologe Nicholas Bond »*The Blob*« taufte. Der Name bezog sich auf einen in den 1950er-Jahren gedrehten Science-Fiction-Film, in dem eine außerirdische Lebensform in Gestalt eines formlosen, wabbligen Klumpens, eben *the Blob*, alles verschlingt, was sich in seine Nähe wagt, und dabei wächst und wächst und wächst…

Nick Bond, der wie Julia Parrish an der University of Washington in Seattle arbeitet, hatte beobachtet, wie sich im Golf von Alaska eine riesige Masse überdurchschnittlich warmen Wassers bildete und immer weiter wuchs. Als er spät im Jahr 2013 darauf aufmerksam wurde, nahm das warme Wasser schon eine Fläche ein, die einem Drittel der USA entsprach; bis zum Sommer 2015 hatte sich ihre Ausdehnung noch einmal verdoppelt.

Der *Blob* war eine marine Hitzewelle (*marine heatwave, MHW*) spektakulärer Dimensionen, dabei lag die Wassertemperatur in einem Bereich von vier Millionen Quadratkilometern Meeresfläche nur bis zu 2,5 Grad Celsius über dem Normalwert. Unter einer Hitzewelle stellen sich die meisten Menschen vermutlich deutlich höhere Temperaturen vor, aber 2,5 Grad (in Spitzen drei bis sechs Grad) über dem langjährigen Mittel reichen offenbar, um die Lebensgemeinschaft eines Ozeans an den Rand des Zusammenbruchs zu bringen, vor allem in den kalten Gewässern des Nordens.

Dem Tod Tausender Gelbschopflunde war im Winter 2014/15 schon ein Massensterben von Aleutenalken (*Ptychoramphus aleuticus*) vorausgegangen, einer graubraunen, relativ kleinen Alkenart, die sich von Planktonkrebsen ernährt.[5] Man hatte ihre Kadaver an den Stränden von Kalifornien bis hinauf nach British Columbia gefunden, insgesamt fast 10 000 Vögel. Noch schlimmer traf es die Trottellummen (*Uria aalge*), die wichtigste fischfressende Seevogelart des nördlichen Pazifiks, die ebenfalls zur Familie der Alkenvögel gehört. Zwischen Sommer 2015 und Frühling 2016 wurden an der Westküste Nordamerikas 62 000 tote und sterbende Lummen aufgesammelt, die meisten rund um den Golf von Alaska. Tote Vögel wurden aber bis hinunter nach Kalifornien auf insgesamt 6 000 Kilometern Küstenlinie gefunden. Alle Lummen, die von Experten des National Wildlife Health Center in Madison, Wisconsin, untersucht und obduziert wurden, waren abgemagert und stark untergewichtig. Ihre Muskeln waren atrophiert, Fettreserven praktisch nicht vorhanden. Wie die ein halbes Jahr später an die Küste der Pribilof-Inseln geschwemmten Gelbschopflunde waren die Lummen verhungert.[6]

Die große Masse verstarb allerdings draußen auf See und landete nie an einer Küste. Studien zeigen, dass das Massensterben zwischen 520 000 und 1,2 Millionen der entengroßen Vögel dahinraffte, etwa 10 bis 20 Prozent der Gesamtpopulation an Trottellummen im nördlichen Pazifik. Da die meisten betroffenen Tiere zur Brut fähige Erwachsene waren, bewerteten Experten die Auswirkungen auf den Gesamtbestand als gravierend, zumal sie gleichzeitig in etlichen Kolonien keinerlei Fortpflanzungserfolg verzeichneten. Es wird Jahre dauern, bis die Population sich von diesem Schlag erholt hat. Obwohl Trottellummen und andere Seevögel schon wiederholt mit massenhaftem Sterben von sich reden machten, erreichte dieses Ereignis im nördlichen Pazifik eine Größenordnung und zeitliche und räumliche Ausdehnung von bislang unbekannter Dimension.

Und es traf nicht nur die Seevögel.[7] »*Red tuna crabs carpet Southern California beaches again*«, meldete die Nachrichtenagentur Reuters am 16. Mai 2016. Tausende von orangeroten, fingerlangen Krebsen, die normalerweise viel weiter südlich leben, waren zum wiederholten Mal an kalifornische Strände gespült worden. Tropische Fischarten, darunter Hammerhaie, Marline und Goldmakrelen, wurden weiter nördlich gesehen als jemals zuvor. Vor Nordkalifornien kollabierten Seetangwälder, Lebensraum für eine Vielzahl von Fischarten; zurück blieb auf 350 Kilometern Küstenlinie eine »unproduktive Seeigelödnis«.[8]

Schleppnetzfänge von Forschungsschiffen ergaben, dass die Bestände an Kabeljau und Alaska-Seelachs (engl.: *Alaska pollock*) innerhalb von nur zwei Jahren um 70 Prozent eingebrochen sind. Schätzungsweise 100 Millionen Fische lösten sich buchstäblich in Luft auf. 2014 und 2015 starben auch Tausende von Kalifornischen Seelöwen, zumeist im gleichen Jahr geborene Jungtiere, 2015 traf es zudem zahlreiche Pelzrobben, die ungewöhnlich weit nach Norden vorgedrungen waren. Alle wiesen deutliche Zeichen von Unterernährung auf.

Das Sterben erreichte auch die größten Meeresbewohner, die Wale. Nach einem Maximum im Jahr 2013 gingen die Sichtungen von Buckelwal-Muttertieren mit Kälbern vor Hawaii bis 2018 um fast 77 Prozent zurück. 2014/15 schockierte die Rekordzahl von 79 Buckel- und Finnwal-Strandungen in Alaska und

British Columbia die Öffentlichkeit; die meisten Wale waren aus »unerklärlichen« Gründen gestorben, sprich: Sie wiesen keine erkennbaren Verletzungen oder Krankheiten auf. »Dies wurde von einem mehr als fünfzigprozentigen Rückgang der Buckelwal-Sommerpopulation, von offensichtlicher Unterernährung und einer nahezu vollständigen Abwesenheit von Kälbern in der Glacier Bay von 2014 bis 2017 begleitet«, schrieb eine amerikanische Wissenschaftlergruppe um John Piatt, einen Meeresbiologen vom U.S. Geological Survey in Anchorage, Alaska. »Wenn Trottellummen und Wale en masse überall sterben, was sagt uns das?«, fragte Piatt im Wissenschaftsjournal *Science*. »Dass es nirgendwo Nahrung gibt.«[9]

Wie es zum *Blob*, der *northeast Pacific heatwave*, kam, ist heute im Großen und Ganzen geklärt. Eine ungewöhnlich stabile Hochdruckwetterlage über dem Golf von Alaska machte 2013 den Anfang. Sie verhinderte die üblichen Winterstürme, die die Wassermassen im Golf sonst durcheinanderwirbeln und kaltes Tiefenwasser an die Oberfläche befördern. 2014 war das Wasser also schon wärmer als üblich, im folgenden Winter verhinderten milde Südwinde dann erneut die normale Abkühlung und drückten zusätzlich warmes Wasser gegen die Küsten. In den Jahren 2015 und 2016 kam mit dem den östlichen Pazifik periodisch aufheizenden El Niño noch eine weitere Wärmequelle hinzu. Via Satellit konnten die Forscher gewissermaßen zusehen, wie der *Blob* wuchs. Erst La Niña, El Niños kühle Schwester, bereitete dem Spuk im Winter 2016 mit wilden Stürmen ein Ende. Doch da hatten sich die Küstengewässer bereits in einen riesigen Friedhof verwandelt.

Die ökologischen Konsequenzen dieser marinen Hitzewelle, die sich zunächst weitgehend unsichtbar in den Tiefen des Ozeans vollzogen, sind schwieriger zu verstehen, und noch heute geben verschiedene Phänomene Rätsel auf.[10] Klar ist aber, dass das Drama ganz unten in der Nahrungskette begann und dann – *bottom-up* – von einer Ebene zur nächsten weitergegeben wurde.

Das ungewöhnlich warme Wasser an der Oberfläche verhinderte wie im Lake Washington den Nährstoffaustausch mit dem kalten Tiefenwasser. Die Folge: Im Winter 2014 wurde im Golf von Alaska der geringste Chlorophyllgehalt seit Beginn der Messungen im Jahr 1997 registriert. Giftige Algenblüten riesigen Ausmaßes, von den Aleuten im Norden bis in die Gewässer Südkaliforniens, traten auf, vor allem von der Kieselalge *Pseudonitzschia*, die ein potentes Neurotoxin produziert.[11] Vor der US-amerikanischen Westküste musste deshalb der Fischfang für mehrere Monate eingestellt werden.

Die ungewohnt magere, zeitweilig sogar giftige Algenwiese im Wasser führte auf der nächsthöheren Ebene zu einem weniger nahrhaften tierischen Plankton. Die fettreichen Ruderfußkrebse, die sonst den Hunger zahlloser kleiner Fische stillen, waren seltener und wurden durch kargere Kost ersetzt: durch andere Krebsarten, die mit dem warmen Wasser bis vor die Küste Alaskas gespült wurden. Der Krill, hier im Norden eine Sammelbezeichnung für mehrere Leuchtgarnelenarten (*Euphausiacea*) mit einer dezidierten Vorliebe für kaltes Wasser, verschwand und damit auch die Lieblingsnahrung vieler größerer Meeresbewohner.

Für mehrere sonst in riesigen Schwärmen auftretende Fischarten bedeutete dieses ausgedünnte Plankton leere Mägen. Sandaale und Kapelane, zwei der wichtigsten Beutefischarten für Lummen, aber auch für Kabeljau und andere größere Fische, gingen stark zurück oder kümmerten nur noch dahin. Als Yumi Arimitsu, eine Fischereiökologin des U. S. Geological Survey, Sandaale des Jahres 2016 untersuchte, dachte sie zuerst, es handele sich um gerade erst geschlüpfte Jungtiere, so klein und dünn waren die Tiere. Als sie die Fische genauer inspizierte, erkannte sie jedoch, dass sie in Wirklichkeit schon ein Jahr alt und damit ausgewachsen waren. Sie waren so abgemagert, dass ihr Energiegehalt nur ein Zehntel dessen ausmachte, was Sandaale in normalen Jahren liefern.[12]

Das warme *Blob*-Wasser schwächte aber nicht nur die unteren Glieder der Nahrungskette, es bewirkte auch, dass der Kabeljau-Nachwuchs und andere wechselwarme Raubfische einen enormen Appetit entwickelten, um ihren temperaturbedingt höheren Energiebedarf zu decken. Sie wurden damit zur gefährlichen Konkurrenz für die Seevögel. Zu dem *Bottom-up*-Problem, das durch Nährstoffmangel entstanden war, kam zusätzlich ein *Top-down*-Phänomen, das von Tieren verursacht wurde, die eher am oberen Ende der Nahrungskette angesiedelt sind. Man hat diesen Effekt oft unterschätzt, neue Modellrechnungen zeigen aber, dass man ihn keinesfalls vernachlässigen sollte. Der Nahrungsbedarf der drei dominanten Bodenraubfischarten des Golfs – Pazifischer Kabeljau, Alaska-Seelachs und Alaska-Heilbutt – steigt bei einer Temperaturerhöhung von nur zwei Grad um 63 Prozent. Und außer diesen dreien gibt es noch weitere Raubfischarten.[13]

Die Fische fraßen die flachen Gewässer des Golfs von Alaska leer. Trotzdem kamen sie schon im Jahr 2015 kaum auf ihre Kosten. Untersuchungen ergaben, dass ihre Mägen nur noch zur Hälfte gefüllt waren. Für die Trottellummen blieb nichts mehr übrig. Dabei sind diese Vögel für die Jagd auf Fische optimal ausgestattet. Sie sind die schnellsten Flieger unter den dort lebenden Seevögeln, können bei der Nahrungssuche mit Leichtigkeit die Schelfgebiete des gesamten Golfs abdecken und tauchen tief. Aber das alles nützt ihnen nichts, wenn es keine Beute gibt. »*No fish around*«, erklärte ein Vertreter der US-amerikanischen Wetter- und Ozeanografiebehörde NOAA dem *Science*-Reporter Warren Cornwall. »Da ist nur ein großes Loch.«[14]

Im September 2016 machte La Niña wie gesagt dem *Blob*-Spuk ein Ende. Die Tierpopulationen hatten sich noch nicht erholt, als im September 2019 im Wasser des östlichen Pazifiks die Konturen eines neuen Warmwassermonsters erkennbar wurden. Den Forschern stockte der Atem, denn die Hitzewelle sah ihrer Vorgängerin geradezu unheimlich ähnlich. »Beim ersten *Blob* dachten wir alle: So etwas werden wir so bald nicht wieder erleben«, erzählt Nick Bond. »Und nun könnte ein ähnliches Ereignis dem ersten auf den Fersen folgen. Ich würde sagen, das ist alarmierend.«[15]

Wieder erstreckte sich der auf den Karten grellrot eingefärbte Bereich, in dem die Wassertemperaturen mindestens zwei Grad über dem langjährigen Mittel lagen, von der Beringsee bis nach Südkalifornien, die – nach dem *Blob* – zweitgrößte marine Hitzewelle im nördlichen Pazifik innerhalb der letzten 40 Jahre. Wieder starben Tausende von Seevögeln, in Alaska wurden Hunderte Kadaver von Seehunden und Seeottern gefunden. Zudem strandeten im Jahr 2019 entlang der gesamten nordamerikanischen Westküste 200 Grauwale, viele davon unterernährt. Nie zuvor traten giftige Algenblüten so weit im Norden auf. Die Behörden warnten vor dem Verzehr von Muscheln, und die Kabeljaufischer blieben zum ersten Mal eine ganze Saison hindurch in ihren Häfen. Ihre Ausbeute erreichte einen historischen Tiefststand.[16]

Für die Küsten gab es Ende 2019 Entwarnung, denn das warme Wasser hatte sich zurückgezogen und lag nun weit draußen, 1500 Kilometer vom Festland entfernt. Aber es war immer noch da – mit einer Fläche, die zwei- bis dreimal so groß wie Alaska war. Forscher warnten, ein neuer El Niño könnte das Monster wieder wachsen lassen und an die Küsten treiben.[17]

Marine Hitzewellen und *MME*s

Bei aller Tragik und Dramatik, die mit der *northeast Pacific heatwave* verbunden waren – in unserem Zusammenhang lautet die entscheidende Frage: Was haben marine Hitzewellen, der *Blob*, sein Nachfolger und das Massensterben von Meeresbewohnern mit dem Klimawandel zu tun? Gab es solche Ereignisse nicht schon immer?

Natürlich gab es die. Alles deutet aber darauf hin, dass Hitzewellen und Massensterben in den vergangenen Jahrzehnten zugenommen haben und weiter zunehmen werden. Wissenschaftler haben vorgeschlagen, marine Hitzewellen zukünftig wie Hurrikans in Kategorien von I bis IV einzuteilen, weil sie nach dem *Blob* viel mehr öffentliche Aufmerksamkeit bekommen werden. Früher zerbrachen sich darüber nur eine Handvoll Experten den Kopf; heute, nach den Erfahrungen der letzten Jahre, weiß jeder Bewohner der nordamerikanischen Westküste, was unter einer *marine heatwave* zu verstehen ist und was sie bedeutet.

Massensterben sind keineswegs eine ausschließlich marine Erscheinung. Gerade Hitzewellen töten auch auf dem Festland Tiere und Menschen. In Kapitel 5 wurde von Flughunden in Australien berichtet, die tot aus den Baumkronen fallen, wenn die Temperatur auf über 42 °C steigt. Eine Hitzeperiode im Jahr 2003 kostete allein in Frankreich 15 000 Menschen das Leben. Im Zusammenhang mit der jüngsten Hitzewelle in Sibirien erklärte die Klimaforscherin Friederike Otto vom Environmental Change Institute der Universität Oxford: »Die Studie zeigt erneut, wie sehr der Klimawandel gerade im Falle von Hitzewellen die Verhältnisse verändert. Hitzewellen sind in den meisten Teilen der Welt von allen Extremwetterereignissen die bei Weitem tödlichsten, und deshalb müssen wir sie sehr ernst nehmen.«[18]

Ein Massensterben kann nahezu jede Tierart überall auf dem Planeten treffen. Es handelt sich um eher seltene katastrophenartige Ereignisse, die schnell einen beträchtlichen Teil einer Tierpopulation töten können, wobei in der Regel beide Geschlechter und Individuen aller Altersgruppen betroffen sind. Die Auslöser sind unterschiedlichster Natur; das Spektrum reicht von extremen klimatischen Bedingungen über Vergiftungen, die durch Algenblüten, aber auch menschliche Aktivitäten hervorgerufen werden können, bis hin zu von Viren, Bakterien oder

Pilzen hervorgerufenen Epizootien, der Entsprechung von Epidemien im Tierreich.

Meist werden *mass mortality events* oder *MMEs* nur lokal registriert, und Wissenschaftlerinnen und Wissenschaftler mit ihren Fachpublikationen reagieren – wenn überhaupt – mit erheblicher Verzögerung. Überregionale Medien berichten in der Regel gar nicht, es sei denn, Nutztiere des Menschen oder Menschen selbst sind gefährdet, wie im Falle von Vogelgrippe und Schweinepest, die auch hierzulande große mediale Aufmerksamkeit erfahren. Als im Jahr 2015 in Kasachstan 210 000 Saiga-Antilopen an einer bakteriellen Infektion starben, erfuhr man hierzulande so gut wie nichts davon. Es ist schwer, aus derart episodisch auftretenden Ereignissen ein Bild des Gesamtgeschehens zusammenzusetzen. »Trotz der ausführlichen Dokumentation einzelner *MMEs* wissen wir nichts über die wichtigsten Eigenschaften, das charakteristische Auftreten und Ausmaß von *MMEs*, über deren Ursachen und zeitliche Trends«, schrieb der Ökologe Samuel B. Fey. »Es existiert somit kein Rahmen, um *MMEs* als Folge von andauernden globalen und regionalen Störungen natürlicher Systeme einordnen zu können.«[19]

Mit anderen Worten: Die Forschung wusste mit diesem traurigen Phänomen lange Zeit nichts anzufangen. Es geht um kleine und größere Tragödien, die wissenschaftlich nicht sehr ergiebig sind, weil man meist erst im Nachhinein davon erfährt. So dauerte es bis zum Jahr 2015, bis Samuel Fey, der damals an der Yale University arbeitete, und acht US-amerikanische Kollegen versuchten, diesen unbefriedigenden Zustand zu beenden, indem sie die Daten und Umstände von mehr als 720 veröffentlichten Massensterbeereignissen und 2400 betroffenen Tierpopulationen seit 1940 zusammentrugen. Über die Zeit davor gibt es praktisch keine Aufzeichnungen. Erstaunlicherweise war dies die erste quantitative und qualitative Analyse zum Thema.[20]

Die Ergebnisse lassen auf den ersten Blick an Klarheit nichts zu wünschen übrig, denn die Häufigkeit von *MMEs* hat in allen betrachteten Tiergruppen zugenommen. Für Vögel, Säugetiere, Reptilien, Amphibien, Fische und Wirbellose ergeben sich seit 1940 stark ansteigende Kurven, wobei mehr als die Hälfte aller *MMEs* (56 Prozent) auf Fische, mithin also auf den Lebensraum Wasser entfielen. Und doch mahnen die Forscher zur Vorsicht. Sie betonen, dass dieses Ergebnis auch das Resultat einer verstärkten Aufmerksamkeit und einer »generell gestiegenen wissenschaftlichen Produktivität« sein könnte. Projekte wie Julia Parrishs *COASST*, in dem geschulte Laien regelmäßig bestimmte Küstenabschnitte kontrollieren, gab es früher nicht. Es sei daher nicht auszuschließen, so die Forscher, dass die konstatierte Zunahme letztlich einer »Epidemie der Entdeckungen« geschuldet sei, ein häufig zu beobachtendes Phänomen bei Zeitreihen von seltenen Ereignissen.[21] Mit anderen Worten: Vielleicht haben *mass mortality events* in den letzten Jahrzehnten stark zugenommen, vielleicht auch nicht. Es kann sein, dass wir nur besser aufgepasst haben.

Als robust bewerten Fey und Kollegen allerding ihr Ergebnis, dass die Größe oder Schwere dieser Ereignisse bei Fischen und Vögeln zu- und bei Amphibien und Reptilien abgenommen hat. Als mögliche Ursachen ragen vor allem Infektionskrankheiten und Biotoxizität durch giftige Algenblüten heraus, die ja auch im Zusammenhang mit dem *Blob* auftraten.

Die Bedeutung von Temperaturstress als Auslöser von *mass mortality events* hat überraschenderweise abgenommen – ein Ergebnis, das allerdings bei genauerer Betrachtung nur deshalb herauskommt, weil Kältestress infolge der milder werdenden Winter eine immer geringere Rolle spielt. Hitze als Ursache von Massensterben ist dagegen ein relativ junges Phänomen und tritt überhaupt erst seit 1980 auf. Natürlich liegt es nahe, dies mit den weltweit steigenden Temperaturen in Verbindung zu bringen. Da auch die Zunahme von toxischen Algenblüten mit Klimaextremen und Veränderungen der Landnutzung durch den Menschen in Zusammenhang steht, könnten, so die vorsichtige Prognose der Wissenschaftler, die dadurch verursachten Massensterbeereignisse in Zukunft zunehmen. Das durch den *Blob* ausgelöste Massensterben von Seevögeln und Robben im Nordost-Pazifik ist in dieser Aufstellung noch gar nicht erfasst worden, genauso wenig wie die Folgen aller anderen marinen Hitzewellen des vergangenen Jahrzehnts: jener von 2011 vor der australischen Westküste, 2012 im Nordwest-Atlantik, 2015/2016 in der Tasmanischen See und 2016 im tropischen Norden Australiens.

Hitzewellen, das prophezeien alle einschlägigen Studien, werden uns in Zukunft verstärkt zu schaffen machen, an Land und im Wasser; das letzte Jahrzehnt hat uns einen Vorgeschmack geliefert. Und es ist zu befürchten, dass dies auch neues Massensterben zur Folge haben wird. Schon jetzt hat die Attributions- oder Zuordnungsforschung extreme Wetterereignisse wie den europäischen Hitzesommer 2018 eindeutig mit dem Klimawandel in Verbindung gebracht.[22] Durch das veränderte Klima hat sich die Wahrscheinlichkeit, mit der Ereignisse dieser Art in Europa auftreten können, mindestens verdoppelt. »Was früher als ungewöhnlich warmes Wetter angesehen wurde, wird der Normalfall werden, und in manchen Fällen ist es schon dazu geworden«, stellte Friederike Otto fest. »Daher ist das etwas, auf das die Gesellschaft sich vorbereiten kann und sollte.«

Ein gravierender Klimawandel »vollzieht sich vor unseren Augen«, kommentierte auch ihr Kollege Rowan Sutton von der University of Reading. »Niemand sollte im Geringsten überrascht darüber sein, dass wir sehr ernste Hitzewellen und die damit verbundenen Effekte in vielen Teilen der Welt sehen.«[23]

Vor allem in den Meeren zeigen sich diese Effekte. Im Jahr 2019 waren die Ozeane der Erde bereits so warm wie noch nie zuvor in der Geschichte der Menschheit.[24] Und für das Jahr 2050 werden Meerestemperaturen erwartet, die im nördlichen Pazifik mit bis zu zwei Grad über dem langjährigen Mittel fast schon die Dimension des *Blob* erreichen. Werden marine Hitzewellen also zur neuen Normalität?, fragt das Wissenschaftsjournal *Science*. Nick Bond, der Entdecker des *Blob*, befürchtet, dass in Zukunft noch ganz andere Temperaturen erreicht werden könnten. »Wenn wir in 2050 marine Hitzewellen erleben, dann werden sie weit jenseits dessen sein, was wir kennen – in unerforschtem Territorium«, prophezeit er.[25]

Erstaunlicherweise hat sich die Wissenschaft erst spät für marine Hitzewellen interessiert, sodass uns, wie bei den Massensterbeereignissen, lange Zeit ein Bezugsrahmen fehlte, der es erlaubte, diese Vorkommnisse einzuordnen. Offensichtlich hat die in den letzten Jahren gestiegene öffentliche Aufmerksamkeit mit dazu beigetragen, dass solche spektakulären und beunruhigenden, aber eben auch hochkomplexen Phänomene nun verstärkt auf der Agenda der Wissenschaft erscheinen. 2018 und 2019 veröffentlichten Forschergruppen aus den USA, Europa und Australien erste zusammenfassende Arbeiten, in denen nicht nur eine systematische Auswertung der seit 1950 zum Thema veröffentlichten Literatur erfolgte, sondern auch eine große Zahl an Daten ausgewertet wurde, die mithilfe von Satellitenmessungen und anderen Verfahren gewonnen worden waren. Die Autoren einer australischen Studie um den in Tasmanien arbeitenden Neil Holbrook machen dabei aus der unbefriedigenden Ausgangssituation keinen Hehl: »Obwohl ihre Bedeutung immer mehr anerkannt wird, befindet sich das wissenschaftliche Verständnis von marinen Hitzewellen noch in seinen Anfängen.« Deshalb geht es weiterhin um grundlegende Fragen: Wo und unter welchen Bedingungen treten marine Hitzewellen überhaupt auf, und welche »*driver*« sind dabei im Spiel, das heißt, welche Faktoren beeinflussen das Entstehen und die zeitliche und räumliche Ausdehnung von Hitzewellen?[26]

Dass sie immer häufiger und bedrohlicher geworden sind, ist unbestritten. Seit Anfang des 20. Jahrhunderts hat ihre Häufigkeit um 36 Prozent und ihre Dauer um 17 Prozent zugenommen. Die Anzahl der Tage pro Jahr, an denen irgendwo auf der Welt eine oder mehrere marine Hitzewellen registriert wurden (*annual marine heatwave days*), ist sogar um 54 Prozent angestiegen. Das alles folgt dem gemessenen Anstieg der Temperaturen an der Wasseroberfläche und hat sich in den letzten beiden Jahrzehnten merklich beschleunigt.

In den Tropen dauerte eine marine Hitzewelle zwischen 5 und 10 Tagen, außerhalb des Tropengürtels mit 10 bis 15 Tagen etwas länger, wobei der Nordost-Pazifik, das *Blob*-Gebiet, mit außergewöhnlich langen Hitzeperioden von bis zu 30 Tagen aus dem Rahmen fällt. Überall ist die Tendenz steigend. Und die Konsequenzen, die wir am Beispiel des *Blob* ausführlich dargestellt haben, können in ökologischer und ökonomischer Hinsicht verheerend sein – genauso wie die Aussichten für die kommenden Jahrzehnte und über das Ende dieses Jahrhunderts hinaus. Denn Dauer, Frequenz, Ausdehnung und Intensität mariner Hitzewellen werden bei steigenden Wassertemperaturen weiter zunehmen, »wobei viele Ozeangebiete im späten 21. Jahrhundert« – verglichen mit der Situation heute – »einen Zustand nahezu permanenter mariner Hitzewellen erreichen werden. [...] Wir haben uns von den Gegebenheiten, unter denen marine Hitzewellen natürlicherweise auftraten, entfernt, von einem Zustand, der die Verteilung mariner Arten und die Struktur und Funktion von Ökosystemen über Jahrtausende geprägt hat.«[27]

Totzonen

Wir alle wissen, dass die Ozeane und ihre Lebensgemeinschaften es seit Jahren mit weiteren höchst problematischen Entwicklungen zu tun haben, die ihnen schwer zusetzen: mit einer globalen Fischfangindustrie, die die Meere bereits in erschreckendem Ausmaß leer gefischt hat, und mit Millionen Tonnen von Plastik, das sich an der Oberfläche und in der Tiefe zu riesigen Müllstrudeln zusammenballt. Außerdem führt der steigende CO_2-Gehalt der Luft zu einer Versauerung des Meerwassers, was viele Organismen, die Kalkschalen und -skelette bilden, in große Schwierigkeiten bringen wird.

Als wäre das alles noch nicht genug, bereitet nun ein zusätzliches Phänomen große Sorgen, das wie die marinen Hitzewellen riesige Ozeangebiete betreffen kann: die sogenannten Totzonen oder *Dead Zones*. Wissenschaftler vermeiden diesen Begriff. Tatsächlich könnte ein Mensch, eine Trottellumme oder eine Robbe im Wasser einer solchen Zone schwimmen, ohne dass ihnen irgendeine Gefahr drohen würde. Tödlich oder zumindest gefährlich sind Totzonen dagegen für die, die auf den im Wasser gelösten Sauerstoff angewiesen sind, was für die allermeisten Meeresbewohner zutrifft, die keine Lungen besitzen, vom Röhrenwurm bis zum Hai.

Der Sauerstoffgehalt des Ozeanwassers ist in den obersten Metern am größten, weil das Wasser dort in direktem Kontakt mit der Atmosphäre steht und das Phytoplankton in diesen belichteten Zonen als Nebenprodukt ihrer Fotosynthese große Mengen Sauerstoff produziert. Trotzdem ist der Gehalt auch hier viel geringer als in der Atmosphäre. Verglichen mit einem Liter Meerwasser enthält das gleiche Volumen Luft das 40fache an Sauerstoff.

Sinkt der Sauerstoffgehalt des Wassers auf unter 30 Prozent des Normalwertes, herrscht »Hypoxie« – schon das ist ein Zustand, der für fast alle Fischarten tödlich ist. Enthält das Wasser weniger als zwei Milligramm O_2 pro Liter, ist das Wasser praktisch sauerstofffrei und man spricht von »Anoxie«. Im Laufe der Erdgeschichte waren die Meere des Öfteren nicht weit von solchen anoxischen Verhältnissen entfernt, und gelegentlich kam es tatsächlich zu großflächigen sauerstofffreien Bedingungen. Sie scheinen mit ausgeprägten Warmphasen in Zusammenhang gestanden zu haben, einige wurden von schweren Umweltkrisen und Massenaussterbeereignissen begleitet.[28]

Hypoxische oder anoxische Bedingungen können wie marine Hitzewellen unter natürlichen Bedingungen entstehen, vor allem in flachen Flussmündungen, wenn sich Süßwasser über Salzwasser schiebt und den Gasaustausch mit der Atmosphäre behindert. Auch sogenannte Sauerstoff-Minimum-Zonen, die sich in Tiefen von 100 bis 1 000 Metern durch mikrobiellen Abbau absinkender organischer Partikel bilden und mitunter über Jahre existieren, sind natürliche Phänomene. Sie haben sich aber in den letzten Jahrzehnten derart ausgebreitet, dass nun mehr als 300 Wissenschaftlerinnen und Wissenschaftler aus 33 Ländern, die sich 2018 in Kiel zu einer *Ocean Deoxygenation Conference* trafen, Alarm schlugen: »*The ocean is losing its breath*« (»Atemnot in den Meeren«). Unter dieser Überschrift verabschiedeten sie eine »Kieler Erklärung zur Sauerstoffabnahme im Ozean«. Darin heißt es: »Sowohl das Pariser Übereinkommen zur Bekämpfung des Klimawandels als auch die UN-Agenda 2030 für nachhaltige Entwicklung fordern die Bewahrung und nachhaltige Nutzung des Ozeans, der Meere und deren Ressourcen, um die Ökosysteme der Weltmeere und die damit verbundenen gegenwärtigen und zukünftigen Dienstleistungen für die Gesellschaft zu gewährleisten. Durch die Sauerstoffabnahme sind diese ernsthaft bedroht. [...] Während der letzten 50 Jahre hat sich das Volumen von sauerstoffarmem Wasser vervierfacht. In einigen Bereichen des Ozeans hat der Sauerstoffgehalt um bis zu 40 % abgenommen.«[29]

Mittlerweile sind riesige Meeresgebiete betroffen, vor allem im nördlichen indischen Ozean, im östlichen Pazifik und im östlichen Atlantik, wo nährstoffreiches Tiefenwasser an die Oberfläche gelangt. Vor der Küste Chiles beginnt eine Sauerstoff-Minimum-Zone, die mehrere Tausend Kilometer hinaus in den Pazifik reicht. Schon 2010 waren derartige Zonen um eine Fläche angewachsen, die etwa der Hälfte des Staatsgebietes der USA entsprach, Alaska und Hawaii inklusive.[30]

Es gibt einige Spezialisten, Fische, Krebse und natürlich anaerobe Mikroorganismen, die es in Sauerstoff-Minimum-Zonen aushalten, indem sie ihren Stoffwechsel reduzieren. Sie werden dadurch träge und zur leichten Beute für tief tauchende Säugetiere. See-Elefanten sollen solche sauerstoffarmen Zonen gezielt aufsuchen, um dort zu jagen.

Totzonen im engeren Sinne sind das Ergebnis einer Überdüngung, und auch sie nehmen seit Jahrzehnten zu. Abwässer gelangen ungeklärt ins Meer, und Flüsse transportieren immer größere Mengen an Düngemitteln aus den landwirtschaftlich genutzten Gebieten des Hinterlandes in die küstennahen Gewässer, wo Stickstoffverbindungen und Phosphate dann ein starkes Algenwachstum anregen. Stirbt dieses Phytoplankton ab, sinkt es zusammen mit den Ausscheidungen von Fischen und tierischem Plankton als mariner ›Schnee‹ nach unten und wird dabei von Bakterien zersetzt, unter Verbrauch des im Wasser gelösten Sauerstoffs. In dem daraus resultierenden hypoxischen oder gar anoxischen Wasser können die meisten marinen Organismen nicht überleben. Alles, was dazu noch in der Lage war, hat das betroffene Gebiet vorher verlassen.

Im Golf von Mexiko ist das seit nunmehr 50 Jahren in jedem Sommer aufs Neue zu erleben. Hier mündet mit dem Mississippi ein Strom, der die gesamten Vereinigten Staaten von Norden nach Süden durchfließt und dabei ein riesiges Gebiet entwässert, etwa 41 Prozent der Landesfläche (ohne Alaska), von den Appalachen bis zu den Rocky Mountains. Mit dem Mittleren Westen gehören dazu auch die wichtigsten landwirtschaftlichen Gebiete der USA. Der Fluss erreicht den Golf von Mexiko deshalb mit einer über die Jahre und Jahrzehnte immer größer werdenden Fracht an ausgespülten Düngemitteln. 2009 gab die National Oceanic and Atmospheric Administration (NOAA) die jährlich auf diese Weise in den Golf transportierte Menge an Stickstoff und Phosphor mit 1,7 Millionen Tonnen an.

1972, vor fast 50 Jahren, wurde im nördlichen Golf von Mexiko zum ersten Mal eine *Dead Zone* registriert, die dann sporadisch auch in den Folgejahren auftrat. Vom Sauerstoffmangel waren damals nur relativ kleine Meeresgebiete vor der Küste Louisianas betroffen, sie wurden aber von Jahr zu Jahr größer. 1985 gründeten mehrere Universitäten einen Forschungsverbund und begannen, finanziert von der NOAA, die Totzone vor der Mündung des Mississippis systematisch zu untersuchen. Ihre Größe schwankte erheblich. Man ermittelte Jahr für Jahr die verhängnisvolle Düngemittelfracht des Flusses und gab daraufhin Prognosen ab, wie groß die *Dead Zone* im betreffenden Jahr ausfallen würde, nicht zuletzt für die Fischer, die wissen wollten, wie weit sie würden fahren müssen und wo es sich überhaupt lohnen würde, die Netze auszuwerfen. Oft lagen die Wissenschaftlerinnen und Wissenschaftler mit ihren Schätzungen zu hoch und ernteten im Nachhinein Kritik. Im Jahr 2017, als sie die größte *Dead Zone* ankündigten, die im Golf von Mexiko jemals gemessen wurde, lagen sie jedoch richtig. Die hypoxische Totzone wuchs zu einem Monstrum von 22 000 Quadratkilometern heran, so groß wie Hessen, und wurde damit sogar noch größer als prophezeit.[31]

Auch in der Ostsee entstehen seit Jahren immer wieder weite hypoxische und anoxische Bereiche. Dass solche Zonen im tieferen Wasser des offenen Meeres entstehen, war bekannt. Vor Eckernförde hatte im Herbst 2017 ein starker Südostwind das Oberflächenwasser weggeblasen, sodass dieses sauerstoffarme Tiefenwasser nach oben gelangte und Tausende von Fischen tötete.

Bereits zuvor, im Jahr 2011, hatten Expertinnen und Experten aus allen Ostsee-Anliegerstaaten erstmals eine Zusammenstellung der bekannt gewordenen küstennahen Totzonen vorgelegt. Seit 1955 wurden 115 registriert.[32] Ein kleines Meer wie die Ostsee war damit Schauplatz von 20 Prozent aller weltweit beobachteten Vorfälle dieser Art. Noch sind sie meistens nur episodischer Natur, doch dieses sporadische Auftreten ist, wie im Golf von Mexiko geschehen, oft »der Vorläufer der Entwicklung von saisonal auftretendem Sauerstoffmangel«.[33] In manchen Küstenbereichen Deutschlands und der skandinavischen Länder scheint dieser Zustand schon erreicht zu sein. Die Forscher sprechen deshalb von einem »alarmierenden Trend«.

Obwohl solche Totzonen typischerweise durch Eutrophierung nahe der Küsten entstehen, ist der Sauerstoffverlust ein Problem, das den gesamten Ozean betrifft und auch mit dem Klimawandel in Zusammenhang steht, denn zum übermäßigen Nährstoffeintrag, der über die Luft heute sogar den freien Ozean fernab der Kontinente erreicht, kommt der Umstand hinzu, dass wärmeres Wasser deutlich weniger Sauerstoff aufnehmen kann. Für Hochleistungsschwimmer wie Thunfische, die einen besonders hohen Sauerstoffbedarf haben, könnte das auf mittlere Sicht zum Problem werden. Außerdem führt die Erwärmung zu einer ausgeprägteren Schichtung des Wassers und behindert so die Verteilung des Sauerstoffs im Wasserkörper. Sauerstoffmangel in der Tiefe kann aber eine verhängnisvolle Wirkung entfalten. Das lebenswichtige Gas macht den im Sediment entstehenden Schwefelwasserstoff unschädlich, indem es ihn zu Sulfat oxidiert. Fehlt der Sauerstoff, kann das giftige Gas H2S ins Wasser gelangen und große Massensterben auslösen, wie vor Peru und wiederholt vor Namibia geschehen. Dort marschierten 2001 die Hummer zu Tausenden aus dem Wasser, um einer solchen tödlichen Schwefelwasserstoffwolke zu entgehen. Bei geringen Sauerstoffkonzentrationen wird auch das im Sediment gebundene Phosphat wieder freigesetzt und kann in den oberen Wasserschichten das Algenwachstum anstacheln, sodass noch mehr organische Substanz zum Meeresboden sinkt – eine positive Rückkopplung, die sich zum Teufelskreis auswächst.[34]

Anlässlich der Klimakonferenz 2019 in Madrid hat die IUCN (International Union for Conservation of Nature) eine Publikation vorgelegt, die den aktuellen Sauerstoffverlust der Meere insgesamt auf zwei und den voraussichtlichen bis zum Ende des

Jahrhunderts auf vier Prozent beziffert. Neben der Erwärmung und Versauerung des Wassers gilt die Deoxygenierung als der dritte bedeutende direkte Effekt des Klimawandels auf die Ozeane. Eine ausreichende Versorgung mit Sauerstoff ist für fast alle Lebewesen eine Grundvoraussetzung ihrer Existenz. Sinkende Sauerstoffgehalte bedeuten einen zusätzlichen Stressfaktor und beeinflussen nicht nur Vielfalt und Verbreitung mariner Lebensgemeinschaften, sondern auch die globalen Stoffkreisläufe.[35] Die produktivsten und lebenswertesten Habitate in den oberen Wasserschichten der küstennahen Gewässer geraten in die Zange zwischen den sich seeseitig in größerer Tiefe ausbreitenden Sauerstoff-Minimum-Zonen und der entlang der Küsten herrschenden Eutrophierung.[36]

Feuerwalzen

Wenn es an der Küste nach faulen Eiern stinkt, wenn die Strände mit Plastikmüll oder toten Tieren übersät sind, weiß man, dass etwas nicht stimmt. Doch meist sieht man den Meeren nicht an, wie es ihnen geht. Noch »Mitte des 20. Jahrhunderts schien es, als wäre der Ozean zu groß, zu widerstandsfähig, als dass Menschen ihm irgendwie schaden könnten«, schreibt Sylvia A. Earle, prominente Ozeanografin und Umweltaktivistin, die in den 1990er-Jahren wissenschaftliche Leiterin der US-amerikanischen Ozean- und Atmosphärenbehörde (NOAA) war und jetzt für die National Geographic Society forscht. »Heute wissen wir, dass das nicht stimmt. Seit den 1960ern sind viele begehrte Fischarten um 90 Prozent eingebrochen, darunter Haie, Thun-, Schwertfische, Marline und viele andere. Die Hälfte aller Korallenriffe, Mangrovenwälder und Seegraswiesen wurde zerstört oder befindet sich auf dem Weg dahin. In den Küstengewässern haben sich Hunderte von Totzonen gebildet, während das Phytoplankton weltweit um 40 Prozent zurückgegangen ist.«[37]

Es gibt wahrlich genug Gründe, sich um den größten Lebensraum der Welt Sorgen zu machen. Und es ist nahezu unmöglich, die vielen Veränderungen, die sich unter seiner glitzernden Oberfläche abspielen, auf einzelne Ursachen zurückzuführen, weil der Druck auf die marinen Lebensgemeinschaften aus so vielen Richtungen gleichzeitig kommt. Wir haben den Meeren unseres blauen Planeten arg zugesetzt, schon bevor das Klima sich zu verändern begann und das Wasser wärmer wurde. Die Kommentare von Meeresbiologen und Ozeanografen rund um den Globus zum Zustand der Meere könnten besorgter kaum klingen,[38] und das, obwohl der Klimawandel gerade erst in Fahrt kommt. Der Klimatologe Nicholas Bond fasst in Worte, was viele seiner Kollegen umtreibt und was uns alle umtreiben sollte: »Die Veränderungen in den Ozeanen sind sehr ernst und werden direkte Konsequenzen für die Menschheit haben. Wir sollten aus diesem Fall«, dem von ihm so benannten *Blob*, »lernen, solange wir es noch können.«[39]

Der Wandel der Meere hat viele Gesichter. Marine Hitzewellen gehören genauso dazu wie Totzonen, Algenblüten, ausgebleichte Riffe und das Massensterben unterschiedlichster Meeresbewohner. Aber das zukünftige Gesicht der Ozeane zeigt sich nicht nur im Sterben und nicht nur im Großen. Es wird auch von Kopffüßern oder Tintenfischen geprägt werden, von deren starker Zunahme wir schon gehört haben. Und von Kreaturen, die nicht weniger präsent, mitunter aber fast durchscheinend sind und somit auf den ersten Blick nahezu unsichtbar.

So hatte auch die Geschichte vom *Blob* im östlichen Pazifik ein Kapitel, das ich bisher unterschlagen habe. Denn unter den Meeresbewohnern, die wie Marlin und Mondfisch eigentlich in tropischen und subtropischen Gewässern leben und mit dem warmen Wasser des *Blob* weit nach Norden vordrangen, waren auch Wesen, die wie gallertige Gurken aussahen und mithilfe symbiontischer Bakterien ein blaues Licht aufleuchten ließen: Pyrosomen oder Feuerwalzen. Vor der Küste Oregons im Norden der Vereinigten Staaten tauchten im Jahr 2015 die ersten Exemplare der Spezies *Pyrosoma atlanticum* auf, und von da an wurden es immer mehr, Tausende und Abertausende, die meisten fingerlang, manche so groß wie ein Unterarm. Sie bildeten riesige Schwärme, die 100 Meter in die Tiefe reichten. »In Höchstzeiten kamen sie in Dichten von mehr als 200 Tonnen pro Quadratkilometer vor Vancouver Island vor«, erinnert sich Richard Brodeur, ein Fischereibiologe der NOAA.[40]

Gefährlich sind die schmutzig rosa gefärbten Feuerwalzen nicht, sieht man einmal davon ab, dass sie die Netze der Fischer verstopfen. 2017 holte ein Forschungstrawler der NOAA innerhalb von fünf Minuten mehr als 60 000 aus dem Wasser. Um in diesem Fang die wenigen Fische zu finden, mussten die Forscher sich stundenlang durch Gallertröhren wühlen.[41] Richard Brodeur berichtete: »Wir fingen so viele, dass die Netze zerrissen.«[42]

Manche Leute, die die Küste von Oregon seit vielen Jahren kannten und Derartiges noch nie zuvor gesehen hatten, dachten, sie seien betrunken oder sähen Gespenster. »Sie waren überall da draußen«, klagte ein Fischer gegenüber der lokalen Presse, der seit einem halben Jahrhundert Lachse vor Alaska fängt. »Das sind seltsame Tiere, Mann.«[43]

Seltsam schon, vieles an diesen Tieren ist tatsächlich rätselhaft, doch trotz ihrer ungewöhnlichen Gestalt gehören Feuerwalzen gewissermaßen zur Familie. Es sind Manteltiere und damit, verglichen mit vielen anderen Meeresbewohnern, relativ nahe Verwandte von uns, was deutlich wird, wenn sie in bestimmten Phasen ihres recht komplizierten Lebenszyklus eine knorpelige Chorda ausbilden, die Vorläuferstruktur der Wirbelsäule. Und wie die Korallen sind es Kolonien aus Hunderten oder Tausenden von winzigen Einzeltieren, Klone, durch ungeschlechtliche Vermehrung aus jeweils einer Larve hervorgegangen, die in der gemeinschaftlich erzeugten röhrenförmigen Masse ein eigenes kleines Gallertzimmer bewohnen und zusammen große Mengen Plankton aus dem Wasser filtern.

Irgendwann im Jahr 2018 verschwanden die Feuerwalzen genauso plötzlich, wie sie gekommen waren. Was mit ihnen geschah und wohin sie sich verzogen haben, weiß kein Mensch. Sind sie gefressen worden? Als Nahrung geben sie aufgrund ihres geringen Fettgehalts nicht viel her. Oder gestorben? Was passiert, wenn derart große Mengen an Biomasse auf den Meeresboden sinken und verrotten? Feuerwalzen sind empfindlich, zerfallen leicht, wenn man unsanft mit ihnen umgeht. Im Labor halten sie sich nur ein, zwei Tage, auch deshalb ist so wenig über sie bekannt. Werden sie sich im warmen Wasser vermehren und wiederkommen oder wird man sie nur als skurrile Begleiterscheinung des *Blob* in Erinnerung behalten?

Seewespen und andere Medusen

Gallertwesen wird man in Zukunft mit Sicherheit häufiger im Ozeanwasser sehen – noch häufiger, müsste man eigentlich sagen, denn sie sind schon lange auf dem Vormarsch, so ist jedenfalls der allgemeine Eindruck. Es sind meist zarte, mitunter feenhaft anmutige Wesen, die zu 98 Prozent aus Wasser bestehen. Sie können aber auch Medizinball- oder gar Schlauchbootformat erreichen und in derart gewaltigen Schwärmen auftreten, dass selbst Flugzeugträger und Atomkraftwerke vor ihren Gallertmassen kapitulieren. Einige gehören zu den giftigsten Meereslebewesen, die wir kennen. Jedes Jahr, wenn die kleine Seewespe im Wasser vor der Ostküste Australiens schwimmt, liegen dort sogar die schönsten Strände brach, und man kann für Wochen und Monate nur in einem Ganzkörperanzug, einem »*Stinger Suit*«, baden gehen.

Die Rede ist von den Medusen der Nesseltiere, besser bekannt unter dem Namen »Quallen«. Manche Forscher nennen sie die »Leuchtfeuer des Klimawandels«. Wo sie in Gestalt eines ungewöhnlichen Massenvorkommens ›aufleuchten‹, lautet die

Botschaft: Schaut her, hier stimmt etwas nicht. In der Botanik würde man von »Störungszeigern« sprechen. Weil die Tiere so empfindlich auf alle möglichen biotischen und abiotischen Veränderungen ihrer Umwelt reagieren, bestätigt auch die australische Expertin Lisa-ann Gershwin: »Eine Quallenblüte kann ein exzellentes Frühwarnsignal dafür abgeben, dass etwas nicht so ist, wie es sein sollte. Mehr noch, da Quallen Stadien sowohl am Boden als auch im freien Wasser besitzen und ihre Massenvorkommen, die sogenannten Blüten, auffällig sind, gehören sie zu den am leichtesten zu überwachenden und informativsten Arten, die es gibt.«[44]

Quallen am Boden? Sie treiben doch im Wasser – können sie sich durch Kontraktionen ihres Schirms nicht allenfalls ein wenig auf und ab bewegen? Stimmt, aber auch die andere Feststellung ist korrekt.

Stellen wir die Frage kurz zurück, und bleiben wir noch für einen Moment bei der bekannten frei schwimmenden Form, der klassischen und bei den meisten Menschen sehr unbeliebten oder gar gefürchteten Qualle. Zwischenfälle mit ungewöhnlichen Massenvorkommen scheinen sich weltweit zu häufen. Über viele Seiten listet Lisa-ann Gershwin Kraftwerke, Atomreaktoren, Entsalzungsanlagen und Fischtrawler auf, die durch ungewöhnlich große Quallenmassen Probleme bekamen, teure Probleme. Um nur zwei Beispiele von vielen zu nennen: Im Jahr 2009 verstopfte in Israel ein Quallenschwarm die Filter einer Meerwasserentsalzungsanlage. Die produzierte Wassermenge, die dort normalerweise bei 100 Millionen Liter pro Tag lag, ging um ein Drittel zurück. Am 28. Juni 2011 mussten beide Reaktoren des schottischen Kernkraftwerks Torness abgeschaltet werden, als es von Ohrenquallen belagert zu werden drohte. »Fischer von drei Trawlern halfen dabei, das angrenzende Meer von Quallen zu reinigen.«[45]

Der Klimawandel, davon ist Lisa-ann Gershwin überzeugt, ist »*a dream come true*« für Quallen. Schon allein die Temperaturerhöhung: »Wärmeres Wasser«, erklärt sie, »bedeutet einen beschleunigten Stoffwechsel, aber weniger Sauerstoff. Quallen wachsen schneller. Andere Arten haben zu kämpfen, also öffnen sich Nischen. Mehr Phytoplanktonblüte bedeutet mehr Zooplanktonblüte, bedeutet mehr verfügbare Nahrung, während die Biomasse anderer konkurrierender Arten reduziert ist. Es ist eine perfekte Welt.«[46] Besonders bei Quallen gemäßigter Zonen reichen schon geringfügige Temperaturerhöhungen, um Fortpflanzung und Wachstum anzuregen und die Reproduktionsphase zu verlängern. Große Quallenblüten, die ihren Weg in die wissenschaftliche Literatur gefunden haben, waren häufig mit erhöhten Temperaturen verbunden.[47]

Eine viel beachtete Studie[48] über die Nordsee, für die eine außergewöhnlich gute Datengrundlage existiert, ergab, dass »die Temperatur fast 50 Jahre lang ein wichtiger Mechanismus war, der die dynamischen Nahrungsbeziehungen in diesem intensiv befischten marinen Ökosystem angetrieben« und modifiziert hat. Die Analysen zeigen, dass sie wichtiger war als Windrichtung und -intensität, als Salzgehalt, Nährstoffe und Sauerstoff. Eine Temperaturerhöhung von nur einem Grad reichte aus, um das Meer in den 1980er-Jahren in einen anderen Zustand kippen zu lassen. Die Forscher bezeichnen dieses Phänomen als »trophische Verstärkung« (*trophic amplification*), weil der Einfluss der Temperatur sich über das Nahrungsnetz schließlich auf das ganze Ökosystems übertrug. Mikroalgen haben zugenommen, und Zooplankton tritt in anderer Zusammensetzung und Häufigkeit auf. Insgesamt begünstigen die Verhältnisse nun »Quallen im Plankton sowie Krebse und Detritusfresser«, wie Seeigel, Seesterne und Muscheln, »am Boden«.[49]

Doch Klimawandel bedeutet nicht nur höhere Temperaturen, er bedeutet auch mehr Klimavariabilität und Unvorhersehbarkeit, mehr Extremereignisse. Und auch damit kommen Quallen bestens zurecht, besser und schneller als viele andere marine Tierarten. »Da Quallen sehr rasch auf Fluktuationen in der Umwelt reagieren können, schnell mit einem explosiven Populationswachstum aufblühen können und Phasen minimaler Ernährung überleben, aber auch in der Lage sind, Nahrungsüberschüsse abzuschöpfen, können sie, wenn sich anormale Verhältnisse einstellen, die Ersten sein, die die Szenerie betreten, und die Letzten, die sie verlassen.«[50]

Dieses Kunststück gelingt ihnen vor allem aufgrund ihres zwei-phasigen Lebenszyklus, womit wir zu den am Boden lebenden Quallen zurückkommen. Den meisten Menschen ist nicht klar, dass fast alle Quallen oder Medusen nur eine Erscheinungsform einer doppelgesichtigen Kreatur darstellen. Die Tiere machen einen Generationswechsel durch, eine sogenannte Metagenese: Aufeinanderfolgende Generationen unterscheiden sich in ihrem Aussehen und in der Art ihrer Fortpflanzung. Für uns ist das ein ungewohntes Lebensmodell, als würden wir Menschen nach dem Sex zunächst spindeldürre, fledermausähnliche Wesen gebären, die herumflattern und unbefruchtete Eier legen, aus denen wiederum dann erst kleine, pausbäckige Babys schlüpfen würden. Insgesamt ist die Fortpflanzungsbiologie von Quallen so abenteuerlich komplex und vielgestaltig, dass ich hier nur eine vereinfachte Version präsentieren kann. Lisa-ann Gershwin formuliert es so: »*You name it, jellyfish do it.*«[51]

Medusen, also das, was wir als »Quallen« bezeichnen, bilden die geschlechtliche Generation, die Eizellen und Spermien produziert. Gleichzeitig sind sie durch ihre planktontische Lebensweise die Verbreitungsform, die von Meeresströmungen und Winden über weite Gebiete verteilt werden kann. Weibliche und männliche Keimzellen werden von den Quallen koordiniert und in ungeheurer Zahl ins Wasser abgegeben, wo aus der Befruchtung eine winzige Larve hervorgeht, die Planula. Sie schwimmt herum, um sich schließlich am Boden auf einem geeigneten Substrat niederzulassen und in einen schlauchförmigen Polypen zu verwandeln, der an seinem freien Ende einen Tentakelkranz trägt. Dieser Polyp bildet die ungeschlechtliche

Generation, denn er erzeugt weitere Polypen und schließlich neue kleine Medusen, ohne dass dabei Eizellen oder Spermien im Spiel wären. Die Nachkommen, ob Polyp oder Qualle, wachsen einfach wie ein Ast aus einem Stamm an der Seite oder der Basis des Polypen heraus (»Sprossung«) oder dieser unterteilt sich quer »wie ein Stapel winziger Teller oder eine Rolle winziger Münzen« in lauter flache Scheiben (»Strobilation«). Jede davon entwickelt sich zu einer kleinen Meduse, die zu pulsieren beginnt, sich vom Polypen löst und zum Teil des Planktons wird. »Dann«, so Lisa-ann Gershwin, »beginnen sie zu fressen. Eine Menge. Und sie wachsen. Schnell.«[52] Und produzieren Eizellen und Spermien, könnte man ergänzen. Viele. Der Kreis ist geschlossen.

Es ist nicht so, dass eines der beiden Stadien eine Jugendform des anderen wäre, wie die Raupe vom Schmetterling oder die Made von der Fliege. Polyp und Meduse sind zwei Erscheinungsformen der gleichen Tierart. Beide sind unverzichtbar, wechseln sich im Lebenszyklus ab und bewohnen zu unterschiedlichen Zeiten unterschiedliche Lebensräume. Die Meduse, meist sehr viel größer und auffälliger als ihr Alter Ego, schwimmt im freien Wasser, von dem sie mehr oder weniger passiv bewegt wird; der Polyp lebt dagegen festgewachsen am Boden, ist klein bis winzig und oft nur schwer auffindbar. Über diesen Abschnitt des Quallenlebens wissen wir viel zu wenig.[53] Mitunter ist nicht einmal klar, welche Polypen zu welcher Medusenart gehören und wo und unter welchen Umständen sie leben.

Leider haben Biologen bis heute nicht wirklich verstanden, welche Faktoren für die Quallenproduktion der Polypen ausschlaggebend sind. Sicher spielt Wohlergehen und Zustand der Polypen eine Rolle, nötig sind aber auch bestimmte Umweltsignale, etwa ein Schub salzarmen Wassers, wie es im Fall der giftigen australischen Seewespe *Chironex fleckeri* vermutet wird, deren Polypen vor Flussmündungen leben sollen. Bei der harmlosen, aus Ost- und Nordsee bekannten Ohrenqualle *Aurelia aurita* wird die Metamorphose der Polypen zur Medusen erzeugenden Tellerstapelform durch die niedrigen Wassertemperaturen im Winter ausgelöst.[54] Hormone bewirken dann im Tier über eine biochemische Signalkette die Aktivierung der nötigen Gene. So wird sichergestellt, dass Wochen später viele winzige Polypen rechtzeitig zum einsetzenden Frühjahr mit der Produktion junger Quallen beginnen.

Wovon allerdings abhängt, wie viele Quallen es werden, ist unklar. In manchen Jahren beginnen alle Polypen gleichzeitig und setzen ihre Medusen in einem einzigen großen Schub frei, in anderen beteiligen sich daran nicht einmal zehn Prozent der Polypen, in wieder anderen Jahren erfolgt die Medusenabgabe gleichmäßig über einen längeren Zeitraum hinweg. Mit anderen Worten: Quallenblüten kommen oft überraschend und unvorhersehbar. »Oh«, stöhnt Lisa-ann Gershwin in ihrem Buch *Stung!*, »Quallen-Sex ist so kompliziert.«[55] Um die Zusammenhänge zu verstehen, sind in jedem Fall die Lebensumstände beider Erscheinungsformen zu berücksichtigen, von Medusen und Polypen.

Jüngste Untersuchungen dänischer Forscher haben ergeben, dass für massenhaftes Auftreten der aus Nord- und Ostsee bekannten Ohrenquallen das Nahrungsangebot ausschlaggebend zu sein scheint. Gut ernährte Quallen erzeugen viele Keimzellen und damit viele Polypen, die wiederum noch mehr Quallen produzieren können. Das Gleichgewicht verschiebt sich insgesamt hin zur Medusengeneration mit ihrer sexuellen Fortpflanzung. Die Polypen am Boden fungieren als eine Art Lebensrückversicherung, falls den Quallen doch die Nahrung ausgehen und ihre sexuelle Fortpflanzung nur wenige Nachkommen produzieren sollte. Polypen werden viele Monate alt – als klonale Lebewesen sind sie in gewisser Weise sogar unsterblich –, sodass jederzeit neue Quallenarmeen entstehen können.[56]

Wieder haben wir es mit einem Bündel an Einflussfaktoren zu tun: Der Klimawandel ist einer davon, Eutrophierung und die daraus resultierende Planktonvermehrung vor allem in Küstennähe ein weiterer. Und wie im Falle der Tintenfische werden auch die schwindenden Fischbestände als Ursache für den Quallenboom angeführt. Fische, vor allem solche, die sich von Plankton und anderen kleinen Meeresbewohnern ernähren, sind Konkurrenten der Quallen. Fehlen sie, bleibt mehr für die Glibberwesen.

Quallen gehören zu den ältesten Tieren, die heute auf der Erde leben. Ihr einfacher Bau scheint also kein Nachteil zu sein, weder gegenwärtig noch auf ihrem langen Weg durch die Erdgeschichte. Im Wesentlichen bestehen sie aus nur zwei Zellschichten und einer Menge Wasser, ihr Nervensystem ist das einfachste, das wir kennen. Trotzdem sind es zweifellos gefräßige und effektive Raubtiere, die täglich mehr als ihr eigenes Körpergewicht vertilgen können, darunter auch Tiere, die gemessen an ihrer Komplexität und Entwicklungshöhe weit über ihnen stehen. Da die meisten Meerestiere planktontische Larven besitzen – auch die, die wie die Seeigel als ausgewachsene Tiere ein sesshaftes oder bodengebundenes Leben führen –, schöpfen Quallen das marine Leben in seiner ganzen Vielfalt ab, vor allem wenn riesige Schwärme von ihnen die Wassersäule zwischen Boden und Oberfläche mit einem dichten Vorhang aus nesselnden Tentakelfäden buchstäblich leer fressen. Da sie dabei auch andere Quallen sowie Eier und Nachwuchs ihrer Konkurrenten, der Fische, vertilgen, sind sie potenziell in der Lage, ein ganzes Ökosystem von einem »fisch-getriebenen« (*fish-driven*) in einen »quallengetriebenen« (*jellyfish-driven*) Zustand zu befördern, ein weiteres Beispiel für einen spektakulären *regime shift*.

Lisa-ann Gershwin, die selbst mehr als 150 neue Arten beschrieben hat, befürchtet, dass Quallen aufgrund des Klimawandels und fortwährender Störung großer Meeresgebiete durch den Menschen das Kommando übernehmen könnten. Und dieser Zustand wäre keineswegs nur ein besonders weiter Ausschlag eines ökologischen Pendels, das danach wieder in »normalere« Verhältnisse zurückschwingen würde, warnt sie. Nein, nahezu jeder Eingriff des Menschen in die ozeanischen Ökosysteme, von der Fischerei über die Eutrophierung und die Einschleppung fremder Arten bis zum Klimawandel, begünstigt die Gallertwesen, und ein von Quallen dominiertes Meer könnte durchaus für längere Zeit einen stabilen Zustand darstellen, mit ihnen als Topprädatoren.[57] Sogar in sauerstofffreien Totzonen können Quallen überleben.[58]

Doch die Verhältnisse sind, wie so oft, kompliziert. Das fängt schon damit an, dass die Prämisse all dieser Überlegungen, die Aussage, das massenhafte Auftreten von Quallen, die sogenannte Quallenblüte, nehme weltweit zu, lange Zeit kaum mehr als eine Vermutung war und bis heute nicht wirklich überzeugend bewiesen ist.[59] Das Hauptproblem ist das Fehlen älterer Untersuchungen, mit denen man die heutigen vergleichen könnte.

Eine neue Erscheinung sind Quallenblüten nicht. Fossilfunde belegen, dass es sie seit Hunderten von Millionen Jahren gibt. Dieser ständige Wechsel zwischen Blüten und nachfolgenden Zusammenbrüchen (*booms and busts*) gehört zu den Quallen wie gelegentliche Massenvermehrungen zu Maikäfern oder Wanderheuschrecken, es ist Teil ihrer Biologie.

Heute fallen die Boomphasen vor allem deshalb auf, weil die Tiere immer häufiger mit Menschen in Konflikt geraten: Netze zerreißen, Kühlwasserleitungen und Siebe verstopfen, badende Urlauber werden genesselt. Zu erklären wäre das nicht nur mit einer Zunahme der Quallen. Es könnte auch eine Folge der Tatsache sein, dass die menschlichen Aktivitäten zugenommen haben, dass immer mehr Fischtrawler unterwegs sind und an den Küsten immer mehr Häfen, Kraftwerke, Entsalzungsanlagen und Hotels gebaut werden. Außerdem wandern tropische und subtropische Arten im Zuge des Klimawandels polwärts und erzeugen bei den Menschen in den gemäßigten Zonen den Eindruck, einem Ansturm unbekannter und deshalb unheimlicher Nesseltiere ausgesetzt zu sein.

Die Forscher mussten schon starkes statistisches Geschütz auffahren, um mithilfe eines sehr heterogenen Datenbestandes, der auch Medienberichte und Befragungen von Fischern berücksichtigte, eine Zunahme an Quallen überhaupt bestätigen zu können, vor allem in der Beringsee, in antarktischen Gewässern und im westlichen Pazifik vor den Küsten Chinas, Koreas und Japans. Es ist also im Grunde ein lokales Phänomen; ob dieser Trend auch global zutrifft, ist eher fraglich. Denn ein häufigeres Auftreten von Quallenblüten etwa im Nordatlantik (mit Nord- und Ostsee) ist für die vergangenen 60 Jahre schon deutlich schwächer belegt, und das Gleiche gilt für den Indischen Ozean, die Karibik und den östlichen Pazifik. In einem nicht geringen Teil der ozeanischen Welt sind gar keine Veränderungen nachzuweisen.[60] Unter dem Strich bleibt ein Plus, das aber kleiner ausfällt als vermutet.

Offenbar folgen die Massenvermehrungen zusätzlich einem etwa 20-jährigen Zyklus, der die Auswirkungen menschlichen Handelns auf die Tiere überlagert. Dieser Zyklus durchlief in den 1990er-Jahren eine Aufwärtsphase und trug so möglicherweise zu dem Eindruck bei, die Zahl der Quallen würde weltweit ansteigen.[61] Auch in den 1970er-Jahren war eine leichte Zunahme zu verzeichnen, die allerdings weniger Aufmerksamkeit erhielt, weil die Forschungskapazitäten und das Bewusstsein für globale ökologische Entwicklungen geringer waren. Dass man aber schon früher die Veränderungen durchaus registriert hat, zeigt der *Jellyfish Control Act*, eine Verordnung, die 1966 vom 89. US-Kongress verabschiedet wurde und die »Kontrolle oder Eliminierung von Quallen und anderen Schädlingen in den Küstengewässern der Vereinigten Staaten« gewährleisten soll.[62]

Den Forschern bleibt bislang nur zu spekulieren, was einen solchen Zyklus verursachen könnte: Wechselwirkungen von Ozeanen und Atmosphäre, Sonnenaktivität, Einflüsse des Mondes oder organismische Interaktionen. Sie raten dringend dazu, die weitere Entwicklung der Quallenblüten intensiv zu untersuchen, um in ein paar Jahren entscheiden zu können, ob wir es mit einer Oszillation oder einer echten globalen Zunahme zu tun haben, »auf die die Gesellschaft vorbereitet sein sollte«.[63]

9
Waldsterben 2.0

Der deutsche Wald

Verlassen wir den Ozean und kehren nach Mitteleuropa zurück, ein Gebiet, das vor allem von sommergrünen Laubwäldern geprägt würde – wenn es die Menschen nicht gäbe. Sie haben diesen Wald im Verlauf der letzten Jahrhunderte intensiv genutzt und verändert, bis hin zur fast völligen Entwaldung Ende des 18. Jahrhunderts.

Heute wird wieder ein knappes Drittel der deutschen Landesfläche von Bäumen beschattet; allerdings handelt es sich nun etwa zur Hälfte um immergrüne Nadelbäume und Wirtschaftswald, gepflanzt, oft in Monokultur, um die Menschen zuverlässig mit Holz zu versorgen.

Der deutsche Wald, das sind laut Bundeswaldinventur 2012 etwa 90 Milliarden junge und alte Bäume aus 51 Arten. Die nächste Bundeswaldinventur, die vierte, wird am 1. April 2021 etwa mit Erscheinen dieses Buches starten und bis Ende 2022 wieder eine Vielzahl von Daten erheben. Man kann jetzt schon sagen, dass sie schlechter ausfallen werden als die vor zehn Jahren erhobenen Werte. Und ob große Teile des Waldes, wie wir ihn kennen, in zehn Jahren die fünfte Waldinventur erleben werden, ist heute in einer Weise infrage gestellt, die sich die meisten Menschen wohl bis vor Kurzem kaum vorstellen konnten.[1]

Uns Deutschen sagt man ja ein besonders inniges Verhältnis zu unserem Wald nach. Wenn das stimmte, müssten wir eigentlich im höchsten Maß alarmiert sein oder uns zumindest große Sorgen machen, im Grunde schon seit geraumer Zeit, denn dass ein Klimawandel mit steigenden Temperaturen und zunehmender Trockenheit dem Wald, so wie er aktuell in Deutschland und Mitteleuropa wächst, zu schaffen machen würde, befürchten Fachleute nicht erst seit heute.

Doch die Betroffenheit hält sich in Grenzen. Das ist auch dem bekannten Journalisten und Reiseschriftsteller Wolfgang Büscher aufgefallen, der monatelang mitten in Deutschland in einer zugigen, spartanischen Waldhütte ohne fließend Wasser und Strom lebte, wovon er in seinem kürzlich erschienenen Buch *Heimkehr* erzählt. Natürlich ohne zu ahnen, was geschehen würde, hatte er sich für die Erfüllung dieses lang gehegten Wunsches ein Jahr ausgesucht, das ein sehr besonderes werden sollte. So wurde er wider Willen zu einem wortmächtigen Zeugen. »Der Wald, in den ich im Frühjahr zog, würde ein anderer sein, wenn ich ihn im Herbst wieder verließ«, deutet Büscher schon am Anfang seines Buches an. Er spricht von »Plagen und Gewalten, die dem Wald ans Leben gingen«. Später erklärt er, was geschehen ist: »In diesem Sommer starb der Wald, unbetrauert von der Stadt. Sie, die das Wort Waldsterben erfunden hatte, bemerkte es nicht einmal, als es nun wirklich geschah.«[2]

Geschieht es wirklich? Stirbt der Wald? So schnell? So plötzlich?

Es waren jedenfalls katastrophale Monate, die im Grunde schon mit ungewöhnlich früh einsetzenden Herbst- und Winterstürmen begannen. Am 14. September 2017 fegte Sebastian über das Land, und dann folgten Xavier, Herwart, Burglind, um nur die stärksten zu nennen – und, am 18. Januar 2018, Friederike, der stärkste Orkan seit Kyrill im Jahr 2007. Friederike raste mit mehr als 200 Stundenkilometern über den Brocken und legte ganze Hangwälder flach. Zurück blieb ein Baummikado für Riesen. Die Aufräumarbeiten sind gefährlich, denn die Stämme liegen kreuz und quer übereinander und verhaken sich. Viele stehen unter Spannung und schnellen bei Entlastung »wie ein Pfeil nach links oder rechts«. Im Sauerland gab es Tote.[3]

Seit Friederike über das Land hinweggezogen ist, laufen alle, die mit den Wäldern zu tun haben, der Entwicklung hinterher. Denn auf die Stürme folgte ein denkwürdiger, ja historischer Sommer. 2018 wurde in Deutschland zum wärmsten Jahr seit Beginn der Wetteraufzeichnungen 1881. Laut Pressemitteilung des Deutschen Wetterdienstes machte »die Kombination von einem wärmsten und zugleich extrem trockenen Jahr [...] 2018 aus klimatologischer Sicht einzigartig«.[4] Die Situation spitzte sich zu.

Heute geht es dem Wald so schlecht wie noch nie zuvor: »Unzählige Bäume im deutschen Wald sterben. Der derzeitige Zustand ist eine noch nie dagewesene Katastrophe«, erklärt Birgit Kleinschmit, Forstwissenschaftlerin an der TU Berlin, die 2020 in den 15-köpfigen »Wissenschaftlichen Beirat für Waldpolitik« der Bundesregierung berufen wurde.[5] Auch die zuständige Ministerin für Ernährung und Landwirtschaft kommt nicht umhin, Klartext zu reden: »Wir haben eine Zäsur draußen im Wald«, erklärte Julia Klöckner anlässlich des von ihr im September 2019 einberufenen »Nationalen Waldgipfels«. »Jeder, der Augen und Ohren hat, sieht das«, sagte sie und sprach von einem »Krisengipfel« – der Klimawandel habe den Wald schneller getroffen als erwartet.[6]

Aus dem Mund von Michael Müller, Professor für Waldschutz an der TU Dresden, die in Tharandt eine der ältesten forstwissenschaftlichen Ausbildungsstätten der Welt betreibt, klingt das so: »Wir erleben gerade die schwerwiegendste Waldschaden-Situation seit Beginn der geregelten nachhaltigen Waldbetreuung und Waldbewirtschaftung, das heißt also seit mehr als 200 Jahren.« Drei Faktoren nennt Müller im Juli 2020 in Berlin, die dem Wald in Deutschland zu schaffen machen: Stürme, Trockenheit und massiver Schädlingsbefall, vor allem durch Borkenkäfer. Auch er betont: »Diese Kombination gab es bisher nicht.«[7]

Die Schäden haben historische Ausmaße erreicht. Der Waldzustandsbericht 2019 wies die geringste Zahl von Bäumen ohne Kronenverlichtung seit Beginn der Erhebungen aus. Nur noch ein Fünftel aller Waldbäume schien gesund. Die Absterberate aller Baumarten zusammen lag um das Zwei- bis Dreifache über den Werten der vergangenen 30 Jahre.[8]

Plötzlich ist es wieder da, das Wort, das uns schon vor Jahrzehnten ängstigte: Waldsterben. »Wir haben bei fast allen Baumarten täglich Hiobsbotschaften über Vitalitätsminderung und Schäden«, klagte Olaf Schmidt, Präsident der Bayerischen Landesanstalt für Wald- und Forstwirtschaft.[9] Bei durch den Wassermangel im Dürrejahr 2018 angeschlagenen Bäumen haben eingeschleppte Pilze, Stürme und vor allem Schädlinge wie die Borkenkäfer leichtes Spiel. Die großen Borkenkäferplagen, die in nordamerikanischen Wäldern unermessliche Schäden anrichteten, suchen nun auch die dürregeschwächten Bäume Mitteleuropas heim, besonders die Gemeine Fichte, den Brotbaum der deutschen Forstwirtschaft. Für viele Menschen ist Fichtenforst der Wald schlechthin, weil sie kaum etwas anderes kennen.[10] Fichten bilden allein ein Viertel des gesamten deutschen Waldbestandes.

Natürlicherweise ist *Picea abies* vor allem in Nord- und Nordosteuropa bis weit nach Asien hinein verbreitet. Sie mag es also eigentlich kühl bis kalt und ist deshalb bei uns, am Südrand ihres Verbreitungsgebietes, ein Baum der Berge. Mitteleuropas naturnahe Fichtenwälder liegen in den Alpen und Mittelgebirgen, machen aber nur einen geringen Anteil der tatsächlich vorhandenen Fichtenbestände aus. Im Tiefland haben Fichten eigentlich nichts verloren und reagieren auf schweren Böden mit ihrem flachen Wurzelteller empfindlich auf Hitze, Trockenheit und wechselnde Feuchte. Trotzdem wurde die Fichte dort im großen Stil gepflanzt, weil sie schnell wächst und guten Holzertrag liefert – wenn das Wetter mitspielt. Darauf ist aber nun kein Verlass mehr. Was jahrelange Appelle von Ökologen und

Naturschützern nicht vermochten, schafft der Klimawandel, schaffen ein, zwei Dürrejahre spielend. Die Tage der Fichte scheinen gezählt. Da sie in den Wäldern, neben der Kiefer, zahlenmäßig eine so überragende Rolle spielt, bedeutet das für den Wald und alle, die damit zu tun haben, einen tiefen Einschnitt.

Auch um Wolfgang Büschers Jagdhütte gab es Fichtenwald, und natürlich bekam er es in seinem Waldexil auch mit Borkenkäfern zu tun. Der Förster zeigte ihm ihre Larven und Fraßgänge im Bast unter der Rinde, Buchdrucker und Kupferstecher, Namen, die aus einer Künstlerwerkstatt zu stammen scheinen. Der Fahrer eines Harvesters, eines jener Ungetüme, die 40 Meter hohe Baumriesen in 60 Sekunden fällen, entasten und in exakt gleich lange Stücke zersägen, schickte Büscher ein nachts aufgenommenes Video auf das Smartphone. Es »erinnerte an Bilder von afrikanischen Heuschreckenplagen, aus Europa hatte ich Derartiges noch nicht gesehen. Der Schwarm flog und flog auf ihn zu, in seine Lichter hinein, taumelte auf seine Scheinwerfer zu, schwärzte die Windschutzscheibe, die Wischer arbeiteten die Käferleiber fort, Welle um Welle.«[11]

Der Wald starb. »Der gleiche Anblick, der gleiche Verlauf, wohin ich auch kam. Erst wurden die Kronen braun, dann ganze Bäume. Erst starben Individuen, hier und da braune Flecken im Grün, dann ganze Forste. Eine Weile noch stand das Holz aufrecht, dann stürzten erste Stämme ineinander. Ein Winter, ein Sturm noch, und Fichtenwälder wären Erinnerung. Noch im Frühjahr, als ich in die Hütte gezogen war, hatte das niemand für möglich gehalten, nun, im Sommer, war es unübersehbar.«[12]

In Baden-Württemberg ruft Landwirtschaftsminister Peter Hauk den Waldnotstand aus. Viele Zehnmillionen Festmeter Schadholz sind angefallen – und die Holzpreise im Keller. In Käferholz bilden sich schnell Trockenrisse, und es verliert dann an Wert, weil man daraus keine Bretter und Balken mehr fertigen kann. Für viele Waldbesitzer bedeutet das nicht nur wirtschaftlich eine Katastrophe.

Alexa Gräfin von Plettenberg, Diplom-Agraringenieurin und Vorsitzende eines Vereins von Waldbesitzerinnen, bewirtschaftet einen Wald, der seit 700 Jahren im Besitz ihrer Familie ist. »Wenn man seinen Wald liebt und die Arbeit von drei oder vier Generationen am Boden liegt, dann ist das unglaublich schwer zu ertragen«, erzählt sie in einem vom *ZEITmagazin* organisierten Streitgespräch unter dem Kronendach und zwischen den geschwärzten Stämmen einer Brandenburger Kiefernmonokultur, in der es 2018 heftig brannte. »Für manche Frauen aus unserem Verein war der Wald ihre Altersversorgung. Der Gewinn ist von 50 Euro pro Festmeter Fichte auf 9 Euro gesunken, ihre Rente sinkt entsprechend.« Egal, ob Waldbesitzerinnen oder -besitzer, sie alle müssen »jetzt das Holz fällen, das erst in den nächsten Jahrzehnten hätte auf den Markt kommen sollen«.[13]

Doch allein der Abtransport des Holzes kostet mehrere Milliarden Euro, wenn man ihn denn überhaupt bewältigen kann. Die von Käfern befallenen Bäume müssten möglichst schnell aus dem Wald entfernt werden, um die noch gesunden Bestände zu retten. Allein in Bayern sind das aber so viele, dass die vorhandenen Transportkapazitäten nicht ausreichen. »Oft können die toten Bäume aus großen Flächen nicht einmal mehr geerntet werden«, sagt Birgit Kleinschmit, »weil es zu teuer und für die Waldarbeiter durch herabstürzendes Totholz lebensgefährlich ist.«[14] In Sachsen und Sachsen-Anhalt ist die Bundeswehr ausgerückt, um zu helfen.[15]

In dieser Ausnahmesituation ist man natürlich froh über jeden Abnehmer und geht dabei in Anbetracht der Ursachen des Problems geradezu grotesk kontraproduktive Wege. Auf Containerlänge zurechtgesägt werden viele der Bäume nach China verschifft. Da die Chinesen große Angst vor einem Schädlingsimport haben, werden die Holzcontainer vorher mit Sulfurylfluorid begast, was in Hamburg nach einer Anfrage der LINKEN in der Bürgerschaft zu einem kleinen Umweltskandal führte. Seit den 1950er-Jahren ist der »akut toxische« Stoff zur Bekämpfung von Vorrats- und Holzschädlingen in Gebrauch, aber nun hat sich die Absatzmenge innerhalb eines Jahres vervierfacht. Sulfurylfluorid schont zwar die Ozonschicht, ist aber klimaschädlich, ein Treibhausgas, das nahezu vollständig in die Atmosphäre gelangt, wenn die Container nach der Begasung gelüftet werden. Ein Treibhausgas zur Bekämpfung von Treibhauseffekt-Schäden …[16]

Noch war das ganze Ausmaß der Schäden durch das Dürrejahr 2018 gar nicht absehbar, da hatte sich die Lage laut Deutschem Wetterdienst noch einmal »erheblich verschärft«. Von Nordrhein-Westfalen bis Brandenburg fiel in 2019 weniger als die Hälfte der üblichen Regenmenge, und auch das Jahr 2020 war in Mitteldeutschland und im Nordosten des Landes viel zu trocken. Noch nie seit Beginn der Messungen im Jahr 1961 war die gemessene Bodenfeuchte so niedrig. In dem vom Helmholtz-Zentrum für Umweltforschung (UFZ) eingerichteten »Dürremonitor« kann man den Wassermangel vor allem in tieferen Bodenschichten tagesaktuell verfolgen. Noch Anfang Februar 2021 zeigte er für große Teile Mittel- und Ostdeutschlands tiefrote Werte an, die für »außergewöhnliche Dürre« stehen.[17] Die Beiträge der Attributionswissenschaft ließen nicht lange auf sich warten: Beide Hitzewellen, sowohl in 2018 als auch in 2019, trügen in hohem Maße die Handschrift des Klimawandels.[18]

Die Tendenz wird weiter in diese Richtung gehen, das kann man der ersten Klimavorhersage bis zum Jahr 2029 entnehmen, die der Deutsche Wetterdienst (DWD) im März 2020 veröffentlicht hat. Danach werden die Temperaturen in Deutschland, regional unterschiedlich, um 1,5 °C bis 2 °C steigen. Und statt regelmäßiger Niederschläge werden lange Dürreperioden sowie wenige Starkregenereignisse vorhergesagt.[19]

An der TU München erforscht Allan Buras den Zustand des Waldes mithilfe zweier geostationärer Satelliten, Terra-MODIS[20] und Aqua. Er erzählt, dass vom Frühjahr 2019 an plötzlich auch Buchen ausgefallen seien, »etwas, was wir vorher noch nie in dem Ausmaß beobachtet haben«.[21] Buchenwälder, die natürlicherweise einen Großteil Mitteleuropas bedecken würden, weisen Schäden auf, wie sie noch nie registriert wurden. Betroffen sind auch Standorte, die Trockenheit eigentlich gewöhnt sein sollten. Es ist eben nicht nur die Dürre. Die Forstökologin Tanja Sanders vom Thünen-Institut für Waldökosysteme in Eberswalde vermutet: »Als Ursache können hier direkte Hitzewirkungen mit zu hohen Blatttemperaturen von über 42 Grad und Sonnenbrand an dünnrindigen Kronenzweigen angesehen werden.« Dabei war die Buche ein Hoffnungsträger, sie galt als ein Baum für den Wald der Zukunft.[22] »Wie gestresst Eichen und Buchen sind, sehen Sie an den vielen Früchten, die jetzt an den Bäumen hängen«, erläutert Steffen Rathke, Präsident des Deutschen Holzwirtschaftsrats. »Die Bäume glauben, dass sie verdursten. Bevor sie sterben, wollen sie sich noch vermehren. Wir haben jetzt das dritte Mastjahr in Folge.«[23]

Die Horrorzahlen über die Baumverluste mussten mehrmals nach oben korrigiert werden. Schließlich meldete die Deutsche Presse-Agentur im August 2020 aufgrund der von den Bundesländern in 2018, 2019 und 2020 bis zum Stichtag 30. Juni erhobenen Daten, dass nun nicht 245 000, wie bisher verlautet[24], sondern sogar 285 000 Hektar Wald wieder aufgeforstet werden müssten, gut zwei Prozent der gesamten Waldfläche in Deutschland – ein Gebiet, so groß wie das Saarland. Das kostet. Zusammen mit den Ländern stellt Julia Klöckners Ministerium 800 Millionen Euro zur Verfügung. Laut Pressemitteilung soll mit dem Geld der Abtransport von Schadholz, Wiederaufforstungen und die Fortführung des Umbaus zu klimaangepassten Mischwäldern unterstützt werden.[25]

Erinnern Sie sich an die Schilderung der Vegetationsentwicklung nach dem Rückzug der Gletscher (Kapitel 3)? Mussten Sie dabei vielleicht auch an den unter Dürre leidenden deutschen Wald denken? Zur Erinnerung: Es gab damals mehrere rasche Klimaveränderungen, sowohl mit steigenden als auch mit fallenden Temperaturen. Und wie reagierte der Wald? »Die Reaktionszeit von Wäldern lag durchgängig bei weniger als 20 bis 40 Jahren«, schrieb John Williams, »und oft gab es überhaupt keine messbare Zeitverzögerung.«[26]

Keine Zeitverzögerung ... Ein *regime shift* kann schnell kommen. Alle Untersuchungen aus den Zeiten der *Hyperthermals* oder des Gletscherrückzugs zeigen, dass die heute von Fachleuten geäußerte Sorge um den Wald keineswegs unbegründet ist, denn auch damals war Trockenheit einer der Hauptgründe, warum große natürlich entstandene Waldgebiete innerhalb kurzer Zeit regelrecht kollabierten.

Wie außergewöhnlich warm und trocken das Jahr 2018 war, wurde erst mit Verzögerung deutlich.[27] Attributionswissenschaftler berechneten für sieben europäische Großstädte, dass sich die Wahrscheinlichkeit für eine derartige Situation durch den Klimawandel um das Doppelte bis Zehnfache erhöht hat.[28] Wir erleben die Fortsetzung eines Trends, der schon in den 1980er-Jahren einsetzte. In den Ländern Deutschland, Österreich und Schweiz, der »DACH-Region«, fielen zehn der zwölf wärmsten Vegetationsperioden der letzten 120 Jahre auf die Zeit nach der Jahrtausendwende, mit 2018 als vorläufigem Höhepunkt. Bislang hielt das Jahr 2003 den Rekord als schlimmste Dürre der letzten 500 Jahre, doch das ist nun Geschichte. Die mittlere Temperatur während der Vegetationsperiode (*mean growing season air temperature*) von April bis Oktober lag im Jahr 2018 um 3,3 °C über dem 30-jährigen Mittel und um 1,2 °C über dem bisherigen Rekordjahr 2003.

Klimamodelle sagen für die DACH-Länder nicht nur steigende Temperaturen voraus, sondern auch sinkende Niederschläge, was bisher aber so noch nicht eingetreten ist. 2018 fiel in der Vegetationsperiode zwar wenig Regen, doch es war nicht weniger als 2003 und sogar deutlich mehr als in den Dürrejahren 1911 und 1947. Im gleichen Zeitraum stieg die Temperatur aber so stark, dass es für die Pflanzen unter dem Strich gefährlich eng wurde. Der hohe Wasserverlust der Bäume durch Verdunstung führte zur Bildung von Gasblasen in den Leitungsbahnen. Dadurch wurde der lebenswichtige Wasserstrom zwischen Wurzeln und Krone beeinträchtigt oder drohte abzureißen. Die Folge: Verfärbungen der Blätter, vorzeitiger Laubfall und Tod, und zwar nicht nur bei der Fichte, sondern bei vielen Baumarten in der ganzen DACH-Region, in ausgeprägter Form auch bei der Buche.

Bäume, die diesen für sie gefährlichen Sommer überstanden, waren deshalb noch lange nicht über den Berg. Sie waren angeschlagen, die Kronen schütter, ihre Widerstandskräfte geschwächt, und als dann ein weiteres trockenes Jahr anbrach, starben viele einen verzögerten Tod. Borkenkäfer werden von derart geschwächten Bäumen magisch angezogen, und im Erfolgsfall locken sie mit chemischen Botenstoffen weitere Käfer herbei. Gesunde Fichten wehren die Eindringlinge ab, indem sie ihnen einen Schwall Harz entgegenschicken. Die Tiere werden eingeschlossen oder verklebt und verenden. Stehen die Bäume jedoch unter Trockenstress, enthalten ihre Gewebe zu wenig Wasser, die Harzquelle versiegt und die Käfer haben freie Bahn. Verläuft der Winter mild, können Borkenkäfer im Verlauf einer Vegetationsperiode zwei oder gar drei Generationen hervorbringen. So bringt ein einziger stark befallener Baum Millionen der todbringenden Winzlinge hervor. Da milde Winter zur neuen Normalität gehören, befürchten Fachleute wie Andreas Bolte, Direktor des Thünen-Instituts für Waldökosysteme in Eberswalde, dass die Borkenkäferattacken noch jahrelang auf hohem Niveau weitergehen werden, besonders jene auf vorgeschädigte Fichten, die im Flachland und damit außerhalb ihres natürlichen Lebensraumes gepflanzt wurden.[29]

Geschwächte Buchen werden wiederum von Pilzen und einem deutlich größeren Insekt attackiert, dem Buchenprachtkäfer (*Agrilus viridis*), einem im Vergleich zu den Borkenkäfern grün-gold schimmernden Schönling, der allerdings bei Weitem nicht die gleiche Schadwirkung entfalten kann wie sein kleiner Verwandter. Auch für andere Prachtkäferarten, die Kiefern und Eichen befallen, könnten bei andauernder Trockenheit rosige Zeiten anbrechen.

Der Wald der Zukunft

2018 hat für die Klimakatastrophenjahre, die da noch kommen werden, neue Maßstäbe gesetzt. Unter den Fachleuten zweifelt niemand daran, dass wir in Zukunft weitere dieser »*hotter droughts*« erleben werden, dieser »heißeren Dürren«. Friederike Otto prophezeit, dass Sommer wie der in 2018 Mitte des Jahrhunderts die Normalität sein werden. »Schaffen wir es nicht, das Zwei-Grad-Limit des Pariser Klimaabkommens einzuhalten«, sagte sie dem Online-Magazin *klimareporter*, »gibt es dann sogar noch deutlich heißere Sommer. 2018 wäre kühl dagegen.«[30]

Weil sich das, was draußen in den Wäldern geschieht, wie eine Wiederkehr des Waldsterbens aus den 1980er-Jahren anfühlt, hat sich der Begriff »Waldsterben 2.0« eingebürgert – zum Bedauern vieler Wissenschaftler. »Wir raten davon ab, diese Terminologie zu benutzen, denn sowohl heute als auch in den 1980er-Jahren starben Bäume, keine Wälder«, schreibt eine große Gruppe von Forscherinnen und Forschern aus Deutschland und der Schweiz.[31] Die biologischen Folgen des Klimawandels sind ein *Bottom-up*-Prozess, der sich zunächst auf die Individuen auswirkt. Wenn dann im Ergebnis eine oder mehrere Baumarten das Feld räumen müssen, werden sie durch andere Arten ersetzt werden. Der Wald verändert sich, aber er stirbt nicht.

Allerdings haben wir es heute, vor allem in den geschädigten Beständen, mit einem Wirtschaftswald zu tun, und es ist klar, dass Waldbesitzer nicht auf diesen Prozess der natürlichen Waldveränderung warten können, um sich am Ende vom Ergebnis überraschen zu lassen. Sie werden nachhelfen, sprich: wieder aufforsten wollen, und zwar möglichst schnell, damit sich auf den Kahlschlägen kein Wildwuchs ausbreitet, der es den Jungbäumen schwer macht, sich durchzusetzen. Nur wie soll diese Aufforstung vonstattengehen und was soll gepflanzt werden?

Der bei uns eher als ›Wohlfühlförster‹ bekannt gewordene Peter Wohlleben nahm in einem Interview mit dem *Tagesspiegel* kein Blatt vor den Mund: »Das Thema Wald ist bei uns noch zu unreflektiert vom Lobbyismus geprägt. Deshalb versucht uns jetzt die Forstindustrie das Eingehen ihrer Plantagen als Klimakatastrophe zu verkaufen. [...] Ökologisch gesehen ist es keine Katastrophe, wenn es in Deutschland in 20 Jahren keine großen Kiefernforste wie zum Beispiel um Berlin mehr gibt.« Er verwies zudem auf »über 30 heimische Laubbaumarten, die das aktuelle Klima aushalten, wenn man sie einfach in Ruhe lässt«. Man könne die Natur nicht kaputtmachen.[32]

Auf mittlere und längere Sicht hat Wohlleben zweifellos recht. Natur wird bleiben. Den meisten Menschen dürfte es aber nicht egal sein, wie diese Natur beschaffen ist. Sie möchten die Natur erhalten, die sie kennen, und sind weniger an Lebensgemeinschaften interessiert, die nach einem mehr oder weniger chaotischen Übergang in 200 oder 300 Jahren einmal aus den Trümmern der alten Natur hervorgehen könnten.

Auf kürzere Sicht stimmt der Satz nicht, denn natürlich kann man sehr viel kaputtmachen. Bei dem vom *ZEITmagazin* organisierten Streitgespräch, in dem Gräfin von Plettenberg das Leid der Waldbesitzer beklagt, äußert sich Pierre Ibisch, Professor für Naturschutz an der Hochschule für nachhaltige Entwicklung im brandenburgischen Eberswalde, in einer Deutlichkeit, die von Fachleuten wie ihm selten zu hören ist: »Das Modell der Monokultur aus Kiefern und Fichten ist am Ende. Denn genau die verlieren wir sehr schnell durch Folgen des Klimawandels.

Und ich sehe tatsächlich extreme Szenarien: Es kann sein, dass diese Monokulturen in zehn, zwanzig Jahren nicht mehr stehen.«[33]

Deutschland ohne Fichten und Kiefern? Das würde uns der Hälfte unseres Waldes berauben. Genau das prophezeit auch Peter Wohlleben in einem Interview mit dem *Spiegel*.[34]

Und Pierre Ibisch legt nach: »Im schlimmsten Fall gibt es auf großen Flächen nur langsam nachwachsendes Gebüsch. [...] Wenn Sie meinen, ein Ende des Waldes sei unvorstellbar: In den südlichen Rocky Mountains können wir es schon beobachten. Auch dort haben Trockenheit und Brände den Wald in ungekanntem Ausmaß vernichtet. Oft fehlen schon die Samen, der Boden ist geschädigt, dann ist Schluss mit dem Wald.«[35]

Die Dimension der Schäden, die von der Dürre auch bei vielen einheimischen Laubbäumen wie Buche und Eiche verursacht worden sind, hat selbst die Fachleute überrascht. So einfach, wie Peter Wohlleben sich das vorstellt, wird es offenbar nicht werden. Vielleicht halten die mehr als 30 einheimischen Laubbaumarten, von denen er sprach, das aktuelle Klima aus, aber gilt das auch für das zukünftige? Außerdem geht es laut IUCN mehr als der Hälfte der 265 nur in Europa heimischen Baumarten nicht gut. Sie gelten als gefährdet oder sind kurz davor auszusterben.[36]

Der Wald wird sich grundlegend verändern, so oder so. Kein Wunder, dass zwischen Ökologen, Naturschützern und der Forst- und Holzwirtschaft ein erbitterter Streit darüber ausgebrochen ist, wie der Wald der Zukunft aussehen soll. Der Umbau der Holzplantagen zu artenreicheren Mischwäldern ist ja schon seit vielen Jahren im Gang, aber er erfolgt zu zögerlich, zu langsam. Und wir wissen viel zu wenig darüber, ob, wie und in welcher Geschwindigkeit der Wald sich selbst helfen könnte. Was käme dabei heraus?

Falsche Entscheidungen können teuer werden. Einen Hektar mit Eichenwald aufzuforsten, kostet 15 000 bis 20 000 Euro, und allein im Jahr 2018 sind nach Auskunft des Deutschen Forstwirtschaftsrats 500 Millionen gepflanzte Jungbäume vertrocknet.[37] Es geht um Richtungsentscheidungen, um eine Vielzahl von grundlegenden Fragen: Welchen Wald wollen wir und was wäre seine vorrangige Aufgabe? Wie lassen sich die große Nachfrage nach Holz und die Bewahrung eines stabilen, sich selbst erhaltenden und erneuernden Waldes, der wichtige Ökosystemleistungen zu erbringen hat, auf einen Nenner bringen? Sollen wir neue trockenheitstolerante Baumarten zum Beispiel aus dem Mittelmeergebiet oder anderen Kontinenten anpflanzen, obwohl gewachsene alte Baumgemeinschaften nachweislich stabiler sind als eine aus verschiedenen Ländern und Regionen stammende Baummischung, wie sie in dieser Zusammensetzung bisher noch nie und nirgends gewachsen ist? Kann uns der asiatische Blauglockenbaum helfen oder die Zerreiche aus Südosteuropa, sind Nordmann-Tanne, Douglasie oder Zeder die Rettung oder würden sie als invasive Arten unsere Probleme noch vergrößern? Müssen wir vielleicht zunächst einen Übergangswald aus Pionierarten pflanzen, um Zeit zu gewinnen? Sind wir Menschen überhaupt noch in der Position, einen neuen Wald zusammenzubauen, wie wir das über Jahrhunderte getan haben? Sollte die Gesellschaft Waldbauern in Zukunft dafür bezahlen, dass sie einen weniger ertragreichen, dafür aber stabileren Wald pflegen und erhalten?

Während die Forst- und Holzwirtschaft und die vielen Tausend Menschen, die von ihren Erträgen leben müssen, zunehmend von Sorgen und Zukunftsängsten geplagt werden, sehen viele Wissenschaftler in der durch die Dürrejahre ausgelösten Krise auch ein Gutes, bietet sie doch die Chance zu einem aus ihrer Sicht längst überfälligen und nun unaufschiebbaren Waldumbau. Wofür auch immer sich die Verantwortlichen in Politik, Wirtschaft und Wissenschaft entscheiden werden, die Konversion dieses Waldes, der uns über Generationen hinweg so viel bedeutet hat, wird für all jene, die von und mit ihm leben, nicht leicht.[38]

Das gilt auch für die Öffentlichkeit, die Menschen, die den Wald ›nur‹ als Erholungsraum nutzen. Abgesehen davon, dass Kahlschläge, meterhoch gestapeltes Stammholz und der Lärm schwerer Maschinen nicht das sind, was Wanderer und Spaziergänger suchen. Der kranke Wald birgt Gefahren. Zur aktuellen Situation erklärte der Deutsche Städte- und Gemeindebund (DStGB) am 27. April 2020: »Die Forstwirtschaft beklagt seit 2018 Sturm-, Dürre-, Borkenkäfer- und Waldbrandschäden in einem bisher nicht bekannten Ausmaß. [...] Trockene und abgestorbene Bäume entlang von Straßen und Wegen gefährden vielerorts die Verkehrssicherheit und in den Wäldern zudem die Arbeitssicherheit. Zum Schutz der Waldbesucher vor plötzlich herausbrechenden abgestorbenen Ästen und ganzen Kronenteilen müssen immer wieder Wege und teilweise auch ganze Waldgebiete gesperrt werden.«[39]

10
Heißere Dürren und die Macht der Extreme

Selten, aber heftig

Aus Sicht der *Climate Change Biology* sind an diesen Ereignissen vor allem die Macht und Gewalt der Extreme bemerkenswert. Vielleicht haben viele Menschen bisher angesichts der Klimaveränderungen gedacht: Na gut, es wird ein wenig wärmer werden, hin und wieder mit extremen Phasen, die unangenehm werden und richtig wehtun könnten. Aber das werden wir schon überstehen.

Die »heißere Dürre« der Extremjahre 2003 und 2018 sowie ihre Folgen zeigen jedoch, dass die Gefahr nicht so sehr von langsam steigenden Durchschnittstemperaturen ausgeht, sondern dass es genau diese Extremereignisse sind, die ungeahnte Konsequenzen haben können, die womöglich schnell und unerwartet irreversible Ereignisketten in Bewegung setzen und neue Tatsachen schaffen.[1] Sie wirken wie ein massiver Stoß, der uns um- und aus der Bahn wirft, und wie und wohin wir dann fallen, ist nicht zuletzt auch vom Zufall abhängig.

Das zeigte sich zum Beispiel in Untersuchungen der Universität Bayreuth. Auf Mähwiesen hatten Anke Jentsch, Jürgen Kreyling und Carl Beierkuhnlein »Zwillingsflächen« mit identischer Artenzusammensetzung angelegt und deren Entwicklung genau verfolgt.[2] Über Jahre lief sie in dieselbe Richtung – bis es im Dürresommer 2003 zur Zäsur kam. Plötzlich »gingen die Flächen unterschiedliche Wege«, berichtet Carl Beierkuhnlein.[3]

»Und auf demselben Boden, mit derselben Vorgeschichte, mit denselben Arten kann man auf eine Distanz von zehn Metern durch ein solches Extremjahr völlig unterschiedliche Entwicklungen sehen. Bis heute hat sich die Ähnlichkeit, die es vorher gab, bei diesen Zwillingspaaren von Flächen nie mehr eingestellt.« Für Modellierer, die die Zukunft mithilfe von Gesetzmäßigkeiten sowie Datensätzen und Entwicklungen aus der Vergangenheit zu prognostizieren versuchen, sei das eine schlechte Nachricht. »Wenn es solche stochastischen, zufälligen Entwicklungen gibt, die nicht deterministisch sind, dann kann ich auch die Zukunft nicht gut vorhersagen. Andererseits ist es aber auch eine gute Botschaft, denn sie bedeutet, dass durch solche Extremereignisse räumliche Vielfalt im Nebeneinander entstehen kann. Und räumliche Heterogenität ist ja eine andere Form von biologischer Vielfalt auf landschaftlicher Ebene. Das ist aber nicht modellierbar.«

»Der Wandel verläuft eben nicht linear«, sagt auch der Waldexperte Pierre Ibisch. »Drei, vier trockene Jahre hintereinander – plötzlich sind Tausende von Hektar betroffen, dann geht es mit der Austrocknung immer schneller. Als Menschen können wir diese Eskalation durch Rückkopplungen leider schlecht begreifen.«[4]

Das Interesse der Wissenschaft an klimatischen Extremereignissen hat seit einigen Jahren stark zugenommen, und Freilandbeobachtungen und groß angelegte Freilandexperimente haben ihre Bedeutung zum Teil bestätigt, aber auch zu überraschenden Erkenntnissen geführt. Oder hätten Sie gedacht, dass Pflanzengemeinschaften unter schwierigsten Bedingungen weniger auf Konkurrenz als vielmehr auf gegenseitige Förderung setzen? Oder dass Gräser sich an frühere Dürren ›erinnern‹ können? Solche ›vorbelasteten‹ Pflanzen produzieren mehr Biomasse als Individuen, die vorher keine Trockenheit erfahren haben. Erstaunlicherweise gilt das für die gesamte Vegetationsperiode, sogar dann, wenn sie nach der ersten Dürre gemäht wurden und neu ausgetrieben haben. Durch physiologische Veränderungen haben sie sich auch besser vor intensiver Sonneneinstrahlung geschützt.[5]

Anke Jentsch, Jürgen Kreyling und Carl Beierkuhnlein haben großen Anteil an dieser Neuausrichtung der Forschung. Dabei war ihr erster Antrag von der Deutschen Forschungsgemeinschaft noch mit der heute absurd klingenden Begründung abgelehnt worden, man könne die Auswirkungen des Klimawandels nicht experimentell untersuchen, man müsse sie in der Natur beobachten. »Das kann man sich so an die Wand hängen«, sagt Beierkuhnlein heute.[6]

Die drei beschlossen, das aufwendige Experiment trotzdem durchzuführen und aus den Mitteln ihrer Lehrstühle zu finanzieren. Anke Jentsch war damals als Juniorprofessorin neu in Bayreuth, deshalb standen ihr noch die Gelder für ihre Erstausstattung zur Verfügung. Die Wissenschaftler waren überzeugt von ihrem Konzept und formulierten im Titel eines Aufsatzes, in dem sie den Wissensstand zusammenfassten und ihr Experiment darstellten, den einprägsamen Slogan »*events, not trends*« (»Ereignisse, nicht Trends«) – eine einflussreiche Arbeit, die den großen und trägen Tanker Forschung in den folgenden Jahren weit über Deutschland hinaus in eine andere Richtung lenkte. Will sagen: Nicht (nur) die sich langsam verändernden Durchschnittswerte, auch und gerade einzelne Extremereignisse sind entscheidende Treiber der Wirkung eines Klimawandels auf die belebte Welt. Das hatte die Forschung lange Zeit vernachlässigt.[7]

Der Gedanke leuchtet sofort ein. Wird eine Badewanne über viele Stunden tropfenweise gefüllt, steigt der Wasserspiegel zwar langsam und stetig, doch es droht so lange keine Gefahr, bis die Wanne maximal gefüllt ist und ein Tropfen (und alle folgenden) sie zum Überlaufen bringt. Übertragen auf die Ozeane hieße das, dass den Küstenregionen noch viel Zeit bliebe, um sich auf die Überflutungen vorzubereiten, die dann auch nur langsam bedrohliche Ausmaße erreichen würden. Das gilt aber nur, solange sich auf der Wasseroberfläche nicht die kleinste Welle zeigt. Türmte ein einziger extremer Sturm das Wasser zu hohen Wellenbergen auf und drückte diese gegen die Küsten, würde es schon viel früher über den Rand der Deiche schwappen, und das in zerstörerischer Kraft und in Mengen, die weit größer wären als bei einem langsamen Überlaufen.

Welche Wirkung Extremereignisse auf eine Lebensgemeinschaft entfalten, hängt in hohem Maß davon ab, wann sie eintreten und in welchem Zustand sich die betroffenen Gemeinschaften zu diesem Zeitpunkt befinden. Der generelle Trend, das langsame Ansteigen der Temperaturen, sorgt dafür, dass sich einzelne extreme Ausschläge von Klimaparametern umso verheerender auswirken. Im fernen Tasmanien hatten jahrelange Hitze und Trockenheit einem Regenwaldrefugium so zugesetzt, dass im Jahr 2016 schließlich ein einziges extrem heftiges Gewitter im Westen der Insel mindestens 80 Feuer entfachte. Betroffen war auch die Tasmanian Wilderness World Heritage Area, in der zwei Arten von Schuppenfichten (*Athrotaxis*) wachsen, eine 150 Millionen Jahre alte Verwandtschaftsgruppe, die bereits auf dem alten Südkontinent Gondwana gedieh und heute nur noch in Tasmanien vorkommt. Die Bäume, die mehr als 1000 Jahre alt werden können, reagieren empfindlich auf Feuer und reproduzieren sich nur sehr langsam, sodass die Wälder sich möglicherweise nicht mehr erholen werden. Auch der Boden und seine organischen Bestandteile wurden so geschädigt, dass Begleitfauna und -flora zurückgehen. Da in Zukunft weitere Feuer erwartet werden, wurden Samen der Schuppenfichten eingelagert, um die Bäume vor dem endgültigen Aussterben zu bewahren.[8]

Wir wollen hier nicht im Detail die Frage erörtern, was genau unter Wetterextremen und klimatischen Extremereignissen zu verstehen ist und wie sie von den eher langfristigen Trends abzugrenzen sind. Für den IPCC, den Intergovernmental Panel on

Climate Change (»Weltklimarat«), sind Extremereignisse typischerweise selten und treten kleinräumig auf. Sie sind dabei meist von relativ kurzer Dauer, aber mit einem raschen Anstieg bzw. Abfall einer Klimavariablen verbunden.

Das Wort »extrem« sorgt in der Öffentlichkeit sofort für Aufmerksamkeit, deshalb ist besonders in den Medien die Versuchung groß, es häufiger zu verwenden, als es eigentlich angebracht wäre. In wissenschaftlicher Hinsicht ist es aber schwer zu fassen, denn welches Ereignis als extrem einzustufen ist, hängt natürlich vom Umfeld, den betrachteten Pflanzen- und Tierarten und vom Zeithorizont ab. Eine Jahrtausenddürre dauert in Ungarn 90 Tage, im viel regenreicheren österreichischen Bergland nur gut 30. Außerdem: Was als extrem zu gelten hat, ändert sich im Zuge des Klimawandels – im Sinne einer fortlaufenden Verstärkung. Die Dürre und Hitzewelle 2018, die als ›extremstes‹ Ereignis dieser Art in den vergangenen 500 Jahren galt, werde, so Friederike Otto im Interview mit dem Onlinemagazin *klimareporter*, schon Mitte dieses Jahrhunderts als »ganz normaler Sommer« durchgehen.

Wandel durch Extreme

Ob Dürren, Starkregen und Überschwemmungen, extreme Hitze oder Kälte, Spätfröste, Stürme und Hurrikans – dieses Horrorkabinett der Wetterextreme gab es auch, bevor die Diskussionen über einen menschengemachten Klimawandel begannen, und natürlich waren derartige Ereignisse schon immer ein Grund, warum lokale Populationen von Tier- oder Pflanzenarten ausgelöscht wurden.[9]

Doch es ist eine der Kernaussagen der Klimaforschung, dass solche Extremereignisse mit den steigenden Temperaturen des Klimawandels in Frequenz und Intensität zunehmen werden, und schon heute befassen sich sowohl die Öffentlichkeit als auch die wissenschaftliche Forschung stärker mit extremen Klimaereignissen, weil sie kaum noch zu übersehen sind. In Mitteleuropa hat sich die Dauer von Hitzeperioden in den vergangenen 120 Jahren verdoppelt, die Wahrscheinlichkeit starker Niederschläge ist in manchen Regionen erheblich gestiegen, Waldbrände wüten mit immer verheerenderer Gewalt in Kalifornien, Australien, Schweden und Sibirien, auch marine Hitzewellen und Totzonen scheinen zuzunehmen.[10]

Extremereignisse können ganze Ökosysteme destabilisieren wie im Falle der Forste oder sich nur auf einzelne Arten oder Artengemeinschaften auswirken. Zum Beispiel in Norditalien, wo es mit den steigenden Temperaturen zu einer verstärkten Ausbreitung des Pinien-Prozessionsspinners kam. In den italienischen Alpen traten die Raupen im Verlauf der letzten 30 Jahre in immer größerer Höhe auf. Doch allein ein Drittel dieser Ausbreitung fand im Hitzejahr 2003 statt, wahrscheinlich, weil außergewöhnlich laue Nächte die Weibchen des Falters zu ausgedehnten ›Höhenflügen‹ animierten.[11]

In Polen dagegen ließen schwere Überschwemmungen fast einen ganzen Jahrgang von Weißstorchküken verhungern. Im Golf von Mexiko und entlang der amerikanischen Ostküste sind es die Hurrikans, die jedes Jahr aufs Neue für Turbulenzen sorgen. Auch wenn Forscher der University of Wisconsin letztlich zu dem Ergebnis kamen, dass der dortigen Vogelfauna auch bei einer Zunahme der Wirbelstürme keine Krise bevorstehe, solange ringsum genug Wälder erhalten blieben, in die sich die Vögel zurückziehen könnten, zeigten ihre Untersuchungen vor und nach Durchzug von Hugo, Bob, Earl und Georges, dass diese Hurrikans die Vogelwelt zum Teil auf Jahre hinaus durcheinandergewirbelt haben. Besonders die Vogelarten, die hoch oben in den Baumkronen und auf mittlerer Höhe nisten, waren betroffen, und es dauerte bis zu fünf Jahre, bis dort wieder eine Vogelwelt lebte, wie man sie vor den Wirbelstürmen gekannt hatte.[12]

Australiens Fauna und Flora waren schon immer einem sehr variablen Klima ausgesetzt. Doch einige Extremereignisse der letzten Jahre überforderten ihre Widerstandskraft und führten zu teils drastischen biologischen Konsequenzen wie dem hitzebedingten Massensterben der Flughunde (Kapitel 5). Vor der südwestaustralischen Küste trieb im Jahr 2011 die schlimmste marine Hitzewelle seit mehr als 140 Jahren ausgedehnte Kelpwälder in einen *regime shift*. Schon ein paar Jahre früher war ein Eukalyptuswald entlang Australiens längstem Flusssystem abgestorben, an der Küste gingen Mangrovenwälder ein. Auch hier waren jeweils Dürren von bis dahin unbekannter Intensität vorausgegangen.[13]

Doch die Wirkung von Extremereignissen kann noch tiefer gehen. Indem sie starken Selektionsdruck erzeugen, setzen sie evolutionäre Prozesse in Gang. Viel weiß man nicht darüber, denn Extremereignisse sind per definitionem selten und deshalb schwer zu untersuchen. Das Forscherehepaar Rosemary und Peter Grant, das mit seinen jahrzehntelangen Untersuchungen an den Darwinfinken der Galapagosinseln Weltruhm erlangte, hat trotzdem einige Beispiele zusammengetragen. Dabei betonen die Grants, dass extreme Wetterereignisse Evolution nicht unmittelbar verursachen; sie setzen aber die Rahmenbedingungen, die evolutive Entwicklungen vorantreiben.[14]

Extremereignisse können auch biologischer Natur sein oder ihre Wirkung über von ihnen ausgelöste biologische Prozesse erst mit erheblicher Zeitverzögerung entfalten. Das Aussterben von Arten, die explosive Ausbreitung biologischer Invasoren und Veränderungen der Artenzusammensetzung – all das setzt die Übriggebliebenen sofort einer starken Selektion aus. Nahrungspflanzen oder Beutetiere könnten plötzlich Mangelware geworden sein, Parasiten oder Konkurrenten überhandnehmen. Im Untersuchungsgebiet der Grants, der kleinen Galapagosinsel Daphne Major, führten extreme Niederschläge oder Dürren jeweils zu Veränderungen der Vegetation, die ihrerseits Verschiebungen unter den Finkenarten nach sich zogen, weil stets die Vögel im Vorteil waren, die aufgrund ihrer Schnabelform das veränderte Samenangebot am effektivsten verwerten konnten.

Was auf uns und die Lebensgemeinschaften der Erde zukommt, kann ein einfaches Diagramm[15] sehr anschaulich verdeutlichen: Trägt man die Wahrscheinlichkeit auf, mit der bestimmte Werte einer Klimavariablen erreicht werden, erhält man eine klassische Glockenkurve, mit den flach und spitz auslaufenden Extremen rechts und links und den Ereignissen mittlerer Ausprägung und größerer Wahrscheinlichkeit in der Mitte.

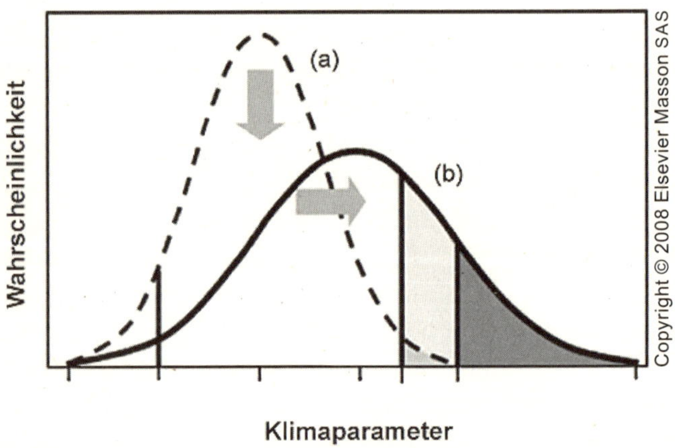

Klimamodelle prophezeien, dass sich die gestrichelte Kurve parallel zur x-Achse verschieben wird. Im Falle der Temperatur, zum Beispiel während der Vegetationsperiode von April bis Oktober, ist die Kurve schon ein Stück nach rechts gewandert und wird dies weiter tun; der zukünftige Mittelwert mit der höchsten Auftrittswahrscheinlichkeit wird rechts vom alten Mittelwert liegen. Gleichzeitig steigt aber auch die Variabilität, das heißt, ehemals seltene Ereignisse werden künftig etwas häufiger und früher sehr häufige werden seltener auftreten. Die neue Kurve verläuft flacher und ist im Vergleich zur alten etwas in die Breite gezogen.

Die durch verschiedene Grautöne hervorgehobenen Flächen zeigen nun, was geschieht: Ereignisse mit extremen Werten eines Klimaparameters, die bislang sehr selten waren, repräsentiert durch die rechts flach auslaufende Spitze der alten Kurve, werden nun mit wesentlich höherer Wahrscheinlichkeit auftreten (hellgraue Fläche darüber). Zusätzlich gibt es einen relativ breiten dunkelgrau dargestellten Bereich, in dem der Parameter Werte erreicht, die vorher nie zu beobachten waren, und das sogar mit einer Wahrscheinlichkeit, die deutlich über den extremsten Werten der alten Kurve liegt. Natürlich übertreibt die Grafik die Veränderungen, um die Kernaussagen deutlich zu machen, aber was sie darstellt, ist klar: Bei zukünftigen Extremereignissen wird es gefährlich, in seltenen Fällen werden sie sogar in ganz neue Bereiche vorstoßen. Wie werden die Tier- und Pflanzengemeinschaften darauf reagieren?

Experimente

Eine Möglichkeit, dies herauszufinden, besteht darin, extreme Ereignisse in Experimenten mit real existierenden oder künstlich zusammengestellten Lebensgemeinschaften zu simulieren. Gegenüber Beobachtungen bietet dieser Ansatz zwei Vorteile. Das Kind ist nicht schon in den Brunnen gefallen, sprich: Konkrete Schäden sind noch nicht eingetreten, sodass sich vielleicht Möglichkeiten ergeben, sich darauf vorzubereiten und die Effekte abzumildern. Und: Art und Intensität der Extremereignisse sowie die Zusammensetzung der betroffenen Organismengemeinschaften können genauer kontrolliert werden.

Simulierte Dürren wurden auf diese Weise am häufigsten untersucht, mit – wie fast immer – artspezifischen Reaktionen und durchaus widersprüchlichen Resultaten. Es zeigte sich aber, dass Pflanzen eine bloße Reduktion der Regenmengen bei gleichbleibender Regenhäufigkeit eher verkraften, als wenn die gleiche Wassermenge mit höherer Variabilität verabreicht wird, also auch längere Phasen der Trockenheit und einige Starkregen auftreten.[16]

Wir denken immer an Dürren, weil wir sie gerade hautnah erleben. Carl Beierkuhnlein weist aber darauf hin, dass es »mit dem Klimawandel eher zu mehr als zu weniger Niederschlägen kommen wird, einfach weil wir durch die höheren Temperaturen mehr Wasser in der Atmosphäre haben. Das verteilt sich nur sehr ungleich. In unseren Breiten kann es tatsächlich sein, dass wir mehr Trockenheit bekommen, aber in vielen Gegenden der Welt, vor allem in den inneren Tropen, werden die Niederschläge sich teilweise verdoppeln, dort, wo es eh schon viel regnet. Das sind dann ganz neue Herausforderungen. Wie wird ein Ökosystem mit hoher Vielfalt, ein Regenwald in Ecuador zum Beispiel, mit solchen extremen Niederschlägen, die zumindest in den letzten zehntausend Jahren nicht aufgetreten sind, zurechtkommen?«[17]

Welcher Aufwand getrieben werden muss, um bei uns derartige Fragen zu bearbeiten, verdeutlichen die EVENT-Experimente an der Universität Bayreuth, die Mitte der 2000er-Jahre begannen und seitdem in immer neuen Varianten fortgeführt werden. Zusammen mit vielen freiwilligen Helfern legten Anke Jentsch, Jürgen Kreyling und Carl Beierkuhnlein nach einem ausgeklügelten System 150 zwei mal zwei Meter messende Versuchsflächen an, die mit unterschiedlichen Kombinationen von jeweils 100 einheimischen Gras- und Heidepflanzen bestückt wurden.

»Wir haben über den Winter achtundzwanzigtausend Pflanzen vorgezogen, im botanischen Garten«, erzählt Carl Beierkuhnlein. »Es gab für die Untersuchungsflächen eine Schablone mit Löchern, an denen stand: Hier muss das gepflanzt werden, da muss das rein, um wirklich die räumliche Verteilung und die Individuenzahl der Pflanzen absolut zu standardisieren. Um zu garantieren, dass die Pflanzen auch da sein werden.« Bei der Verwendung von Samen wäre das nicht gewährleistet gewesen, weil je nach Bedingungen die eine Art besser, die andere schlechter keimt und manche gar nicht auflaufen. »Dann haben wir versucht, das Problem der Bodenheterogenität auszuschließen. Auf der gesamten Fläche wurde der Boden anderthalb Meter tief ausgekoffert, mit einem Bagger, dann haben wir Drainagen reingelegt, ein Tiefbett, eine Isolation, darauf einen einheitlichen Substrataufbau aus einer Sandgrube, darin eingebettet Mess- und Heizmöglichkeiten. Wir haben eigentlich ein Gebäude unter der Erde erstellt, bevor wir die Pflanzen eingesetzt haben. Ich kenne kein anderes Experiment, das ähnlich standardisiert war wie dieses EVENT-1-Experiment.«

In den Versuchsbeeten konnten nun über mehrere Jahre hinweg durch bewegliche Beregnungsanlagen, Regenschutzdächer und im Boden verlegte Heizdrähte verschiedene Wettersituationen simuliert werden – beispielsweise Jahrhundert- oder gar Jahrtausenddürren, Starkregen, verschiedene Tau-Gefrierzyklen. Die über- und unterirdischen Teile der so traktierten Pflanzen konnten dann im Anschluss genau untersucht werden; insgesamt maßen die Forscher 32 verschiedene Parameter, von der oberirdischen Primärproduktion bis zur Wurzellänge und Mikrobenbiomasse im Boden.[18]

In drei aufeinanderfolgenden Jahren wurde ein Teil der Untersuchungsflächen im Juni, also mitten in der Vegetationsperiode, einer Jahrhundertdürre ausgesetzt. Die Dauer dieser Dürre errechneten die Wissenschaftler auf der Basis von historischen Wetterdaten; sie betrug 32 Tage. Danach kam es für die Versuchspflanzen noch dicker: In den Jahren vier und fünf wurde die Dürrephase auf 42 Tage verlängert – ein Jahrtausendereignis. Dazu gab es Kontrollflächen, die die Versuche gleich in dreifacher Hinsicht absichern sollten: solche, die ohne irgendwelche Eingriffe dem Wetter dieser Jahre ausgesetzt waren, andere, in denen das Durchschnittswetter der letzten Jahrzehnte simuliert wurde, und schließlich eine dritte Gruppe von Parzellen, die sicherstellte, dass die Regenschutzdächer nicht wie Treibhäuser wirkten.

Der mitteleuropäische Wald, vor allem der aus Fichtenmonokulturen, reagierte auf ein einziges Extremjahr sehr empfindlich. Im Bayreuther EVENT-Experiment geht es jedoch aus naheliegenden Gründen nicht um Wald, sondern um Grünland, das in Deutschland ein knappes Drittel der landwirtschaftlich genutzten Fläche ausmacht. Wie im Fall der Fichtenforste handelt es sich bei Wiesen und Weiden um von Menschen geschaffene Ökosysteme, die nur durch Mahd oder Beweidung erhalten bleiben. Im Experiment wurden häufige und wichtige Grünlandarten wie das Weiße Straußgras (*Agrostis stolonifera*), der Wiesen-Storchschnabel (*Geranium pratense*), Gewöhnlicher Glatthafer (*Arrhenatherum elatius*) und Wolliges Honiggras (*Holcus lanatus*) gepflanzt. Wie würde es diesen kleinen Modell-Grünlandflächen in extremen Dürrejahren ergehen?

Das Maß aller Dinge ist im Grünland die oberirdische Biomasseproduktion, also das, was nach der Mahd in den Schobern der Landwirte oder in den Mägen des Weideviehs oder anderer Herbivoren landet. Entsprechend üblicher landwirtschaftlicher Praxis wurden die kleinen Versuchswiesen zweimal im Jahr gemäht und auf fünf Zentimeter Länge zurückgeschnitten. Danach wurde aber nicht nach bäuerlicher, sondern nach wissenschaftlicher Methodik weiter verfahren. Die Pflanzen wurden nach Arten sortiert, bis zur Gewichtskonstanz getrocknet und gewogen. Und siehe da: Obwohl die Versuchsflächen in mehreren aufeinanderfolgenden Jahren schweren und schwersten Dürreereignissen ausgesetzt waren, erbrachten alle über den gesamten Untersuchungszeitraum von fünf Jahren in etwa den gleichen Biomasseertrag.

Das war ein überraschendes Ergebnis, auch für die Forscher. Natürlich hatte man kontinuierlich die Bodenfeuchte gemessen, und es war klar, dass die Dürre im Boden angekommen war; allerdings ist der Zusammenhang zwischen Regen und der sich daraufhin einstellenden Bodenfeuchte keineswegs so einfach, wie man das sich vielleicht vorstellt. »Die Transformation eines Niederschlagspulses zu einem erhöhten Gehalt an Bodenwasser, das für Pflanzenwurzeln und anderes Bodenleben verfügbar ist, kann komplex sein«, schreiben Anke Jentsch und Kollegen.[19] Diese Transformation hängt von einer Vielzahl von Faktoren ab, etwa von Bodentiefe und Bodentextur, dem Gehalt an organischer Substanz, dem Vegetationstyp, der Bodenoberfläche, um nur einige zu nennen. Auch die Wiedervernässungsdynamik durch Niederschläge nach einer Dürre ist noch lange nicht verstanden.

Halten wir fest: Der Boden war nach 32 oder gar 42 Tagen ohne Regen merklich und messbar trockener geworden. Doch nicht nur die oberirdische, auch die unterirdische Biomasse, gemessen als Länge der von den Pflanzen gebildeten Wurzeln, zeigte sich davon unberührt. Auch das Verhältnis von oberirdischen zu unterirdischen Pflanzenteilen (die sogenannte *shoot/root ratio*) hatte sich kaum verändert. Man sah den Pflanzen durchaus an, dass sie eine harte Zeit hinter sich hatten: Die Seneszenz hatte für das Absterben vieler Blätter gesorgt. Sie waren vielleicht unansehnlich – jeder kennt die braunen Wiesenflächen der letzten Jahre –, aber keine der eingesetzten Arten zeigte letale Reaktionen, und die Produktivität der Pflanzengemeinschaft insgesamt war ungebrochen. Und das nach zwei Jahren mit einer sommerlichen Jahrtausenddürre.

Im Vergleich zum Wald zeigte sich das Grünland also ausgesprochen widerstandsfähig. Doch unter dieser scheinbar dürreresistenten Oberfläche hatte sich eine Menge getan. Fast alle während des Experiments gemessenen Parameter hatten sich verändert: die Phytosyntheseaktivität der Pflanzen, der Gasaustausch über ihre Blätter, die Nährstoffaufnahme, die Häufigkeit pflanzenfressender Insekten und von außen eindringender Pflanzen, vor allem aber das ›Zwischenpflanzliche‹, wenn man es so nennen darf, die Wirkung, die die Versuchspflanzen aufeinander ausübten, hinsichtlich sowohl der Konkurrenz als auch der sogenannten Fazilität, des fördernden Einflusses auf die pflanzlichen Nachbarn. Offenbar hatte das klimatische Extremereignis in und zwischen den Pflanzen eine Reihe von regulativen Prozessen angestoßen, während die Produktivität erhalten blieb.[20]

Etwa, *damit* die Produktivität erhalten blieb? Dieser Eindruck drängt sich auf, aber natürlich ist das sehr menschlich gedacht. Pflanzengemeinschaften haben keine Ziele. Aber könnte nicht trotzdem etwas dran sein?

Anke Jentsch findet diesen Gedanken gar nicht so abwegig. »Bei langjährigen Gemeinschaften wie dem Grasland, wo die Lebensspanne der einzelnen Arten mehrere Jahrzehnte beträgt, ist das Ziel nicht, sofort zur Reproduktion zu kommen, sondern auf lange Sicht Wachstum aufrechtzuerhalten, Reproduktion zu ermöglichen, auch Interaktion mit Insekten. Ich würde das ›etablierte Konkurrenzgleichgewichte‹ nennen, die sich entwickeln, und diese Gleichgewichte will man natürlich aufrechterhalten. Das heißt, wenn sich in Gemeinschaften einzelne Biomasseanteile oder oberirdische Dominanzmuster verändern, dient das letztlich der Stabilität des Ganzen. Dass einzelne Mitglieder der Gemeinschaft verloren gehen, oder gar das evolutionäre Aussterben ist nicht Teil des Programms.«

Wenn das geschieht, wenn einzelne oder sogar viele Mitglieder einer solchen Gemeinschaft ausfallen, übernehmen rasch einige wenige Arten das Kommando; zum Teil dominieren auch von außen eindringende invasive Pflanzen die ganze Fläche, das hatten die Bayreuther Forscher in anderen Experimenten beobachtet.

Wie können viele Arten in einer definierten kleinen Fläche mit begrenzten Ressourcen koexistieren? Entscheidend ist die Möglichkeit zur Reorganisation auf Gemeinschaftsebene. Es geht um das erwähnte Konkurrenzgleichgewicht, das sich zwischen den Arten einspielt und das allen Mitgliedern der Gemeinschaft Wachstum und Reproduktion erlaubt. Die Zauberworte heißen »Komplementarität« und »Ressourcenaufteilung«.

»Es kommt auf die funktionelle Rolle an, die einzelne Arten in diesen Pflanzengemeinschaften ausfüllen«, sagt Anke Jentsch. »In den Wiesen haben wir ja manche Arten, die bilden Rosetten, manche sind niedrigwüchsig, andere sind hochwüchsig, haben ihre Blütenstände ganz weit oben. Manche wurzeln flach, andere tief, es gibt Frühblüher und Spätblüher. Diese komplementäre Einnischung erlaubt es, die vorhandenen Ressourcen unterschiedlich und deswegen komplett zu nutzen.«

So blieben als sichtbarste Folge des Dürrestresses auf den Bayreuther EVENT-Flächen die braunen Blätter, das abgestorbene Gewebe. Doch auch hier gab es interessante Unterschiede. In manche Versuchsflächen hatten die Forscher nur zwei Grasarten gepflanzt, in andere neben den Gräsern auch zwei Arten von krautigen Pflanzen, und in einer dritten Variante kam eine Leguminose dazu, eine Pflanze, die über Knöllchenbakterien in den Wurzeln Luftstickstoff verwerten kann. Je größer nun die Vielfalt pro Versuchsfläche war, desto vitaler sahen die Pflanzen aus, desto geringer war die Menge an abgestorbenem Gewebe. Genau das gleiche Ergebnis erhielten die Forscher, wenn sie die Pflanzen statt einer Dürre einem Jahrhundertstarkregen aussetzten. Auch wenn es eine experimentell begrenzte Vielfalt war – ›natürliches‹, extensiv gepflegtes Grünland ist Heimat von wesentlich mehr Pflanzenarten –, so entpuppte sie sich in diesen Experimenten zum Klimawandel einmal mehr als eine Art Lebensversicherung für die Gemeinschaft, sie wirkte wie eine Stärkung ihres Immunsystems.[21]

»Die Natur ist voller mutualistischer Netzwerke, die zur Stabilisierung von Lebensgemeinschaften beitragen«, sagt Carl Beierkuhnlein. »Wir sehen immer nur die einzelne Pflanze oder die einzelne Art, aber das Überleben wird am besten gesichert, wenn man mit anderen kooperiert und wenn man es evolutiv ›gelernt‹ hat, von anderen zu profitieren und sie nicht zu verdrängen. Das ist ja eines der großen Geheimnisse in der Biodiversität überhaupt, dass die ökologische Komplexität sich zu einem ganz starken Teil aus Anreizen für andere ergeben hat. Man bietet Pollen, Nektar, Wurzelexsudate, man fixiert Stickstoff, der dann dem ganzen System zugutekommt. Diese ganzen positiven Interaktionen nehmen mit der Artenzahl zu.«

»Wie kann man Nachhaltigkeit, also fortgesetzte Leistungsfähigkeit von Ökosystemen trotz sich ständig ändernder Rahmenbedingungen, eines sich verändernden Klimas fördern?«, fragt Anke Jentsch. »Eine Erkenntnis aus den Experimenten, aber auch eine generelle Erkenntnis, wie Gesellschaft organisiert ist, lautet, dass man Selbstorganisation und Flexibilität fördern muss. Und dazu gehört, die vorhandene Vielfalt zu erhalten, die sich in erster Linie durch die Komplementarität der Eigenschaften definiert. Artenvielfalt zu fördern, das ist jenseits von Schönheit, das ist eine pure Notwendigkeit, um den Herausforderungen der Zukunft begegnen zu können, die ja mit Unvorhersehbarkeiten und Unsicherheit verbunden sind.«

Das sollte Konsequenzen für die landwirtschaftliche Praxis haben. »Es muss Bereiche geben«, sagt Anke Jentsch, »wo Hochleistung durch Monokultur möglich ist und gezielt gefördert wird, um auf anderen Flächen eher einer langfristigen Schutzstrategie durch Vielfalt zu folgen. Ertragseinbußen müsste man dort in Kauf nehmen. Momentan geht es nicht darum, für alles die gleiche mediokre Lösung zu finden, sondern in der Fläche Schwerpunkte zu setzen. Weil die Hochleistungssysteme stärker einbrechen als die extensiven Flächen. Die sind dann wie Versicherungssysteme in der Landschaft.«

Auch ein vielfältiger Wald, in dem viele Baumarten und Individuen unterschiedlichen Alters wachsen, wird sich, so die einhellige Meinung der Forstwissenschaftler, gegenüber Klimaveränderungen und Extremereignissen widerstandsfähiger zeigen als die Fichtenmonokulturen. Für alle Vegetationstypen gilt das allerdings nicht. Die im Rahmen des EVENT-Experiments angelegten Heideparzellen zeigten die gegenteilige Reaktion. Sie waren in der einfachen Variante mit Heidekraut (*Calluna vulgaris*) und Blaubeeren (*Vaccinium myrtillus*) bepflanzt worden; in den diverseren Flächen kamen zwei Gräser und schließlich noch eine Leguminose hinzu. Doch statt sich mit steigender Vielfalt robuster zu zeigen wie die Grünlandflächen, reagierten die Heideflächen auf Starkregen gar nicht und sahen nach Dürreeinwirkung am besten aus, wenn dort nur Heidekraut und Blaubeeren wuchsen. Mehr Pflanzenarten bedeutete hier mehr abgestorbenes Gewebe.

Auch das war ein überraschendes Ergebnis. Warum ausgerechnet die Zwergsträucher, die einen ganz anderen Pflanzentyp repräsentieren und in ihrer Lebensstrategie auf Langlebigkeit und Stabilität durch Verholzung setzen, so ›verstimmt‹ auf pflanzliche Nachbarn reagierten, erklären sich die Forscher durch das überlegene Konkurrenzverhalten der Gräser: Sie beuten die Ressourcen zügig aus und sterben rasch zurück, wenn die Verhältnisse für sie ungünstig werden, reduzieren also durch Seneszenz der Blätter ihre Biomasse auf einen für den Neuaustrieb erforderlichen Rest. Auch in der Natur verdrängen sie die Zwergsträucher, wenn der Boden gut mit Stickstoff versorgt ist.[22]

Für die EVENT-Experimente wird in Bayreuth seit Jahren großer Aufwand getrieben. Und doch geht es hier ›nur‹ um einen Standort, um einen Bodentyp, um ein bestimmtes, nämlich das mitteleuropäische Klima und eine begrenzte Auswahl an Pflanzenarten. Es gibt aber viele Arten von Grünland und diverse andere Ökosysteme. Was im Frankenland gilt, muss nicht auch für chinesische oder argentinische Wiesen gelten, obwohl europäische Futtergräser in die ganze Welt exportiert wurden und heute von Rinderherden auf allen Kontinenten abgeweidet werden. Trotzdem liefern Experimente in anderen

Gegenden der Welt andere, auch widersprüchliche Ergebnisse. Die Forscherinnen und Forscher sind sich dieser Einschränkungen natürlich bewusst.

Anke Jentsch sagt: »Inzwischen sind diese Experimente in weltweite Netzwerke eingebunden. Über sechs Kontinente und hundert Länder hinweg werden ähnliche Experimente durchgeführt, um zu verstehen, warum manche Ökosysteme auf Auslenkung besonders sensibel reagieren und andere stabil bleiben. Dabei ist es ganz wichtig, dass man von den einzelnen Arten abstrahiert und sie über ihre funktionellen Eigenschaften definiert. Diese funktionelle Perspektive setzt sich gerade komplett durch. Alle Wissenschaftler in dem Bereich folgen einer *Open-science*-Philosophie, das heißt, alle Daten, die erhoben werden, werden sofort in allgemein verfügbare Datenbanken hochgeladen. Wir können also auf Datensätze von anderen Experimenten zugreifen und damit ganz grundlegende Fragen bearbeiten.«

DroughtNet, the Nutrient Network, HerbDivNet, DarkDiversity und TRY heißen diese Netzwerke. Seit Jahren werden im Zusammenhang mit Maßnahmen gegen den Klimawandel gemeinsame Anstrengungen der Weltgemeinschaft gefordert – in der Wissenschaft ist das bereits Alltag.

Im Jahr 2019 veröffentlichten mehr als 50 Forscherinnen und Forscher aus der ganzen Welt eine Arbeit, in der sie nach Gemeinsamkeiten im Ausgang ihrer Freilandexperimente suchten, die 3 bis 31 Jahre gedauert hatten. Alle Kontinente außer der Antarktis waren vertreten, mehr als 100 Experimente an 52 Standorten von Brisbane über Buenos Aires und Beijing bis nach Bayreuth. Allein die Adresse der beteiligten Forschungseinrichtungen füllte eine ganze Seite der renommierten *Proceedings of the National Academy of Sciences*, ein Unterfangen, das es so noch nie gegeben hatte und das unterstreicht, wie wichtig man derartige Untersuchungen mittlerweile auf der ganzen Welt nimmt.[23]

Veränderungen der untersuchten Pflanzengemeinschaften standen im Fokus dieser großen Metastudie; sie lieferte aber auch eine mögliche Erklärung für die erstaunliche Trockenheitsresistenz der Bayreuther Grünlandflächen. »In Experimenten, die weniger als zehn Jahre dauern, fanden wir, dass Pflanzengemeinschaften relativ resistent gegenüber Klimamanipulationen sind«, schreibt das Autorenkollektiv. Fünf arbeitsreiche Jahre könnten einfach zu kurz gewesen sein.

In einem der späteren EVENT-Experimente wurde die Dürre dann bis zum bitteren Ende durchgehalten – jedenfalls war das die Idee. Drei Monate, den ganzen Sommer über, ohne einen Tropfen Regen: Eine Jahrtausenddürre, ein Extremereignis, das statistisch gesehen nur einmal im Millennium auftritt, wäre in der Bayreuther Gegend einen Monat kürzer.

»Das Ziel war, zu messen, welche Funktionen zuerst verloren gehen und welche sich erhalten und wie sich das ändert, wenn die Gemeinschaften artenärmer oder artenreicher werden«, erklärt Anke Jentsch. »Es ging tatsächlich darum, eine letale Dosis zu applizieren, zu sehen, wo ist das Ende der Widerstandskraft. Am Ende der dreimonatigen Dürre wurde alles wieder angegossen, um das Experiment ordentlich zu beenden. Und was uns völlig erstaunt hat: Die Bestände haben sich komplett regeneriert. Für Ökologen sind Individuen austauschbar. Aber was wir hier sehen, ist, dass diese Gemeinschaften unglaublich stabil sind und Extremstes überleben. Ein Jahr später hatten wir wieder unglaublich viel Biomasse, viele Arten waren wieder da. Es ist uns gar nicht gelungen, eine so starke Dürre zu simulieren, dass die Pflanzen nicht überleben konnten.«

Und dann sagt Carl Beierkuhnlein etwas, das einen wunderbar hoffnungsvollen Abschluss nicht nur für dieses Kapitel liefert: »Wir haben gedacht: Jetzt ist alles tot. Aber das war nicht so. Vielleicht können Ökosysteme Ereignisse überstehen, die sie noch nie in ihrer ganzen evolutiven Geschichte erfahren haben, die noch nie aufgetreten sind.«[24]

11
Schwarze Elefanten

Parasiten

Es sind gedrungene zottelige Burschen, die stoisch, durch Fettpolster und ihr dickes Fell geschützt, selbst größter Kälte trotzen, die letzten Überlebenden eines Verwandtschaftskreises, der noch während der pleistozänen Kaltzeiten mehrere Arten umfasste. Beide Geschlechter tragen kräftige u-förmige Hörner mit nach oben gebogenen Spitzen. Auf der Stirn der Bullen sind sie wulstig verbreitert, um während der Brunftzeit als Rammbock zu dienen. Die Hörner besitzen an der Basis zwar effektive Stoßdämpfer, trotzdem dürfte es den Tieren durch Mark und Bein gehen, wenn ihre Köpfe nach kurzem Anlauf wiederholt und weithin hörbar zusammenkrachen.

Obwohl Moschusochsen (*Ovibos moschatus*), die eine Schulterhöhe von maximal 150 Zentimetern erreichen, oberflächlich gesehen wie kleine Wildrinder aussehen und auf Deutsch auch so heißen – Ochsen sind kastrierte Bullen –, gehören sie doch zu den Ziegenartigen (Caprini), sind also mit Gämse, Schneeziege und Steinbock näher verwandt als mit irgendeinem Rindvieh. (Ziegenartige und Rinder gehören allerdings beide zu den Hornträgern.) Ihr Lebensraum ist der hohe Norden, vor allem die arktische Tundra Kanadas; in geringerer Zahl leben Moschusochsen aber auch in Grönland, Sibirien, Alaska und sogar Skandinavien.

Zusammen mit den Karibus sind sie die größten pflanzenfressenden Landsäugetiere der nordamerikanischen Tundren.

Und die beiden Arten haben noch mehr gemeinsam. Sie teilen sich denselben Lebensraum, werden nahezu gleich groß, fressen zum großen Teil die gleiche Nahrung – und sie werden von demselben Parasiten geplagt. Im hohen Norden Kanadas wurde im Jahr 2010 sowohl in Moschusochsen als auch in Karibus ein bislang unbekannter Lungenwurm entdeckt. Wahrscheinlich haben ihn die wesentlich wanderlustigeren Karibus mitgebracht, später infizierten sich dann auch die eher standorttreuen Ziegenverwandten.[1]

Moschusochsen werden nun gleich von zwei Fadenwurmarten attackiert, denn auch ein alter Bekannter der Parasitologen breitet sich weiter nach Norden aus. Er befällt ebenfalls die Lungen und trägt einen der unaussprechlichsten wissenschaftlichen Namen, die mir bisher untergekommen sind. Versuchen Sie sich mal an *Umingmakstrongylus pallikuukensis*. Ich werde ihn im Weiteren »*U. p.*« nennen.

Lungenwürmer wie *U. p.* töten die Moschusochsen nicht, aber natürlich beeinträchtigen sie deren Fitness. Die Parasiten können Lungen- und Muskelentzündungen sowie neurologische Krankheiten hervorrufen, was in einem so rauen Lebensraum wie der arktischen Tundra für die betroffenen Tiere schon den Unterschied machen kann. Sie haben schließlich extrem lange und harte Winter zu überstehen.

Die Geschichte der Lungenwürmer auf Victoria Island, einer der größten Inseln des arktischen Archipels, begann einige Jahre nach der Jahrtausendwende, als *U. p.* auf der Insel auftauchte und damit zum ersten Mal außerhalb des kanadischen Festlands. Den auf Victoria Island lebenden Menschen gestattet die kanadische Regierung, jährlich eine bestimmte Zahl an Moschusochsen zu erlegen, und die Forscher hatten die Gelegenheit genutzt, um die während einer Gemeinschaftsjagd von Bewohnern der Stadt Ikaluktutiak getöteten Tiere genau zu untersuchen. Dabei stießen sie erst auf den einen und dann auch auf den zweiten, bislang unbekannten Parasiten. Beide sind seitdem jedes Jahr wiedergefunden worden. Vier Jahre später, 2012, wurde *U. p.* auch mehrere Hundert Kilometer weiter östlich nachgewiesen. Er schien sich auf Victoria Island nicht nur zu halten, sondern breitete sich sogar rasant aus.

Die kanadische Inselwelt war lange zu kalt für die Parasiten, und das hatte vor allem mit ihrem Lebenszyklus zu tun. Um sich zu einem erwachsenen Lungenwurm zu entwickeln, brauchen die Tiere einen zweiten Wirt. Moschusochsen stecken sich nicht gegenseitig an. Sie scheiden aber über den Kot ein erstes Larvenstadium der Würmer aus. Kommt eine solche Larve in Kontakt mit einer Schnecke, bohrt sie sich durch die Kriechsohle, den sogenannten Fuß des Weichtiers. In diesem Zwischenwirt wachsen die Würmer bis zum dritten Larvenstadium heran. Erst wenn Moschusochsen beim Fressen diese Larve aufnehmen, können sie sich infizieren.

Die Entwicklung der jungen Würmer in den Schnecken ist temperaturabhängig, und genau hier kommt nun der Klimawandel mit den gerade in der Arktis stark steigenden Temperaturen ins Spiel. Die arktische Tundra ist für wechselwarme Tiere wie Schnecken sicher kein optimaler Lebensraum, sodass die zwei Arten, die es auf Victoria Island gibt, eher selten sind. Über ihre Biologie weiß man so gut wie nichts. Wenn es dann auch noch zu kalt ist, gibt es für die Lungenwürmer kein Weiterkommen.

Auch wenn immer wieder infizierte Moschusochsen aus dem Süden einwanderten, steckten die Parasiten gewissermaßen in ihren Wirten fest, ohne eine Chance, auf andere Wirte überzugehen und sich auszubreiten. Man weiß aus früheren Untersuchungen, dass sie ihre Entwicklung in den Schnecken am Nordrand ihres Vorkommens wegen der dort herrschenden niedrigen Temperaturen wenn überhaupt nur in zwei Jahren vollenden konnten.

Seit etlichen Jahren steigen die Temperaturen aber, und auf dem kanadischen Festland erreichten sie schon in den 1990er-

Jahren einen Schwellenwert, der es den Würmern erlaubte, ihre Larvenzeit in den Schnecken innerhalb eines Jahres abzuschließen. Die Dauer des Wurmlebenszyklus hatte sich halbiert. Für ihre Wirte war das keine gute Nachricht, zumal auch die Schnecken von den steigenden Temperaturen profitierten und sich vermehrten. Auf Victoria Island vollzog sich diese Entwicklung erst mit etwa zehnjähriger Verspätung, irgendwann in den Jahren 2000 bis 2006.

Dazu kam, dass Phasen besonders starker Vereisung in der westlichen Arktis zu einer erhöhten Mobilität der Moschusochsen führten, weil diese gezwungen waren, auf der Suche nach Nahrung mehr als sonst umherzustreifen. So gelangten auch mehr infizierte Tiere auf die Insel und verteilten die Wurmlarven mit ihrem Kot. Irgendwann müssen die Larven dann auch in Kontakt mit einem geeigneten Zwischenwirt gekommen sein, den auf der Insel lebenden Schnecken. Der Kreis war geschlossen. Dazu hatte sowohl ein Extremereignis, die starke Vereisung, als auch die langsame Erwärmung beigetragen.

Mithilfe von *U. p.* war damit der Nachweis gelungen, dass Parasiten ebenfalls sensibel auf Veränderungen des Klimas reagieren. Wissenschaftler hatten prophezeit, dass es mit steigenden Temperaturen auch zu tiefgreifenden Veränderungen des Verhältnisses zwischen Parasiten und ihren Wirten kommen werde. *U. p.* lieferte dafür erstmals die Bestätigung und eröffnete gleichzeitig die Möglichkeiten für weiterführende Forschung. Verhaltene Freude klingt deshalb aus den in trockener Wissenschaftsprosa verfassten Zeilen der Parasitologen: »Wir bewegen uns hinaus aus dem Bereich der Vorhersagen und Modelle [...] hin zu neuartigen empirischen Felduntersuchungen.«[2] Statt nur zu theoretisieren, konnte man endlich im Freiland echte Forschung betreiben. Die entscheidende Frage lautet dabei: Wird eine wärmere Welt eine kränkere Welt sein?

Was der Berliner Charité-Virologe Christian Drosten während der COVID-19-Pandemie für die Deutschen war, ist Ilaria Capua für die vom Coronavirus hart getroffenen Italiener gewesen. Die prominente kämpferische Virologin und ehemalige Parlamentsabgeordnete lebt und arbeitet heute zwar nicht mehr in Italien, wurde aber aus ihrer Wahlheimat Florida oft als Expertin ins italienische Fernsehen zugeschaltet, um ihren Landsleuten das neue Virus zu erklären. In Gainesville leitet sie heute das One Health Center of Excellence der University of Florida, eine Forschungseinrichtung, die ein ganzheitliches Konzept verfolgt und die Gesundheit von Menschen, Tieren und Umwelt im Blick hat. Capuas Spezialgebiet: »*virus emergenti*«, neue Viren, die aus dem Tierreich auf den Menschen übergehen. Sie war eine der Ersten, die die von COVID-19 ausgehende Gefahr erkannte und schon im Januar 2020 davor warnte. »Ihr Wissen auf dem Gebiet der Virologie ist enorm, ihre Klarheit auch«, schrieb die *Neue Zürcher Zeitung* über die Italienerin. »Sie hört gut zu, antwortet präzis. Was sie besonders auszeichnet, ist ihre Ehrlichkeit.«[3]

Auf die Frage des Berliner *Tagesspiegels*, was ihre Prognose für die Zeit nach der Corona-Pandemie sei, antwortete Capua, dass man sich doch erst einmal fragen müsse, »wie die Pandemie in die Welt kam. Es geht darum, wie Menschen Gegenden besiedeln, wo nur Tiere sein sollten.« Sie definiere COVID-19 als »multisystemischen Stresstest mit biologischem Ursprung«.[4]

»Könnte man also sagen, dass wir einen eher ökologischen Ansatz brauchen, um Epidemien und Pandemien zu bekämpfen?«, wurde sie an anderer Stelle gefragt.

»Ja, aber das ist nicht die einzige Lösung«, lautete ihre Antwort. »Das Problem ist *displacement*, dass Tiere aus ihrer natürlichen Umgebung herausgenommen werden.«

»*Displacement*« – da schwingen mehrere deutsche Übersetzungen mit: Verdrängung, Vertreibung, Dislokation. Das Coronavirus stamme ursprünglich aus Fledermäusen, erläuterte Ilaria Capua. Man habe die Flattertiere aber aus ihrem natürlichen Lebensraum auf chinesische Märkte verbracht, wo unterschiedlichste Wildtierarten auf engem Raum gehalten werden, »wo es Scheiße und Urin gibt, den Geruch von Angst und Tod«. Dort habe sich das Virus offenbar in einem anderen Wirt so verändert, dass es auch Menschen infizieren kann. »Alles, was Einfluss auf die Bewegung von Tieren und Menschen hat, weist auch eine Verbindung zu Krankheiten auf.«

Warum? Was hat Bewegung mit Krankheiten zu tun? Durch sie, um einen berühmten Satz von Willy Brandt zu verfremden, kann zusammentreffen, was nicht zusammengehört. »Alles, was Einfluss auf die Bewegung von Tieren und Menschen hat ...« – dazu gehören zweifellos auch die Auswirkungen des Klimawandels. Weltweit verschieben sich die Klimazonen, und mit ihnen haben sich Abertausende von Pflanzen- und Tierarten auf Wanderschaft begeben, um den steigenden Temperaturen auszuweichen. Verbreitungsmuster verändern sich und alte Grenzen werden überwunden. Die Folge ist unweigerlich, dass Organismen oder Artgenossen miteinander in Kontakt kommen, die sich vorher gar nicht oder nur sporadisch begegneten. Das hat mehrere Konsequenzen.

Dabei könnte es zum Beispiel zur Hybridisierung zwischen nah verwandten Spezies kommen, etwas, worüber sich Biologen große Sorgen machen, weil Arten damit gewissermaßen ihre genetische Identität verlieren – eine besonders heimtückische Art, Tiere und Pflanzen an den Rand des Aussterbens zu bringen. Schon heute gibt es diverse Beispiele dafür. Das vielleicht spektakulärste stammt wieder einmal aus der Hocharktis. Auf Banks Island, einer Nachbarinsel von Victoria Island, schoss ein Jäger im Jahr 2006 einen seltsam aussehenden Bären mit hellem, bräunlich getüpfeltem Fell. Dieser sogenannte Cappuccino-Bär hatte nicht nur eine intermediäre Fellfärbung, sondern auch die Kopfform der einen und die langen Klauen der anderen

Bärenart: ein Grizzly-Eisbär-Hybrid. Beide Arten hatten sich früher bei ihren eher seltenen Begegnungen nicht besonders kontaktfreudig gezeigt und meist aggressiv reagiert. Aber diese Begegnungen werden häufiger, weil die in einer direkten Konfrontation meist überlegenen Grizzlys immer weiter nach Norden vordringen. Sieht so vielleicht die Zukunft eines der größten Landraubtiere der Erde aus? Wird die Spezies Eisbär wieder mit den südlicher lebenden Braunbären verschmelzen, von denen ihre Vorfahren sich vor 600 000 Jahren getrennt hatten? Die Hybride sind fertil. 2010 erlegte ein Inuit ein Tier, dessen Vater ein Grizzly und dessen Mutter ein Cappuccino-Bär war.[5]

Viel folgenschwerer als eine gelegentliche Hybridisierung wird aber die Begegnung mit Parasiten und Krankheitserregern sein, zu denen bisher kein Kontakt bestand. Tiere und Pflanzen, ob eingeschleppt oder aus eigener Kraft zuwandernd, bringen ihre Plagegeister mit in die Gebiete, die sie neu besiedeln. Und sie treffen dort auf einheimische Spezies oder naive Artgenossen, die keine Erfahrung mit dieser Bedrohung haben.

So holten sich die auf Victoria Island lebenden Moschusochsen ihre Lungenwürmer, den einen von einer anderen Spezies, den Karibus, und den unaussprechlichen *U. p.* von zugewanderten Artgenossen, über den Schneckenzwischenwirt und mit Rückenwind durch den Klimawandel. Auch die Menschheit kennt solche Ereignisse. Ein dramatisches Beispiel aus historischer Zeit lieferte das massenhafte Sterben der amerikanischen Ureinwohner durch die von den Spaniern eingeschleppten Krankheiten wie Masern und Pocken.

EID – Emerging Infectious Diseases

Was den indigenen Völkern Amerikas einst als teuflische Heimsuchungen erschienen sein muss, würde man heute als »*Emerging Infectious Diseases*« oder auf Deutsch schlicht als »Neue

Infektionskrankheiten« bezeichnen. Damit sind ansteckende Erkrankungen gemeint, die in den letzten Jahrzehnten durch evolutive Prozesse, durch Ausweitungen des Verbreitungsgebietes (auch auf neue Wirtsarten) oder durch ökologische Veränderungen zugenommen haben. Diese Krankheiten sind auch für uns Menschen ein großes und, wie wir gerade am eigenen Leib zu spüren bekommen, lebenswichtiges Thema, weil neue Erregertypen wie das COVID-19 verursachende und sehr ansteckende Coronavirus SARS-CoV-2 sich in Zeiten der Globalisierung innerhalb weniger Tage über die ganze Welt verbreiten können. Im Prinzip betrifft dieses Problem aber alle auf der Welt lebenden Organismen, denn auch Tier- und Pflanzenarten haben ihr Kreuz an Krankheitserregern und Parasiten zu tragen.

Die *Emerging Infectious Diseases* des Menschen heißen: Vogelgrippe, West-Nil-Fieber, Denguefieber, AIDS, SARS, Ebola, Marburgfieber, Lyme-Borreliose, Chikungunya, MERS, Lassafieber, Zikafieber und schließlich COVID-19 – um nur einige der bekanntesten zu nennen. Sie alle haben in jüngerer Zeit zumindest lokal Epidemien verursacht. Und, was in unserem Zusammenhang besonders wichtig ist, sie sind ausnahmslos von Tieren auf den Menschen übertragen worden, was einen engen Kontakt von Wirt und Erreger voraussetzt. Es handelt sich also um sogenannte Zoonosen. Die Liste dieser Krankheiten ist schon jetzt lang, und nach Auffassung vieler Wissenschaftler besteht die Gefahr, dass der Klimawandel sie noch länger und brisanter machen könnte.

»Der potenzielle Risikoraum ist geografisch und biologisch gesehen riesig, und durch den Klimawandel werden noch größere Teile dieses Raumes zugänglich für noch mehr Parasiten. Die Folge davon ist, dass der Planet ein evolutionäres und ökologisches Minenfeld von neuen Infektionskrankheiten darstellt, das täglich von Millionen von Menschen durchquert wird.«[6] Diese Sätze stammen von Daniel Brooks, einem Evolutionsbiologen an der University of Toronto, und dem Parasitologen

Eric Hoberg von der U.S. National Parasite Collection, zwei Wissenschaftlern, die seit Jahren in vielen Publikationen vor dem Auftauchen neuer Infektionskrankheiten warnen, zuletzt zusammen mit dem in Brasilien arbeitenden Parasitologen Walter Boeger in dem Buch *The Stockholm Paradigm*.

Ausbrüche wie der von COVID-19 oder der berühmten Spanischen Grippe im Jahr 1918 sind seltene und unwahrscheinliche Ereignisse, aber von enormer Tragweite, wenn sie dann doch eintreten. Brooks, Hoberg und Boeger nennen sie »Schwarze Elefanten«, eine Mischung aus einem »Schwarzen Schwan«, einem »unwahrscheinlichen und unerwarteten Ereignis mit dramatischen Folgewirkungen«, und dem »Elefanten im Zimmer«, einem »Problem, das jeder kennt, bei dem aber alle so tun, als existierte es nicht«.[7] Niemand kann ernsthaft behaupten, man habe nicht gewusst, dass eine derartige Pandemie früher oder später auf uns zukommen würde. Es ging immer nur um die Frage, wann es so weit sein könnte. Brooks und Hoberg sind davon überzeugt, dass der Klimawandel und die durch ihn ausgelöste Dynamik in der Organismenwelt die Gefahr durch ein solches Ereignis erhöhen wird.

»Wir machen uns Sorgen, ob wir darauf vorbereitet sind, mit einem solchen Ereignis in einer zeit- und kosteneffektiven Weise umzugehen«, schrieben sie im Jahr 2007, also lange bevor wir in Gestalt von COVID-19 auf eine – gemessen an den Krankheitsverläufen, die andere Viren verursachen können – mittelgroße dieser Minen getreten sind.[8] Heute wissen wir: Die Sorgen, die lange im Vorfeld nicht nur von Brooks und Hoberg geäußert wurden, waren berechtigt.

Wird eine wärmere Welt also tatsächlich eine kränkere Welt sein? Wenn man hört, dass es im Permafrostboden von tiefgefrorenen Mikroorganismen nur so wimmelt, ist man geneigt, dem sofort zuzustimmen. Tatsächlich hat man aus Bohrkernen von Permafrostböden der Arktis und Antarktis noch in 400

Metern Tiefe lebensfähige Bakterien isoliert. Sie waren bis zu fünf Millionen Jahre alt und daher mit großer Wahrscheinlichkeit die ältesten Lebewesen auf der Erde.[9]

Da sie diese Zeit als Dauerstadien verbrachten, als Zysten oder Sporen, die sich nicht fortpflanzen können, haben die Mikroben keinerlei evolutive Veränderungen erfahren. Sie sind also tatsächlich lebende Repräsentanten einer längst vergangenen Organismenwelt. Und es sind nicht nur Bakterien. Das Soil Cryology Lab in Puschtschino, Russland, beherbergt (bei -18 °C) mittlerweile 40 verschiedene aus Permafrostboden gewonnene mikrobielle Methusalems, allesamt aus der Amöbenverwandtschaft.[10] In sibirischer Erde, die mehr als 30 000 Jahre lang durchgehend gefroren war, haben französische Forscherinnen und Forscher 2014 auch Riesenviren aufgespürt. Tatsächlich gelang es ihnen, diese sogenannten Pithoviren wieder zum Leben zu erwecken – sofern man bei Viren von »Leben« sprechen kann – und damit im Labor schalentragende Amöben zu infizieren, ihre Wirte. Für Menschen sind Riesenviren harmlos.[11]

Doch 2016 kam es in Russland zu einem Ausbruch von Milzbrand. Tausende von Rentieren infizierten sich mit dem *Bacillus anthracis.* Für mehr als 2 000 kam jede Hilfe zu spät, 200 000 mussten in den Folgejahren getötet werden. Doch gleichzeitig wurden mehrere Hunderttausend Tiere gegen die Krankheit geimpft. Auch Menschen waren betroffen: 70 Personen kamen mit Anthrax-Verdacht ins Krankenhaus, ein zwölfjähriger Junge starb. Hatten sich die Tiere an einem alten aufgetauten Rentierkadaver infiziert? Oder auf einem ehemaligen Friedhof des indigenen Volkes der Jamal-Nenzen, die ihre Toten nicht vergraben, sondern in Holzsärgen auf dem normalerweise steinhart gefrorenen Boden bestatten?[12]

Was wird in den riesigen Gebieten des tauenden Permafrosts noch alles aus seinem Kälteschlaf erwachen? Die Mikrobenzahl liegt in sibirischem Permafrostboden mit 10 bis 100 Millionen Zellen pro Gramm Trockengewicht sehr hoch; allerdings wächst nur ein Bruchteil davon auf Nährmedien in der Petrischale. Lebensfähige Mikroben sind auch in mehrere Hunderttausend Jahre altem Gletschereis in Grönland und im Hochland von Tibet gefunden worden.[13]

Ende 2019 fand in Hannover eine internationale Expertentagung zu diesem Thema statt. Offenbar gibt es durchaus Grund zur Sorge. 37 Krankheiten von Mensch und Tier, fast alle Zoonosen, wurden von Forschern im hohen Norden als potenziell klimasensitiv eingestuft, für vier davon konnte diese Einstufung nach heutigem Wissensstand und intensiver Analyse bestätigt werden. Besonders aufmerksam sollte man demnach bei folgenden Krankheiten sein: bei Borreliose und Gehirnhautentzündung (TBE), beide von Zecken übertragen, und bei zwei Krankheiten von Schafen und Rindern, der Blauzungenkrankheit, die von bestimmten Mücken, den Gnitzen, übertragen wird, und der Fasziolose, einem Befall mit dem Großen Leberegel. Die Liste könnte mit zunehmender Dauer der Veränderungen länger werden.[14]

Das riesige Gebiet des tauenden Permafrosts ist nur dünn besiedelt und die medizinische Versorgung schlecht. Mögliche Krankheitsausbrüche werden so erst spät erkannt. Die Experten plädieren dringend für eine bessere Aufklärung und Schulung der dort lebenden Menschen über die Gefahren, die von zoonotischen Krankheiten ausgehen können. Außerdem fordern sie ein Monitoring der Wildtierbestände, die als Reservoirs für bislang seltene Erreger dienen könnten. Das Problem dürfte sich verschärfen, wenn in Zukunft weit abgelegene Gebiete ebenfalls erschlossen werden. Auch Tiere wie Elche und Hasen dringen weiter nach Norden vor.[15]

»Die wirkliche Gefahr geht nicht vom tauenden Permafrost selbst aus«, sagte Jean-Michel Claverie, Genetiker von der Universität Aix-Marseille. »Sie geht von den Menschen – hauptsächlich Russen – aus, die nun beginnen, die arktischen Regionen auszubeuten, und sie graben große Löcher, in denen Permafrostschichten exponiert werden, die eine Million Jahre alt sind. Das ist das Rezept für ein Desaster, denn du hast hier Menschen auf der einen Seite und du hast frische Viren.«[16] Denen bietet sich nun die Chance, schnell einen Wirt zu finden, bevor Sauerstoff und Sonnenlicht sie zerstören.

Wird da die sprichwörtliche Büchse der Pandora geöffnet? Erleben wir eine Art *Jurassic Park* der Mikroben, in dem man »altem Leben die Tür zu modernen Ökosystemen öffnet«?[17] Was geschieht, wenn es zu einem Gen-Austausch zwischen diesen uralten Bakterien und modernen Zellen kommt?

»Es werden Dinge passieren, die wir schlicht nicht vorhersagen können«, erklärte die Schwedin Brigitta Evengård, Professorin für Klinische Mikrobiologie an der Universität Umeå. »Man kann natürlich sagen, die Arktis ist riesig und kaum bevölkert, aber die Menschen kommen und gehen – ja, Bergarbeiter –, und es gibt Mikroorganismen, die von Tieren dorthin gebracht werden und die sogar aus der Erde kommen. Dort ist eine Dynamik im Gange, die neu ist.«[18]

Tatsächlich herrscht in Sibirien und in Teilen der grönländischen Bevölkerung eine Art Goldgräberstimmung. Es geht um Bodenschätze, Öl, Gas, Erze und seltene Erden, also um viel Geld. In *Hologrammatica*, einem Science-Fiction-Roman des *Spiegel*-Autors Tom Hillenbrand, ist Sibirien bereits zum Siedlungsgebiet für die durch den Klimawandel entwurzelte Bevölkerung anderer Erdteile geworden.

Wie sagte noch die italienische Virologin Ilaria Capua? »Was Einfluss auf die Bewegung von Tieren und Menschen hat, weist auch eine Verbindung zu Krankheiten auf.«

Die Erfahrung der Corona-Pandemie habe sie in ihrem Glauben bestärkt, dass das, was sie tue, absolut wichtig sei, sagte Capuas schwedische Kollegin Brigitta Evengård in Hannover. Denn wenn etwas passiert, kann das Resultat furchtbar sein. COVID-19 »ist eine Warnung der Natur, und es wird wieder und wieder und wieder geschehen, da bin ich sicher«.[19]

Trotzdem – so pauschal gestellt, muss man die Frage, ob eine wärmere auch eine kränkere Welt sein wird, wohl eher verneinen, denn wie alle Tier- und Pflanzenarten reagieren auch Parasiten und Krankheitserreger auf den Klimawandel artspezifisch und auf jede nur erdenkliche Weise. In den Permafrostgebieten der Arktis mag eine besondere Situation vorliegen, aber längst nicht alle Wissenschaftlerinnen und Wissenschaftler teilen die dramatischen Einschätzungen von Brooks und Hoberg. Hinsichtlich der Bedeutung des Klimawandels für das *heutige* Infektionsgeschehen äußern sich manche eher skeptisch: »Viele Krankheiten sind in Veränderung begriffen – einige nehmen dramatisch ab, während sich andere ausbreiten oder neu entstehen –, doch die Beweise, die diese Veränderungen mit dem Klimawandel verknüpfen, sind nicht sehr zahlreich.«[20] Ob das auch in Zukunft so bleiben wird, ist eine andere Frage.

In jedem Fall empfiehlt es sich, genau hinzusehen, auch im Fall des sibirischen Milzbrand-Ausbruchs. Die Beweislage ist nämlich keineswegs so eindeutig, wie es im ersten Moment aussah. Der Ausbruch ist sicher nicht nur eine Folge des tauenden Permafrosts, denn im betroffenen Autonomen Kreis der Jamal-Nenzen kam es im 19. und 20. Jahrhundert wiederholt zu Anthrax-Epidemien, zuletzt im Jahr 1941. Es starben Tausende von Tieren, deren Kadaver die Menschen nicht sicher entsorgten. Der Milzbranderreger bildet aber Sporen, die viele Jahrzehnte überdauern können, sodass das ganze Gebiet als Anthrax-Risikozone gilt, und das bei enorm angewachsenen Tierbeständen. Die Rentiere sind heute zumeist geimpft, werden durch ihre große Zahl aber zur ökologischen Belastung für das nordsibirische Gebiet. Zu hohe Tierzahlen, Temperaturen über dem Gefrierpunkt und eine fehlende oder falsche Entsorgung verendeter Tiere – all das führte nun zum ersten Anthrax-Ausbruch in Russland seit 75 Jahren und kostete ein zwölfjähriges Kind das Leben.[21]

Doch bei aller begründeten Skepsis – es gibt auch eindeutigere Fälle. So korreliert das erstmalige Auftauchen der Robbenkrankheit PDV (*Phocine distemper virus*) im Nordpazifik mit einer historisch geringen Vereisung des Arktischen Ozeans; eine Wasserverbindung zwischen Atlantik und Pazifik blieb offen. Das Pathogen ist ein Morbilli-Virus, ein naher Verwandter des Hundestaupe- und des Masernerregers. Vermutlich haben mit diesem Virus infizierte atlantische Seehunde zirkumpolar lebende Robben angesteckt, darunter Bart- und Ringelrobben, die wiederum Tiere an der Küste Alaskas infizierten. Aus dem Nordatlantik kennt man das Virus schon länger, zum Beispiel hatte es 1988 in der Nordsee für ein dramatisches Seehundsterben gesorgt und einen Großteil der dortigen Population dahingerafft. Doch im pazifischen Raum war es unbekannt, bis die geringe Vereisung den Weg frei machte und es dort 2003 erstmals bei Seeottern und dann bei weiteren Säugetierarten festgestellt wurde.[22] Auch die Ausbreitung der Lungenwürmer von Moschusochsen und Karibus gen Norden ist eindeutig eine Folge steigender Temperaturen. Beide Fälle sind weitere Beispiele für die dramatische Umgestaltung der polaren Lebensräume.

Doch auch viel weiter südlich, in der Karibik, einem Krankheits-Hotspot, haben steigende Wassertemperaturen zur Ausbreitung neuer Krankheiten geführt, was besonders dann zu gravierenden Effekten für ganze Organismengemeinschaften führte, wenn dominante Arten eines Ökosystems betroffen waren. Meerohren (*Haliotis*) etwa, eine Gruppe großer, pflanzenfressender und sehr häufiger Schnecken mit schönen perlmuttfarbenen Schalen, wurden durch Bakterien aus der Gruppe der Rickettsien fast bis zur Ausrottung dahingerafft. An der Weißband- und der Weißpockenkrankheit, die erstmals 1996 beziehungsweise in den 1970er-Jahren auftraten, leiden riffbildende Korallen. Auch die Infektion des Seegrases (*Zostera marina*), einer wichtigen Kinderstube für viele Fischarten, verschlimmert sich bei steigenden Temperaturen. Sie wird durch einen Schleimpilz namens *Labyrinthula* hervorgerufen.[23] Es gibt etliche dieser Beispiele, und sie zeigen, dass wärmere Zeiten auch neue Krankheiten mit sich bringen, zum Teil mit verheerender Wirkung. Von einem klimabedingten globalen Overkill durch entfesselte Pathogene und Parasiten kann bislang aber keine Rede sein.

Die Ermittlung der Ursachen eines Krankheitsausbruchs stellt im Einzelfall eine Herausforderung dar. Angesichts der vielfältigen Eingriffe des Menschen in das Naturgeschehen haben es die Forscher mit äußerst komplexen Problemlagen zu tun, deswegen sind Voraussagen darüber, wie existierende Parasiten-Wirt-Beziehungen auf den Klimawandel reagieren und ob und, wenn ja, in welchem Ausmaß neue entstehen werden, nur schwer zu treffen. Häufig ist wie im Fall des neu entdeckten Lungenwurms mehr als eine Wirtsart im Spiel, sind mehrere Entwicklungsstadien des Parasiten zu berücksichtigen, nicht selten auch Überträgerorganismen wie Mücken oder Zecken, die sogenannten Vektoren, oder Zwischenwirte wie die Schnecken für die Lungenwürmer – und alle an diesem System beteiligten Organismen besitzen ihre eigenen Temperaturvorlieben, könnten unterschiedlich auf Veränderungen der Feuchtigkeit und Niederschläge und andere Extremereignisse reagieren. Zusammen ergibt das ein nahezu unentwirrbares Knäuel an Möglichkeiten.

Steigende Temperaturen kurbeln nicht nur das Infektionsgeschehen an, sondern auch die Immunabwehr der Wirte – eine Auseinandersetzung mit offenem Ausgang. Pathogene können dadurch zumindest lokal aussterben; sie können aber auch das Feld für einen bisher im Hintergrund agierenden Konkurrenten räumen, sodass die Wirte am Ende vom Regen in die Traufe kommen. Weil die Immunreaktion von Amphibien mit steigender Temperatur immer intensiver wird, ist ein parasitärer Saugwurm, der schwere Missbildungen der Gliedmaßen hervorruft, für Frösche bei mittleren Temperaturen am gefährlichsten. Dagegen verschlimmert sich bei den amerikanischen Monarchfaltern der Befall mit einem einzelligen Parasiten, weil die Falter in den nördlichen Teilen der USA wegen der milden Winter nicht mehr in die mexikanischen Überwinterungsgebiete fliegen und eingeschleppte Pflanzen ihnen neuerdings Nahrung vor Ort bieten. Träten sie ihren Flug an, würden viele der infizierten Schmetterlinge auf der langen Reise verenden und mit ihnen der Parasit.[24]

Klima, Klimawandel und steigende Temperaturen werden schnell für alles Mögliche verantwortlich gemacht, daher muss jeder Einzelfall genau geprüft werden. Wissenschaftler können komplexe Situationen nicht in einfache verwandeln, aber sie können und müssen die verschiedenen Optionen analysieren, ihre Ergebnisse verständlich kommunizieren und dürfen nicht vorschnell zu vermeintlich naheliegenden Erklärungen greifen. Wenn Krankheiten in den letzten Jahren zugenommen haben, parallel zu den steigenden Temperaturen, muss das nicht automatisch oder ausschließlich eine Folge des Klimawandels gewesen sein.[25]

Der Zikafieber-Ausbruch in Brasilien, der die Menschen weltweit schockiert hat, da in den Nachrichtensendungen Bilder von missgebildeten Kindern (Mikrozephalie) gezeigt wurden, fand 2016 während eines El-Niño-Ereignisses statt, sodass man schnell das Klima damit in Verbindung brachte. Dabei hatte sich das Virus zuvor bereits in der südpazifischen Region ausgebreitet, ganz ohne Unterstützung eines El Niño und weitgehend unbeachtet von den internationalen Medien.

Auch andere Veränderungen der Umwelt können steigende Temperaturen zur Folge haben, zum Beispiel eine Entwaldung. Sie führt lokal zu einem wärmeren und trockeneren Mikroklima und hat im Hochland Kenias zu einer Zunahme von Malariafällen geführt. Überhaupt – die Malaria: Die von Wissenschaftlern prophezeite Ausbreitung der tödlichen Krankheit im Zuge des Klimawandels ist bislang ausgeblieben. Aber die Verhältnisse sind verwickelt. In Äthiopien und Kolumbien hat sich die von Einzellern der Gattung *Plasmodium* hervorgerufene Krankheit während warmer Jahre in größere Höhen ausgedehnt und ist damit dem bereits ausführlich für viele Tier- und Pflanzenarten beschriebenen Trend gefolgt. Experten gehen daher bei weiter steigenden Temperaturen »von einer Zunahme der Malaria-Belastung in den dicht bevölkerten Hochländern Afrikas und Südamerikas« aus.[26]

Dagegen scheinen lokale Malaria-Ausbrüche in Griechenland in den Jahren 2009 bis 2012 eher eine Folge wirtschaftlicher Schwierigkeiten gewesen zu sein, da infolge der Rezession 2008 die Mittel für das öffentliche Gesundheitswesen und die Bekämpfung der Überträgermücken gekürzt wurden. Überdeutlich zeigte sich dabei, wie dünn das Eis ist, das Südeuropa vor einer Rückkehr der früher dort heimischen Malaria schützt, und dass in Zukunft größtmögliche Aufmerksamkeit erforderlich ist, um neue Ausbrüche zu verhindern.[27]

Natürlich ist ein geeignetes Klima Voraussetzung für das Vorkommen der Malaria, denn sowohl der Parasit als auch sein Überträger, die *Anopheles*-Mücke, stellen wie alle Lebewesen bestimmte Ansprüche an ihre Umwelt. Aber der Umkehrschluss gilt nicht. Die Krankheit grassiert keineswegs überall dort, wo das Klima es erlauben würde. Es muss also weitere Faktoren geben, die die Verbreitung der Krankheit beeinflussen. Mittlerweile ist dabei an erster Stelle die ökonomische Entwicklung der betroffenen Länder zu nennen. Reichere Länder können die Malaria mit einem gut ausgebauten Gesundheitswesen und effektiver Bekämpfung der Mücken in Schach halten; ärmeren Ländern gelingt das nicht, sodass in erster Linie das Klima darüber entscheidet, wie weit sich die Krankheit verbreitet. Gefährdet sind Hunderte Millionen Menschen. Ob es in Zukunft unter dem Strich mehr oder weniger sein werden, scheint nicht so sehr vom Klimawandel abzuhängen als vielmehr von den finanziellen Mitteln, die zur Bekämpfung dieser Krankheit eingesetzt werden.[28]

Auch die in Mittel- und Osteuropa auffällige Korrelation von steigenden Temperaturen und einer Zunahme von Gehirnhautentzündungen entpuppt sich bei genauerer Analyse als hochkomplexe Gemengelage, bei der wieder die Ökonomie eine nicht zu unterschätzende Rolle spielt. Natürlich werden die die Krankheit übertragenden Zecken in einer wärmeren Umwelt aktiver, sie wachsen schneller, und der Erreger wird häufiger von Zecke zu Zecke übertragen, wenn die Tiere am gleichen Wirt parasitieren, sodass die Zahl der infektiösen Zecken in der Population steigt. Doch auch menschliches Verhalten (Jagd, Sammeln von Pilzen), sozioökonomische Faktoren und die Verwerfungen beim Übergang von der Plan- zur Marktwirtschaft nach dem Zusammenbruch der Sowjetunion haben offenbar zu den Ausbrüchen der gefährlichen Krankheit beigetragen. So gibt es in acht Ländern einen starken Zusammenhang zwischen Armutsfaktoren und dem Aufschwung der Krankheit.[29]

So komplex die Ursachenforschung auch sein mag, es gibt Entwicklungen, deren Ausgang nahezu mit Gewissheit abzusehen ist. Thomas Mettenleiter, langjähriger Präsident des Friedrich-Loeffler-Instituts für Tiergesundheit, das sich in der Abgeschiedenheit der Ostseeinsel Riems mit gefährlichen Tierseuchen befasst, ist sich sicher, dass »wir in Europa andere Krankheiten bekommen« werden.[30] Wie weit sie sich ausbreiten, wird wie im Fall der Malaria auch von unserer Aufmerksamkeit und Entschlossenheit abhängen.

Es ist wohl nur eine Frage der Zeit, bis afrikanische Gelbfiebermücken (*Aedes aegypti*) auf Frachtschiffen den Sprung über das Mittelmeer schaffen und zum Beispiel in Spanien als Überträger von Dengue- und Gelbfieber in Erscheinung treten. In Mitteleuropa dürfte es ihnen – noch – zu kalt sein. Schon die weltweite Verschleppung dieser ursprünglich in Afrika heimischen Art erfolgte per Schiff. Allerdings liegt die Hochzeit ihrer Ausbreitung in andere tropische Gebiete der Erde schon 300

Jahre zurück. Die Schiffe, die die Mücke dabei benutzte, transportierten keine Touristen oder Waren, sondern Sklaven.[31]

Bei einem anderen Insekt, das sich schon seit Jahren bei uns ausbreitet, wirken Globalisierung und Klimawandel in noch größerem Maße zusammen, denn der Siegeszug der südostasiatischen Tigermücke (*Aedes albopictus*) ist eine Folge des explodierenden Warenverkehrs und erfolgte erst in den letzten Jahrzehnten. Sie reiste unter anderem als Larve in Wasserpfützen, die sich in alten, im Freien gelagerten Autoreifen gebildet hatten. Dass sie sich in Europa halten kann, ist wiederum eine Folge der hier gestiegenen Temperaturen. Anders als bei der nah verwandten *Aedes aegypti* ist die Ausbreitung der Tigermücke vor allem in den gemäßigten Zonen wohl noch nicht abgeschlossen. Seit Mitte der 2010er-Jahre muss man davon ausgehen, dass die Mücke zumindest in Südwestdeutschland lokal stabile Populationen ausbildet.

Mit dem Überträger haben auch die möglichen neuen Krankheiten einen Namen bekommen: West-Nil-Fieber, Gelbfieber, Chikungunya und Denguefieber. Um sich zu etablieren und auszubreiten, brauchen diese Krankheiten aber nicht nur die Mücke, sondern auch eine genügend große Zahl an infizierten Menschen. Zumindest für Dengue gibt es mittlerweile erste Fälle in Südeuropa, in denen die Erkrankten vorher keine Auslandsreisen in gefährdete Gebiete unternommen haben. Eine Ansteckung muss somit im Land erfolgt sein.

Das Berliner Robert Koch-Institut, Deutschlands erste Instanz in Sachen Infektionskrankheiten, gibt sich gelassen. Diese Krankheiten werden kommen, aber wir werden sie kontrollieren können, lautet die Botschaft. »Sollte sich eine exotische Mücke ausbreiten«, sagte der Virologe Matthias Niedrig der *Süddeutschen Zeitung*, »werden wir großflächig mit Chemikalien gegen sie vorgehen, und das wird auch erfolgreich sein.«

Sorgen machen den Fachleuten weniger die bekannten Krankheiten. »Es gibt 500 Viren, die von Vektoren übertragen werden«, sagte Lyle Petersen der SZ. Er arbeitet für die US-amerikanische Seuchenschutzbehörde CDC und leitet dort die Abteilung für vektorübertragene Krankheiten. »Aber wir wissen bisher nur von einem halben Dutzend, die dem Menschen wirkliche Probleme bereiten. Wir sollten uns darauf einstellen, dass da noch mehr kommt.«[32]

Zeitbomben

Das ist natürlich Wasser auf die Mühlen von Daniel Brooks, Eric Hoberg und vielen anderen, bei denen nach jahrelangen mehr oder weniger fruchtlosen Appellen mittlerweile die Alarmglocken schrillen: »Wir dürfen uns keiner Täuschung hingeben: wir befinden uns in einem Krieg um das Überleben einer technologisch fortgeschrittenen Menschheit und sind im Begriff, diesen Krieg zu verlieren.«[33]

Brooks und Hoberg im Vergleich zur gelassenen Haltung mancher Kollegen als »Apokalyptiker« zu bezeichnen, wäre vermutlich übertrieben; sie betrachten das Problem eben nicht allein aus medizinischer, sondern vor allem aus evolutionsbiologischer Sicht und kommen dabei zu einem eindeutigen Ergebnis: »Betrachtet man den Zustand des Planeten und unseren Einfluss darauf, so besteht nicht nur die Möglichkeit, dass es eine andauernde Parade von neu auftauchenden und persistierenden Krankheitserregern geben wird, es ist eine Gewissheit.«[34] Und es wäre absolut verantwortungslos (und dumm), wenn wir aus dieser Gewissheit nicht die erforderlichen Schlüsse ziehen würden. Nach Auffassung von Brooks und Hoberg ist dies nicht in ausreichendem Maße geschehen.

Unter dem Eindruck der ersten Welle der COVID-19-Pandemie, die mittlerweile (Stand Januar 2021) weltweit mehr als 2 Millionen Todesopfer gefordert hat, veröffentlichten sie im Frühjahr 2020 zusammen mit weiteren Wissenschaftlern einen dringenden und unmissverständlichen Appell, dessen Titel man nicht übersetzen muss: »*Before the Pandemic Ends: Making Sure This Never Happens Again*«.[35]

Zunächst erläutern sie darin noch einmal die Grundlagen ihrer Überlegungen, das »Stockholm-Paradigma«. Parasiten und Krankheitserreger wie Bakterien und Viren sind ökologische Spezialisten, die in der Regel nur wenige Wirtsarten befallen, nicht selten sogar nur eine einzige. Nach gängiger Auffassung ist die Bindung der Pathogene an ihre Wirte durch einen langen Prozess der Koevolution sehr eng, und sie hängt davon ab, dass die Wirte über bestimmte Eigenschaften verfügen. Aus dem Mund von Ilaria Capua klingt das so: »Für das Virus« – gemeint ist SARS-CoV-2 – »sind wir Tiere. Es sieht nur unsere Rezeptoren auf der Luftröhre.«[36]

Die Rezeptoren sind die entscheidenden Eingangstore, ohne die das Virus keinen Zugang zu den Zellen seines Wirts erhält. Ein Wechsel zu anders gebauten Rezeptoren und damit zu einer neuen Wirtsart ist nach herrschender Auffassung schwer und kann nur gelingen, wenn die beiden Wirte sich sehr ähnlich, also nah verwandt sind oder der Erreger neue Fähigkeiten erwirbt, durch Mutation. Da solche sprunghaften genetischen Veränderungen selten und ungerichtet sind, ist nicht vorhersehbar, wo und wann Krankheitserregern ein solcher Geniestreich gelingen könnte. Eigentlich müsste »der hohe Grad an Spezialisierung in den Pathogen-Wirt-Beziehungen eine Art evolutionäre Firewall produzieren, die eine Verbreitung begrenzt; nach dieser Vorstellung sollte das Auftreten neuer Krankheitserreger selten sein«.[37]

Ist es aber nicht. Man denke nur an die lange Liste der neuen Infektionskrankheiten und an die vielen lokalen Ausbrüche, die weltweit die Ärzte beschäftigen, von COVID-19 ganz zu schweigen. »Krankheitserreger«, schreiben Daniel Brooks und seine Kollegen, »sind viel besser darin geworden, uns zu finden, als unser traditionelles Verständnis das vorhersagt.«[38] Also kann an diesem Verständnis etwas nicht stimmen.

Die Rezeptoren, die Coronaviren ein Leben in chinesischen Fledermäusen ermöglichen, gibt es auch in vielen anderen Säugetieren. Sie alle sind potenzielle Wirte, waren aber für das Virus nicht zugänglich, weil es im Normalfall keinen ausreichenden Kontakt gab. Ändert aber irgendetwas die ökologische Trennung von Pathogenen und potenziellen neuen Wirten, so etwas wie ein Viehmarkt, auf dem eine bunte Kollektion von lebenden Tieren aus den unterschiedlichsten Lebensräumen auf engem Raum zusammengehalten wird, kann der Übergang von einem zum anderen Wirt gelingen, wenn nicht direkt, dann über verschiedene ›Trittsteinarten‹, die sich im ersten Anlauf als leichter zugänglich erweisen. Sowohl beim Ausbruch von SARS-CoV in 2003 als auch im Falle von SARS-CoV-2 in 2019 scheint es einen oder mehrere solcher ›Trittsteine‹ gegeben zu haben (Larvenroller und eventuell Schuppentier).

Das neue Paradigma, das Daniel Brooks, Eric Hoberg und andere vertreten, kehrt die alte Auffassung um. Nicht der unwahrscheinliche und seltene Erwerb neuer Fähigkeiten durch das Pathogen ist die Voraussetzung für die Kolonisierung neuer Wirte, sondern die Nutzung sich bietender neuer Gelegenheiten mithilfe bereits existierender Fähigkeiten.[39]

Die Erreger müssen sich gar nicht verändern – die Welt um sie herum ändert sich in atemberaubender Geschwindigkeit und schafft so neue Gelegenheiten in Hülle und Fülle. Dabei wirken drei Entwicklungen in verhängnisvoller Weise zusammen: die Globalisierung mit dem explodierenden Waren- und Personenverkehr, die Urbanisierung, die überall immens große Stadtgebilde mit einer nie gekannten Konzentration und Kombination von Menschen, Tieren, Pflanzen und Material entstehen lässt, und, als jüngste der drei, der Klimawandel mit der von ihm in den Lebensgemeinschaften der Erde in Gang gesetzten Dynamik. »Die *Emerging-Infectious-Diseases*-Krise ist nur in einem oberflächlichen Sinn ein ›Gesundheits‹-Thema. Es handelt sich vielmehr um ein Thema der Evolutionsbiologie, der Ökologie und Biodiversität, eine vorhersehbare Konsequenz, wenn zwei getrennte Arten durch neue Gelegenheiten in engen Kontakt gebracht werden, die der globale Klimawandel und menschliche Aktivitäten schaffen.«[40]

Brooks und Hoberg lassen es aber nicht bei dieser ziemlich deprimierenden Analyse bewenden, die natürlich erheblich an Durchschlagskraft gewonnen hat, weil wir gerade bis zur Halskrause in exakt dem Schlamassel stecken, vor dem die beiden seit Jahren gewarnt haben. Sie betonen gleichzeitig, dass das Stockholm-Paradigma uns auch neue Möglichkeiten zur Gegenwehr eröffne, die allerdings nicht umsonst zu haben seien. Was wir bräuchten, sei eine Art »evolutionäre Risikofolgenabschätzung«.[41] Wir dürfen nicht immer nur reaktiv tätig werden wie bei allen Epi- und Pandemien der Vergangenheit, weil uns die Kosten auf die Dauer erdrücken werden. Wir müssen vorausschauend handeln, proaktiv. Wir müssen handeln, bevor es zu einem größeren Ausbruch kommt.

Genau das ist im Falle von SARS-CoV-2 nicht geschehen. Es schmerzt, sich das vor Augen zu führen: Vor mehr als 15 Jahren wurde in Fledermäusen aus einer Höhle in der chinesischen Provinz Yunnan ein Coronavirus entdeckt, das sehr große Ähnlichkeiten zu SARS-CoV-2 aufwies.[42] Selbst wenn es nicht genau dieses Virus war, das sich Jahre später zum Pandemieerreger entwickelte, hätte man die Gefahr, die da lauerte, erkennen müssen. Und einige Wissenschaftlerinnen und Wissenschaftler erkannten sie. Denn kurz darauf untersuchten chinesische Forscher der Universität Hongkong das Virus genauer, insbesondere sein Potenzial, Menschen zu infizieren. Ihre umfangreiche Arbeit aus dem Jahr 2007 endete mit folgenden Worten: »Die Präsenz eines großen Reservoirs an SARS-CoV-ähnlichen Viren in Hufeisennasenfledermäusen, zusammen mit der in Südchina verbreiteten Kultur, exotische Säugetiere zu essen, ist eine Zeitbombe. Die Möglichkeit, dass SARS erneut in Erscheinung treten könnte wie andere neuartige Viren von Tieren oder aus Laboren auch, sowie die Notwendigkeit, sich auf einen solchen Fall vorzubereiten, sollte nicht ignoriert werden.«[43]

Doch es geschah ... nichts. Und die Bombe explodierte. Daniel Brooks, Eric Hoberg und ihre Kollegen kritisierten, dass dieser »Erreger in Wartestellung weitgehend in Vergessenheit geriet«. Von Wissenschaftlern gesammelte Informationen würden zu selten für konkrete Aktionen genutzt.[44] 15 verschwendete Jahre ... Erst im Februar 2020 hat der Ständige Ausschuss des Nationalen Volkskongresses der Volksrepublik China (NPCSC) die tickende Zeitbombe entschärft und Kauf und Verkauf von Wildtieren verboten. Ein möglicher Verzehr wurde an strenge Bedingungen geknüpft.

In der heißen Phase der Pandemie spielte diese Vorgeschichte so gut wie keine Rolle; in einer späteren Aufarbeitung der Geschehnisse um SARS-CoV-2 muss sich das ändern.

Denn vermutlich hätte das Schlimmste verhindert werden können, wenn man schon vor Jahren getan hätte, was die Forschergruppe um Brooks und Hoberg fordert: Jedes Land sollte eine genaue Dokumentation aller krankheitserregenden Organismen auf seinem Territorium erstellen. »Man kann mit Krankheitserregern nicht umgehen, wenn man nicht weiß, wer sie sind, wo sie auftreten, auf welchen Wegen sie zirkulieren und wen sie wahrscheinlich infizieren können.«[45] Darüber hinaus müssen die fast immer vorhandenen Wildtierarten identifiziert werden, in denen Reservoire der Erreger existieren, zumeist ohne Krankheitssymptome auszulösen. Ihre Verbreitung muss genau erfasst werden, denn die Übertragung erfolgt meist dort, wo Menschen und ihre Tiere und Nutzpflanzen auf die natürlichen Lebensräume der Reservoire treffen.

Auf dieser Grundlage müssten die Arten ausgewählt werden, von denen Gefahr ausgehen könnte, etwa weil ähnliche oder verwandte Erreger bereits andernorts Krankheiten verursachen oder verursacht haben. Der nächste Schritt wäre ein möglichst umfassendes Monitoring, eine genaue Überwachung der als potenziell gefährlich erkannten Arten: Gibt es irgendwelche auffälligen Veränderungen, in geografischer Hinsicht, im Wirtsspektrum, in der Übertragungsdynamik, in irgendeinem relevanten Aspekt ihrer Biologie? Sollten solche Veränderungen beobachtet werden, muss gegebenenfalls schnell und entschlossen gehandelt werden.

Wenn wir immer nur reagieren, können die Folgen furchtbar sein, das sollte mit der COVID-19-Pandemie jedem klar geworden sein. Wir sind nicht wehrlos, betonen die Forscher. Wir müssen nur wachsam sein und all unser Wissen und unsere Fähigkeiten und zweifellos auch viel Geld einsetzen, um rechtzeitig vorherzusehen, wo neue Pathogene auftauchen könnten und wie sie sich möglicherweise verhalten werden. Auf diese Weise könnte ein Ausbruch begrenzt, abgemildert oder gar ganz verhindert werden. Im Falle von SARS-CoV-2 wurde diese Chance vertan. Das darf kein zweites Mal geschehen, denn ein fortschreitender Klimawandel wird das Problem noch verschärfen. In Zukunft muss gelten: »*We must find them, before they find us.*«[46]

12
»Wir verlieren die Vielfalt des Lebens«

So kommentierte Christoph Heinrich, Vorstand Naturschutz des World Wide Fund For Nature (WWF) die Vorstellung des neuesten *Living Planet Report* seiner Organisation.[1] Es ist bereits der 13. Bericht dieser Art, und zum 13. Mal in Folge zeigen die präsentierten Kurven, die die biologische Vielfalt des Planeten abbilden, in nur eine Richtung: nach unten.

Aus Sicht eines Biologen ist es natürlich der *worst case*: das Aussterben einer Tier- oder Pflanzenart. Auch wenn man gelegentlich davon hört, dass einzelne Forscher oder wissenschaftliche Einrichtungen Tierarten mit modernen gentechnischen Verfahren wieder zum Leben erwecken wollen, Mammuts zum Beispiel, von denen tiefgefrorene Exemplare im Permafrostboden Sibiriens gefunden werden, ist dies doch bisher in keinem einzigen Fall gelungen. Für die große Masse der Arten, die nicht so enigmatisch sind wie Höhlenbären oder die zotteligen Elefanten, ist eine biotechnische Wiederauferstehung – die »Deextinktion« – ohnehin keine realistische Option. Wir müssen also davon ausgehen, dass ihr Verschwinden endgültig ist.

Für die Bramble-Cay-Mosaikschwanzratte gilt das mit Sicherheit, denn niemand wird sich je die Mühe machen, diese Winzlinge, von deren Existenz wohl die wenigsten Menschen wussten, ins Leben zurückzuholen. Es kommt natürlich ab und an vor, dass ausgestorben geglaubte Arten nach Jahren oder Jahrzehnten unerwartet wieder auftauchen, weil sie in irgendeinem entlegenen Teil ihres Lebensraumes doch überleben konnten.

Wie der weiß gefleckte Sternenhimmelfrosch (*Atelopus arsyecue*), der kürzlich in den Nebelwäldern Kolumbiens seine Auferstehung erlebte, und der Vietnam-Maushirsch (*Tragulus versicolor*), der auf der anderen Seite der Erde überraschend in eine Fotofalle stakste. Beide Arten waren zuletzt vor fast 30 Jahren gesehen worden.[2]

Bei der Bramble-Cay-Mosaikschwanzratte ist das jedoch nicht zu erwarten. Ihr Lebensraum ist nicht sehr groß und ziemlich übersichtlich, genauer gesagt: Er ist nur 340 Meter lang und 150 Meter breit, eine winzige, baumlose Insel in der Torres-Straße zwischen dem nordaustralischen Queensland und Papua-Neuguinea, die an der höchsten Stelle drei Meter aus dem Wasser ragt. Bemerkenswert vor allem, weil dies der nördlichste Punkt Australiens ist.

Die Population der auch »Melomys« genannten Tiere war wohl nie sehr groß: maximal einige Hundert Tiere. Schon lange galt die Art deshalb als gefährdet. Ihr, soweit wir wissen, einziger Lebensraum, die kleine, von einem Korallenriff umgebene Insel, schrumpfte unter dem Ansturm des Meeres, genauso wie der von Pflanzen bewachsene Teil im Inselinneren. 1998 waren noch 2,43 Hektar grün, 2004 2,16 Hektar, 2011 1,1 Hektar, und 2014 gab es nur noch 0,065 Hektar. Für die Bramble-Cay-Melomys war das offenbar zu wenig. Sicher ist die Insel mehrfach überschwemmt worden, außerdem nisten Seevögel zwischen den verbliebenen Pflanzen und drängen sie zurück. Trotz intensiver Suche wurden jedenfalls seit mehr als zehn Jahren keine Mosaikschwanzratten mehr gefunden, und seit dem 22. Februar 2019 wird die Art von den australischen Behörden offiziell als »*extinct*« geführt.[3] Sie machte in den Medien Karriere, weil sie als die erste Säugetierspezies gilt, die ausschließlich infolge des Klimawandels ausgestorben ist. Erst sein Verschwinden vom Planeten Erde hat dem kleinen Inselnager nun weltweit die Aufmerksamkeit einer größeren Zahl von Menschen eingebracht. Sogar im fernen Deutschland hat man von ihr gehört. Zu spät.

Defaunation

Auch wenn die Veränderungen des Klimas mit den Bramble-Cay-Melomys ein erstes Opfer gefordert haben, muss man an dieser Stelle klar und unmissverständlich festhalten: Die Krise der biologischen Vielfalt, das Massenaussterben von Tier- und Pflanzenarten, mit dem wir nun hier am Schluss als traurigem Höhepunkt aufwarten, ist primär keine Folge des Klimawandels. Dass die Erde dabei ist, große Teile ihrer Tier- und Pflanzenwelt zu verlieren, können wir weder Hitzewellen und Totzonen noch Dürren, Stürmen, Starkregen, tauendem Permafrost oder einem steigenden Meeresspiegel anlasten. Die Schuld liegt allein bei uns Menschen, vor allem bei unserer zerstörerischen Art der Landnutzung.

Auch der Hamburger Evolutionsbiologe Matthias Glaubrecht, der 2019 ein monumentales Werk über die Vernichtung der Arten durch den Menschen vorgelegt hat, sieht im Klimawandel »lediglich einen der Nebenschauplätze« und im globalen Artensterben das größere Problem. »Auch ohne den Klimawandel arbeiten wir uns derzeit in eine Krise des Lebens«, schreibt Glaubrecht und fährt fort: »Wenn wir weiterhin sämtliche Lebensräume des Planeten übernutzen, vor allem in den Tropen die Wälder vernichten und die Ozeane plündern, dann wird selbst eine menschengemachte Klimaveränderung kaum noch etwas zur ökologischen Apokalypse beitragen können, was die Artenkrise nicht schon mit sich gebracht hätte.«[4]

Es tut mir leid, aber ich werde mich im Folgenden an der einen oder anderen Stelle eines gewissen Sarkasmus nicht erwehren können. Dass die Bilanz unseres bisherigen Daseins auf diesem schönen und mit Sicherheit einmaligen Planeten derart niederschmetternd ausfällt, ist nur schwer zu ertragen. Einige Geowissenschaftler haben ja das neue Erdzeitalter des Anthropozäns ausgerufen – und was haben sie als eines seiner wichtigsten Kennzeichen ausgemacht? Worin besteht unsere Signatur auf dem Planeten Erde? Es ist nicht die Schöpfung der *Mona Lisa*, der Bau des Taj Mahals, des Eiffelturms oder des Burj Khalifa, nicht der mitreißende Erzählstrom der *Buddenbrooks*, von *Krieg und Frieden* oder anderen großen Geschichten der Weltliteratur, nicht die Erfindung des Fernsehers oder des Smartphones oder wessen wir uns sonst noch zu rühmen pflegen. Es ist die weitgehende Auslöschung der globalen Tierwelt, das von uns ausgelöste und zu verantwortende sechste Massenaussterben der Erdgeschichte – die *Defaunation* unseres Planeten. Kein Grund, stolz zu sein, oder?

»Defaunation« – was für ein grauenhaftes Wort. Geprägt hat es Rodolfo Dirzo, Zoologe an der Stanford University in Kalifornien, bereits in den 1990er-Jahren, damals bezogen auf die durch menschliche Aktivitäten veränderten Säugetiergemeinschaften tropischer Wälder. Heute beschreibt es den Zustand der ganzen Welt.

Defaunation meint viel mehr als nur das Aussterben einiger Tier- und Pflanzenarten. An diesen traurigen, aber eben auch unvermeidlichen Umstand, dass immer irgendwo einige erdgeschichtliche Loser dicht am Abgrund stehen und hinunterzufallen drohen, haben sich die meisten Menschen schon lange gewöhnt. Mal ist es ein Käfer, von dem man zuvor noch nie gehört hat, mal ein Frosch, mal ein Farn oder eine Heuschrecke, und stets findet sich ein Häuflein Unentwegter, »Naturschützer« genannt, die offenbar nichts Besseres zu tun haben, als ihr Leben dem Versuch zu widmen, das Unabwendbare noch zu verhindern. Ihre Mitbürger quittieren es mit einem halb mitleidigen, halb genervten Lächeln. Erst nachdem diesen Menschen auffiel, wie sauber neuerdings die Windschutzscheiben ihrer klimatisierten SUVs selbst nach stundenlanger Autobahnfahrt blieben, dämmerte so manchem, dass da möglicherweise mehr im Gange sein könnte als das übliche Lamento. Das sogenannte Insektensterben, aufgedeckt von den Mitgliedern der Entomologischen Gesellschaft Krefeld, erreichte für kurze Zeit sogar die

Titelseiten überregionaler Magazine und Zeitungen. Die geduldigen Entomologen hatten einen Rückgang der Biomasse fliegender Insekten innerhalb von knapp drei Jahrzehnten um 75 Prozent registriert, und das nicht in einer ausgeräumten Agrarsteppe, sondern in Naturschutzgebieten.[5]

Eine Hiobsbotschaft, mittlerweile bestätigt durch weitere Untersuchungen in Europa und anderswo.[6] Wissenschaftlerinnen und Wissenschaftler aus der ganzen Welt sahen sich zu einer eindringlichen »Warnung an die Menschheit vor dem Aussterben von Insekten« veranlasst, die sich nahtlos in eine Reihe ähnlich katastrophaler Nachrichten einfügte, die unterschiedlichste Tiergruppen betrafen.[7]

Spätestens seit 2014, als im US-amerikanischen Fachjournal *Science* zwei umfangreiche Arbeiten publiziert wurden, die die Worte »Anthropozän« und »Aussterben« im Titel führten, wissen wir, dass draußen in der Natur etwas geschieht, das viel dramatischer ist, als wir uns das lange Zeit vorstellen konnten.[8]

Um die erschütternde Dimension dieser Vorgänge zu erfassen, brauchte es neue Begriffe, eine Terminologie des biologischen Grauens, eben Worte wie »Defaunation« oder »biologische Vernichtung« (*biological annihilation*), und wir mussten aufhören, auf das Aussterben einzelner Arten zu starren wie das Kaninchen auf die Schlange. »Der starke Fokus von Wissenschaftlern auf das Aussterben von Arten«, schrieben Gerardo Ceballos, Paul Ehrlich und Rodolfo Dirzo, »ruft den allgemeinen Eindruck hervor, dass die Lebensgemeinschaften der Erde nicht dramatisch bedroht seien oder nur langsam in eine Episode größerer Biodiversitätsverluste einträten, über die man sich zum jetzigen Zeitpunkt noch nicht allzu viele Sorgen machen müsse.«[9] Eine detaillierte Analyse der Verluste an Individuen und Populationen mache das Problem dagegen »viel klarer und beunruhigender«.[10]

Seit 1500 sind 322 Wirbeltierarten ausgestorben; wie viele wirbellose Kleintiere dieses Schicksal ereilte, hat natürlich niemand erfassen können, allein für die Insekten wird der Verlust auf 250 000 bis 500 000 Arten geschätzt.[11] Jährlich gehen laut Rodolfo Dirzo und Kollegen zwischen 11 000 und 58 000 Tierarten verloren.[12]

Das sind schockierende Zahlen, trotzdem ist das ganze Ausmaß des Sterbens damit noch nicht einmal annähernd erfasst. Denn die Tierwelt schwindet in ihrer gesamten Breite. Bevor ganze Arten untergehen, sterben die Individuen. Es geht um das millionenfache Erlöschen von lokalen Populationen und um das Schrumpfen der Populationen, die noch übrig geblieben sind. »Rund die Hälfte aller Tiere, die mit uns die Erde bewohnten, haben wir inzwischen ausgerottet«, schreibt Matthias Glaubrecht. »Es sind Milliarden von ihnen.«[13]

Es werden einfach immer weniger, und das bedeutet nicht nur, dass seltene Tierarten noch seltener werden und unter Umständen aussterben, sondern vor allem, dass auch ehemals häufige Arten dramatisch zurückgehen. In der deutschen Feldflur sind das zum Beispiel Rebhuhn, Feldlerche und Kiebitz. Sogar Allerweltsvogelarten wie Stare und Sperlinge finden sich in Europa plötzlich auf den Roten Listen wieder. Auf eine Kleine Anfrage von BÜNDNIS 90/DIE GRÜNEN antwortete das Deutsche Umweltministerium im Mai 2017, dass es in der Agrarlandschaft der EU heute 300 000 Brutvogelpaare weniger gebe als noch 1980. Die Vogelpopulation in Deutschland insgesamt habe sich in diesem Zeitraum halbiert.[14]

Überall und für die unterschiedlichsten Tierarten zeigen die Kurven gleichzeitig nach unten. Die Zahl der Seevögel ist seit 1950 weltweit um 70 Prozent geschrumpft. Vor den Küsten Australiens gibt es immer weniger große Haie: Innerhalb der letzten 55 Jahre sind Tigerhaie um 74 Prozent zurückgegangen, Hammerhaie und Weiße Haie sogar um 92 Prozent. In Afrika leben heute nicht einmal mehr halb so viele Löwen wie noch 1993, ein Rückgang um 43 Prozent innerhalb einer einzigen Menschengeneration.[15]

Der europäischen Tierwelt, die schon vor Jahrhunderten dezimiert wurde, ist es in den letzten Jahrzehnten noch vergleichsweise gut ergangen.[16] Doch besonders in den Tropen werden durch Jagd und Wilderei so viele Großtiere getötet, dass in Asien, Afrika und Südamerika mehr und mehr »*empty forests*« zurückbleiben, leere Wälder. Säugetiere gehen dort umso stärker zurück, je größer sie sind, mittelgroße Arten um über 27 Prozent, große um mehr als 40 Prozent. Modellrechnungen niederländischer und spanischer Forscher ergaben, dass in gut der Hälfte der verbliebenen und vermeintlich intakten tropischen Wälder praktisch keine größeren Säugetiere mehr leben. »Waldbedeckung allein zeigt nicht notwendigerweise intakte Ökosysteme an.«[17]

Dabei kennen wir die meisten Tierarten noch gar nicht. Wie groß unsere Wissenslücken sind, zeigt das Beispiel der Amazonasregion. Allein dort wurden innerhalb von zehn Jahren (1999 bis 2009) 257 Fischarten sowie 216 Amphibien-, 55 Reptilien-, 16 Vogel-, 39 Säugetierarten und mehrere Tausend Wirbellose, vor allem Insekten, neu entdeckt, darunter so spektakuläre Tiere wie ein 110 Kilogramm schwerer Tapir, pflanzenfressende Piranhas und die kleinsten, nur 2,3 Zentimeter messenden Vierfüßer der Welt, die Salamander der Gattung *Thorius*.[18] Die Gefahr ist groß, dass wir viele Arten verlieren, bevor wir sie überhaupt kennengelernt, ihnen einen Namen gegeben und ihre Lebensweise erforscht haben.

Säugetiere, für die meisten Menschen vermutlich die Tiere schlechthin, sind überall auf dem Rückzug. Legte man sämtliche heute noch lebenden Säugetiere, auch uns Menschen und alle unsere Haus- und Nutztiere, erst gemeinsam und dann in Gruppen aufgeteilt auf eine riesengroße Waage, dann würde sich zeigen, dass alle wild lebenden Exemplare zusammen, vom Elefanten bis zur Zwergspitzmaus, nur noch gut vier Prozent des globalen Säugetiergesamtgewichts ausmachen. Vier Prozent! Allein die Menschen bringen etwa das Achtfache auf die Waage, von ihren Schweinen, Schafen, Rindern und Pferden ganz zu schweigen (60 Prozent) – Zahlen, die mehr als deutlich machen, wie sehr die Biosphäre unseres Planeten verändert wurde und wer darauf das Sagen hat.[19]

Der globale »Living Planet Index« des WWF und der Zoologischen Gesellschaft London, wesentlicher Bestandteil des eingangs erwähnten *Living Planet Report*, stützt sich auf mehr als 20000 überwachte Bestände von Säugetieren, Vögeln, Amphibien, Reptilien und Fischen in aller Welt. Seine neueste Version aus dem Jahr 2020 zeigt einen durchschnittlichen Rückgang dieser Wirbeltiere – wohlgemerkt der Individuen, nicht der Arten – um 68 Prozent an, also um mehr als zwei Drittel seit 1970. Tieren, die in Gewässern und Feuchtgebieten leben, ist es mit 84 Prozent Rückgang noch schlechter ergangen. Am schlimmsten verlief die Entwicklung in Südamerika und der Karibik. Dort betrug der Einbruch unfassbare 94 Prozent. Umgekehrt heißt das: Nach nur einem halben Jahrhundert sind lediglich sechs Prozent der noch 1970 dort lebenden Wirbeltiere übrig geblieben – ein zeitlicher Bezugspunkt übrigens, an dem sich Südamerika schon keineswegs mehr in einem ungestörten natürlichen Zustand befunden haben dürfte. Einheimische Säugetiere, Vögel, Amphibien, Reptilien und Fische sind auf dem Kontinent mit dem größten zusammenhängenden tropischen Regenwaldgebiet der Erde nur noch in vergleichsweise kläglichen Resten zu finden.[20] Das ist Defaunation.

Aussterben und Klimawandel

Bereits im Mai 2019 hatte der Weltbiodiversitätsrat IPBES auf seinem Plenum in Paris die bisher umfassendste Auswertung der globalen Artenvielfalt angekündigt. Auch sie zeichnet ein düsteres Bild. »Natur geht in einem Ausmaß zurück, für das es in der Geschichte der Menschheit kein Beispiel gibt«, heißt es in der Presseerklärung, »und das Artensterben« – der letzte Akt der Defaunations-Katastrophe – »beschleunigt sich weiter.« Seine Geschwindigkeit ist mittlerweile 10 bis 100 Mal schneller als im Durchschnitt der letzten zehn Millionen Jahre. So bedroht es die Existenz des Menschen selbst. Beginnend schon in den nächsten Jahren und Jahrzehnten könnten bis zu einer Million Tier- und Pflanzenarten aussterben. Als Gründe werden vor allem die Lebensraumzerstörung durch Landwirtschaft, Abholzung, Bergbau und Urbanisierung genannt, aber auch Fischerei, Jagd und biologische Invasionen sowie die Umweltverschmutzung vor allem durch Pflanzenschutzmittel.[21]

Der Klimawandel taucht in dieser Liste erst unter »ferner liefen« auf, denn in den vergangenen Jahrzehnten ist seine Bedeutung für das globale Artensterben gering gewesen.[22] Die große Krise der biologischen Vielfalt gäbe es auch ohne den Klimawandel, doch natürlich werden fortschreitende klimatische Veränderungen noch mehr Lebewesen an den Rand des Aussterbens und darüber hinaus bringen. Der Klimawandel hat das Feuer des sechsten Massenaussterbens der Erdgeschichte nicht entzündet und genährt, er wird es in Zukunft aber zweifellos weiter anfachen wie heiße, trockene Winde die verheerenden Waldbrände in Kalifornien und Australien. Deshalb kommen wir hier um dieses Thema nicht herum.

Wie groß werden die Effekte sein und wen wird es treffen? Welche Arten und Lebensgemeinschaften sind besonders gefährdet? Von Anfang an hat die *Climate Change Biology* versucht, Antworten auf diese Fragen zu finden. Nur wenn wir eine konkrete Vorstellung davon haben, welche Tier- und Pflanzenarten wo, in welchem Ausmaß und wodurch betroffen sein könnten, haben wir eine Chance, die Auswirkungen zu begrenzen, rechtzeitig geeignete Schutzmaßnahmen zu ergreifen oder gezielt gegenzusteuern. Doch nach der langen Vorrede über das sechste Massenaussterben dürfte klar geworden sein, dass es sich dabei um eine sehr anspruchsvolle Aufgabe handelt. Das fängt schon damit an, dass wir eine wichtige Bezugsgröße, nämlich die Zahl der auf der Erde lebenden Organismenarten, gar nicht kennen. Die meisten Wissenschaftler gehen mittlerweile wie Lee Hannah von acht bis zehn Millionen aus; es gibt aber auch Schätzungen, die auf weit höhere Zahlen kommen.[23] Hochrechnungen, ausgehend von Daten, die nur an einer begrenzten Anzahl von Arten gewonnen wurden, sind daher problematisch.

»Die Interaktion von Klimawandel und Landnutzung durch den Menschen ist das, was uns die meisten Sorgen bereitet«, stellt Lee Hannah fest. »Keine der bisherigen Schätzungen« des Aussterberisikos »ist in der Lage, die menschliche Populationsdynamik zu berücksichtigen« und alles, was damit zusammenhängt, vom Energie- und Flächenverbrauch über den Verkehr bis zur Nahrungsmittelproduktion. Kein Wunder, dass die bisher veröffentlichten Zahlen zur Gefährdung der biologischen Vielfalt durch den Klimawandel je nach den zugrunde gelegten Annahmen stark voneinander abweichen.[24] Das Risiko steigt mit zunehmender Temperatur stark an, wobei den Tieren und Pflanzen in Nordamerika und Europa die geringste Gefahr droht, viel größer ist sie in Südamerika sowie in Australien und Neuseeland. Letztere weisen viele endemische Arten mit kleinen Verbreitungsgebieten auf und bieten auf begrenzter Landfläche nur wenig Ausweichmöglichkeiten.

Eines ist aber klar: Anders als in früheren erdgeschichtlichen Epochen mit stark steigenden oder fallenden Temperaturen trifft der Klimawandel auf Lebensgemeinschaften, die bereits arg geschwächt, verändert und verarmt sind, deshalb werden seine Auswirkungen schwerwiegender sein.

Erinnern Sie sich an das bereits erwähnte seltsame PETM, das Paläozän/Eozän-Temperaturmaximum vor 56 Millionen Jahren? Damals starben zwar in der Tiefsee viele einzellige Foraminiferen aus, ansonsten hielten sich die Artenverluste aber wohl in Grenzen, obwohl die globalen Temperaturen für viele

Tausend Jahre um bis zu 8 °C anstiegen und die Pflanzen unter massivem Insektenfraß zu leiden hatten. Wie ist das zu erklären? Während der Wärmeperiode sah die Vegetation im Bighorn Basin tatsächlich für viele Zehntausend Jahre völlig anders aus. Die ursprünglich dort lebenden Pflanzenarten waren jedoch nicht ausgestorben, sondern nur in kühlere Gegenden ausgewichen. Als die Warmzeit ihrem Ende zuging, setzte bald eine umgekehrte Wanderungsbewegung ein und die Arten kehrten in ihren alten Lebensraum zurück, sodass dort nach dem PETM fast die gleiche Pflanzengesellschaft gedieh wie davor.[25]

Das PETM ist allerdings eine Ausnahme. In den letzten Millionen Jahren begannen Phasen rascher Erwärmung stets in Kaltzeiten, sehr selten wie heute und im Fall des PETM in einer Warmzeit. Deshalb bringt uns ein Blick in die Erdgeschichte in diesem Zusammenhang wenig. Wir sind zur Abschätzung der Folgen weitgehend auf Computermodelle angewiesen, und vieles spricht dafür, dass sie die Artenverluste eher zu niedrig einschätzen.

Die Dynamik und Wanderungsbewegungen, die vielen Organismen während des PETM das Überleben sicherten, wären im Europa von heute nahezu unmöglich. Der Mensch hat die Landschaft völlig verändert, hat sie fragmentiert, in einen Flickenteppich verwandelt, gewaltige Hindernisse in den Weg gestellt. Der Osnabrücker Ökologe Thomas Fartmann, Mitautor der »Warnung von Wissenschaftlern an die Menschheit vor dem Aussterben der Insekten«, betont die Verwundbarkeit der verbliebenen Biotopinseln. Die Restpopulationen, die dort leben, sind klein, und in der zerstückelten Landschaft liegt der nächste geeignete Lebensraum mitunter kilometerweit entfernt. Einem langsamen Anstieg der Temperaturen könnten viele Pflanzen- und Tierarten vielleicht noch folgen, doch Extremereignisse wirken sich verheerend aus. So habe die Dürre der letzten beiden Jahre nicht nur dem Wald zu schaffen gemacht, sondern auch zum Vertrocknen der Wirtspflanzen vieler Insekten geführt.

»Wenn wir [...] Extremereignisse haben, die schlagartig und immer häufiger kommen, bleibt vielen Arten keine Chance zu reagieren und sie sterben lokal aus«, erklärt Fartmann. »Und weil wir die Fragmentierung der Landschaft haben, schaffen sie es auch Jahre danach häufig nicht, wieder zurückzukommen, weil sie dazu Landschaftsbestandteile überqueren müssten, die extrem lebensfeindlich sind.«[26]

Arten, die nicht mehr wandern können, deren Beute oder Nahrungspflanzen zur falschen Zeit erscheinen, die von Dürren, Hitzewellen oder Totzonen getroffen werden – all die Auswirkungen des Klimawandels, die Thema dieses Buches waren, vor allem die veränderten Interaktionen von Tier- und Pflanzenarten untereinander, können im Endeffekt zu deren Niedergang führen.[27] 2007 schätzte der vierte Bericht des »Weltklimarats« IPCC, dass 20 bis 30 Prozent des Weltartenbestandes noch in diesem Jahrhundert vom Aussterben bedroht sein werden, sollten die Temperaturen um mehr als zwei bis drei Grad steigen.[28] Die einflussreiche Studie einer internationalen Forschergruppe um den Briten Chris Thomas war ein paar Jahre zuvor noch pessimistischer und prophezeite das Aussterben von 17 bis 30 Prozent aller Arten bis zum Jahr 2050.[29] Das würde weit über die eine Million Arten hinausgehen, deren Verlust vom Weltbiodiversitätsrat befürchtet wird.

Beide Studien folgen einem Klimahüllen-Ansatz (s. Kap. 6), sie kombinieren also die aus ihrem heutigen Vorkommen abgeleiteten Temperaturvorlieben der Arten mit der zukünftig zu erwartenden Temperaturverteilung und leiten daraus eine mögliche Gefährdung ab. Die vielfältigen Störeinflüsse des Menschen bleiben dabei unberücksichtigt.

Ein anderer Ansatz geht von der Biologie der Tierarten aus und schätzt die Gefährdung aufgrund Verwundbarkeit, Exponiertheit und Anpassungsfähigkeit ein, mittels einer Kombination von 90 Einzelmerkmalen.[30] Durchgespielt wurde das Ganze dann an allen bekannten Arten einer Landtiergruppe, an Vögeln, an Amphibien als Bewohner des Süßwassers und an einer marinen Tiergruppe, den Korallen, zusammen fast 17000 Spezies. Es stellte sich heraus, dass bis zu 850 Vogel-, mehr als 900 Amphibien- und bis zu 73 Korallenarten durch den Klimawandel in hohem Maße verwundbar und gleichzeitig nach den Roten Listen der IUCN bereits heute vom Aussterben bedroht sind. Das sind zwischen 6 und 15 Prozent[31] der jeweiligen Tiergruppe – eine lange Liste Schutzbedürftiger, die nur die Arten umfasst, denen das Wasser schon jetzt bis zum Hals steht. Dazu kommen Tausende allein in diesen drei Tiergruppen, die nach heutigem Stand zwar noch nicht als akut gefährdet gelten, die aber grundsätzlich als klimasensibel einzuschätzen sind. Besitzen wir die Kapazitäten, um all diese Tierarten vor den negativen Einflüssen klimatischer Veränderungen zu beschützen? Wohl kaum.

Eine entscheidende Voraussetzung für den Fortbestand vieler Arten wird darin bestehen, ihnen ihre Ausweich- und Wanderungsbewegungen zu gestatten und zu ermöglichen. Dazu müssen bestehende Schutzgebiete und naturnahe Flächen durch Grünkorridore verbunden und miteinander vernetzt werden. Wo diese Wanderung nicht mehr oder nicht in ausreichendem Maß möglich ist, denken Forscher heute sogar über Translokationen nach, über die gezielte Um- oder Neuansiedlung gefährdeter Arten, wobei mögliche Konsequenzen vorher genauestens geprüft werden müssten. So schlug der britische Biologe Chris Thomas schon vor Jahren die Ansiedlung des Iberischen Luchses, des seltsamen insektenfressenden Pyrenäen-Desmans und des extrem seltenen Spanischen Kaiseradlers auf den Britischen Inseln vor, in noch zu schaffenden Kolonisationsgebieten.[32] Anstatt Lebensgemeinschaften um jeden Preis in alter Form und Zusammensetzung erhalten zu wollen, werden wir nicht umhinkommen, die Bildung neuer und unbekannter Gemeinschaften zuzulassen und zu akzeptieren.

Von einem lieb gewonnenen Konzept werden wir uns verabschieden müssen: dem der potenziellen natürlichen Vegetation, abgekürzt PNV. Ihm liegt die Annahme zugrunde, dass es für jeden Standort ohne menschliche Störungen eine bestimmte dauerhafte Vegetationsform gibt, eine sogenannte Klimaxgesellschaft, die sich über eine bestimmte Abfolge von Zwischenzuständen entwickelt, auch nach Störungen. Diese potenzielle natürliche Vegetation stellte seit den 1950er-Jahren eine Art Zielvorstellung des Naturschutzes dar. Carl Beierkuhnlein bezeichnet dieses Konzept heute als »obsolet«[33], denn es berücksichtige weder die Dynamik von Ökosystemen noch die Tatsache, dass sich die Rahmenbedingungen durch den Klimawandel fortlaufend ändern würden. »Das Konzept der potenziellen natürlichen Vegetation: eine Grabinschrift?« lautete der provokante Titel eines Aufsatzes, den er vor zehn Jahren zusammen mit dem Italiener Alessandro Chiarucci und anderen südeuropäischen Kollegen veröffentlichte. Sie ernteten einen Sturm der Entrüstung aus den Reihen der konservativen Naturschutzszene. Dabei kann es darüber doch kaum zwei Meinungen geben: Wenn alles in Bewegung gerät, ist es unsinnig, an allzu starren Zielvorgaben festzuhalten.[34]

Korallenriffe

Eines der buntesten, vielfältigsten und quirligsten Ökosysteme, die man auf der Erde bewundern kann, ist leider in besonderer Weise vom Klimawandel betroffen: die tropischen Korallenriffe, die größten von Lebewesen erzeugten Strukturen auf unserem Planeten. Sie bedecken nur etwa ein Prozent des Meeresbodens, sind aber zumindest zeitweilig Lebensraum für ein Viertel aller Meeresbewohner. Gleichzeitig schützen sie tropische Küsten, bilden die Lebensgrundlage vieler dort beheimateter Menschen und garantieren der Tourismusindustrie Milliardeneinnahmen.

Schon seit Jahrzehnten sind Korallenriffe einer wachsenden Zahl von Stressoren ausgesetzt: Fischfang und Verschmutzung,

Überdüngung und gefräßige Dornenkronenseesterne, diverse Krankheiten und Tonnen von Chemikalien, die als Bestandteil von UV-Schutzcremes auf der Haut sonnenhungriger Urlauber ins Meerwasser gelangen. Der Zustand der Korallenriffe verschlechtert sich kontinuierlich; im Verlauf der letzten Jahrzehnte sind bereits mehr als 40 Prozent verloren gegangen.[35] Neuesten Untersuchungen zufolge erfuhr auch das größte Riffsystem der Erde, das 2300 Kilometer lange nordaustralische Great Barrier Reef, seit Mitte der 1990er-Jahre einen dramatischen Rückgang um mehr als 50 Prozent. Er betrifft alle Größenklassen, Habitate und Verwandtschaftsgruppen der Korallen. Dass junge Korallen von diesem Rückgang besonders stark betroffen sind, deutet darauf hin, dass die australischen Arten wie ihre karibischen Verwandten ein Nachwuchsproblem haben, offenbar eine Folge der rückläufigen Brutfähigkeit der großen ›Mama-Korallen‹. Andy Dietzel, der deutsche Erstautor der aktuellen Studie über die australischen Riffstrukturen, erklärt: »Die Fähigkeit des Great Barrier Reef, sich zu erholen, ist im Vergleich zu früher beeinträchtigt, da weniger Babys und weniger große erwachsene Züchter vorhanden sind.«[36]

Diese Schwächung kommt für die Riffe zur Unzeit, denn die Korallen und damit auch der von ihnen geschaffene Lebensraum werden durch die steigenden Temperaturen und den weiter anwachsenden CO_2-Gehalt der Atmosphäre einem hohen Risiko ausgesetzt. Der Klimawandel belastet viele, wenn nicht alle Ökosysteme der Erde, vom Regenwald bis zur polaren Eiswüste. Doch für die Korallen und weitere 830 000 Tier- und Pflanzenarten, denen sie nach Expertenschätzung[37] als Ökosystemingenieure mit ihren Riffen ein Zuhause geben, geht es möglicherweise ums nackte Überleben.

Als tropische Tiere tolerieren riffbildende Korallen nur einen relativ engen Temperaturbereich und leben nahe an ihrem Maximum. Wird dieser Bereich für längere Zeit um auch nur wenige Grad überschritten, zeigen sie eine sehr spezifische Reaktion, die sogenannte Bleiche, die bei wiederholtem Auftreten und besonders hohen Temperaturen zum Absterben der Korallen führen kann. Mehr und mehr wird ihnen auch die von steigenden CO_2-Konzentrationen verursachte Versauerung des Meerwassers zu schaffen machen – ein massiver *double whammy*. Korallen bauen aus im Meerwasser gelösten Grundstoffen Kalkskelette auf, die von anderen Organismen wie Rotalgen miteinander verklebt und gleichsam zementiert werden und so das stabile steinerne Fundament eines Riffs bilden. Sinkende pH-Werte erschweren die Kalkabscheidung und könnten sie schließlich ganz unmöglich machen.

Auch andere Riffbewohner sind betroffen. Bei Fischen führt die Versauerung zu Verhaltensänderungen. Die Jugendstadien vieler Arten leben für Wochen oder Monate im freien Wasser und sorgen so für die Verbreitung ihrer Spezies. Um geeignete Lebensräume in den Riffen zu finden, sind sie auf bestimmte Geruchssignale angewiesen, doch bei niedrigen pH-Werten, wie sie etwa im Jahr 2100 erwartet werden, droht diese Orientierung völlig durcheinanderzugeraten. Die Larven der beliebten Clownfische werden normalerweise von Geruchssignalen ihrer Artgenossen und der Seeanemonen angelockt, in deren Tentakelgewirr sie ihr Erwachsenenleben verbringen. Doch in saurerem Wasser fühlen sie sich plötzlich zu Gerüchen hingezogen, die sie sonst meiden. Schreitet die Versauerung noch weiter voran, reagieren sie auf gar keine Gerüche mehr, sind also unfähig, ein für ihr Leben als ausgewachsene Fische geeignetes Habitat zu finden. Sie sind auch nicht mehr in der Lage, die Signale ihrer Eltern von denen anderer Artgenossen zu unterscheiden, sodass verstärkt Inzuchtprobleme zu befürchten sind.[38]

Geochemische Modellrechnungen prognostizieren parallel zum steigenden CO_2-Gehalt der Luft ein Absinken des pH-Wertes um bis zu 1,4 Einheiten im Verlauf der kommenden 300 Jahre. Damit würden Säuregrade überschritten, bei denen sich die Kalkskelette von Korallen im Experiment auflösen und Fische orientierungslos herumirren.[39] Obwohl es Hinweise gibt, dass die Kalkabscheidung bestimmter Organismen schon jetzt gestört wird, ist die Versauerung, der ›kleine böse Bruder der Klimaerwärmung‹, aber eher ein Problem der näheren Zukunft.

Steigende Wassertemperaturen wirken schon im Hier und Jetzt. Marine Hitzewellen in den Jahren 1998, 2010 und 2015/16 lösten im gesamten Tropengürtel wiederholt Korallenbleichen aus. Historisch hohe Wassertemperaturen wurden 2016 in den Gewässern nördlich von Australien gemessen und führten im Great Barrier Reef zu Schäden in nie gekanntem Ausmaß.[40]

Korallen können sich von einer Bleiche durchaus erholen. Wenn die Temperaturerhöhung aber zu massiv ist oder zu lange andauert, sterben die Tiere ab. Genau das geschah auf dem Höhepunkt der Hitzewelle im März 2016 besonders im nördlichen Drittel des Great-Barrier-Riffs und damit leider dort, wo sich noch, weit entfernt von den touristischen Zentren und Flussmündungen, die unberührtesten und intaktesten Korallenriffe befanden.[41] Innerhalb von zwei bis drei Wochen starben die von der Bleiche betroffenen Korallen und hinterließen kahle schmutzig weiße Kalkskelette. Ohne das sie umgebende Gewebe der Polypen beginnen die Skelette bald zu zerbrechen und zerbröseln. Übrig bleibt ein Trümmerfeld, eine vergleichsweise leblose Einöde. Jeder Mensch, der einmal das Pech hatte, über einem solchen Riff zu tauchen oder zu schnorcheln, wird mir zustimmen: Mit dem bunten, durcheinanderwirbelnden Leben, das man zuvor erleben durfte und das nun verloren ist, im Kopf kann es kaum einen deprimierenderen Anblick geben. Als wären von einem Wald nur rauchende Baumstümpfe übrig geblieben, von einer üppig blühenden Wiese nur karger, ausgetrockneter Boden und ein paar kümmerliche Halme.

Noch ist es nicht ganz so weit, doch australische Experten sprechen von »einem Kollaps von Korallenansammlungen in geografisch gesehen riesigem Ausmaß, das sogar die abgelegensten und am besten geschützten Riffe innerhalb des berühmten Weltnaturerbe-Gebietes getroffen hat« – »ein Wendepunkt für das Great Barrier Reef und für viele andere schwer betroffene Riffe im Indopazifik«.[42] Durch die katastrophale Mortalität vor allem von Tisch- und Hirschhornkorallen seien die Artenzusammensetzung, Dreidimensionalität und ökologische Funktion von einem Drittel der 3 863 Riffe, aus denen sich das Great Barrier Reef zusammensetzt, völlig verändert worden.

Es ging weiter, Schlag auf Schlag. Früh im Jahr 2017, nicht einmal ein Jahr später, folgte die nächste Bleiche, 2020 die dritte in fünf Jahren, und wieder entstand beträchtlicher Schaden. Den schwer geschädigten Riffen bleibt nicht mehr genügend Zeit, um sich zu regenerieren. Eine Wiederbesiedlung würde auch bei schnell wachsenden Korallen mindestens ein Jahrzehnt dauern, bei anderen Arten noch länger. Für viele Forscher ist es deshalb fraglich, ob diese großartigen Lebensräume das 21. Jahrhundert überstehen werden.[43]

Das Resümee fällt vernichtend aus: »Der Verlust von funktionell diversen Korallen in großem Maßstab ist ein Vorbote weiterer radikaler Veränderungen des Zustands und der Dynamik aller mariner Ökosysteme, insbesondere dann, wenn es nicht gelingen sollte, die Erwärmung auf +1,5 °C über dem präindustriellen Wert zu begrenzen.«[44] Leider sieht es momentan so aus, als bewegten wir uns eher auf drei Grad zu.

»Steigende Temperaturen werden die Riffe in neue Strukturen transformieren, anders als irgendetwas, was Menschen bislang beobachtet haben. Die Rückkehr zu alten Konfigurationen ist nicht länger eine Option«, schreibt ein Wissenschaftlerteam um Terry Hughes, einem weltbekannten Korallenexperten der James Cook University in Queensland, Australien. Es könne nur noch darum gehen, die Riffe so durch das Anthropozän zu bringen, dass ihre biologische Funktion erhalten bleibe. »Das erfordert radikale Veränderungen von Wissenschaft, Management und Pflege der Korallenriffe.«[45]

Wie könnten solche Veränderungen aussehen? Sind die Aussichten wirklich so düster? Es würde hier zu weit führen, all die Versuche anzuführen, zerstörte Riffe neu zu besiedeln oder künstliche Riffe aus versenkten Schiffen, Flugzeugen, Betonkonstruktionen oder sogenannten Biorocks als Siedlungsgrundlage zu schaffen. Ich möchte hier zum Schluss unseres Streifzugs durch die Natur der Zukunft aber auf zwei spannende biologische Aspekte hinweisen, die uns vielleicht eine Spur optimistischer in die warme Zukunft blicken lassen.

Korallen gehören zu den einfachsten Vielzellern und sind demzufolge schon sehr alt. Die ersten Vorfahren der heute lebenden Arten entstanden vermutlich im Erdmittelalter, dem Zeitalter der Dinosaurier. Einfachere Formen sind noch wesentlich älter. Sie haben daher schon einiges an klimatischen Turbulenzen mitgemacht – und existieren noch immer. Zeitweilig verschwanden sie ganz aus der Fossilüberlieferung und hinterließen nach den fünf großen Massenaussterbeereignissen sogenannte *reef gaps* (»Rifflücken«), um dann Millionen Jahre später wiederaufzutauchen. Nach dem Aussterben der Dinosaurier am Ende der Kreidezeit lag die Temperatur 6 bis 14 °C über den heutigen Werten. Irgendwo und irgendwie müssen Korallen diese für sie ungemütlichen Zeiten überlebt haben.[46] Warum sollte ihnen das nicht ein weiteres Mal gelingen?

Riffbildende Korallen sind keine Einzelwesen, und das in mehrfacher Hinsicht. Es sind zum einen Kolonien aus Tausenden von Einzelpolypen, die alle aus einer Larve hervorgegangen und miteinander verbunden sind. Mit ihrem nesselnden Tentakelkranz fischen die Polypen Planktonorganismen aus dem Wasser und verdauen sie in ihrem Gastralraum, einer sackartigen Höhle in ihrem Inneren. Was einem von ihnen in die Tentakelfänge gerät, kommt allen zugute.

Doch auch als Kolonie stünden Korallen in tropischen Gewässern weitgehend auf verlorenem Posten, denn das Wasser ist dort extrem nährstoffarm und Plankton eher Mangelware.

Dieses sogenannte Korallen-Paradoxon – üppiges Leben inmitten einer marinen Nährstoffwüste – findet seine Auflösung im Mikrokosmos. Denn auch der Einzelpolyp einer Kolonie ist nicht mit sich allein, sondern lebt in engster Gemeinschaft mit einer Vielzahl von winzigen Mikroben. Der wichtigste dieser Partner ist eine Alge namens *Symbiodinium*, die in großer Zahl in den Zellen lebt, die den inneren Hohlraum der Polypen auskleiden. Diese auch Zooxanthellen genannten Symbionten betreiben wie alle grünen Pflanzen Fotosynthese und beliefern die sie beherbergenden Wirte so großzügig mit energiereichen Verbindungen, dass Korallenpolypen auch ganz ohne eigene Beute überleben können. Im Gegenzug bieten die Polypen den Algen einen verhältnismäßig sicheren und geschützten Platz an der Sonne und stellen Stickstoffverbindungen und das CO_2 aus ihrer Atmung zur Verfügung.

Nur in dieser Gemeinschaft können Korallen in tropischen Meeren existieren, und nur in Verbindung mit ihren Algenpartnern werden die Polypen zu dem befähigt, was wir als typische Korallenmerkmale ansehen. Als Team oder Metaorganismus (der noch einige weitere Mitglieder umfasst, die ich hier übergehe) erschaffen sie Unglaubliches: von Leben schier überquellende Oasen in einer marinen Wüste.[47]

Die Korallenbleiche ist gleichsam der Abbruch dieser für beide Partner so segensreichen Beziehung. Wird das Wasser zu kalt oder zu warm, stoßen die Polypen ihre Algen aus, werden dadurch weitgehend farblos und bieten nun gewissermaßen freien Durchblick auf das weiße Kalkskelett, auf dem sie sitzen – sie bleichen. Warum sie das tun, ist nicht restlos geklärt; auch der Zusammenhang zwischen der Hitzeexposition und einer mitunter auf die Bleiche folgenden Mortalität ist noch nicht für alle Korallenarten evident.

Möglicherweise spielen große Viren eine Rolle, die kürzlich vor allem in gebleichten Korallen gefunden wurden.[48] Vieles spricht jedoch dafür, dass die Bleiche vor allem die Folge einer nüchternen Kosten-Nutzen-Rechnung der Polypen ist. Unter normalen Umständen fällt sie klar zugunsten der fotosynthetisch aktiven Algen aus. Wird es aber zu warm, werden die Algen plötzlich zur Last, die Kosten ihrer Anwesenheit in den Wirtszellen überwiegen den Nutzen, weil die Algen nun mehr Ressourcen für das eigene Wachstum benötigen.[49] Aus einem Symbiosepartner wird ein Parasit, sodass man sich seiner besser entledigt, auch wenn man danach zumindest zeitweilig hungern muss. Zeitweilig deshalb, weil die Bleiche in vielen Fällen reversibel ist. Ist der Temperaturschock nicht zu groß gewesen und das Wasser wieder kühler, können die Polypen sich mit neuen Symbionten ausstatten und genesen.

Erst seit einigen Jahren weiß man, dass es von *Symbiodinium*-Algen, die man lange Zeit für eine einzige Art hielt, Hunderte diverse Typen gibt. Sie sind äußerlich nicht voneinander zu unterscheiden, genetisch aber sind sie verschieden, und was ausschlaggebend ist: Sie sind ungleich tolerant gegenüber höheren oder tieferen Temperaturen und anderen Zumutungen der Umwelt.

Versetzt man Korallenkolonien innerhalb eines Riffs vom Schatten in die Sonne, reagieren viele verstimmt auf den Temperaturschock und bleichen partiell aus. Monate später findet man sie dann wieder bei bester Gesundheit vor, ausgestattet mit einem anderen, besser angepassten Algenstamm als Fotosynthese betreibendem Partner. So, wie der Handwerker sich aus seiner Tasche ein für die jeweilige Aufgabe passendes Werkzeug heraussucht, wählen Korallenpolypen aus dem Angebot im umgebenden Wasser offenbar die für die jeweils herrschenden Bedingungen am besten geeigneten Symbionten aus.

Hoffnung keimte auf. Was die Polypen aushalten und was nicht, hängt nicht zuletzt davon ab, mit wem sie sich zum Korallen-Metaorganismus zusammentun. Ist die Korallenbleiche am Ende gar kein alarmierendes Krisenzeichen, sondern eine notwendige Übergangsphase, um danach dann gestärkt und besser gewappnet wieder an den Start gehen zu können? Führende Korallenexperten wie die Australierin Madeleine van Oppen vom Australian Institute of Marine Science in Townsville winkten ab. Ein Symbiontenwechsel sei eine Option, um vorübergehende Hitzewellen mäßiger Intensität zu überstehen, aber sicher kein Allheilmittel gegen die Bedrohung durch den Klimawandel, der marine Hitzewellen in immer höherer Frequenz und Intensität sowie dauerhafte und wesentlich dramatischere Veränderungen mit sich bringe.[50]

Doch im Jahr 2017 kamen neue gute Nachrichten, diesmal aus Israel. Zusammen mit Schweizer Kollegen berichteten Wissenschaftler eines marinen Forschungsinstituts von einer ungewöhnlichen Entdeckung im Golf von Aqaba, der sich als schmaler Fortsatz des Roten Meeres zwischen der Sinai-Halbinsel und Saudi-Arabien nach Norden erstreckt und an dessen Ende das jordanische Aqaba und das israelische Eilat einander gegenüberliegen. In den artenreichen Riffen, die sich im Golf parallel zur Küste erstrecken, stießen die Forscher auf eine Korallenart, *Stylophora pistillata*, der hohe Wassertemperaturen und Versauerung gar nichts auszumachen scheinen. Sie hielten die Korallen für Wochen bei Temperaturen über dem langjährigen Sommermaximum und bei relativ niedrigem pH-Wert, ohne dass die Tiere ihre Symbionten ausstießen und ausblichen. Im Gegenteil, die Zooxanthellen wirkten überaus vital, verdoppelten ihre Sauerstoffproduktion und steigerten ihre Fotosyntheseleistung sogar um 50 Prozent. Es hatte den Anschein, als seien diese Korallen und ihre Symbionten für wärmere Wassertemperaturen bestens gerüstet und lebten im Golf von Aqaba unter ihren Möglichkeiten.[51]

Warum gelingt dieser einen Korallenart mühelos, woran andere überall in der Welt zu scheitern drohen? Die Forscher glauben, dass der Grund in der jüngeren Besiedlungsgeschichte des Roten Meeres zu suchen ist. Das lang gestreckte Meer war nämlich während des letzten Eisvorstoßes zu einer besseren Salzlake ausgetrocknet. Der Meeresspiegel war um 120 Meter gesunken, Korallen konnten dort nicht mehr leben. Erst vor 6 000 bis 7 000 Jahren, als der Wasserspiegel etwa das heutige Niveau erreicht hatte, wurde das Rote Meer von Süden her aus dem Indischen Ozean neu besiedelt. Dabei mussten die im Wasser schwebenden Larven der Korallen am südlichen Eingang zwischen dem Jemen und Eritrea einen Engpass mit sehr hohen Wassertemperaturen von über 30 °C passieren, einen *bottleneck* (»Flaschenhals«), der in abgeschwächter Form auch heute noch besteht und damals eine scharfe Auslese bewirkte. Nur die Korallen, die die hohen Temperaturen zusammen mit ihren Algen ertrugen oder sich rasch anpassten, konnten weiter vordringen, bis hinauf in den Golf, wo die Wassertemperaturen deutlich niedriger liegen. Für alle anderen war hier Endstation.

Stylophora pistillata schaffte den Zugang und ist heute schon für Bedingungen gerüstet, die erst für die zweite Hälfte des 21. Jahrhunderts erwartet werden. Die Forscher suchen nun die Gene, die für diese außergewöhnliche Fähigkeit verantwortlich sind. »Klar ist«, sagte Maoz Fine, Professor an der Bar-Ilan-Universität, dem Berliner *Tagesspiegel*, »der Golf von Aqaba könnte zukünftig die letzten großflächig intakten Riffe beherbergen«.[52]

Ein paar Überlebende gäbe es vielleicht auch um die pazifische Insel Kiritimati nahe des Äquators. Die durch eine marine Hitzewelle angeschlagenen Korallen erholten sich dort zur Überraschung der Wissenschaftler, indem sie sich mit neuen, hitzetoleranten Symbionten ausstatteten, und das sogar während der Hitzewelle, bei gleichbleibend hohen Wassertemperaturen. Das gelang allerdings nur, wenn das Riff nicht durch andere, etwa anthropogene Störungen gestresst wurde.[53]

Wenigstens lokal könnten riffbildende Korallen die steigenden Temperaturen also überleben – immerhin. Allerdings muss man sie dann auch vor den anderen negativen Einflüssen schützen, die Riffen weltweit zu schaffen machen. Industrialisierung, Abwassereinleitungen und rücksichtslose Touristen sind nicht nur um Kiritimati, sondern auch im Golf von Aqaba ein Problem. Maoz Fine und seine Kollegen fordert deshalb von allen Anrainerstaaten verstärkte Anstrengungen zum Schutz der Riffe: »*It's time for action.*«[54]

Allerdings – ein Hoffnungsträger an einem speziellen Standort macht noch keine intakten artenreichen Riffe im Rest der Welt. Was ist mit all den anderen tropischen Korallen rund um den Äquator?

Da sich die Korallenarten, ja sogar die einzelnen Kolonien einer Spezies in ihrer Empfindlichkeit unterscheiden, muss bei Wiederansiedlungsprojekten sorgfältig ausgewählt und vor allem auf die Nachkommen robuster Exemplare gesetzt werden. Dabei ist sowohl auf die genetische Ausstattung der Kolonien als auch auf die Widerstandsfähigkeit der Symbionten zu achten. Forscher konnten auf diese Weise bereits schöne Erfolge erzielen.[55] Auch Beobachtungen im Freiland machen Mut; zum Beispiel haben einige indopazifische Riffe nach mehreren Bleichen in Folge offenbar eine etwas größere Resistenz entwickelt.[56] Aber das allein wird nicht reichen.

Ein vielversprechender Weg könnte darin bestehen, die zur Wiederansiedlung bestimmten Tiere gleichsam zu trainieren, besonders ihre symbiontischen Algen. In einem faszinierenden Experiment ist es australischen Forschern um Patrick Buerger und Madeleine van Oppen tatsächlich gelungen, im Labor mehrere *Symbiodinium*-Stämme außerhalb ihrer Wirte bei 31 °C zu halten und dabei über einen Zeitraum von vier Jahren und 120 Zellgenerationen bemerkenswerte Veränderungen anzustoßen.[57] Die Forscher nennen dieses Verfahren »assistierte Evolution«. Die zukünftigen Partner wurden anschließend über 30 Tage lang bei niedrigeren Temperaturen (27 °C) zusammengehalten, um eine Aufnahme der Algen durch die Korallenlarven zu ermöglichen und sicherzustellen, dass möglicherweise neu erworbene Eigenschaften der Wirte wirklich auf die evolvierten Algenzellen zurückgingen und nicht eine Folge eigener Gewöhnungseffekte waren. Danach wurden die Larven isoliert und in algenfreiem Wasser in Ruhe gelassen, um den aufgenommenen Zooxanthellen Zeit zur Vermehrung zu geben. Tatsächlich fanden die Forscher nach 45 Tagen ungefähr 10 000 Algenzellen pro Larve, die anschließend einer Vielzahl von physiologischen und biochemischen Tests unterzogen wurden.

»Unsere Ergebnisse liefern den überzeugenden Beweis, dass die Toleranz von Korallen gegenüber hitzeinduzierter Bleiche vergrößert werden kann, indem man in Kultur gehaltene Algensymbionten über lange Zeit Hitze aussetzt und sie dann wieder in Korallen überführt.«[58] Ein erstaunliches Resultat, das auch unterstreicht, wie sehr der Metaorganismus Koralle auf die Fähigkeiten winziger Einzeller angewiesen ist. Was noch aussteht, ist der Nachweis, dass die durch die Symbionten neu erworbene und verbesserte Hitzetoleranz der Korallen auch im Freiland Bestand hat. Die Zuversicht aufseiten der Forscher ist groß. Hinsichtlich des Managements und der Pflege der wertvollen Riffe sprechen sie sogar von einem »Paradigmenwechsel«.

Maoz Fine, der zu jenen israelischen Forschern gehört, denen wir die Entdeckung der hitzetoleranten Korallen im Golf von Aqaba verdanken, hat schon vor Jahren eine andere Fähigkeit von Korallen aufgedeckt, die die Forscher nicht minder überraschte. Die Idee dazu lieferten ihm und seinem Kollegen Dan Tchernov die bereits erwähnten *reef gaps*. Um diese korallenrifflosen Zeiten in der Erdgeschichte zu erklären, hatten Wissenschaftler vermutet, dass die riffbildenden Korallen vielleicht auch ohne Kalkskelette existieren könnten, wenn ein zu niedriger pH-Wert eine Kalkabscheidung verhinderte. Möglicherweise pendelten sie je nach äußeren Bedingungen zwischen beiden Zuständen hin und her. Die Bildung von Kalkskeletten wäre dann kein Merkmal, das eine Verwandtschaft begründet, sondern repräsentierte eher »einen bestimmten Organisationsgrad«.[59]

Tchernov und Fine machten die Probe aufs Exempel. Sie setzten Fragmente zweier mediterraner Korallenarten einem pH-Wert von 7,3 bis 7,6 aus und verglichen sie mit Koloniefragmenten, die in normalem Oberflächenwasser gehalten wurden (pH 8,0 bis 8,3). Während die Kontrollen sich nicht veränderten, begannen die in saurerem Milieu gehaltenen Polypen sich nach einem Monat zu strecken. Bald löste sich erst die Kolonieform und dann das Kalkskelett auf. »Überraschenderweise«, berichten die Forscher, »hafteten die Polypen aber weiterhin an dem steinernen Untergrund, der sich nicht aufgelöst hatte.«[60] – »Wenn es für sie also hart auf hart kommt, werden sie offensichtlich weich«, scherzte der Wissenschaftsjournalist Ed Yong.[61]

Die nun skelettlosen Polypen verdreifachten schließlich ihr Gewicht, behielten ihre Zooxanthellen und produzierten wie die weiterhin unveränderten Kontrolltiere in den Frühlings- und Sommermonaten weibliche und männliche Keimzellen. Es schien ihnen gut zu gehen, denn kein einziges Fragment starb. Wirklich erstaunlich war, was passierte, als die Koloniefragmente nach einem Jahr ohne Skelett wieder in normales Ozeanwasser umgesetzt wurden: Sie schlossen sich wieder zu Kolonien zusammen und begannen sofort, Kalk abzuscheiden und ein neues Skelett zu bilden. Als hätte es die sauren Zeiten nie gegeben.

Inwieweit sich diese Resultate verallgemeinern lassen, ist nicht klar, Nachfolgeexperimente sind wohl nie durchgeführt worden. Offenbar können zumindest manche Korallen, je nach äußeren Bedingungen, mit Skelett oder ohne existieren, in Kolonien oder allein als Solitär. Es ist durchaus denkbar, dass riffbildende Korallen die durch den Klimawandel ausgelösten Veränderungen und die Versauerung des Ozeanwassers zumindest lokal überstehen, wenn auch weit entfernt von alter Pracht und Größe, und vielleicht könnten die Menschen ihnen dabei sogar noch behilflich sein. Zwar würde sich im sauren Ozeanwasser der Zukunft die Struktur der Riffe ohne die Kalkablagerungen fundamental verändern, was natürlich nicht ohne Wirkung auf die vielen Tausend Organismenarten bleiben würde, die auf sie angewiesen sind. Ihre Schöpfer aber, die Korallenpolypen, könnten in Refugien überleben, um irgendwann einen neuen Anlauf zur Besiedlung der Ozeane zu starten, wie sie es allem Anschein nach schon mehrfach in der Erdgeschichte getan haben.

Die Natur der Zukunft

Entdeckungen wie die der verborgenen Fähigkeiten der Korallen nähren die Hoffnung, dass manche Lebewesen für die Folgen eines Klimawandels besser gerüstet sein könnten, als wir befürchten. Denken Sie an die erstaunliche Flexibilität, die viele Pflanzen und Tiere zeigten, nachdem Menschen sie in neue Lebensräume verfrachtet haben. Oder an die Bayreuther Modellgrünlandflächen, die einfach nicht totzukriegen waren. Die heute existierenden Tier- und Pflanzenarten sind die Überlebenden früherer Klimaveränderungen. Könnten sie dadurch einem weiteren Klimawandel nicht besser gerüstet entgegensehen?

Wie fast alle großen Massenaussterbeereignisse hat auch das letzte am Ende des Erdmittelalters vor 66 Millionen Jahren mit einem massiven Ausstoß von Kohlendioxid begonnen, verursacht durch gewaltige vulkanische Aktivitäten in Indien (in der Region Dekkan-Trapp). Die Auswirkungen waren weltweit zu spüren. Experten gehen von einer Temperaturerhöhung um zwei bis drei Grad aus, marine Ablagerungen deuten auf eine Versauerung der Ozeane hin. Doch es war nicht diese Klimaveränderung, die zum Massenaussterben führte. Dafür brauchte es eine zweite, noch größere Katastrophe: den Einschlag eines großen Asteroiden in Mexiko, der etwa 250 000 Jahre später erfolgte, aus geologischer Sicht also kurz darauf. Der an der Yale University forschende Geologe Jeffrey Park schreibt dazu: »Eine hoffnungsvolle Interpretation, jedenfalls soweit es das potenzielle

Massenaussterben während des Anthropozäns betrifft, lautet, dass die graduelle Diversifizierung des Lebens in neue ökologische Nischen die Biosphäre der Erde widerstandsfähiger gegenüber Störungen des Kohlenstoffkreislaufs gemacht hat.« Es habe einen zweiten »schweren Schock der besonderen Art« gebraucht, um aus einem vulkanischen Großereignis eine weltumspannende Krise der biologischen Vielfalt zu machen.[62] Ihr fielen nicht nur fast alle Dinosaurier (mit Ausnahme der Vögel), sondern auch zahlreiche andere Tiergruppen zum Opfer.

Während der (noch andauernden) Eiszeit mit ihren Vereisungszyklen pendelte die Biosphäre mit dem Auf und Ab der atmosphärischen CO_2-Konzentrationen zwischen zwei Zuständen hin und her, in denen sich jeweils ein relativ stabiles Gleichgewicht von Klima und Biosphäre einstellte. Viele an warme oder kalte Verhältnisse angepasste Lebewesen konnten jeweils in Refugien überleben.

Die bislang letzte Zwischeneiszeit, das Holozän, hat mit einem außergewöhnlich stabilen Klima den Aufstieg des *Homo sapiens* ermöglicht. Doch dessen Siegeszug hat den Planeten in beispielloser Weise verändert und die Biosphäre dramatisch geschwächt. »Wir können nicht sicher sein«, warnt Park, »dass die offensichtliche Resilienz der Biodiversität gegenüber plötzlichen Klimaveränderungen« – also ihre Fähigkeit, nach Störungen wieder zu ihrem Ausgangszustand zurückzukehren – »auch im Kontext dieser zusätzlichen Einflüsse obsiegen wird.«[63]

Vielleicht setzen wir die Lebensgemeinschaften unseres Planeten also wie vor 66 Millionen Jahren einem Doppelschlag aus. Dem Vulkanausbruch und dem aus dem Magma freigesetzten CO_2 entspräche der anthropogene Ausstoß von Treibhausgasen, und die Zerstörungen, die wir auf dem Planeten angerichtet haben, kämen dem Einschlag eines großen kosmischen Gesteinsbrockens gleich – ein hoffentlich nicht finaler *double whammy* für die Welt, wie wir sie kennen, in jedem Fall aber die größte Herausforderung, vor die sich die Menschheit je gestellt sah.

Was könnte am Ende dieses Buches treffender sein als der Brecht-Satz, den der unvergessene Marcel Reich-Ranicki am Ende jeder Sendung des *Literarischen Quartetts* zitierte: »Und so sehen wir betroffen / Den Vorhang zu und alle Fragen offen.«[64]

Ich hoffe, Sie hatten nicht erwartet, dass ich Ihnen eine detaillierte Schilderung der zukünftigen Tier- und Pflanzenwelt bieten würde, 2100 zum Beispiel oder 2200 oder gar 2500. Niemand könnte das; wir wissen ja noch nicht einmal, welche Bedingungen dann genau herrschen werden. Außerdem werden die Veränderungen lange fortschreiten, sehr lange, jahrhunderte-, vielleicht jahrtausendelang.

Vieles ist jedoch absehbar, hat begonnen oder ist bereits in vollem Gange: die Migrationsbewegungen und Zuwanderung wärmeliebender Tier- und Pflanzenarten, die Ausbreitung von Neobiota, der *regime shift* der Arktis und Permafrostgebiete, die Desynchronisation der Phänologien, das Ende der Fichtenmonokultur in Europa, die Zunahme der Extremereignisse, der Existenzkampf der Korallenriffe … Die Natur wird sich verändern. Wie sehr, hängt nicht zuletzt von unserem Verhalten und unseren Entscheidungen ab.

Dem Klimawandel müssen wir mit allen Mitteln entgegenwirken, damit die Entwicklung nicht völlig aus dem Ruder läuft und zu der für uns »unbewohnbaren Erde« führt, die David Wallace-Wells in seinem Buch heraufbeschworen hat. Doch die Dynamik, die der Klimawandel in der Biosphäre auslöst, den Wandel der globalen Tier- und Pflanzenwelt sollten wir zulassen und ertragen, auch wenn es uns schwerfällt. Er ist zu großen Teilen nichts anderes als der Versuch, zu überleben und sich den Veränderungen anzupassen. Sich an die ›alte‹ Natur zu klammern, ist mit Sicherheit der falsche Weg, denn unter neuen klimatischen Rahmenbedingungen kann sie nicht fortexistieren.

Allerdings heißt das nicht, dass wir unsere Bemühungen, diese uns vertraute Lebewelt zu erhalten, einstellen sollten. Im Gegenteil. Wir müssen das eine tun und das andere nicht lassen, den Wandel akzeptieren und gleichzeitig unsere fortwährenden Störungen und Eingriffe in die Ökologie auf einem großen Teil des Planeten so weit es geht minimieren, um die noch existierende Natur und die Lebensgemeinschaften, aus denen sie sich zusammensetzt, in ihrer Vielfalt zu erhalten. Denn aus dieser Diversität erwächst die Widerstandskraft der Ökosysteme, ihre Fähigkeit zu Selbstorganisation, Flexibilität und Resilienz. Wir müssen Vielfalt erhalten, um den Zusammenbruch zu verhindern und Veränderung und Anpassung möglich zu machen, Prozesse, die den Lebewesen in vielen kritischen Phasen der Erdgeschichte ein Überleben gesichert haben.

Deshalb ist Natur- und Artenschutz noch nie so wichtig gewesen wie heute. Ob man tatsächlich die Hälfte der Erde zu Schutzgebieten erklären muss, wie E.O. Wilson[65] es fordert, sei dahingestellt. Immer noch ambitioniert, aber realistischer erscheint das 30-Prozent-Ziel bis 2030, das von der UN propagiert wird.[66] Dass wir unsere Anstrengungen diesbezüglich erheblich verstärken müssen, steht jedenfalls außer Frage. Bisher geht die Reise vorwiegend in die andere, verhängnisvoll falsche Richtung.

Flora und Fauna haben uns etwas Entscheidendes voraus: Sie haben schon mehr als einmal Erfahrungen mit sich verändernden globalen Klimata gemacht, und da ihnen damals niemand Knüppel zwischen die Beine geworfen hat, haben sie oder ihre Nachfahren überlebt. Für die Menschheit ist das weitgehend Neuland.

Anmerkungen

Einleitung

1 *Alpendämmerung – Europa ohne Gletscher*, ein Film von Thomas Aders und Wolfgang Wanner, SWR 2018.
2 Sommer u. a. 2020.
3 Zemp u. a. 2019.
4 IPCC 2014.
5 Hausfather u. a. 2020.
6 Ward & Kirschvink 2016; Bond & Grasby 2017.
7 Nach Angaben von Wallace-Wells 2019 und des Carbon Dioxide Information Analysis Center in Oak Ridge, Tennessee; doi.org/10.3334/CDIAC/00001_V2017
8 Schönwiese 2008.
9 Manfred Forstreuter im Interview mit Reinhart Bünger: »Die inneren Uhren der Pflanzen ticken nicht mehr richtig«, in: *Der Tagesspiegel*, 13.02.2020; https://www.tagesspiegel.de/wirtschaft/immobilien/berliner-umweltforscher-ueber-den-klimawandel-die-inneren-uhren-der-pflanzen-ticken-nicht-mehr-richtig/25496094.html
10 Ebd.
11 Umweltbundesamt 2008.
12 Berthold, in: Marotzke & Stratman 2015, S. 33.
13 Hannah 2011.
14 Wallace-Wells 2019.
15 Ebd., S. 11.
16 Williams & Burke, in: Lovejoy & Hannah 2019, S. 129.
17 Reichholf 2007.
18 Eriksson u. a. 2012; Dartnell 2019, S. 33. Lewis Dartnell liefert unter anderem eine sehr empfehlenswerte Darstellung der Bedeutung klimatischer Veränderungen bei der Entstehung unserer Spezies.
19 Dartnell 2019, S. 26.

1 In Bewegung

1 Hannah 2011.
2 Neukom u. a. 2019.

3 Rodriguez 2016.
4 Taylor u. a. 2014.
5 Rodriguez 2016.
6 Ebd., S. 404.
7 Parmesan, in: Lovejoy & Hannah 2019, S. 26.
8 Hickling u. a. 2006.
9 Chen u. a. 2011.
10 Roth u. a. 2014.
11 Chen u. a. 2009; Cheng u. a. 2018.
12 Newman u. a. 2011.
13 Parmesan, in: Lovejoy & Hannah 2019, S. 28.
14 Camille Parmesan im Interview mit John Vidal: »Trump's extremism on climate change has brought people together«, in: *The Guardian*, 31.12.2017; https://www.theguardian.com/science/2017/dec/31/camille-parmesan-trump-extremism-climate-change-interview
15 Menendez u. a. 2006.
16 Roth u. a. 2014.
17 Barnosky u. a. 2012.
18 Tucker u. a. 2018.
19 Kegel 2013.
20 Tucker u. a. 2018, S. 469.
21 Dulvy u. a. 2008.
22 Dahlke u. a. 2018.
23 Parmesan, in: Lovejoy & Hannah 2019, S. 31.
24 Kurt F. de Swaaf: »Invasion aus südlichen Gewässern«, in: *Spiegel*, 16.09.2011.
25 Simpson u. a. 2011.
26 Lozan u. a. 2014; Simpson u. a. 2011.
27 Kurt F. de Swaaf, a. a. O.
28 Lozan u. a. 2014.
29 Doubleday u. a. 2016.
30 Gershwin 2013, S. 241.
31 van der Kooij u. a. 2016.
32 Oesterwind u. a. 2020.
33 Josef Reichholf im Interview mit Cord Riechelmann und Tobias Rapp: »Historisch sind Warmzeiten gute Zeiten«, in: *Die Tageszeitung* vom 18.04.2007; https://taz.de/!292271/
34 Institut für Landschaftsökologie 2009.
35 Pilotto u. a. 2020.
36 Massimino u. a. 2015.
37 Moritz u. a. 2008.

38 Moret u. a. 2019, S. 12889.
39 Morueta-Holme u. a. 2015.
40 Moret u. a. 2019.
41 Alexander von Humboldt, zitiert nach: Moret u. a. 2019, S. 12893.
42 Tamis u. a. 2005.
43 Kotrba u. a. 2012.
44 Grassberger, Friedrich & Reiter 2003.

2 Neue Tiere, neue Pflanzen

1 Rozwalka u. a. 2017.
2 Kegel 2013.
3 Hart & Edwards 2013; Pimentel u. a. 2001; Vila u. a. 2010.
4 Kegel 2013.
5 Rabitsch u. a. 2013.
6 Kowarik 2010; Simberloff 2013; Kegel 2013.
7 Lach & Thomas 2008.
8 Elton 1958.
9 Simberloff u. a. 2013.
10 Parau u. a. 2016.
11 Pollheimer & Pollheimer 2008, S. 367.
12 Pollheimer & Pollheimer 2008.
13 Buttler, May & Metzing 2018, S. 8.
14 Die Gefäßpflanzen umfassen Samenpflanzen, Bärlappe und Farne.
15 Gregor u. a. 2012; Kowarik 2010.
16 Gregor u. a. 2012.
17 Bradley u. a. 2012.
18 Kowarik 2010, S. 77.
19 Aagaard & Lockwood 2014.
20 Kowarik 1995; Kegel 2013.
21 Kleinbauer u. a. 2010.
22 Eigentlich wären es 13 962 Quadranten; wegen mangelnder Daten musste Schleswig-Holstein aber ausgeschlossen werden.
23 Schertler u. a. 2020, S. 129 f.
24 Kleinbauer u. a. 2010, S. 15.
25 Knüsel u. a. 2019.
26 Kleinbauer u. a. 2010, S. 32 f.
27 Bradley u. a. 2014.
28 Early u. a. 2016.
29 Ebd.
30 Ebd.
31 Ebd., S. 5.
32 Atwater, Ervine & Barney 2018, S. 34.
33 Quintero & Wiens 2013; Wiens u. a. 2019.

34 Early & Sax 2014.
35 Wiens u. a. 2019, S. 8.
36 Ebd., S. 9.
37 Ebd., S. 10.
38 So der Titel des Buches von Fred Pearce (2016).
39 Kowarik 2010, S. 419.
40 Pearce 2016, S. 23.
41 Publiziert 1999 vom Ammann Verlag, Zürich. 2013 erschien eine überarbeitete und erweiterte Neuauflage beim DuMont Buchverlag.
42 Pearce 2016, S. 9.
43 Wallace-Wells 2019.

3 Eine hungrige Welt – Was die Vergangenheit uns über die Zukunft erzählt

1 Hausfather u. a. 2020.
2 Foster u. a. 2018, S. 2.
3 Bubenzer & Radtke, in: Endlicher & Gerstengarbe 2007.
4 Foster u. a. 2018.
5 Dartnell 2019.
6 Willeit u. a. 2019.
7 Ganopolski, Winkelmann & Schellnhuber 2016.
8 Matteo Willeit, zitiert nach: Jonas Viering: »Mehr CO_2 als jemals zuvor in 3 Millionen Jahren: beispiellose Computersimulation«, in: idw – Informationsdienst Wissenschaft, 04.04.2019; https://idw-online.de/en/news713452, abgerufen am 7.5.2020.
9 Kennett & Stott 1991. Der Bohrkern wurde im Rahmen des *Ocean Drilling Project* (*ODP*) im Weddellmeer vor der Küste der Antarktis gewonnen und stammte aus Loch 690B, das in fast 3 000 Metern Tiefe in den Hang eines submarinen Plateaus, des Maud Rise, getrieben worden war. Das PETM wird auch »*Eocene Thermal Maximum 1*« bzw. »ETM-1« genannt.
10 Koch u. a. 1992.
11 McInerney & Wing 2011.
12 Ebd., S. 490.
13 MacLennan & Jones 2006.
14 Schaller & Fung 2018, S. 22.
15 »*Eocene Thermal Maximum 2*« oder »*ETM-2*«.
16 Nicolo u. a. 2007, S. 702; andere Quellen wollen sechs derartige Ereignisse nachgewiesen haben. 13C ist ein stabiles, in der Natur vorkommendes Kohlenstoffisotop. Änderungen im Verhältnis der Isotope 13C und 12C werden in der Paläoklimatologie und Geochemie verwendet und dienen zur Bestimmung von Herkunft und Alter organischen Materials. Methan enthält deutlich weniger 13C. Eine Verringerung des 13C-Gehaltes könnte daher auf eine massive Freisetzung von Methan hindeuten.

17 Die ältesten bekannten Fossilien des *Homo sapiens* stammen aus Marokko und wurden 2017 auf ein Alter von gut 300 000 Jahren datiert. Die Darstellung des PETM folgt, falls nicht anders angegeben, McInerney & Wing 2011.

18 Es gab auch Stimmen, die von einer Freisetzung innerhalb weniger Jahre ausgingen.

19 Secord u. a. 2012; McInerney & Wing 2011 geben eine Temperaturerhöhung während des PETM von 5–8 Grad Celsius an. Das Zitat steht auf S. 493.

20 Frieling u. a. 2018.

21 Sluijs u. a. 2007, S. 336.

22 Smith u. a. 2009.

23 Secord u. a. 2012.

24 D'Ambrosia u. a. 2017, S. 1.

25 Secord u. a. 2012, S. 959.

26 Stiling & Cornelissen 2007.

27 Vgl. Gardner u. a. 2011.

28 Wing u. a. 2005; Wing & Currano 2013; McInerney & Wing 2011.

29 Currano u. a. 2008; Wing & Currano 2013.

30 McInerney & Wing 2011, S. 507.

31 Foster u. a. 2018.

32 Foster u. a. 2018, S. 2.

33 1 Petagramm entspricht einer Gigatonne, einer Billion Kilogramm oder 10^{15} Gramm.

34 Gerhard Adrian, zitiert nach: Susanne Ehlerding: »Noch wärmer, noch trockener«, in: *Der Tagesspiegel*, 18.03.2020, S. 24.

35 Foster u. a. 2018, S. 4.

36 Appy Sluijs, zitiert nach: Daisy Dunne: »Hyperthermals: What can they tell us about modern global warming?«, in: *Carbon Brief*, 09.10.2017; www.carbonbrief.org/hyperthermals-what-can-they-tell-us-about-modern-global-warming, abgerufen am 28.02.2020.

37 Ebd.

38 Williams & Burke, in: Lovejoy & Hannah 2019, S. 131.

39 Foster u. a. 2018.

40 Williams & Burke, in: Lovejoy & Hannah 2019.

41 Ebd., S. 132.

42 Sie stiegen von 190 ppm auf 265 ppm, was in etwa der vorindustriellen Konzentration entspricht; vgl. Williams & Burke, in: Lovejoy & Hannah 2019.

43 Ebd., S. 133.

44 *NGRIP* (1999–2003), ein Nachfolger des europäischen *Greenland Ice Core Project* (1989–1992).

45 Steffensen u. a. 2008; Hannah 2011.

46 Buizert u. a. 2014; Steffensen u. a. 2008; Williams & Burke, in: Lovejoy & Hannah 2019.
47 Steffensen u. a. 2008, S. 681.
48 Ebd., S. 682.
49 Ebd., S. 683.
50 Williams & Burke, in: Lovejoy & Hannah 2019, S. 139.
51 Tinner & Lotter 2001.
52 Hannah 2011.
53 Hannah 2011, S. 146.
54 Jackson u. a. 1997.
55 Williams & Burke, in: Lovejoy & Hannah 2019, S. 135.
56 Reichholf 2007.
57 Ebd., S. 98.
58 Ebd., S. 95.
59 Harper 2020, S. 89.
60 Ebd., S. 374.
61 Reichholf 2007, S. 102.
62 Ebd., S. 102 und 104. Reichholf zitiert hier am Ende alte Chroniken aus Plauen und Hof. Er gibt die Quelle nicht genau an, vermutlich: Herbert Weidner: *Die Wanderheuschrecken* (Akademische Verlagsgesellschaft, Leipzig, 1953).
63 Ebd.
64 Wallace-Wells 2019.

4 *Mismatch*

1 Gerd Kraus im Interview mit Benjamin von Brackel: »Die Fischereiwirtschaft ist kaum vorbereitet«, in: *klimareporter*, 18.01.2019; www.klimareporter.de/gesellschaft/interview-gerd-kraus
2 Winder & Sommer 2012.
3 Gerd Kraus, a. a. O.
4 Newman u. a. 2011.
5 Winder & Schindler 2004.
6 Lewandowska & Sommer 2010.
7 Winder & Sommer 2012.
8 Ebd.
9 Bayerisches Landesamt für Umwelt 2014.
10 Hannah 2011.
11 Kauserud u. a. 2012.
12 Post & Avery, in: Lovejoy & Hannah 2019.
13 Cushing 1969.
14 Williamson 1996.
15 Post & Forchhammer 2008.
16 Ebd.

17 Plard u. a. 2014, S. 3.
18 McKinney u. a. 2012.
19 Ebd., S. 1990.
20 Ebd., S. 1992.
21 Møller, Rubolini & Lehikoinen 2008.
22 Both u. a. 2009; Visser u. a. 2012.
23 Pulido & Berthold 2010.
24 Francisco Pulido, zitiert nach: »Opa Zugvogel, Enkel sesshaft«, in: *Spektrum*, 22.04.2010;
https://www.spektrum.de/news/opa-zugvogel-enkel-sesshaft/1029908
25 Berthold u. a. 1998.
26 Both u. a. 2006.
27 Samplonius & Both 2019.
28 Saino u. a. 2009.
29 Post & Avery, in: Lovejoy & Hannah 2019.
30 Isbell u. a. 2015.
31 Bartomeus u. a. 2011.

5 Zu warm – Kanarienvögel des Klimawandels

1 Newman u. a. 2011, S. 73.
2 Wiens 2016.
3 Ebd.
4 Hauck, Leuschner & Homeier 2019.
5 Ebd.
6 Bay u. a. 2018.
7 Ebd., S. 84. Die drei Umweltvariablen sind: Niederschläge innerhalb des wärmsten Vierteljahres, saisonale Niederschläge, Niederschläge im trockensten Vierteljahr.
8 Ebd., S. 83.
9 Pinsky u. a. 2019.
10 Justin Welbergen, zitiert nach: Harry Cockburn: »Bats dying ›on biblical scale‹ due to record-breaking Australia heatwave«, in: *Independent*, 16.01.2019;
https://www.independent.co.uk/news/world/australasia/australia-bats-death-heatwave-cairns-flying-foxes-new-south-wales-adelaide-a8730626.html
11 Welbergen u. a. 2008.
12 Justin Welbergen u. a.: »Killer climate: tens of thousands of flying foxes dead in a day«, in: *The Conversation*, 24.02.2014;
https://theconversation.com/killer-climate-tens-of-thousands-of-flying-foxes-dead-in-a-day-23227
13 Ebd.

14 Pruvot u. a. 2019; Conradie u. a. 2020.

15 Somero 2012.

16 Somero 2010, S. 915.

17 Justin Welbergen u. a.: »Ongoing research program: The impacts of extreme temperature events on Australian flying-foxes«, in: *Lab of Animal Ecology*; https://www.animalecologylab.org/flying-fox-heat-stress.html

18 Somero 2012, S. 41 und dort aufgeführte Literatur. Die weitere Darstellung folgt Somero 2010, 2012.

19 Diese Veränderung der Proteine wird »posttranslationale Modifikation (PTM)« genannt.

20 Newman u. a. 2011, S. 143.

21 Kegel 2009.

22 Siehe Arnold u. a. 2019.

23 Ebd.

24 Newman u. a. 2011.

25 Bay u. a. 2018, S. 85.

26 Diesen Pflanzen wurde ein Gen eines Bakteriums namens *Bacillus thuringiensis* zugefügt, sodass sie nun selbst ein für Insekten toxisches Gift produzieren.

27 Bay u. a. 2018.

28 Somero 2012, S. 52.

29 Somero 2012.

30 Das Enzym ist die zytosolische Malatdehydrogenase (cMDH).

31 Somero 2012, S. 52.

32 Forcada & Hoffman 2014.

33 Ebd., S. 462, 465.

34 Somero 2010, 2012.

35 Krokodileisfische gehören zur Familie der Channichthyidae.

36 Newman u. a. 2011, S. 153.

37 Bay u. a. 2018, S. 86.

38 Fitzpatrick & Edelsparre 2018.

39 Oppold u. a. 2016.

40 Markus Pfenninger, zitiert nach: Judith Jördens: »Evolution auf Betriebstemperatur – In warmen Regionen entwickeln sich Lebewesen schneller«, in: idw – Informationsdienst Wissenschaft, 17.02.2016; https://idw-online.de/de/news646212

6 *Regime shifts* – Wirkungen auf Ökosysteme

1 Kleinbauer u. a. 2010.

2 Gleason 1926.

3 Beierkuhnlein u. a. 2014, S. 13; s. auch Hannah 2011.

4 Baranov u. a. 2020.

5 Peter Haase und Victor Baranov zitiert nach: »Drastischer Schwund von Wasserinsekten«, in: Forschungsnachrichten der Leibniz-Gemeinschaft, 11.05.2020; https://www.leibniz-gemeinschaft.de/ueber-uns/neues/forschungsnachrichten/forschungsnachrichten-single/newsdetails/drastischer-schwund-von-wasserinsekten.html
6 Hallman u. a. 2017; Hallmann u. a. 2019; Powney u. a. 2019.
7 Baranov u. a. 2020.
8 Smol u. a. 2005.
9 Ebd., S. 4397.
10 Ebd.
11 Vgl. Website der Resilience Alliance: https://www.resalliance.org/regime-shifts
12 Hughes u. a. 2013.
13 Folke u. a. 2004.
14 Rühland u. a. 2015.
15 Ebd., S. 6.
16 Das STRI ist die einzige außerhalb der USA gelegene Einrichtung der Smithsonian Institution, Washington, D. C.
17 Hannah 2011, S. 103.
18 Windsor 1990.
19 Hannah 2011.
20 Barkhordarian u. a. 2019.
21 Sassan Saatchi, zitiert nach: Daniela Albat: »Atmosphäre über dem Amazonas trocknet aus«, in: *scinexx – das wissensmagazin*, 07.11.2019; https://www.scinexx.de/news/geowissen/atmosphaere-ueber-dem-amazonas-trocknet-aus/, abgerufen am 17.06.2020.
22 Barkhordarian u. a. 2019, S. 2.
23 Anderson u. a. 2018.
24 Ebd.
25 Yang u. a. 2018, S. 5.
26 Hubau u. a. 2020.
27 Jaramillo & Cardenas 2013.
28 Pounds u. a. 2006.
29 Anchukaitis & Evans 2010.
30 Nikiforuk 2011; Hannah 2011.
31 Beierkuhnlein u. a. 2014, S. 272.

7 Pandoras Eisschrank – Arktis und Antarktis

1 Kedra u. a. 2015.
2 Wenn Sie es genau wissen möchten, schauen Sie unter: https://wmo.asu.edu. Das Archiv wurde mit dem Ziel gegründet, Wetterextreme zu verifizieren, zu zertifizieren und in einer öffentlich zugänglichen Daten-

bank zu speichern. Es wird an der Arizona State University in Phoenix geführt.

3 Otto 2019.

4 Sarah Kew, zitiert nach: »Hitze in Sibirien laut Forschern menschengemacht«, in: *ZEIT ONLINE*, 16.07.2020; https://www.zeit.de/wissen/2020-07/sibirien-hitze-klimawandel-wetterphaenomen-klimaforschung-andrew-ciavarella

5 Andrew Ciavarella u. a.: »Siberian heatwave of 2020 almost impossible without climate change«, in: *world weather attribution*, 15.07.2020; https://www.worldweatherattribution.org/siberian-heatwave-of-2020-almost-impossible-without-climate-change/

6 *Our Planet* (deutsch: *Unser Planet*), 2019, produziert von Silverback Films und WWF, Regie: Alastair Fothergill, Erstausstrahlung am 05.04.2019 auf Netflix.

7 Yong 2019a; Chakilev & Kochnev 2018.

8 Anatoly Kochnev, in: *Behind the scenes – Walross* (Video); https://www.ourplanet.com/de/video/behind-the-scenes-walrus/, abgerufen am 23.06.2020.

9 Ebd.

10 Jay, Fischbach & Kochnev 2012; Yong 2019a.

11 Dieses und alle folgenden Zitate in diesem Unterkapitel aus: Yong 2019a oder *Unser Planet – Hinter den Kulissen*, 2019, Netflix Studios, LLC, and Netflix Global, LLC.

12 Marius Buhl: »Grönland – ›Ground Zero‹ des Klimawandels«, in: *Der Tagesspiegel* Nr. 24008, 17.11.2019.

13 Sasgen u. a. 2020.

14 Kedra u. a. 2015.

15 Screen & Deser 2019.

16 Grebmeier u. a. 2006; Jay, Fischbach & Kochnev 2012.

17 Grebmeier u. a. 2006.

18 McInerney & Wing 2011, S. 507.

19 Hannah 2011, S. 117; s. auch Grebmeier u. a. 2006; Grebmeier 2010.

20 Stroeve u. a. 2012; Kedra u. a. 2015.

21 Die Darstellung folgt Boetius u. a. 2013 und http://www.mpg.de/6946511/arktische-tiefsee-klima sowie http://www.mpg.de/7084327/klimawandel_polarmeer, abgerufen am 30.06. bzw. 01.07.2020.

22 Hauck, Leuschner & Homeier 2019.

23 *Spit balls* sind Zusammenballungen von Algenzellen, die von den Krillkrebsen gelegentlich ausgespuckt werden.

24 Bar-On, Phillips & Milo 2018.

25 Vgl. Georg Rüschemeyer: »Krill. Der nährende Schwarm«, in: *Frankfurter Allgemeine Zeitung*, aktualisiert am 04.03.2018;

https://www.faz.net/aktuell/wissen/erde-klima/krill-der-naehrende-schwarm-15466243.html

26 Hauck, Leuschner & Homeier 2019.

27 Bettina Meyer, zitiert nach: Georg Rüschemeyer, a. a. O.

28 Atkinson u. a. 2004.

29 Kawaguchi u. a. 2011.

30 Atkinson u. a. 2019.

31 Ebd., S. 3.

32 »Pinguine in Zeiten des Klimawandels«, Website des Umweltbundesamtes; https://www.umweltbundesamt.de/themen/pinguine-in-zeiten-des-klimawandels

33 Watanabe u. a. 2020.

34 Boris Culik, zitiert nach: Roland Knauer: »Eisschwund erhöht Bruterfolg von Adelie-Pinguinen«, in: *Der Tagesspiegel* Nr. 24220, 24.06.2020; https://www.tagesspiegel.de/wissen/futter-frei-haus-eisschwund-erhoeht-bruterfolg-von-adelie-pinguinen/25945976.html

35 Hauck, Leuschner & Homeier 2019.

36 Lee u. a. 2017.

37 Hauck, Leuschner & Homeier 2019, S. 73.

38 Elmendorf u. a. 2012.

39 Nicola Jones: »Redrawing the Map: How the World's Climate Zones are Shifting«, in: *Yale Environment 360*, 23.10.2018; https://e360.yale.edu/features/redrawing-the-map-how-the-worlds-climate-zones-are-shifting

40 Farquharson u. a. 2019, Biskaborn u. a. 2019.

41 Siehe: Alastair Brown, »Pandora's freezer?«, in: *Nature Climate Change*, 25.04.2013;
https://doi.org/10.1038/nclimate1896

42 Turetzky u. a. 2019, S. 32.

43 Jens Eschert: »Der Turm in der Taiga«, in: Wissenschaftsmagazin der Max-Planck-Gesellschaft, 08.04.2013;
https://www.mpg.de/7083573/zotto

44 Kevin Schafer, zitiert nach: Nicola Jones, a. a. O.

45 Turetzky u. a. 2019, S. 32.

46 Ebd., S. 33.

47 Farquharson u. a. 2019.

48 Olefeldt u. a. 2016.

49 Philip Marsh, zitiert nach: Ed Struzik: »How Thawing Permafrost Is Beginning to Transform the Arctic«, in: *Yale Environment 360*, 21.01.2020; https://e360.yale.edu/features/how-melting-permafrost-is-beginning-to-transform-the-arctic

50 Ebd.

51 Turetzky u. a. 2019, S. 33.

52 Walter u. a. 2006.
53 Ed Struzik, a. a. O.
54 Schuur & Mack 2018.
55 Ed Struzik, a. a. O.

8 *The Blob*

1 Jones u. a. 2018.
2 Gjerdrum u. a. 2003, S. 9377.
3 Lauren Divine, zitiert nach: Yong 2019b.
4 Jones u. a. 2018.
5 Ebd.
6 Piatt u. a. 2020.
7 Cavole u. a. 2016; Cartwright u. a. 2019; Piatt u. a. 2020.
8 Rogers-Bennett & Catton 2019, S. 1.
9 Piatt u. a. 2020, S. 18, und John Piatt, zitiert nach: Cornwall 2019, S. 444.
10 Cornwall 2019; Piatt u. a. 2020.
11 Cavole u. a. 2016.
12 Cornwall 2019.
13 Piatt u. a. 2020. Alaska-Seelachs und Alaska-Heilbutt sind Handelsnamen. Es handelt sich um den Alaska-Pollack (*Gadus chalcogrammus*) und die Flunderart *Atheresthes stomias*.
14 Zitiert nach: Cornwall 2019, S. 444; NOAA ist die Abkürzung für National Oceanic and Atmospheric Administration.
15 Nick Bond, zitiert nach: Engelhard 2020.
16 Engelhard 2020.
17 »Marine Heatwave in the Pacific Shrinks ›Blob‹ in Size, Retreats Farther Offshore«, auf: Website der NOAA, 07.11.2019; https://www.fisheries.noaa.gov/feature-story/marine-heatwave-pacific-shrinks-blob-size-retreats-farther-offshore, abgerufen am 25.05.2020.
18 Friederike Otto, zitiert in: »Prolonged Siberian heat attributed to climate change«, Presseerklärung des Met Office (nationaler meteorologischer Dienst von Großbritannien), 15.07.2020; https://www.metoffice.gov.uk/about-us/press-office/news/weather-and-climate/2020/prolonged-siberian-heat-almost-impossible-without-climate-change---attribution-study; vgl. auch Welbergen u. a. 2008.
19 Fey u. a. 2015, S. 1083.
20 Fey u. a. 2015.
21 Ebd., S. 1084.
22 Otto 2019.
23 Friederike Otto und Rowan Sutton, zitiert nach: Damian Carrington: »Heatwave made more than twice as likely by climate change, scientists find«, in: *The Guardian*, 27.07.2018;

https://www.theguardian.com/environment/2018/jul/27/heatwave-made-more-than-twice-as-likely-by-climate-change-scientists-find, abgerufen am 30.04.2020.

24 Cheng u. a. 2020.

25 Cornwall 2019.

26 Holbrook u. a. 2019, S. 3; vgl. auch Oliver u. a. 2018, 2019.

27 Oliver u. a. 2019, S. 1, 9.

28 Watson 2016; Stramma & Schmidtko 2019.

29 »*Kiel Declaration on Ocean Deoxygenation*«, Internationale Konferenz in Kiel zur Sauerstoffabnahme im Ozean, 03.–07.09.2018; https://www.geomar.de/fileadmin/content/service/presse/Pressemitteilungen/2018/kiel-declaration-e.pdf

30 Stramma u. a. 2010

31 Die Informationen stammen von der Website des *Hypoxia Research Team* von Lumcon (Louisiana Universities Marine Consortium); https://gulfhypoxia.net

32 Conley u. a. 2011.

33 Ebd., S. 6777.

34 Karthäuser u. a. 2018.

35 Stramma & Schmidtko 2019.

36 Gershwin 2013.

37 Ebd., S. XIII.

38 So z. B. Jackson 2008.

39 Nicholas Bond, zitiert nach: Engelhard 2020.

40 Richard Brodeur, zitiert nach: Ebd.

41 »Researchers Probe Explosion of Pyrosomes off the Northwest Coast«, NOAA Fisheries, 13.06.2017; https://www.fisheries.noaa.gov/feature-story/researchers-probe-explosion-pyrosomes-northwest-coast

42 Richard Brodeur, zitiert nach: Engelhard 2020.

43 Don Jeske, zitiert nach: Bettina Wurche: »Invasion der Feuerwalzen«, in: *Spektrum*, 03.07.2017; https://www.spektrum.de/news/invasion-der-feuerwalzen/1478853

44 Gershwin 2013, S. 242.

45 Ebd.

46 Ebd., S. 242.

47 Purcell 2005.

48 Kirby & Beaugrand 2009.

49 Ebd., S. 4099, 4095.

50 Gershwin 2013, S. 242.

51 Gershwin 2013, S. 88.

52 Ebd., S. 89.

53 Brotz u. a. 2012.

54 Fuchs u. a. 2014.
55 Gershwin 2013, S. 90.
56 Goldstein & Steiner 2020.
57 Gershwin 2013.
58 Purcell 2012.
59 Condon u. a. 2013.
60 Brotz u. a. 2012.
61 Condon u. a. 2013.
62 Bezüglich des *Jellyfish Control Act* siehe: https://www.law.cornell.edu/uscode/text/16/chapter-25
63 Condon u. a. 2013, S. 1004.

9 Waldsterben 2.0

1 Bundesministerium für Ernährung und Landwirtschaft: Bundeswaldinventur; www.bundeswaldinventur.de
2 Büscher 2020, S. 39, 149.
3 »Der Wald der Zukunft«, in: *ZEITmagazin*, 12.08.2020; https://www.zeit.de/zeit-magazin/2020/34/klimawandel-waelder-forstwirtschaft-trockenheit-hitze-waldsterben, abgerufen am 17.08.2020.
4 Pressemitteilung DWD: »Erste Bilanz des Deutschen Wetterdienstes zum Jahr 2018 in Deutschland«, 20.12.2018; https://www.dwd.de/DE/presse/pressemitteilungen/DE/2018/20181220_jahr2018_rekord_news.html;jsessionid=2D01A3C0A203924A32B278F1A84ED0DE.live21062, abgerufen am 18.09.2020.
5 Birgit Kleinschmit, zitiert nach: Patricia Pätzold: »Wettlauf gegen die Zeit«, Sonderbeilage der Technischen Universität Berlin, in: *Der Tagesspiegel*, 29.11.2020, S. B5.
6 »Waldgipfel: Bis zu 800 Millionen Euro zum Schutz des Waldes«, in: *ZEIT ONLINE*, 25.09.2019; https://www.zeit.de/politik/deutschland/2019-09/waldgipfel-wald-bundesregierung-waldrettung-naturschutz; Julia Klöckner, zitiert nach: Max Lebsanft: »Das neue deutsche Waldsterben – über Baumleichen, Klimawandel und zerstrittene Experten«, ARD radiofeature, BR, 20.05.2020.
7 Michael Müller, zitiert nach: »Deutschlands Wäldern geht es so schlecht wie nie zuvor«, in: *SPIEGEL*, 16.07.2020; https://www.spiegel.de/wissenschaft/natur/deutschland-schlimmste-waldschaeden-seit-200-jahren-a-1268e25a-ca87-4150-a938-430937d3d7a5
8 Bundesministerium für Ernährung und Landwirtschaft (Hrsg.): »Ergebnisse der Waldzustandserhebung 2019«, Bonn 2020.
9 Olaf Schmidt, zitiert nach: »Stürme und Borkenkäfer verursachen Milliardenschäden im Wald«, in: *ZEIT ONLINE*, 20.07.2019;

https://www.zeit.de/news/2019-07/20/stuerme-und-borkenkaefer-verursachen-milliardenschaeden-im-wald

10 Das erzählt zum Beispiel der Autor des ARD-Radiofeatures »Das neue deutsche Waldsterben«, Max Lebsanft, in einem Gespräch mit Sven Preger: »Die Waldbauern stehen vor dem wirtschaftlichen Ruin«, BR, 20.05.2020; https://www.ardaudiothek.de/das-ard-radiofeature/die-waldbauern-stehen-vor-dem-wirtschaftlichen-ruin-autor-max-lebsanft-im-gespraech/75823538

11 Büscher 2020, S. 151.

12 Ebd., S. 149/150.

13 Alexa Gräfin von Plettenberg, zitiert nach: »Der Wald der Zukunft«, a. a. O.

14 Birgit Kleinschmit, a. a. O.

15 »Dürre und Borkenkäfer: Förster befürchten Milliardenschaden«, in: *Frankfurter Allgemeine Zeitung*, 20.07.2019; https://www.faz.net/-gqe-9p8rg

16 Bürgerschaft der Freien und Hansestadt Hamburg, Drucksache 21/19518, 10.01.2020, 21. Wahlperiode, Schriftliche Kleine Anfrage der Abgeordneten Stephan Jersch und Norbert Hackbusch (DIE LINKE) vom 02.01.20 und Antwort des Senats. Vgl. Max Lebsanft, »Das neue deutsche Waldsterben«, a. a. O.

17 Helmholtz-Zentrum für Umweltforschung: »Dürremonitor Deutschland«; https://www.ufz.de/index.php?de=37937

18 Vautard u. a. 2020; Yiou et al. 2020.

19 Deutscher Wetterdienst (DWD): »›Virtuelle‹ Klima-Pressekonferenz 2020 des Deutschen Wetterdienstes«, 17.03.2020; https://www.dwd.de/DE/presse/pressemitteilungen/DE/2020/20200317_pressemitteilung_klima_pk_news.html

20 MODIS steht für *Moderate-resolution Imaging Spectroradiometer.*

21 Allan Buras, zitiert nach: Max Lebsanft, »Das neue deutsche Waldsterben«, a. a. O.

22 Tanja Sanders, zitiert nach: Andreas Frey: »Wunderbaum gesucht«, in: *Spektrum*, 16.09.2019; https://www.spektrum.de/news/das-neue-waldsterben-gefaehrdet-einheimische-baumarten-die-mit-hitze-und-duerre-nicht-klarkommen/1672356

23 Steffen Rathke, zitiert nach: Heike Jahberg: »Die Folgen des Waldsterbens: ›Wir sägen rund um die Uhr‹«, in: *Der Tagesspiegel*, 21.09.2019; https://www.tagesspiegel.de/wirtschaft/die-folgen-des-waldsterbens-wir-saegen-rund-um-die-uhr/25037906-all.html

24 Bundesministerium für Ernährung und Landwirtschaft: »Waldschäden: Bundesministerium veröffentlicht aktuelle Zahlen«, Pressemitteilung Nr. 40/2020, 26.02.2020;

https://www.bmel.de/SharedDocs/Pressemitteilungen/DE/2020/040-waldschaeden.html

25 Bundesministerium für Ernährung und Landwirtschaft: »Massive Schäden – Einsatz für die Wälder«, 08.12.2020; https://www.bmel.de/DE/themen/wald/wald-in-deutschland/wald-trockenheit-klimawandel.html

26 Williams & Burke, in: Lovejoy & Hannah 2019, S. 139.

27 Schuldt u. a. 2020.

28 Yiou u. a. 2020.

29 »Warnung von Forstexperten: Borkenkäfer werden Wälder noch auf Jahre plagen«, in: *SPIEGEL*, 26.08.2020; https://www.spiegel.de/wissenschaft/natur/borkenkaefer-forstexperten-sehen-keine-entwarnung-fuer-die-waelder-a-3b6711e0-480c-432f-84b7-0043127ae36b

30 Friederike Otto im Interview mit Joachim Wille: »Attributionsforschung – ›Ein Jahrhundert-Sommer alle paar Jahre‹«, in: *klimareporter*, 25.06.2019; https://www.klimareporter.de/erdsystem/ein-jahrhundert-sommer-alle-paar-jahre

31 Schuldt u. a. 2020, S. 12.

32 Peter Wohlleben im Interview mit Moritz Honert und Torsten Hampel: »Man kann die Natur nicht kaputtmachen«, in: *Der Tagesspiegel*, 19.01.2020, S. S1.

33 Pierre Ibisch, zitiert nach: »Der Wald der Zukunft«, a. a. O.

34 Peter Wohlleben im Interview mit Tobias Becker: »Ich rechne damit, dass wir die Hälfte der deutschen Waldfläche verlieren«, in: *SPIEGEL*, 19.09.2020; https://www.spiegel.de/kultur/peter-wohlleben-die-waldbraende-in-kalifornien-sind-ein-weckschrei-a-5586228b-1402-44ea-94fa-44281c9ba3da, abgerufen am 19.09.2020.

35 Pierre Ibisch, zitiert nach: »Der Wald der Zukunft«, a. a. O.

36 Rivers 2019.

37 Max Lebsanft, »Das neue deutsche Waldsterben«, a. a. O.

38 Schuldt u. a. 2020.

39 »Kommunale Forstbetriebe brauchen Soforthilfe zur Waldrettung«, Website des Deutschen Städte- und Gemeindebundes, 27.04.2020; https://www.dstgb.de/dstgb/Homepage/Aktuelles/2020/Corona%20-%20Gefahr%20für%20unsere%20Wälder/, abgerufen am 23.09.2020.

10 Heißere Dürren und die Macht der Extreme

1 Harris u. a. 2018; Grant u. a. 2017.

2 Kreyling, Jentsch & Beierkuhnlein 2011.

3 Carl Beierkuhnlein im Interview mit dem Autor am 02.12.2020.

4 Pierre Ibisch, zitiert nach: »Der Wald der Zukunft«, in: *ZEITmagazin*, 12.08.2020; https://www.zeit.de/zeit-magazin/2020/34/klimawandel-waelder-forstwirtschaft-trockenheit-hitze-waldsterben, abgerufen am 17.08.2020.

5 Walter u. a. 2011. Vermutlich sind epigenetische Markierungen im Genom der Gräser beteiligt, die durch die Dürreerfahrung induziert wurden und die Aktivität bestimmter Gene verändern.

6 Carl Beierkuhnlein im Interview mit dem Autor am 02.12.2020.

7 Jentsch, Kreyling & Beierkuhnlein 2007.

8 Harris u. a. 2018.

9 Beierkuhnlein u. a. 2014.

10 Siehe Literatur in Beierkuhnlein u. a. 2014.

11 Toffolo u. a. 2006.

12 Tryjanowski u. a. 2009; Rittenhouse u. a. 2010.

13 Harris u. a. 2018.

14 Grant u. a. 2017.

15 Aus Jentsch & Beierkuhnlein 2008, S. 622.

16 Jentsch, Kreyling & Beierkuhnlein 2007.

17 Dieses und alle folgenden Zitate von Carl Beierkuhnlein und Anke Jentsch stammen aus einem Interview, das die beiden mit dem Autor am 02.12.2020 geführt haben.

18 Jentsch, Kreyling & Beierkuhnlein 2007.

19 Jentsch u. a. 2011, S. 697.

20 Jentsch u. a. 2011.

21 Kreyling u. a. 2008.

22 Ebd.

23 Komatsu u. a. 2019.

24 Anke Jentsch und Carl Beierkuhnlein im Interview mit dem Autor am 02.12.2020

11 Schwarze Elefanten

1 Die Darstellung stützt sich auf Kutz u. a. 2013 und die darin zitierte Literatur.

2 Kutz u. a. 2013, S. 3255.

3 Marc Zollinger: »Ilaria Capua ist die Virologin, die den Italienerinnen und Italienern das Coronavirus erklärt. Sie ist ehrlich, klar – und schreckt auch vor zivilem Ungehorsam nicht zurück«, in: *Neue Zürcher Zeitung*, 03.04.2020; https://www.nzz.ch/wochenende/gesellschaft/coronavirus-die-italienische-virologin-die-der-who-stirn-bot-ld.1549486, abgerufen am 24.09.2020.

4 Dieses und die folgenden Zitate von Ilaria Capua sind zwei Interviews entnommen, einem mit der Zeitung *Der Tagesspiegel* (geführt von Julia

Prosinger und Susanne Kippenberger) und einem mit der italienischen NGO LifeGate (geführt von Tommaso Perrone), siehe: https://www.tagesspiegel.de/gesellschaft/interview-mit-der-virologin-ilaria-capua-die-zweite-welle-haben-wir-selbst-in-der-hand/25951024.html und https://www.lifegate.com/ilaria-capua-coronavirus, abgerufen am 24.09.2020.

5 Gornitz 2019, s. auch Roland Knauer: »Der Cappuccino-Bär, eine Volte der Evolution«, in: *WELT*, 05.01.2016; https://www.welt.de/wissenschaft/umwelt/article150574841/Der-Cappuccino-Baer-eine-Volte-der-Evolution.html

6 Brooks, Hoberg & Boeger 2019. Der Name »Stockholm-Paradigma« wurde gewählt, weil die zugrundeliegenden Prinzipien von mehreren Forschergenerationen an der Universität Stockholm erarbeitet wurden.

7 Ebd., S. 20.

8 Brooks & Hoberg 2007, S. 573.

9 Gilichinsky u. a. 2008.

10 Malavin u. a. 2020.

11 Legendre u. a. 2014.

12 Bogdanov & Golovatin 2017; s. auch »Milzbrand in Sibirien ausgebrochen«, in: *ZEIT ONLINE*, 03.08.2016; https://www.zeit.de/wissen/umwelt/2016-08/russland-sibirien-anthrax-rentiere-kind-milzbrand?utm_referrer=https%3A%2F%2F

13 Gilichinsky u. a. 2008.

14 Omazic u. a. 2019.

15 Revich u. a. 2012; Legendre u. a. 2014.

16 Jean-Michel Claverie, zitiert nach: Zach Boren: »The permafrost pandemic: could the melting Arctic release a deadly desease?«, in: *Unearthed*, 03.07.2020; https://unearthed.greenpeace.org/2020/07/03/arctic-permafrost-pandemic-life-uh-finds-a-way/, abgerufen am 21.10.2020.

17 Gilichinsky u. a. 2008, S. 83.

18 Brigitta Evengård, zitiert nach: Zach Boren, a. a. O.

19 Der Workshop *Understanding and Responding to Global Health Security Risks from Microbial Threats in the Arctic* fand am 6. und 7.11.2019 in Hannover statt. Die Vorträge sind online abrufbar. Zitat von Brigitta Evengård nach: Zach Boren, a. a. O.

20 Lafferty & Mordecai 2016.

21 Bogdanov & Golovatin 2017.

22 Vanwormer u. a. 2019.

23 Altizer u. a. 2013.

24 Altizer u. a. 2013; Lafferty & Mordecai 2016.

25 Lafferty & Mordecai 2016 und die darin zitierte Literatur.

26 Siraj u. a. 2014.

27 Danis u. a. 2013.

28 Gething u. a. 2010.

29 Randolph 2010.

30 Thomas Mettenleiter, zitiert nach: Katrin Blawat: »Klimawandel-Folgen: ›Wir werden andere Krankheiten bekommen‹«, in: *Süddeutsche Zeitung*, 17.05.2010; https://www.sueddeutsche.de/wissen/klimawandel-folgen-wir-werden-andere-krankheiten-bekommen-1.453452

31 Cunze u. a. 2018.

32 Matthias Niedrig und Lyle Petersen, zitiert nach: Katrin Blawat, a. a. O.

33 Brooks u. a. 2020, S. 7.

34 Ebd.

35 Brooks u. a. 2020.

36 Ilaria Capua im Interview mit Julia Prosinger und Susanne Kippenberger: »›Die zweite Welle haben wir selbst in der Hand‹«, in: *Der Tagesspiegel*, 02.07.2020; https://www.tagesspiegel.de/gesellschaft/interview-mit-der-virologin-ilaria-capua-die-zweite-welle-haben-wir-selbst-in-der-hand/25951024.html. Zum »Stockholm-Paradigma« siehe Anm. 6.

37 Brooks u. a. 2020, S. 3.

38 Ebd.

39 Ebd.

40 Ebd., S. 6.

41 Hoberg & Brooks 2015, S. 5.

42 Li u. a. 2005.

43 Cheng u. a. 2007, S. 68.

44 Brooks u. a. 2020, S. 6.

45 Ebd., S. 5.

46 Ebd.

12 »Wir verlieren die Vielfalt des Lebens«

1 Christoph Heinrich, zitiert nach: »Bericht des WWF: Mehr als zwei Drittel der Tierwelt in den vergangenen 50 Jahren vernichtet«, in: *Der Tagesspiegel*, 11.09.2020, S. 24.

2 Daniel Lingenhöhl: »Lazarus: Der Sternenhimmelfrosch lebt noch«, in: *Spektrum*, 14.12.2019; https://www.spektrum.de/news/der-sternenhimmelfrosch-lebt-noch/1692896; Daniel Lingenhöhl: »Lazarusarten: Und er lebt doch noch«, in: *Spektrum*, 11.11.2019; https://www.spektrum.de/news/und-er-lebt-doch-noch/1685140, abgerufen am 28.09.2020.

3 Webseite der australischen Regierung (Australian Government/Department of Agriculture, Water and the Environment) bezüglich *Melomys rubicola*:

http://www.environment.gov.au/cgi-bin/sprat/public/publicspecies.pl?taxon_id=64477, abgerufen am 23.09.2020.

4 Glaubrecht 2019, S. 26.

5 Hallmann u. a. 2017.

6 Etwa Powney u. a. 2019 für Großbritannien.

7 Cardoso u. a. 2020.

8 Dirzo u. a. 2014; Pimm u. a. 2014.

9 Ceballos, Ehrlich & Dirzo 2017, S. E6089.

10 Ebd.: Gerardo Ceballos, Paul Ehrlich und Rodolfo Dirzo betonen, die Fixierung auf das Aussterben einzelner Arten führe »zur Vernachlässigung zweier kritischer Aspekte der gegenwärtigen Aussterbeepisode: (1) des Verschwindens von Populationen, das dem Aussterben von Arten grundsätzlich vorausgeht, und (2) der rapiden Abnahme der Individuenzahlen in den noch existierenden Populationen«.

11 Cardoso u. a. 2020.

12 Dirzo u. a. 2014.

13 Glaubrecht 2019, S. 728.

14 Deutscher Bundestag, 18. Wahlperiode, Drucksache 18/12195, 02.05.2017: Antwort der Bundesregierung auf die Kleine Anfrage von BÜNDNIS 90/DIE GRÜNEN (Drucksache 18/11877): »Stummer Frühling – Verlust von Vogelarten«.

15 Paleczny u. a. 2015; Ceballos, Ehrlich & Dirzo 2017.

16 WWF 2020.

17 Benítez-López u. a. 2019, S. 1.

18 Young u. a. 2016.

19 Bar-On u. a. 2018.

20 WWF 2020.

21 Intergovernmental Science-Policy Platform on Biodiversity and Ecosystem Services (IPBES): »Media Release: Nature's Dangerous Decline ›Unprecedented‹; Species Extinction Rate ›Accelerating‹«, Mai 2019; https://ipbes.net/news/Media-Release-Global-Assessment

22 Etwa Harnik u. a. 2012.

23 Hannah 2011.

24 Ebd., S. 275; Urban 2015.

25 McInerney & Wing 2011.

26 Thomas Fartmann im Interview mit Thomas Krumenacker: »Insektenschwund: ›Wenn die Bestäuber ausfallen, haben wir ein enormes Problem‹«, in: *Spektrum*, 10.03.2020; https://www.spektrum.de/news/wenn-die-bestaeuber-ausfallen-haben-wir-ein-enormes-problem/1710426

27 Cahill u. a. 2013.

28 Siehe Foden u. a. 2013.

29 Thomas u. a. 2004.

30 Foden u. a. 2013.
31 Die genauen Zahlen lauten: 608–851 (6–9%) Vogel-, 670–933 (11–15%) Amphibien- und 47–73 (6–9%) Korallenarten; s. Foden et al. 2013.
32 In sogenannten *assisted regional colonisation areas* (*ARCs*), Thomas 2011.
33 Carl Beierkuhnlein im Interview mit dem Autor am 02.12.2020.
34 Chiarucci u. a. 2010.
35 van Oppen u. a. 2017.
36 Andy Dietzel, zitiert nach: Barbara Barkhausen: »Great Barrier Reef in Australien: Halb verschwunden«, in: *Der Tagesspiegel*, 14.10.2020; https://www.tagesspiegel.de/gesellschaft/panorama/great-barrier-reef-in-australien-halb-verschwunden/26274768.html; Dietzel u. a. 2020.
37 Fisher u. a. 2015.
38 Munday u. a. 2009.
39 Fine & Tchernov 2007.
40 Webseite der australischen Regierung (Australian Government/Bureau of Meteorology): »2016 marine heatwave on the Great Barrier Reef«; http://www.bom.gov.au/environment/doc/marine-heatwave-2016.pdf
41 Hughes u. a. 2018.
42 Zitate aus: Hughes u. a. 2018.
43 Hoegh-Guldberg, Ortiz & Dove 2011.
44 Hughes u. a. 2018, S. 496.
45 Hughes u. a. 2017, S. 82.
46 Veron 2008.
47 Die Hintergründe und Details dieser Symbiose sowie das Metaorganismus- oder Holobionten-Konzept habe ich ausführlich in meinem Buch *Die Herrscher der Welt* (Kegel 2015) dargestellt.
48 Messyasz u. a. 2020.
49 Baker u. a. 2018.
50 van Oppen & Lough 2009.
51 Krueger u. a. 2017.
52 Maoz Fine im Interview mit Tim Kalvelage: »Eine Arche für Korallen – Wie die sensiblen Riffe überleben können«, in: *Der Tagesspiegel* Nr. 24297, 10.09.2020, S. 26.
53 Claar u. a. 2020.
54 Kleinhaus u. a. 2020, Krueger u. a. 2017.
55 Morikawa & Palumbi 2019.
56 van Oppen u. a. 2017.
57 Buerger u. a. 2020.
58 Ebd., S. 5.
59 Fine & Tchernov 2007, S. 1811.
60 Ebd.
61 Ed Yong: »Korallen überleben in saurem Wasser – ohne Skelett«, in: *National Geographic*, 27.02.2018;

https://www.nationalgeographic.de/perpetual-planet/2018/02/korallen-ueberleben-saurem-wasser-ohne-skelett

62 Park, in: Lovejoy & Hannah 2019, S. 104.

63 Ebd.

64 Eine Variation eines Satzes aus *Der gute Mensch von Sezuan* von Bertolt Brecht: »Wir stehen selbst enttäuscht und sehn betroffen / Den Vorhang zu und alle Fragen offen.«

65 Wilson 2016.

66 Siehe etwa den Bericht einer Arbeitsgruppen-Konferenz in Rom bzgl. der *Convention on Biological Diversity* vom 29.02.2020: https://www.cbd.int/doc/c/b14d/6af5/a97c4f2c9d58203f5e2e059c/wg2020-02-04-en.pdf

Literatur

Aagaard, K. & Lockwood, J.: Exotic birds show lags in population growth. *Diversity and Distributions* **20**, 547–554 (2014).

Altizer, S. u. a.: Climate change and infectious diseases: from evidence to a predictive framework. *Science* **341**, 514–519 (2013).

Anchukaitis, K. J. & Evans, M. N.: Tropical cloud forest climate variability and the demise of the Monteverde golden toad. *PNAS* **107**, 5036–5040 (2010).

Anderson, L. O. u. a.: Vulnerability of Amazonian forests to repeated droughts. *Phil Trans R Soc B* **373**, 20170411 (2018).

Arnold, P. A., Nicotra, A. B. & Kruuk, L. E. B.: Sparse evidence for selection on phenotypic plasticity in response to temperature. *Phil. Trans. R. Soc. B* **374**, 20180185 (2019).

Atkinson, A. u. a.: Long-term decline in krill stock and increase in salps within the Southern Ocean. *Nature* **432**, 100–103 (2004).

Atkinson, A. u. a.: Krill (*Euphausia superba*) distribution contracts southward during rapid regional warming. *Nature Climate Change* **9**, 142–147 (2019).

Atwater, D. Z., Ervine, C. & Barney, J. N.: Climatic niche shifts are common in introduced plants. *Nat Ecol Evol* **2**, 34–43 (2018).

Baker, D. M. u. a.: Climate change promotes parasitism in a coral symbiosis. *ISME J* **12**, 921–930 (2018).

Baranov, V., Jourdan, J., Pilotto, F., Wagner, R. & Haase, P.: Complex and nonlinear climate-driven changes in freshwater insect communities over 42 years. *Conservation Biology* **34**, 1241–1251 (2020).

Barkhordarian, A. u. a.: A Recent Systematic Increase in Vapor Pressure Deficit over Tropical South America. *Sci Rep* **9**, 15331 (2019).

Barnosky, A. D. u. a.: Approaching a state shift in Earth's biosphere. *Nature* **486**, 52–58 (2012).

Bar-On, Y. M., Phillips, R. & Milo, R.: The biomass distribution on Earth. *PNAS* **115**, 6506–6511 (2018).

Bartomeus, I. u. a.: Climate-associated phenological advances in bee pollinators and bee-pollinated plants. *PNAS* **108**, 20645–20649 (2011).

Bay, R. A. u. a.: Genomic signals of selection predict climate-driven population declines in a migratory bird. *Science* **359**, 83–86 (2018).

Bayerisches Landesamt für Umwelt (Hrsg.): *Beeinflusst der Klimawandel die*

Jahreszeiten in Bayern? Antworten der Phänologie, Augsburg: LfU Bayern, 2014.

Beierkuhnlein, C., Jentsch, A., Reineking, B., Schlumprecht, H. & Ellwanger, G. H. (Hrsg.): *Auswirkungen des Klimawandels auf Fauna, Flora und Lebensräume sowie Anpassungsstrategien des Naturschutzes*, Bonn: Bundesamt für Naturschutz, 2014.

Benítez-López, A. u. a.: Intact but empty forests? Patterns of hunting-induced mammal defaunation in the tropics. *PLoS Biol* 17, e3000247 (2019).

Berthold, P. u. a.: 25-year study of the population development of Central European songbirds: A general decline, most evident in long-distance migrants. *Naturwissenschaften* **85**, 350–353 (1998).

Biskaborn, B. K. u. a.: Permafrost is warming at a global scale. *Nat Commun* **10**, 264 (2019).

Boetius, A. u. a.: Export of algal biomass from the melting Arctic sea ice. *Science* **339**, 1430–1432 (2013).

Bogdanov, V. D. & Golovatin, M. G.: Anthrax in Yamal: An Ecological View on Traditional Reindeer Husbandry. *Russian Journal of Ecology* **48**, 95–100 (2017).

Bond, D. P. G. & Grasby, S. E.: On the causes of mass extinctions. *Palaeogeography, Palaeoclimatology, Palaeoecology* **478**, 3–29 (2017).

Both, C. u. a.: Climate change and population declines in a long-distance migratory bird. *Nature* **441**, 81–83 (2006).

Both, C. u. a.: Climate change and unequal phenological changes across four trophic levels: constraints or adaptations? *J Anim Ecol* **78**, 73–83 (2009).

Bradley, B. A. u. a.: Global change, global trade, and the next wave of plant invasions. *Frontiers in Ecology and the Environment* **10**, 20–28 (2012).

Bradley, B. A., Early, R. & Sorte, C. J. B.: Space to invade? Comparative range infilling and potential range of invasive and native plants. *Global Ecology and Biogeography* **24**, 348–359 (2014).

Brooks, D. R. u. a.: Before the Pandemic Ends: Making Sure This Never Happens Again. *WCSA Journal* **1**, 1–9 (2020).

Brooks, D. R. & Hoberg, E. P.: How will global climate change affect parasite-host assemblages? *Trends in Parasitology* **23**, 571–574 (2007).

Brooks, D. R., Hoberg, E. P. & Boeger, W. A.: *The Stockholm Paradigm. Climate Change and Emerging Diseases*, Chicago/London: The University of Chicago Press, 2019.

Brotz, L. u. a.: Increasing jellyfish populations: trends in Large Marine Ecosystems. *Hydrobiologia* **690**, 3–20 (2012).

Buerger, P. u. a.: Heat-evolved microalgal symbionts increase coral bleaching tolerance. *Sci Adv* **6**, eaba2498 (2020).

Buizert, C. u. a.: Greenland temperature response to climate forcing during the last deglaciation. *Science* **345**, 1177–1180 (2014).

Büscher, Wolfgang: *Heimkehr*, Berlin: Rowohlt Berlin, 2020.

Buttler, K. P., May, R. & Metzing, D.: *Liste der Gefäßpflanzen Deutschlands. Florensynopse und Synonyme* (BfN-Skripten 519), Bonn: Bundesamt für Naturschutz, 2018.

Cahill, A. E. u. a.: How does climate change cause extinction? *Proc. R. Soc. B.* **280**, 20121890 (2013).

Cardoso, P. u. a.: Scientists' warning to humanity on insect extinctions. *Biological Conservation* **242**, 108426 (2020).

Cartwright, R. u. a.: Fluctuating reproductive rates in Hawaii's humpback whales, *Megaptera novaeangliae*, reflect recent climate anomalies in the North Pacific. *R. Soc. open sci.* **6**, 181463 (2019).

Cavole, L. u. a.: Biological Impacts of the 2013–2015 Warm-Water Anomaly in the Northeast Pacific: Winners, Losers, and the Future. *Oceanography* **29**, 273–285 (2016).

Ceballos, G., Ehrlich, P. R. & Dirzo, R.: Biological annihilation via the ongoing sixth mass extinction signaled by vertebrate population losses and declines. *PNAS* **114**, E6089–E6096 (2017).

Chakilev, M. & Kochnev, A.: Monitoring Results of the Pacific walrus (Odobenus rosmarus divergens) haulout site at Cape Serdtse-Kamen (Chukchi Sea) in 2016–2017. *Collection of Scientific Papers* (2018).

Chen, I. C. u. a.: Elevation increases in moth assemblages over 42 years on a tropical mountain. *PNAS* **106**, 1479–1483 (2009).

Chen, I. C. u. a.: Rapid range shifts of species associated with high levels of climate warming. *Science* **333**, 1024–1026 (2011).

Cheng, L. u. a.: Record-Setting Ocean Warmth Continued in 2019. *Advances in Atmospheric Sciences* **37**, 137–142 (2020).

Cheng, V. C. C. u. a.: Severe Acute Respiratory Syndrome Coronavirus as an Agent of Emerging and Reemerging Infection. *Clinical Microbiology Reviews* **20**, 660–694 (2007).

Cheng, W. u. a.: Complex elevational shifts in a tropical lowland moth community following a decade of climate change. *Diversity and Distributions* **25**, 514–523 (2018).

Chiarucci, A. u. a.: The concept of Potential Natural Vegetation: an epitaph? *Journal of Vegetation Science* **21**, 1172–1178 (2010).

Claar, D. C. u. a.: Dynamic symbioses reveal pathways to coral survival through prolonged heatwaves. *Nat Commun* **11**, 6097 (2020).

Condon, R. H. u. a.: Recurrent jellyfish blooms are a consequence of global oscillations. *PNAS* **110**, 1000–1005 (2013).

Conley, D. J. u. a.: Hypoxia is increasing in the coastal zone of the Baltic Sea. *Environ Sci Technol* **45**, 6777–6783 (2011).

Conradie, S. R. u. a.: Avian mortality risk during heat waves will increase greatly in arid Australia during the 21st century. *Conserv Physiol* **8**, coaa048 (2020).

Cornwall, W.: In Hot Water. *Science* **363**, 442–445 (2019).

Cunze, S., Kochmann, J., Koch, L. K. & Klimpel, S.: Niche conservatism of *Aedes albopictus* and *Aedes aegypti* – two mosquito species with different invasion histories. *Sci Rep* **8**, 7733 (2018).
Currano, E. D. u. a.: Sharply increased insect herbivory during the Paleocene-Eocene Thermal Maximum. *PNAS* **105**, 1960–1964 (2008).
Cushing, D. H.: The regularity of the spawning season of some fishes. *ICES Journal of Marine Science* **33**, 81–92 (1969)
Dahlke, F. T. u. a.: Northern cod species face spawning habitat losses if global warming exceeds 1.5 °C. *Science Advances* **4**, eaas8821 (2018).
Dakos, V. u. a.: Resilience indicators: prospects and limitations for early warnings of regime shifts. *Phil. Trans. R. Soc. B* **370**, 20130263 (2015).
D'Ambrosia, A. R. u. a.: Repetitive mammalian dwarfing during ancient greenhouse warming events. *Science Advances* **3**, e1601430 (2017).
Danis, K. u. a.: Malaria in Greece: Historical and current reflections on a re-emerging vector borne disease. *Travel Medicine and Infectious Disease* **11**, 8–14 (2013).
Dartnell, L.: *Ursprünge. Wie die Erde uns erschaffen hat*, Berlin: Hanser Berlin, 2019.
Dietzel, A., Bode, M., Connolly, S. R. & Hughes, T. P.: Long-term shifts in the colony size structure of coral populations along the Great Barrier Reef. *Proc. R. Soc. B.* **287**, 20201432 (2020).
Dirzo, R. u. a.: Defaunation in the Anthropocene. *Science* **345**, 401–406 (2014).
Doubleday, Z. A. u. a.: Global proliferation of cephalopods. *Curr Biol* **26**, R406–407 (2016).
Dulvy, N. K. u. a.: Climate change and deepening of the North Sea fish assemblage: a biotic indicator of warming seas. *Journal of Applied Ecology* **45**, 1029–1039 (2008).
Early, R. u. a.: Global threats from invasive alien species in the twenty-first century and national response capacities. *Nat Commun* **7**, 12485 (2016).
Early, R. & Sax, D. F.: Climatic niche shifts between species' native and naturalized ranges raise concern for ecological forecasts during invasions and climate change. *Global Ecology and Biogeography* **23**, 1356–1365 (2014).
Elmendorf, S. C. u. a.: Plot-scale evidence of tundra vegetation change and links to recent summer warming. *Nature Climate Change* **2**, 453–457 (2012).
Elton, Charles S: *The Ecology of Invasions by Animals and Plants,* London: Methuen, 1958.
Endlicher, W. & Gerstengarbe, F.-W. H. (Hrsg.): *Der Klimawandel – Einblicke, Rückblicke und Ausblicke*, Potsdam: Potsdam-Institut für Klimafolgenforschung e. V., 2007.
Engelhard, K.: Das tödliche Meer. *Spektrum der Wissenschaft* (2020).
Eriksson, A. u. a.: Late Pleistocene climate change and the global expansion of anatomically modern humans. *PNAS* **109**, 16089–16094 (2012).

Farquharson, L. M. u. a.: E. Climate Change Drives Widespread and Rapid Thermokarst Development in Very Cold Permafrost in the Canadian High Arctic. *Geophysical Research Letters* **46**, 6681–6689 (2019).

Fey, S. B. u. a.: Recent shifts in the occurrence, cause, and magnitude of animal mass mortality events. *PNAS* **112**, 1083–1088 (2015).

Fine, M. & Tchernov, D.: Scleractinian Coral Species Survive and Recover from Decalcification. *Science* **315**, 1811 (2007).

Fisher, R. u. a.: Species richness on coral reefs and the pursuit of convergent global estimates. *Curr Biol* **25**, 500–505 (2015).

Fitzpatrick, M. J. & Edelsparre, A. H.: The genomics of climate change. *Science* **359**, 29–30 (2018).

Foden, W. B. u. a.: Identifying the world's most climate change vulnerable species: a systematic trait-based assessment of all birds, amphibians and corals. *PLoS One* **8**, e65427 (2013).

Folke, C. u. a.: Regime Shifts, Resilience, and Biodiversity in Ecosystem Management. *Annual Review of Ecology, Evolution, and Systematics* **35**, 557–581 (2004).

Forcada, J. & Hoffman, J. I.: Climate change selects for heterozygosity in a declining fur seal population. *Nature* **511**, 462–465 (2014).

Foster, G. L. u. a.: Placing our current ›hyperthermal‹ in the context of rapid climate change in our geological past. *Phil. Trans. R. Soc. A* **376**: 20170086 (2018)

Frieling, J. u. a.: Tropical Atlantic climate and ecosystem regime shifts during the Paleocene-Eocene Thermal Maximum. *Climate of the Past* **14**, 39–55 (2018).

Fuchs, B. u. a.: Regulation of polyp-to-jellyfish transition in Aurelia aurita. *Curr Biol* **24**, 263–273 (2014).

Ganopolski, A., Winkelmann, R. & Schellnhuber, H. J.: Critical insolation–CO_2 relation for diagnosing past and future glacial inception. *Nature* **529**, 200–203 (2016).

Gardner, J. L. u. a.: Declining body size: a third universal response to warming. *Trends in Ecology & Evolution* **26**, 285–291 (2011).

Gershwin, L.-a.: *Stung! On Jellyfish Blooms and the Future of the Ocean*, Chicago/London: The University of Chicago Press, 2013.

Gething, P. W. u. a.: Climate Change And Global Malaria Recession. *Nature* **465**, 342–345 (2010).

Gilichinsky, D. u. a.: Bacteria in Permafrost, in: Margesin, R. (Hrsg.): *Psychrophiles: From Biodiversity to Biotechnology*, Berlin/Heidelberg: Springer-Verlag, 2008, 83–102.

Gjerdrum, C. u. a.: Tufted puffin reproduction reveals ocean climate variability. *PNAS* **100**, 9377–9382 (2003).

Glaubrecht, M.: *Das Ende der Evolution. Der Mensch und die Vernichtung der Arten*, München: C. Bertelsmann Verlag, 2019.

Gleason, Henry: The Individualistic Concept of the Plant Association. *Bulletin of the Torrey Botanical Club* 53, 7–26 (1926).
Goldstein, J. & Steiner, U. K.: Ecological drivers of jellyfish blooms – The complex life history of a ›well-known‹ medusa (*Aurelia aurita*). *Journal of Animal Ecology* 89, 910–920 (2020).
Gornitz, V.: *Vanishing Ice. Glaciers, Ice Sheets, and Rising Seas*, New York: Columbia University Press, 2019.
Grant, P. R. u. a.: Evolution caused by extreme events. *Phil. Trans. R. Soc. B* 372, 20160146 (2017).
Grassberger, M., Friedrich, E. & Reiter, C.: The blowfly Chrysomya albiceps (Wiedemann) (Diptera: Calliphoridae) as a new forensic indicator in Central Europe. *Int J Legal Med* 117, 75–81 (2003).
Grebmeier, J. M. u. a.: A Major Ecosystem Shift in the Northern Bering Sea. *Science* 311, 1461–1464 (2006).
Grebmeier, J. M. u. a.: Biological Response to Recent Pacific Arctic Sea Ice Retreats. *Eos, Transactions American Geophysical Union* 91, 161–163 (2010).
Gregor, T., Bönsel, D., Starke-Ottich, I. & Zizka, G.: Drivers of floristic change in large cities – A case study of Frankfurt/Main (Germany). *Landscape and Urban Planning* 104, 230–237 (2012).
Hallmann, C. A. u. a.: More than 75 percent decline over 27 years in total flying insect biomass in protected areas. *PLoS One* 12, e0185809 (2017).
Hallmann, C. A. u. a.: Declining abundance of beetles, moths and caddisflies in the Netherlands. *Insect Conservation and Diversity* 13, 127–139 (2019).
Hannah, Lee: *Climate Change Biology*, San Diego u. a.: Academic Press, 2011.
Harnik, P. G. u. a.: Extinctions in ancient and modern seas. *Trends Ecol Evol* 27, 608–617 (2012).
Harper, K.: *Fatum. Das Klima und der Untergang des Römischen Reiches*, München: C. H. Beck, 2020.
Harris, R. M. B. u. a.: Biological responses to the press and pulse of climate trends and extreme events. *Nature Climate Change* 8, 579–587 (2018).
Hart, Q. & Edwards, G.: Managing the impacts of feral camels in Australia. *Aliens: The Invasive Species Bulletin IUCN* 33, 12–17 (2013).
Harvell, D.: *Ocean Outbreak. Confronting the Rising Tide of Marine Disease*, Oakland (CA): University of California Press, 2019.
Hauck, M., Leuschner, C. & Homeier, J.: *Klimawandel und Vegetation. Eine globale Übersicht*, Berlin: Springer Spektrum, 2019.
Hausfather, Z., Drake, H. F., Abbott, T. & Schmidt, G. A.: Evaluating the Performance of Past Climate Model Projections. *Geophysical Research Letters* 47, e2019GL085378 (2020).
Hickling, R. u. a.: The distributions of a wide range of taxonomic groups are expanding polewards. *Global Change Biology* 12, 450–455 (2006).
Hoberg, E. P. & Brooks, D. R.: Evolution in action: climate change, biodiver-

sity dynamics and emerging infectious disease. *Philos Trans R Soc Lond B Biol Sci* **370**, 20130553 (2015).
Hoegh-Guldberg, O., Ortiz, J.-C. & Dove, S.: The future of coral reefs. *Science* **334**, 1494–1495; author reply 1495–1496 (2011).
Holbrook, N. J. u. a.: A global assessment of marine heatwaves and their drivers. *Nat Commun* **10**, 2624 (2019).
Hubau, W. u. a.: Asynchronous carbon sink saturation in African and Amazonian tropical forests. *Nature* **579**, 80–87 (2020).
Hughes, T. P. u. a.: Living dangerously on borrowed time during slow, unrecognized regime shifts. *Trends Ecol Evol* **28**, 149–155 (2013).
Hughes, T. P. u. a.: Coral reefs in the Anthropocene. *Nature* **546**, 82–90 (2017).
Hughes, T. P. u. a.: Global warming transforms coral reef assemblages. *Nature* **556**, 492–496 (2018).
Institut für Landschaftsökologie (Projektleitung: Norbert Hölzel, Martin Behrens, Thomas Fartmann): *Auswirkungen von Klimaänderungen auf die Biologische Vielfalt: Pilotstudie zu den voraussichtlichen Auswirkungen des Klimawandels auf ausgewählte Tier- und Pflanzenarten in Nordrhein-Westfalen*, Westfälische Wilhelms-Universität Münster, im Auftrag des Ministeriums für Umwelt und Naturschutz, Landwirtschaft und Verbraucherschutz des Landes Nordrhein-Westfalen, 2009.
IPCC: *Climate Change 2014: Synthesis Report. Contribution of Working Groups I, II and III to the Fifth Assessment Report of the Intergovernmental Panel on Climate Change* [Core Writing Team, R. K. Pachauri und L. A. Meyer (Hrsg.)], Genf, Schweiz: IPCC, 2014.
Isbell, F. u. a.: Biodiversity increases the resistance of ecosystem productivity to climate extremes. *Nature* **526**, 574–577 (2015).
Jackson, J. B.: Ecological extinction and evolution in the brave new ocean. *PNAS* **105** (Suppl 1), 11458–11465 (2008).
Jackson, S. T. u. a.: Mapped plant-macrofossil and pollen records of late quaternary vegetation change in Eastern North America. *Quaternary Science Reviews* **16**, 1–70 (1997).
Jaramillo, C. & Cárdenas, A.: Global Warming and Neotropical Rainforests: A Historical Perspective. *Annual Review of Earth and Planetary Sciences* **41**, 741–766 (2013).
Jay, C. V., Fischbach, A. S. & Kochnev, A. A.: Walrus areas of use in the Chukchi Sea during sparse sea ice cover. *Marine Ecology Progress Series* **468**, 1–13 (2012).
Jentsch, A. u. a.: Climate extremes initiate ecosystem-regulating functions while maintaining productivity. *Journal of Ecology* **99**, 689–702 (2011).
Jentsch, A. & Beierkuhnlein, C.: Research frontiers in climate change: Effects of extreme meteorological events on ecosystems. *C. R. Geoscience* **340**, 621–628 (2008).
Jentsch, A., Kreyling, J. & Beierkuhnlein, C.: A new generation of climate

change experiments: Events, not trends. *Front Ecol Environ* 5, 315–324 (2007).
Jones, T. u. a.: Massive Mortality of a Planktivorous Seabird in Response to a Marine Heatwave. *Geophysical Research Letters* 45, 3193–3202 (2018).
Jonkers, L. u. a.: Global change drives modern plankton communities away from the pre-industrial state. *Nature* 570, 372–375 (2019).
Karthäuser, C. u. a.: Dem Ozean geht die Luft aus. *Spektrum der Wissenschaft* 11.18, 58–66 (2018).
Kauserud, H. u. a.: Warming-induced shift in European mushroom fruiting phenology. *PNAS* 109, 14488–14493 (2012).
Kawaguchi, S. u. a.: Will krill fare well under Southern Ocean acidification?, *Biology Letters* 7, 288–291 (2011).
Kêdra, M. u. a.: Status and trends in the structure of Arctic benthic food webs. *Polar Research* 34, 23775 (2015).
Kegel, B.: *Epigenetik. Wie Erfahrungen vererbt werden*, Köln: DuMont Buchverlag, 2009.
Kegel, B.: *Die Ameise als Tramp. Von biologischen Invasionen*, Köln: DuMont Buchverlag, 2013.
Kegel, B.: *Die Herrscher der Welt. Wie Mikroben unser Leben bestimmen*, Köln: DuMont Buchverlag, 2015.
Kennett, J. P. & Stott, L. D.: Abrupt deep-sea warming, palaeoceanographic changes and benthic extinctions at the end of the Palaeocene. *Nature* 353, 225–229 (1991).
Kirby, R. R. & Beaugrand, G.: Trophic amplification of climate warming. *Proc. R. Soc. B* 276, 4095–4103 (2009).
Kleinbauer, I. u. a.: *Ausbreitungspotenzial ausgewählter neophytischer Gefäßpflanzen unter Klimawandel in Deutschland und Österreich*, Bonn: Bundesamt für Naturschutz, 2010.
Kleinhaus, K. u. a.: Science, Diplomacy, and the Red Sea's Unique Coral Reef: It's Time for Action. *Frontiers in Marine Science* 7, Article 90 (2020).
Knüsel, S. u. a.: Low litter cover, high light availability and rock cover favour the establishment of Ailanthus altissima in forests in southern Switzerland. *NeoBiota* 46, 91–116 (2019).
Koch, P. L., Zachos, J. C. & Gingerich, P. D.: Correlation between isotope records in marine and continental carbon reservoirs near the Palaeocene/Eocene boundary. *Nature* 358, 319–322 (1992).
Komatsu, K. J. u. a.: Global change effects on plant communities are magnified by time and the number of global change factors imposed. *PNAS* 116, 17867–17873 (2019).
Kotrba, M. u. a.: *Chrysomya albiceps* – a forensically important blow fly new for Bavaria (Diptera: Calliphoridae). *Mitt. Münch. Ent. Ges.* 102, 99–103 (2012).
Kowarik, I.: Time lags in biological invasions with regard to the success and

failure of alien species, in: Pysek, P. u. a.: *Plant Invasions. General aspects and special problems*, Amsterdam: SPB Academic Publishing, 1995, 15–38.
Kowarik, I.: *Biologische Invasionen: Neophyten und Neozoen in Mitteleuropa*, 2. Aufl., Stuttgart: Ulmer, 2010.
Kreyling, J., Jentsch, A. & Beierkuhnlein, C.: Stochastic trajectories of succession initiated by extreme climatic events. *Ecological letters* 14, 758–764 (2011).
Kreyling, J., Wenigmann, M., Beierkuhnlein, C. & Jentsch, A.: Effects of Extreme Weather Events on Plant Productivity and Tissue Die-Back are Modified by Community Composition. *Ecosystems* 11, 752–763 (2008).
Krueger, T. u. a.: Common reef-building coral in the Northern Red Sea resistant to elevated temperature and acidification. *R. Soc. open sci* 4, 170038 (2017).
Kutz, S. J. u. a.: Invasion, establishment, and range expansion of two parasitic nematodes in the Canadian Arctic. *Global Change Biology* 19, 3254–3262 (2013).
Lach, L. & Thomas, M. L.: Invasive ants in Australia: documented and potential ecological consequences. *Australian Journal of Entomology* 47, 275–288 (2008).
Lafferty, K. D. & Mordecai, E. A.: The rise and fall of infectious disease in a warmer world. *F1000Research* 5, 2040 (2016).
Lee, J. R. u. a.: Climate change drives expansion of Antarctic ice-free habitat. *Nature* 547, 49–54 (2017).
Legendre, M. u. a.: Thirty-thousand-year-old distant relative of giant icosahedral DNA viruses with a pandoravirus morphology. *PNAS* 111, 4274–4279 (2014).
Lewandowska, A. & Sommer, U.: Climate change and the spring bloom: a mesocosm study on the influence of light and temperature on phytoplankton and mesozooplankton. *Marine Ecology Progress Series* 405, 101–111 (2010).
Li, W. u. a.: Bats Are Natural Reservoirs of SARS-Like Coronaviruses. *Science* 310, 676–680 (2005).
Lovejoy, T. E. & Hannah, L.: *Biodiversity and Climate Change. Transforming the Biosphere*, New Haven/London: Yale University Press, 2019.
Lozán, J. L. u. a.: Wärmeliebende Fischarten auf dem Weg nach Norden, in: Lozán, J. L. u. a. (Hrsg.): *Warnsignal Klima. Gefahren für Pflanzen, Tiere und Menschen*, 2. Aufl., Hamburg: Universität Hamburg, 2014.
MacLennan, J. & Jones, S.: Regional uplift, gas hydrate dissociation and the origins of the Paleocene-Eocene Thermal Maximum. *Earth and Planetary Science Letters* 245, 65–80 (2006).
Malavin, S. u. a.: Frozen Zoo: a collection of permafrost samples containing viable protists and their viruses. *Biodiversity Data Journal* 8, e51586 (2020).

Marotzke, J. & Stratmann, M. H. (Hrsg.): *Die Zukunft des Klimas. Neue Erkenntnisse, neue Herausforderungen*, München: C. H. Beck, 2015.
Massimino, D. u. a.: The geographical range of British birds expands during 15 years of warming. *Bird Study* **62**, 523–534 (2015).
McInerney, F. A. & Wing, S. L.: The Paleocene-Eocene Thermal Maximum: A Perturbation of Carbon Cycle, Climate, and Biosphere with Implications for the Future. *Annu. Rev. Earth Planet. Sci.* **39**, 489–516 (2011).
McKinney, A. M. u. a.: Asynchronous changes in phenology of migrating Broad-tailed Hummingbirds and their early-season nectar resources. *Ecology* **93**, 1987–1993 (2012).
Menendez, R. u. a.: Species richness changes lag behind climate change. *Proc. R. Soc. B* **273**, 1465–1470 (2006).
Messyasz, A. u. a.: Coral Bleaching Phenotypes Associated With Differential Abundances of Nucleocytoplasmic Large DNA Viruses. *Frontiers in Marine Science* **7**, 555474 (2020).
Møller, A. P., Rubolini, D. & Lehikoinen, E.: Populations of migratory bird species that did not show a phenological response to climate change are declining. *PNAS* **105**, 16195–16200 (2008).
Moret, P. u. a.: Humboldt's *Tableau Physique* revisited. *PNAS* **116**, 12889–12894 (2019).
Morikawa, M. K. & Palumbi, S. R.: Using naturally occurring climate resilient corals to construct bleaching-resistant nurseries. *PNAS* **116**, 10586–10591 (2019).
Moritz, C. u. a.: Impact of a Century of Climate Change on Small-Mammal Communities in Yosemite National Park, USA. *Science* **322**, 261–264 (2008).
Morueta-Holme, N. u. a.: Strong upslope shifts in Chimborazo's vegetation over two centuries since Humboldt. *PNAS* **112**, 12741–12745 (2015).
Munday, P. L. u. a.: Ocean acidification impairs olfactory discrimination and homing ability of a marine fish. *PNAS* **106**, 1848–1852 (2009).
Neukom, R. u. a.: No evidence for globally coherent warm and cold periods over preindustrial Common Era. *Nature* **571**, 550–554 (2019).
Newman, J. A. u. a.: *Climate Change Biology*, Wallingford: CABI, 2011.
Nicolo, M. J. u. a.: Multiple early Eocene hyperthermals: Their sedimentary expression on the New Zealand continental margin and in the deep sea. *Geology* **35**, 699 (2007).
Nikiforuk, A.: *Empire of the Beetle. How Human Folly and a Tiny Bug Are Killing North America's Great Forests*, Vancouver: Greystone Books, 2011.
Oesterwind, D. u. a.: First evidence of a new spawning stock of *Illex coindetii* in the North Sea (NE-Atlantic). *Fisheries Research* **221**, 105384 (2020).
Olefeldt, D. u. a.: Circumpolar distribution and carbon storage of thermokarst landscapes. *Nat Commun* **7**, 13043 (2016).
Oliver, E. C. J. u. a.: Longer and more frequent marine heatwaves over the past century. *Nat Commun* **9**, 1324 (2018).

Oliver, E. C. J. u. a.: Projected Marine Heatwaves in the 21st Century and the Potential for Ecological Impact. *Frontiers in Marine Science* **6**, Article 734 (2019).

Omazic, A. u. a.: Identifying climate-sensitive infectious diseases in animals and humans in Northern regions. *Acta Vet Scand* **61**, 53 (2019).

Oppold, A. M. u. a.: Support for the evolutionary speed hypothesis from intraspecific population genetic data in the non-biting midge *Chironomus riparius*. *Proc. R. Soc. B.* **283**, 20152413 (2016).

Otto, F.: *Wütendes Wetter. Auf der Suche nach den Schuldigen für Hitzewellen, Hochwasser und Stürme*, Berlin: Ullstein, 2019.

Paleczny, M. u. a.: Population Trend of the World's Monitored Seabirds, 1950–2010. *PLoS One* **10**, e0129342 (2015).

Pârâu, L. G. u. a.: Rose-ringed Parakeet *Psittacula krameri* Populations and Numbers in Europe: A Complete Overview. *The Open Ornithology Journal* **9**, 1–13 (2016).

Pearce, F.: *Die neuen Wilden. Wie es mit fremden Tieren und Pflanzen gelingt, die Natur zu retten*, München: oekom, 2016.

Piatt, J. F. u. a.: Extreme mortality and reproductive failure of common murres resulting from the northeast Pacific marine heatwave of 2014–2016. *PLoS One* **15**, e0226087 (2020).

Pilotto, F. u. a.: Meta-analysis of multidecadal biodiversity trends in Europe. *Nat Commun* **11**, 3486 (2020).

Pimentel, D. u. a.: Economic and environmental threats of alien plant, animal, and microbe invasions. *Ecosystems & Environment* **84**, 1–20 (2001).

Pimm, S. L. u. a.: The biodiversity of species and their rates of extinction, distribution, and protection. *Science* **344**, 1246752 (2014).

Pinsky, M. L. u. a.: Greater vulnerability to warming of marine versus terrestrial ectotherms. *Nature* **569**, 108–111 (2019).

Plard, F. u. a.: Mismatch between birth date and vegetation phenology slows the demography of roe deer. *PLoS Biol* **12**, e1001828 (2014).

Pollheimer, M. & Pollheimer, J.: Vorkommen und Bestandsentwicklung des Halsbandsittichs *Psittacula krameri* in Innsbruck/Tirol/Österreich 1978 bis 2006. *Monticola* **9**, 366–372 (2008).

Post, E. & Forchhammer, M. C.: Climate change reduces reproductive success of an Arctic herbivore through trophic mismatch. *Phil. Trans. R. Soc. B* **363**, 2369–2373 (2008).

Pounds, J. A. u. a.: Widespread amphibian extinctions from epidemic disease driven by global warming. *Nature* **439**, 161–167 (2006).

Powney, G. D. u. a.: Widespread losses of pollinating insects in Britain. *Nat Commun* **10**, 1018 (2019).

Pruvot, M. u. a.: Extreme temperature event and mass mortality of insectivorous bats. *Eur J Wildl Res* **65**, 41 (2019).

Pulido, F. & Berthold, P.: Current selection for lower migratory activity will

drive the evolution of residency in a migratory bird population. *PNAS* **107**, 7341–7346 (2010).
Purcell, J. E.: Climate effects on formation of jellyfish and ctenophore blooms: a review. *Journal of the Marine Biological Association of the United Kingdom* **85**, 461–476 (2005).
Purcell, J. E.: Jellyfish and ctenophore blooms coincide with human proliferations and environmental perturbations. *Ann Rev Mar Sci* **4**, 209–235 (2012).
Quintero, I. & Wiens, J. J.: Rates of projected climate change dramatically exceed past rates of climatic niche evolution among vertebrate species. *Ecol Lett* **16**, 1095–1103 (2013).
Rabitsch, W. u. a.: *Erstellung einer Warnliste in Deutschland noch nicht vorkommender invasiver Tiere und Pflanzen*, Bonn: Bundesamt für Naturschutz, 2013.
Randolph, S. E.: To what extent has climate change contributed to the recent epidemiology of tick-borne diseases? *Vet. Parasitol.* **167**, 92–94 (2010).
Reddin, C. J., Kocsis, Á. T. & Kiessling, W.: Marine invertebrate migrations trace climate change over 450 million years. *Global Ecology and Biogeography* **27**, 704–713 (2018).
Reichholf, J. H.: *Eine kurze Geschichte des letzten Jahrtausends*, Frankfurt a. M.: S. Fischer, 2007.
Revich, B., Tokarevich, N. & Parkinson, A. J.: Climate change and zoonotic infections in the Russian Arctic. *Int J Circumpolar Health* **71**, 18792 (2012).
Rittenhouse, C. D. u. a.: Avifauna response to hurricanes: regional changes in community similarity. *Global Change Biology* **16**, 905–917 (2010).
Rivers, M.: *European Red List of trees*, Cambridge/Brüssel: IUCN, 2019.
Rodriguez, B.: Ecology: Change is in the air. *Nature* **532**, 403–404 (2016).
Rogers-Bennett, L. & Catton, C. A.: Marine heat wave and multiple stressors tip bull kelp forest to sea urchin barrens. *Scientific Reports* **9**, 15015 (2019).
Roth, T., Plattner, M. & Amrhein, V.: Plants, birds and butterflies: short-term responses of species communities to climate warming vary by taxon and with altitude. *PLoS One* **9**, e82490 (2014).
Rozwalka, R. u. a.: First record of the expansive harvestmen *Leiobunum* sp. A (Arachnida: Opiliones) in Poland. *Fragmenta Faunistica* **60**, 113–118 (2017).
Rühland, K. M., Paterson, A. M. & Smol, J. P.: Lake diatom responses to warming: reviewing the evidence. *J. Paleolimnology* **54**, 1–35 (2015).
Saino, N. u. a.: Climate change effects on migration phenology may mismatch brood parasitic cuckoos and their hosts. *Biol Lett* **5**, 539–541 (2009).
Samplonius, J. M. & Both, C.: Climate Change May Affect Fatal Competition between Two Bird Species. *Curr Biol* **29**, 327–331.e2 (2019).
Sasgen, I. u. a.: Return to rapid ice loss in Greenland and record loss in 2019

detected by the GRACE-FO satellites. *Communications Earth & Environment* 1, Article 8 (2020).

Schaller, M. F. & Fung, M. K.: The extraterrestrial impact evidence at the Palaeocene-Eocene boundary and sequence of environmental change on the continental shelf. *Phil. Trans. R. Soc. A.* **376**, 20170081 (2018).

Scheffer, M. & Carpenter, S. R.: Catastrophic regime shifts in ecosystems: linking theory to observation. *Trends in Ecology & Evolution* **18**, 648–656 (2003).

Schertler, A. u. a.: The potential current distribution of the coypu (*Myocastor coypus*) in Europe and climate change induced shifts in the near future. *NeoBiota* **58**, 129–160 (2020).

Schönwiese, C.-D.: Der Klimawandel in Vergangenheit und Zukunft. Wissensstand und offene Fragen. *Amosinternational* **2**, 17–23 (2008).

Schuldt, B. u. a.: A first assessment of the impact of the extreme 2018 summer drought on Central European forests. *Basic and Applied Ecology* **45**, 86–103 (2020).

Schuur, E. A. G. & Mack, M. C.: Ecological Response to Permafrost Thaw and Consequences for Local and Global Ecosystem Services. *Annual Review of Ecology, Evolution, and Systematics* **49**, 279–301 (2018).

Screen, J. A. & Deser, C.: Pacific Ocean Variability Influences the Time of Emergence of a Seasonally Ice-Free Arctic Ocean. *Geophys. Res. Letters* **46**, 2222–2231 (2019).

Secord, R. u. a.: Evolution of the earliest horses driven by climate change in the Paleocene-Eocene Thermal Maximum. *Science* **335**, 959–962 (2012).

Simberloff, D. u. a.: Impacts of biological invasions: what's what and the way forward. *Trends Ecol. Evolution* **28**, 58–66 (2013).

Simberloff, D.: *Invasive Species. What everyone needs to know*, Oxford/New York: Oxford University Press, 2013.

Simpson, S. D. u. a.: Continental shelf-wide response of a fish assemblage to rapid warming of the sea. *Curr Biol* **21**, 1565–1570 (2011).

Siraj, A. S. u. a.: Altitudinal changes in malaria incidence in highlands of Ethiopia and Colombia. *Science* **343**, 1154–1158 (2014).

Sluijs, A. u. a.: The Paleocene-Eocene Thermal Maximum super greenhouse: biotic and geochemical signatures, age models and mechanisms of global change, in: Williams, M. u. a. (Hrsg.): *Deep-Time Perspectives on Climate Change: Marrying the Signal from Computer Models and Biological Proxies*, London: The Micropalaeontological Society, Special Publications/The Geological Society, 2007, 323–349.

Smith, J. J. u. a.: Transient dwarfism of soil fauna during the Paleocene-Eocene Thermal Maximum. *PNAS* **106**, 17655–17660 (2009).

Smol, J. P. u. a.: Climate-driven regime shifts in the biological communities of arctic lakes. *PNAS* **102**, 4397–4402 (2005).

Somero, G. N.: The physiology of climate change: how potentials for acclimatization and genetic adaptation will determine ›winners‹ and ›losers‹. *Journal of Experimental Biology* **213**, 912–920 (2010).

Somero, G. N.: The physiology of global change: linking patterns to mechanisms. *Annual Review of Marine Science* **4**, 39–61 (2012).

Sommer, C. u. a.: Rapid glacier retreat and downwasting throughout the European Alps in the early 21st century. *Nat Commun* **11**, 3209 (2020).

Steffensen, J. P. u. a.: High-resolution Greenland ice core data show abrupt climate change happens in few years. *Science* **321**, 680–684 (2008).

Stiling, P. & Cornelissen, J. H. C.: How does elevated carbon dioxide (CO_2) affect plant–herbivore interactions? A field experiment and meta-analysis of CO_2-mediated changes on plant chemistry and herbivore performance. *Global Change Biology* **13**, 1823–1842 (2007).

Stramma, L. & Schmidtko, S.: Global evidence of ocean deoxygenation, in: Laffoley, D. & Baxter, J. M. (Hrsg.): *Ocean deoxygenation: Everyone's problem. Causes, impacts, consequences and solutions*, Gland, Schweiz: IUCN, 2019, 25–36.

Stramma, L. u. a.: Ocean oxygen minima expansions and their biological impacts. *Deep Sea Research Part I: Oceanographic Research Papers* **57**, 587–595 (2010).

Stroeve, J. C. u. a.: The Arctic's rapidly shrinking sea ice cover: a research synthesis. *Climatic Change* **110**, 1005–1027 (2012).

Svenning, J.-C. & Sandel, B.: Disequilibrium vegetation dynamics under future climate change. *American Journal of Botany* **100**, 1266–1286 (2013).

Tamis, W. L. M. u. a.: Changes in Vascular Plant Biodiversity in the Netherlands in the 20th Century Explained by their Climatic and other Environmental Characteristics. *Climatic Change* **72**, 37–56 (2005).

Taylor, S. A. u. a.: Climate-mediated movement of an avian hybrid zone. *Curr Biol* **24**, 671–676 (2014).

Thomas, C. D.: Translocation of species, climate change, and the end of trying to recreate past ecological communities. *Trends in Ecology & Evolution* **26**, 216–221 (2011).

Thomas, C. D. u. a.: Extinction risk from climate change. *Nature* **427**, 145–148 (2004).

Tinner, W. & Lotter, A.: Central European vegetation response to abrupt climate change at 8.2 ka. *Geology* **29**, 551–554 (2001).

Toffolo, E. P. u. a.: Climate change and expansion of the Pine Processionary Moth, *Thaumetopoea pityocampa*, in Northern Italy, in: Hoyer-Tomiczek, U. (Hrsg.): *IUFRO Working Party 7.03.10, Proceedings of the Workshop on »Methodology of Forest Insect and Disease Survey in Central Europe«, Sept. 11th-14th 2006, Gmunden/Austria*, Wien: Bundesforschungszentrum für Wald, 2006, 331–341.

Tryjanowski, P. u. a.: Long-term changes and breeding success in relation to nesting structures used by the white stork, *Ciconia ciconia*. *Ann. Zool. Fennici* **46**, 34–38 (2009).
Tucker, M. A. u. a.: Moving in the Anthropocene: Global reductions in terrestrial mammalian movements. *Science* **359**, 466–469 (2018).
Turetzky, M. R. u. a.: Permafrost collapse is accelerating carbon release. *Nature* **569**, 32–34 (2019).
Umweltbundesamt (Hrsg.): *Kipp-Punkte im Klimasystem. Welche Gefahren drohen?* Dessau: Umweltbundesamt, 2008.
Urban, M. C.: Climate change. Accelerating extinction risk from climate change. *Science* **348**, 571–573 (2015).
van der Kooij, J., Engelhard, G. H. & Righton, D. A.: Climate change and squid range expansion in the North Sea. *J. Biogeogr.* **43**, 2285–2298 (2016).
van Oppen, M. J. H. u. a.: Shifting paradigms in restoration of the world's coral reefs. *Global Change Biology* **23**, 3437–3448 (2017).
van Oppen, M. J. H. & Lough, J. M. (Hrsg.): *Coral Bleaching. Patterns, Processes, Causes and Consequences* (Ecological Studies 205), Berlin/Heidelberg: Springer-Verlag, 2009.
VanWormer, E. u. a.: Viral emergence in marine mammals in the North Pacific may be linked to Arctic sea ice reduction. *Sci Rep* **9**, 15569 (2019).
Vautard, R. u. a.: Human contribution to the record-breaking June and July 2019 heatwaves in Western Europe. *Environmental Research Letters* **15**, 094077 (2020).
Veron, J. E. N.: Mass extinctions and ocean acidification: biological constraints on geological dilemmas. *Coral Reefs* **27**, 459–472 (2008).
Vila, M. u. a.: How well do we understand the impacts of alien species on ecosystem services? A pan-European, cross-taxa assessment. *Front. Ecol. Environ.* **8**, 135–144 (2010).
Visser, M. E., te Marvelde, L. & Lof, M. E.: Adaptive phenological mismatches of birds and their food in a warming world. *Journal of Ornithology* **153**, 75–84 (2012).
Wallace-Wells, D.: *The Uninhabitable Earth. Life After Warming*, New York: Tim Duggan Books, 2019. Dt.: *Die unbewohnbare Erde. Leben nach der Erderwärmung*, München: Ludwig Verlag, 2019.
Walter, J. u. a.: Do plants remember drought? Hints towards a drought-memory in grasses. *Environmental and Experimental Botany* **71**, 34–40 (2011).
Walter, K. M. u. a.: Methane bubbling from Siberian thaw lakes as a positive feedback to climate warming. *Nature* **443**, 71–75 (2006).
Ward, P. & Kirschvink, J.: *Eine neue Geschichte des Lebens. Wie Katastrophen den Lauf der Evolution bestimmt haben*, München: DVA, 2016.
Watanabe, Y. Y. u. a.: Foraging behavior links sea ice to breeding success in Antarctic penguins. *Sci Adv* **6**, eaba4828 (2020).

Watson, A. J.: Oceans on the edge of anoxia. *Science* **354**, 1529–1530 (2016).
Welbergen, J. A. u. a.: Climate change and the effects of temperature extremes on Australian flying-foxes. *Proc Biol Sci* **275**, 419–425 (2008).
Wiens, J. J.: Climate-Related Local Extinctions Are Already Widespread among Plant and Animal Species. *PLOS Biology* **14**, e2001104 (2016).
Wiens, J. J. u. a.: Rapid niche shifts in introduced species can be a million times faster than changes among native species and ten times faster than climate change. *Journal of Biogeography* **46**, 2115–2125 (2019).
Willeit, M., Ganopolski, A., Calov, R. & Brovkin, V.: Mid-Pleistocene transition in glacial cycles explained by declining CO_2 and regolith removal. *Science Advances* **5**, eaav7337 (2019).
Williamson, M.: *Biological Invasions,* London: Chapman & Hall, 1996.
Wilson, E. O.: *Die Hälfte der Erde: Ein Planet kämpft um sein Leben*, München: C. H. Beck, 2016.
Winder, M. & Schindler, D. E.: Climate change uncouples trophic interactions in an aquatic ecosystem. *Ecology* **85**, 2100–2106 (2004).
Winder, M. & Sommer, U.: Phytoplankton response to a changing climate. *Hydrobiologia* **698**, 5–16 (2012).
Windsor, D. M.: Climate and Moisture Variability in a Tropical Forest: Long-term Records from Barro Colorado Island, Panamá. *Smithsonian Contributions to the Earth Sciences* **29**, 1–145 (1990).
Wing, S. L. u. a.: Transient Floral Change and Rapid Global Warming at the Paleocene-Eocene Boundary. *Science* **310**, 393–396 (2005).
Wing, S. L. & Currano, E.: Plant response to a global greenhouse event 56 million years ago. *American Journal of Botany* **100**, 1234–1254 (2013).
WWF: *Living Planet Report 2020 – Bending the curve of biodiversity loss*, Gland, Schweiz: WWF, 2020.
Yang, Y. u. a.: Post-drought decline of the Amazon carbon sink. *Nat Commun* **9**, 3172 (2018).
Yiou, P. u. a.: Analyses of the Northern European Summer Heatwave of 2018. *Bulletin of the American Meteorological Society* **101**, S35–S40 (2020).
Yong, E.: The Disturbing Walrus Scene in *Our Planet*. A shocking sequence shows the huge mammals scaling steep cliffs, then falling to their death. *The Atlantic*, 08.04.2019 (2019a).
Yong, E.: Why Hundreds of Puffins Washed Up Dead on an Alaskan Beach. *The Atlantic*, 29.05.2019 (2019b).
Young, H. S., McCauley, D. J., Galetti, M. & Dirzo, R.: Patterns, Causes, and Consequences of Anthropocene Defaunation. *Annu. Rev. Ecol. Evol. Syst.* **47**, 333–358 (2016).
Zemp, D. C. u. a.: Self-amplified Amazon forest loss due to vegetation-atmosphere feedbacks. *Nat Commun* **8**, 14681 (2017).
Zemp, D. C. u. a.: Global glacier mass changes and their contributions to sea-level rise from 1961 to 2016. *Nature* **568**, 382–386 (2019).

Index